化妆品安全评估
基础与实践

国家药品监督管理局高级研修学院　组织编写

中国健康传媒集团

中国医药科技出版社

内 容 提 要

《化妆品安全评估基础与实践》分为理论和基础知识篇、法规与技术指南篇、经验与案例分享篇三篇。理论和基础知识篇详细介绍了化妆品安全评估的基本概念、原则、方法以及国内外安全评估的发展现状；法规与技术指南篇深入解读了化妆品安全评估相关法律法规、技术指南以及数据收集与使用的具体要求；经验与案例分享篇通过丰富的实践案例，讲解安全评估报告文本的编写要求，为企业和从业者提供启示和借鉴。本书帮助读者全面、系统地掌握化妆品安全评估基础知识，有助于广大化妆品企业和从业者准确掌握化妆品安全评估制度的具体要求，推动化妆品安全评估制度平稳有序落地。

图书在版编目（CIP）数据

化妆品安全评估基础与实践 / 国家药品监督管理局高级研修学院组织编写 . -- 北京：中国医药科技出版社，2025. 4. -- ISBN 978-7-5214-5192-4

Ⅰ. TQ658

中国国家版本馆 CIP 数据核字第 20254FZ946 号

美术编辑　　陈君杞
版式设计　　也　在

出版　**中国健康传媒集团** | 中国医药科技出版社
地址　北京市海淀区文慧园北路甲 22 号
邮编　100082
电话　发行：010-62227427　邮购：010-62236938
网址　www.cmstp.com
规格　787 × 1092 mm $\frac{1}{16}$
印张　26 $\frac{1}{4}$
字数　572 千字
版次　2025 年 4 月第 1 版
印次　2025 年 4 月第 1 次印刷
印刷　北京印刷集团有限责任公司
经销　全国各地新华书店
书号　ISBN 978-7-5214-5192-4
定价　**128.00 元**

获取新书信息、投稿、为图书纠错，请扫码联系我们。

编委会

前　言

化妆品安全评估是《化妆品监督管理条例》确立的一项基本制度，是保障化妆品质量安全、从源头上防控质量安全风险的重要手段，更是推动产业升级和技术创新的重要抓手。

2021 年 1 月 1 日起正式施行的《化妆品监督管理条例》专门引入安全评估制度，规定"化妆品新原料和化妆品注册、备案前，注册申请人、备案人应当自行或者委托专业机构开展安全评估"。为贯彻落实《化妆品监督管理条例》，规范和指导化妆品安全评估工作，2021 年 4 月 8 日，国家药品监督管理局（简称国家药监局）发布《化妆品安全评估技术导则（2021 年版）》。2024 年 4 月 22 日，国家药监局印发《关于发布优化化妆品安全评估管理若干措施的公告》（简称《公告》），提出 12 项优化措施，从报告分类管理、技术指南细化、数据收集使用、强化宣传培训等方面，全面指导帮扶企业规范开展安全评估工作；随后，中国食品药品检定研究院相继发布 10 余个技术指导文件，形成了化妆品安全评估制度体系，构建了安全评估工作从"解渴""修渠"到"蓄水""成景"的完整链路，促进了安全评估制度平稳有序实施。与此同时，国家药监局高级研修学院针对行业的现状和需求，由监管、高校、科研院所、协会和行业专家组成师资团队，共开展近十场化妆品安全评估相关培训，收到良好效果。

在此背景下，为了配合《公告》与相关指南的宣贯落实，帮助广大化妆品企业和从业者准确掌握化妆品安全评估制度的具体要求，推动化妆品安全评估制度平稳有序落地，我们编写了这本《化妆品安全评估基础与实践》。

本书分为理论和基础知识篇、法规与技术指南篇、经验与案例分享篇三篇。理论和基础知识篇详细介绍了化妆品安全评估的基本概念、原则、方法以及国内外安全评估的发展现状；法规与技术指南篇深入解读了化妆品安全评估相关法律法规、技术指南以及数据收集与使用的具体要求；经验与案例分享篇通过丰富的实践案例，讲解安全评估报告文本的编写要求，为企业和从业者提供启示和借鉴。

1

本书由李金菊、路勇、房军同志担任主编，并邀请了多位授课师资中富有经验的专家和行业内的专家学者参与编写，力求确保内容的准确性、完整性和科学性。在编写过程中，我们始终秉持"突出重点、务实管用、服务行业"的编写理念，力求通过深入浅出的方式，帮助读者全面、系统掌握化妆品安全评估基础知识和化妆品安全评估制度的具体要求。

由于时间所限，本书中难免存在不妥和疏漏之处，敬请广大读者批评指正。我们期待在未来的工作中，能够不断完善和提升本书的质量和水平，为化妆品行业的健康发展贡献更多的智慧和力量。

编　者

2025 年 1 月

目　录

第一篇　理论与基础知识

第二篇　法规与技术指南

第三篇　经验与案例分享

第一篇 理论与基础知识

第一章
化妆品安全评估概述

化妆品安全评估是我国产品合规的基本要求，也是国际上通行的保障产品安全的有效手段，其发展历程与化妆品行业本身的进步息息相关。早期，化妆品安全评估较为基础，采用数个产品理化和毒理学检测来检验产品的安全性。随着科技的快速发展和消费者需求日益多元化，化妆品安全评估不断完善和规范化。至今已经发展成为涵盖毒理学、人体试验、风险评估等多学科交叉的综合评估体系。当前的化妆品安全评估是以原料及可能带入的风险物质评估为核心，采用危害识别、剂量反应关系、暴露评估和风险特征描述的四步法，对组成化妆品的各原料成分和风险物质逐一进行评估，并贯穿产品全生命周期过程。毒理学数据是进行化妆品安全评估的基础，检索所有可获得的数据和信息资源，获得准确可靠的毒理学数据和信息是实施全面评估的重点。本章对化妆品安全评估的作用和意义、发展历程、评估核心要素、数据的检索与安全评估进行阐述，对理论和实践展开一定程度探讨。通过本章内容，使读者能够全面了解化妆品安全评估的理论基础和实际操作方法，掌握最新的评估技术和工具，从而在实际工作中更好地应用这些知识，确保产品的安全性。

第一节　化妆品安全评估简介

一、化妆品安全评估的作用和意义

化妆品安全评估的目的是保障消费者的安全与健康。通过科学、全面的评估，可以识别和预测潜在的风险，降低产品对消费者健康的危害。化妆品安全评估对保障消费者安全与健康至关重要。

企业作为化妆品安全生产和经营主体，负有保证其研发、生产和销售的化妆品安全的主要责任。根据《化妆品监督管理条例》（以下简称《条例》）等相关法律法规，企业作为化妆品安全的主体和第一责任人，应当切实履行自身职责，保障化妆品安全，以维护消费者的合法权益和社会公共利益。在新的法规环境下，化妆品需要全生命周期的安全评估和风险管理的理念。化妆品安全评估包括对原料、生产工艺和最终产品的评估。原料的安全性是产品安全的前提条件。安全评估人员需要对原料进行毒理学分析，评估其潜在的危害和风险。化妆品产品是各种原料的组合，必须对所有原料和风险物质进行评估。其配方的稳定性、包材相容性、微生物学评估等也需要进行全面分析，确保产品安全可靠。必要时，化妆品安全评估还需要进行一系列的毒理学和人体测试，如皮肤刺激性测试等，以确保产品在正常使用条件下不会对人体造成伤害。化妆品安全评估不仅限于产品上市前，还需要持续关注产品上市后的使用情况，收集不良反应报告。必要时进行风险再评估和召回，将风险防患于未然，这样可以及时发现并解决潜在的健康问题，保障消费者的安全。

化妆品安全评估是企业赢得消费者信任、树立良好品牌形象的重要途径。具备完善安全评估体系的企业，产品上市后发生不良反应的可能性更低，也很少出现和产品安全性相关的公共关系危机，其产品的良好口碑更容易在竞争中获得消费者的信任，从而建立良好的品牌价值和形象。良好的品牌效应积极促进企业的商业销售和运营，增加营收，形成良好的正向循环，帮助企业长期发展。

化妆品安全评估也对企业进入国际市场起到关键作用。全球化的化妆品市场以及原料采购要求企业进一步发展就必须要走向国际市场，参与国际竞争。而绝大部分具有较大化妆品市场的国家和地区都要求其上市销售的化妆品需经过安全评估。只有进行了安全评估并形成安全评估报告的产品才能在国际主要化妆品市场合法上市销售。因此，具备完善安全评估体系的企业才能更容易在国际市场竞争中占据优势和先机。尤其是在全球动物试验禁令的大背景下，企业应当投入资源进入安全评估领域的新技术和新方法研究，结合行业力量开拓新的评估机制，紧跟国际安全评估技术发展的步伐，才能保证我国的化妆品安全评估技术水平不掉队，产品具有国际竞争力。

化妆品安全评估推动了技术进步和原料创新。安全评估的要求促使行业更加审慎和科学地选择原料，推动了对新型、天然、安全、高效原料的研发和应用。安全评估促使企业优化配方，提升产品的整体性能，关注产品的稳定性和防腐效能。安全评估还对生产环境和工艺提出了更高要求，促进了原料和产品生产技术的进步。同时，安全评估技术的不断革新，也可以加快新的原料和产品的研发过程。采用更具有技术先进性的安全评估，可以充分地使用已有数据来评估新技术和新原料的安全性，使整个评估过程更加的集约；也可以采用更快更精准的技术方法途径，来减少研发过程中的不确定性和错误率，并加快整体的研发周期。

综上所述，化妆品安全评估是保障消费者安全与健康的重要手段，可促进技术进步、原料创新和行业的健康发展。通过制定科学合理的标准和规范，加强国际交流与合作，进而提高全球化妆品行业的整体安全水平，增加产品的国际竞争力。安全评估连接着企业和消费者，传递着安全、信任和关怀，推动着整个行业的进步。

二、化妆品安全评估的发展历程

早期的化妆品安全评价采取基于化妆品产品的毒理学试验方式来判断产品的安全性。这种较为粗放的评价方式，大多基于整体模式实验动物的试验。近几十年来，安全风险评估技术不断发展，毒理学研究变得更加系统化，科学家开始区分不同的毒理学终点，研究慢性毒性、致癌性、生殖毒性和遗传毒性等长期或特定类型的危害。1983 年，美国国家研究委员会（United States National Research Council，NRC）发布的《联邦政府的风险评估：管理程序》中系统地阐述了如何进行风险评估，并首次提出了"四步法"评估，也即危害识别、剂量反应关系、暴露评估和风险特征描述。现在这一评估流程是科学界公认的评价化学物质暴露对健康危害可能性的标准方法。风险评估是进行风险管理的基础，1994 年 NRC 又发布了《风险分析的科学和判断》，其中描述了行政决策中的风险管理的基础是风险评估。这标志着基于风险评估的管理毒理学趋于完善。

欧洲和美国最早开始对化妆品的安全评估进行系统研究。欧洲消费者安全科学委员会（Scientific Committee On Consumer Safety，SCCS）是欧盟化妆品法规修订的主要技术支撑机构，负责制定《化妆品成分测试和安全评估指南》（The SCCS Notes of Guidance for the Testing of Cosmetic Ingredients and Their Safety Evaluation，SCCS 指南），以及针对防腐剂、防晒剂、染发剂、着色剂和其他高风险级别原料的安全评估。SCCS 的前身是 1977 年在欧盟委员会的要求下成立的化妆品科学委员会（Scientific Committee on Cosmetology，SCC），在 1982 年首次发布了《化妆品成分毒理测试指南》。在这一阶段，欧洲化妆品评估是基于对化妆品成分和产品的毒理学试验，还没有进入到安全评估阶段，指南中也是着重对各个毒理学终点试验的描述。直到 20 世纪 90 年代，由 SCC 的继任者欧洲化妆品和非食品消费品科学委员会（Scientific Committee on Cosmetic Products and Non-Food Products Intended for Consumers，SCCNFP）提出化妆品成分的评估应当进行安全边际的计算，并于 2003 年发布《化妆品成分测试和安全评估指南》，首次系统地总结了化妆品成分安全评估的方法和关键评估参数，并每隔两到三年即更新一次《化妆品成分测试和安全评估指南》，迄今已发布到第十二版。化妆品成分的安全评估方法也基本完善，后续版本更多是对下一代风险评估（Next Generation Risk Assessment，NGRA）技术以及新技术方法的探讨和内容的更新。美国也基本和欧洲同时期，在 1976 年成立了化妆品成分评估专家组（CIR）。与欧洲的管理模式不同，CIR 不是隶属于美国监管部门的机构，而是进行化妆品成分风险评估的社会组织，由美国个人护理用品协会（PCPC）发起，得到美国食品药品管理局（U.S. Food and Drug Administration，以下简称美国 FDA）和消费者联合会的支持，是一个独立的评审机构。CIR 成立初期工作重点是一些使用广泛但安全性存在较大争议的成分，如色素和防腐剂等。但随着化妆品行业的快速发展，CIR 的规模和影响力不断扩大，自 20 世纪 80 年代，CIR 开始系统地评估各种类型的化妆品成分，并发布评估报告。进入 21 世纪后，CIR 开始不断调整其评估方法和策略，更加重视新技术方法的应用，比如体外测试和计算毒理学，并将每年的评估数量从原来的 100 个提高到了每年约 400 个。

由于大部分物质缺乏人体试验或者使用经验数据，不能获得人体毒理学效应数据进行危害识别，所以一直以来动物试验是主要的剂量反应评估依据。动物试验在保护人类的过程中起到关键性作用，但也有其问题。首先是动物试验的伦理学问题以及动物福利的考量，许多国家和地区已经逐步取消和禁止化妆品动物实验，化妆品安全评估的趋势是停止在原材料和产品中使用动物实验。欧盟法规要求自 2004 年 9 月 11 日起禁止所有化妆品的成品动物试验；2009 年 3 月 11 日起禁止使用动物进行化妆品原料的急性毒性、眼刺激和致敏试验；自 2013 年 3 月 11 日起全面禁止化妆品和原料的所有动物测试，同时不允许成员国从外国进口和销售违反上述禁令的化妆品。这一动物试验禁令，影响深远，今天已经有超过 40 个国家、地区正式实施了化妆品动物试验禁令，从而加速了化妆品领域对替代方法研究、验证和认可的进程。其次，动物试验的效率问题：化合物的庞大数目日渐增多，截至 2023 年 5 月底在美国化学文摘社 CAS 登记数据库中收录的有机和无机化学物质总数约达 2.04 亿种以上；各种含化合物产品的推陈出新，相同的化合物原料的不同组合，形成更多的化学产品；对这些物质和产品进行完整的动物试验就面临着周期长和费用大的问题。最后，动物试验有其局限性，实验动物和人对外源化学物的反应敏感性不同；有些化学物在高剂量和低剂量的毒性作用规律并不一定一致；毒理学实验所用动物数量有限；实验动物都是实验室培育的品系，一般选用成年健康动物反应较单一，所以动物试验的结果并不一定完全反映了人体毒性。虽然实验动物从和人类的相关性及系统的复杂性来说仍是最可靠的实验模型之一，但任何一个事物都有其产生发展和消亡的过程，动物试验最终也一定会被新的方法技术所取代。2007 年美国 NRC 发布了《21 世纪毒性测试：愿景与策略》指出未来的毒性测试和风险评价策略应以"毒性通路"为基础，而不是毒理学终点的测试。2010 年，美国环保部提出了有害结局路径（Adverse Outcome Pathway，AOP），扩大了毒性通路的概念。AOP 是描述从毒物与生物体内生物分子相互作用到最终导致毒理学效应的过程。它将化合物产生毒性的整个生物学过程串联起来，为开发新的毒理学方法和整合测试策略（Integrated Testing Strategy，ITS）提供了理论基础。2013 年至 2018 年，美国环保部、欧洲化学品管理局、加拿大卫生部以及 OECD 等机构共同提出了新技术方法（NAMs）概念，这一概念是对替代方法的扩展，直接用于预测人体毒性。它们逐渐取代了原来的"体外 – 动物 – 人体"推导链条，实现了"体外 – 人体"的预测。2014 年，基于 AOP 和 NAMs 概念，美国环保部提出了下一代风险评估（NGRA），2017 年国际化妆品监管合作组织（International Cooperation on Cosmetics Regulation，ICCR）发布了首个 NGRA 评估指南《化妆品成分安全评估的综合策略》，总结了如何使用 NGRA 评估化妆品成分安全。这标志着非动物毒理学测试和评估进入了新的发展阶段。

我国化妆品的安全评估发展历程分为三个阶段。第一阶段始于 20 世纪 80 年代，1987 年原卫生部发布《化妆品卫生标准》（GB 7916–87）以及《化妆品安全性评价程序和方法》（GB 7919–87），基本确立了我国化妆品安全性评价体系。1999 年《化妆品卫生规范》发布以及随后的多次修订，化妆品的毒理学测试和评价方法以及相关标准逐步健全。第二阶段，随着技术的进步以及行业的发展的需要，我国开始逐步引入化妆品安全性风险评估相关概念以及评估方法。2010 年在《化妆品中可能存在的安全性风险物质风险评估指南》（以下简称《评估指南》）首次提出采用"四步法"对化妆品中的安全性风险物质进行风险评估。2013 年安全评估的接纳范围进一步扩大，囊括了国产非特殊用途化妆品。这一阶段，安全评估的理念逐步深化，为进一步扩大安全评估的范围创造了条件。当前第三阶段，安全评估体系的建立以及安全评估的开展，已成为我国推动和引导行业发展的方向。尤其是《化妆品监督管理条例》的发布，安全评估制度和安全评估人员均成为法规的要求。《化妆品安全评估技术导则》（以下简称《安评导则》）作为最重要的安全评估技术指导文件，也为安全评估的实施提供了技术保障。2024 年 4 月，国家药品监督管理局（National Medical Products Administration，NMPA）（以下简称国家药监局）发布了《优化化妆品安全评估管理若干措施的公告》（以下简称《公告》）以及同时期发布了一系列配套的技术指导文件，指导行业开展安全评估以及推动安全评估体系建设，我国化妆品产品安全评估进入了发展的新轨道。

三、化妆品安全评估的基本原则

化妆品的使用目的是满足消费者对美的追求，但安全性是化妆品的首要要求。在正常、合理及可预见的使用条件下，化妆品不得对人体健康产生危害是化妆品安全评估的首要原则。无论产品宣称的功效多么显著，在安全性未得到充分保障的情况下，都不能进入市场。在任何情况下，安全性永远是化妆品研发、生产、监管过程中最重要的考虑因素。

化妆品的产品特点决定了其评估方法。化妆品的剂型、配方、使用方法、使用人群等因素都会影响其安全性。因此，安全评估必须针对产品的具体情况，选择合适的评估方法和标准，并且在评估时，充分考虑产品的暴露方式和剂量，采用以暴露为导向的产品安全性风险评估。原料的安全性是化妆品产品安全的前提条件。化妆品的安全使用是建立在控制其所使用原料的安全性基础之上的。虽然在市场上可能有超过数十万种不同的化妆品产品在售，但组成这些化妆品的成分数目远低于产品的数目。无论从科学角度、伦理角度还是经济角度考虑，产品安全应当采用原料的安全评估而不是直接的产品毒理学测试。科学的数据和评估方法是评估基础。安全评估必须建立在科学、可靠的数据以及评估方法基础之上。同时，应当关注国内外最新的科研进展和安全信息，及时更新评估方法和标准。化妆品安全评估应遵循证据权重（Weight of Evidence，WOE）原则，以现有科学数据和相关信息为基础，遵循科学、公正、透明和个案分析的原则，在实施过程中应保证安全评估工作的独立性。

化妆品的安全评估工作应由具有相应能力的安全评估人员进行评估。安全评估作为一门较为专业的且基于实践的多学科多体系交叉的学科，需要较长时间的学习和经验积累，往往需要 5 年到 10 年入门并逐渐成熟。需要学习和掌握多种跨学科的经验知识，如毒理作用机制知识、毒理学试验知识、人体测试知识、实验室质量管理体系知识、化妆品原料毒性知识、法规知识、安全评估工具知识等等，还包括相关文献信息检索能力，分析、评估和解释相关数据能力，了解和掌握新的安全评估理论、技术和方法并应用于实践的能力等。因此，企业需要增加对化妆品安全评估人才方面的投入，培养合格的安全评估人员，形成人才队伍的梯队建设。

风险评估贯穿产品生命周期。从原料选择、产品研发、生产运输到最终使用，每一个环节都可能引入新的安全风险。因此，安全评估必须贯穿产品的整个生命周期，并根据实际情况进行动态调整。为了保障化妆品安全，企业应当构建科学完善的评估体系，建立健全内部安全评估机制，培养专业的安全评估人才，不断提升自身的安全管理水平，切实承担起化妆品安全的第一责任人责任，将安全意识贯穿到产品研发的全过程，严格执行国家标准，确保产品质量安全。

化妆品安全评估的目的是保障消费者的健康和安全，其核心对象是消费者，因此也需要加强化妆品安全的科普宣传，通过多种形式、多种渠道，向消费者普及化妆品安全知识，提高消费者对化妆品安全的认知水平。引导消费者根据自身情况选择合适的化妆品，不盲目追求功效，不轻信虚假宣传，科学理性消费。同时，也要建立健全化妆品安全问题投诉举报机制，企业及时回应和处理消费者的投诉，维护消费者合法权益。

总之，化妆品安全责任重大，需要我们共同努力，以对消费者高度负责的态度，不断提升化妆品安全水平，促进化妆品行业高质量发展。

第二节 化妆品安全评估程序

安全性风险评估的基础是量效关系，早在 15 世纪瑞士医学家 Paracelsus 就提出了"万物皆毒，量决定其毒性"奠定了毒理学这门科学的开端。正是由于毒性和人体的暴露剂量大小成一定的关系，才能够允许我们通过毒理学的研究和评估，来确定什么样的暴露条件下，人体接触化学物质是安全的。如果没有这样的对应关系，就无从谈起化学物质在什么条件下是安全的。而安全性风险评估最核心的两个概念，则是危害和风险。危害指潜在导致伤害的能力，它是物质的内在属性，和剂量以及暴露没有关系。相同的物质和成分，其毒理学性质就相同，即便可能出现不同的加工工艺导致的杂质种类和水平不同，但并不影响该成分的毒理学评估，只是在风险物质评估部分，由于杂质不同而出现差异。风险是指导致伤害的可能性，和特定条件下的暴露相关。风险和危害最大的不同就是危害不可改变，但风险可以因暴露不同而发生变化。正是风险的可控性，才使得风险评估变得必要，成为人体健康的"守护者"。

一、危害识别

危害识别是基于毒理学试验、临床研究、不良反应监测和人群流行病学研究等的结果，从原料和 / 或风险物质的物理、化学和毒作用特征来确定其是否对人体健康存在潜在危害。危害识别需要对原料或者风险物质的各个毒理学终点（toxicological endpoint）进行识别和评估。毒理学终点是指在毒理学研究中，用于评估化学物质或其他有害物质对生物体产生的特定影响或结果的测量指标。毒理学终点可以帮助科学家和研究人员了解某种物质的毒性特性，并评估其对健康和环境的潜在风险。在化妆品健康风险评估中根据实际需要，选择考量的毒理学终点有：急性毒性、皮肤和眼的刺激性／腐蚀性、皮肤致敏性、皮肤光毒性和光变态反应、遗传毒性、重复剂量毒性、生殖发育毒性、慢性毒性／致癌性。化妆品的安全性风险评估是暴露导向的，因此根据后续产品暴露评估的结果，需要关注的毒理学终点也可能不同。不同的毒理学效应终点由于机制不同，故而观测指标的度量单位也不同，比如刺激性使用的度量单位是百分浓度，皮肤致敏的度量单位是单位皮肤面积物质暴露量，而重复剂量毒性，生殖发育毒性以及致癌性等以单位体重每天暴露量来衡量。

危害识别过程中，需要以现有科学数据和相关信息为基础，对原料的各个毒理学终点尽可能地收集所有可得的毒理学数据或信息，包括但不限于毒理学试验、人体测试、流行病学研究，化妆品使用历史和信息，安全食用历史，权威机构结论，法规监管限值等，遵循证据权重的原则对数据和信息进行分析和评估。此外，物质的化学结构、理化性质、毒代动力学、作用机制、暴露信息以及计算机模拟等也可以提供一些关键信息用于危害识别。数据和信息的来源可以是全文形式公开发表的技术报告、通告、专业书籍或学术论文，以及国际权威机构发布的数据或风险评估资料等，也可以是获得数据所有方同意的未公开发表的研究结果，比如原料供应商数据或者化妆品企业开展的相关研究。

二、剂量反应关系

剂量反应关系是研究物质的暴露剂量和毒理学效应或发生频率之间的定量关系。一般来说物质的毒理学效应和其实际人体暴露的剂量之间存在一定的比例关系，随着暴露剂量的减少，毒理学效应也会随之减少或者消失。通过研究剂量反应关系可以定量地评估化学物质的安全性，为风险特征描述和管理提供数据支持。

系统毒性的剂量反应关系评估中，最核心和关键的目的就是要得到毒理学效应的阈值。通过毒理学测试研究毒理学效应阈值，必须要知道试验观测中什么样的反应是有害的毒作用，而什么样的反应是无害的。重点关注有害毒作用的产生，避免受到出现非毒作用反应的观测现象的干扰。有害作用一般指：能反映早期临床疾病的效应，不易恢复并使机体维持自稳态能力降低效应，使个体对其他有害因素不良作用易感性增加的效应，反映机体功能水平偏离"正常"范围的效应，以及反映引起了某些重要的代谢和生化改变的效应。而非有害作用一般指：不引起形态、生长、发育和寿命的改变，不引起机体功能的损伤，不损害机体对额外应激状态的代偿能力，接触停止后，发生的改变可逆，不能检出机体维持自稳态能力的损害，不增加机体对其他有害作用的敏感性。比如经口灌胃给药的测试中出现实验动物食欲降低，从而体重降低，这主要是灌胃给药操作带来的影响，停止灌胃后，体重可以得到恢复，这里出现的体重降低就不是有害作用。

一般认为重复剂量毒性和生殖发育毒性存在阈值，故而通过研究剂量反应关系可以建立无可见有害作用水平（No Observed Adverse Effect Level，NOAEL）或者无可见作用水平（No Observed Effect Level，NOEL）。NOAEL 是指在试验中没有出现有害作用的最大剂量，可能会有一些非有害作用发生，但不影响对人体健康评估。而 NOEL 是指试验中没有出现任何作用的最大剂量，其比 NOAEL 更保守，可以取代 NOAEL 进行后续评估。致癌作用中的非遗传毒性致癌作用，一般也认为依然可以通过剂量反应关系得到 NOAEL。而遗传毒性致癌作用则被认为是无阈值反应，并不具备获得 NOAEL 的条件。现在科学界比较认可的剂量指标（dose descriptor）是 $BMDL_{10}$ 和 T_{25}，$BMDL_{10}$ 是对自发肿瘤率校正后，引起实验动物 10% 肿瘤发生率的基准反应的 95% 置信区间下限剂量。T_{25} 指经过对自发肿瘤率校正后，能够引发 25% 的实验动物在其标准寿命期内某组织器官发生肿瘤的化学物质剂量。一般情况下，化妆品中不使用遗传毒性致癌物，因此无阈值风险评估主要用于风险物质的评估中。

在重复剂量毒性、生殖发育毒性或者其他的系统毒性测试中，理想情况下是寻找在一定剂量下对受试物最敏感的毒性终点，其测试对应的 NOAEL 值就可以被认为是待评估物质总体的 NOAEL 值，用于后续风险评估。如果选择 28 天重复剂量毒性试验数据时，应增加相应的不确定因子（Uncertainty Factor，UF，一般为 3 倍）。如果试验不能得到 NOAEL 或 BMD，也可以采用其获得的观察到有害作用的最低剂量（Lowest Observed Adverse Effect Level，LOAEL）进行评估，但用 LOAEL 值计算安全边际值（Margin of Safety，MoS）时，应增加相应的不确定因子。

三、暴露评估

暴露是指化学、物理或生物制剂与生物屏障或交换边界的接触。暴露量量化为生物体交换边界处可用的化学剂量，例如：皮肤接触、肺、内脏。通俗的理解即为机体通过各种途径与化学物质的接触，主要为皮肤、肺吸入、食入。

暴露科学（exposure science）的起源可追溯到人们在职业与工业卫生以及放射健康领域应用的一些措施。历史上就有一些这样的例子，在暴露信息被完全表征前，人们就采取了有效的控制措施来减少暴露，如霍乱流行时期，控制被微生物感染的供水污水系统，从而减少了疾病的进一步流行。真正各种形式的暴露评估最早出现在 20 世纪初，随着职业卫生的发展，职业健康暴露限值等概念相继出现；辐射保护标准开始被制定，辐射测量仪（如胶片式辐射测量仪）已被普遍使用，并被认为是第一个个体暴露监测器，辐射的生物监测方法也开始被用于评估暴露和健康效应。20 世纪 70 年代，随着公众、学术界、行业和管理部门对环境保护的关注，对污染物（空气、水）的监测到暴露量的监测，暴露评估的重要性也逐渐体现。80 年代，生物监测在其他职业环境下开始成为常规手段。美国国家环境保护局（U.S. Environmental Protection Agency，以下简称美国 EPA）发布了一本《暴露因子手册》，提供人类活动导致个人暴露和人群暴露模型估算时所需输入的信息。这本手册已经演化成检验人类暴露因素和活动的一个重要工具。20 世纪 90 年代，暴露科学的概念已经形成，并确定了研究需求和未来研究方向。

（一）暴露相关的基本概念

暴露特征有关的主要因素包括：暴露途径（route of exposure）、暴露时间（duration of exposure）和暴露频率（exposure frequency）。在化学物产生毒作用之前必须与机体接触，并通过最初的接触部位吸收进入体内而引起毒性，这些接触部位称作暴露途径。常见的化学物暴露途径是经口（消化道）、经皮和吸入（呼吸道）暴露，此外还有肌肉、静脉、皮下和腹腔注射等途径。经皮暴露的接触部位是皮肤，皮肤覆盖全身表面，直接同外界环境接触，具有屏障功能，起到保护、排泄、调节体温和感受外界刺激等作用。经口暴露是指通过消化道摄入化学物质，包含有意或无意的摄入。吸入暴露是指气体、蒸汽、雾和粉尘状态的化学物质，通过呼吸道、肺黏膜进入机体，吸收量的多少，与呼吸深度、速度、气温、湿度等因素有关。

暴露时间和暴露频率是与时间长短有关的因素，根据暴露时间和频率的不同，毒理学研究一般将毒性试验分为四个范畴，急性毒性测试（24 小时内单次或多次暴露），亚急性毒性测试（多次暴露），亚慢性毒性测试（多次暴露），慢性毒性测试（多次暴露）。关于人类暴露时间的分类，一般粗略地分为急性暴露（大剂量单次或短时间暴露）和慢性暴露（低剂量长期暴露）。化学物的暴露时间和暴露频率不同，其毒作用的部位、性质和程度也可能不同。一定剂量的化学物，单次给予实验动物染毒，和按照一定频率分次染毒，毒性表现完全不同，这和化学物在体内的代谢、解毒、蓄积、消除等有关。与急性毒性相比，重复暴露的蓄积毒性表现比较复杂，不可能通过急性毒性的阈值剂量进行定量预测。暴露剂量，又称外剂量，是指外源化学物施予机体的暴露量。吸收剂量，又称内剂量，是指外源化学物穿过一种或多种生物屏障或交换边界，吸收进入体内的剂量。

（二）化妆品的暴露评估

化妆品产品的安全评估应以暴露为导向，结合产品的使用方式、使用部位、使用量、残留量等暴露水平，对化妆品产品进行安全评估，以确保产品安全性。暴露评估指通过对化妆品原料和 / 或风险物质暴露于人体的部位、浓度、频率以及持续时间等的评估，确定其暴露水平。暴露评估是风险评估"四步法"的一个关键步骤。暴露条件是开展安全评估工作的基础，消费者暴露评估是化妆品安全评估的基础。

然而在很多情况下暴露被忽略或简单地估计，从而错误地估计了风险，对危害和风险的简单等同导致了"谈毒色变"，对暴露量过于粗略或简单的估计和累积，导致了过于保守的风险评估结果。因此，高质量的暴露数据的收集和正确的分析，为减少风险评估中的不确定性、排除干扰因素，从而准确判定风险提供了有力的保证。应以暴露为导向和基础，开展对化妆品的安全评估，反之形成了基于暴露的数据免除规则，比如毒理学关注阈值（Threshold of Toxicological Concern，TTC），就是作为暴露量阈值，低于此阈值，无需开展进一步的毒理学研究。

暴露评估是逐级进行的，从观察和粗略预估开始，粗略但保守地评估消费者暴露量。如果评估结果为无风险，则可以终止。否则，需要完善暴露评估模型，也叫精细评估（refinement），提供更接近实际情况的消费者暴露量，再继续判定风险。逐级进行的暴露评估，充分体现了风险评估的务实原则。

化妆品的暴露由多个因素决定，包括：产品类型、原料浓度、使用量、持续时间（驻留类，淋洗类）、使用频率、使用部位、暴露途径、暴露对象、透皮吸收率等见图1-1。

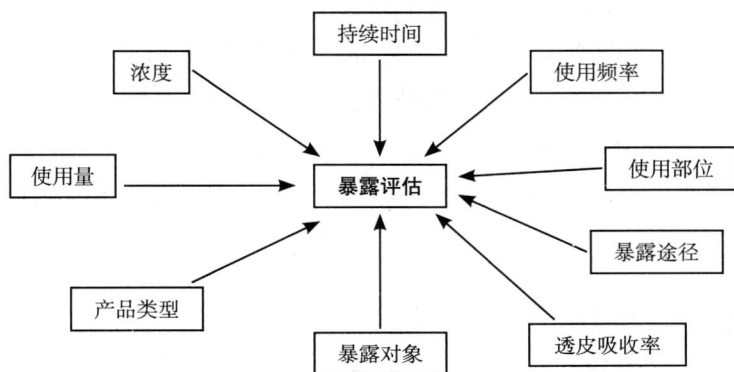

图 1-1 暴露评估的决定因素

（三）化妆品暴露途径和暴露类型

化妆品的产品一般包括经皮暴露途径，如护肤霜、洗发露、护发素、沐浴露；经口暴露途径，如口红；吸入暴露途径，如气溶胶喷雾。暴露途径的确定需要考虑合理可预见的暴露情景，这和本身产品的设计初衷可能一致，也可能不一致，偶然、意外，甚至误用的暴露，都应当考虑，并利用包装设计或警示用语来避免。

化妆品与人体接触时的不同暴露方式，分为两种暴露类型，局部暴露和系统暴露。局部暴露指的是化学物质直接接触到特定部位或区域的暴露。这种暴露方式通常发生在皮肤、眼睛、鼻腔、口腔等特定的局部区域。局部暴露的影响主要限于接触部位，可能引起皮肤刺激、过敏反应等局部效应。系统暴露是指化学物质在进入人体后通过吸收和分布进入全身循环系统，对整个机体产生影响。这种暴露方式可以通过吸入、经口、经皮等途径发生。化学物质进入血液循环后可以被输送到不同的组织和器官，可能引起全身性的毒性效应。系统暴露取决于被吸收的使用量，包括经口摄入量和胃肠吸收量、皮肤接触量和经皮吸收量，以及吸入量和肺部吸收量。局部暴露和系统暴露之间的区别在于暴露的范围和影响的程度。局部暴露主要影响接触部位，而系统暴露涉及整个机体，经皮暴露的化学物质可以透皮吸收又叫经皮渗透（dermal/percutaneous absorption），即化学物质通过皮肤屏障进入皮肤组织和血液循环的过程。在风险评估中，需要考虑不同暴露方式对人体健康的潜在风险，以确定合适的风险管理措施。

全身暴露量（Systemic Exposure Dosage，SED），通过各种暴露途径进入体循环的化学物质的预计量。通常以 mg/（kg·d）表示。经皮局部暴露量（Consumer Exposure Level，CEL），通过皮肤接触到化学物质的预计量。通常以 μg/cm² 表示。

化妆品一般在使用之后会留在皮肤上，一些成分可能通过皮肤被吸收，所以需要开展系统暴露评估。一些成分透皮吸收的可能性低，所以不需要开展系统暴露评估，比如：若化学合成的由一种或一种以上结构单元，通过共价键连接，平均相对分子质量大于 1000 Da，且相对分子质量小于 1000 Da 的低聚体含量少于 10%，结构和性质稳定的聚合物（具有较高生物活性的原料除外）被认为经皮暴露的系统毒性风险很低的物质。一般默认的保守透皮吸收率为 100%，如有需要，可基于透皮吸收率信息或相关数据进行系统暴露的精细评估。驻留类化妆品是指产品使用后留于皮肤上（如面霜），全部的使用产品（驻留因子 100%）都被考虑进行暴露评估。淋洗类化妆品是指被冲洗掉之前与皮肤短暂接触的产品（如沐浴露），只有小部分产品在使用后留于皮肤上，只有 1% 的使用产品（驻留因子 0.01）被考虑进行暴露评估。

（四）消费者暴露量的数据来源

消费者暴露的定量信息可以从多个来源获取。暴露数据多种多样，并不局限于一种固定形式，需要具有资质的合格的安全评估者根据各种情况进行逐案评估，充分了解产品和包装以及消费者的使用，从而做出最适合的暴露评估。

消费者暴露的定量信息包括但不限于：

（1）SCCS 指南、美国环保部 EPA 暴露因素手册、荷兰风险评估研究所（RIVM）数据、日本化妆品行业协会数据（Japan Cosmetic Industry Association，JCIA）、科学文献等。

（2）公司内部信息：通过消费者或实验室测试评估使用和 / 或消费行为；新的产品、新的消费群体都可能需要相应的观察、认知。

（3）产品使用说明的标注，比如：一次性使用产品。

（4）产品上市后的市场监测信息。

（五）完善或精细化暴露评估

为了节省时间和资源，暴露评估是逐级、分层进行的。通过使用恰当的暴露模型，根据暴露情景计算出暴露量。通常情况下，首先使用保守的点值作为模型参数，基于常规暴露情景进行初级、粗略的暴露调查。必要时，这些保守的暴露估计可以通过使用恰当的模型、概率方法、实际测量或其他改进手段进行精细化或完善，使暴露量更加接近于消费者真实的使用情况。但是，必须清楚地进行合理说明，并保持透明。暴露评估和大多数评估一样，是以一种迭代的方式进行，首先做筛选，用逐次迭代来补充更多的细节和复杂信息。每次迭代后，需要了解是否该级别的详细程度或置信度已经达到评估的目标，如果答案是否定的，则继续进行连续迭代，直至答案为肯定。暴露评估的详细程度也可受到风险评估所用的健康效应评估的复杂水平或不确定度所影响。如果只有非常少的健康相关信息可用，且更详细的信息也不会显著提高风险评估的确定性，则详细的高花费的进一步的暴露评估在大多数情况下是种浪费。

一般来说，完善暴露评估可以有以下的考虑：

（1）更为准确的消费者使用数据：使用频率、使用次数、使用量、稀释倍数。

（2）暴露参数（定性/定量）：透皮吸收，驻留因子，生物利用度，终生暴露。

（3）消费者人体测量参数：体重、皮肤面积。

（4）化学成分的含量。

（5）结合分析化学检测，如：空气浓度，迁移浓度，溶出浓度。

（6）利用精细建模。

（六）透皮吸收

在化妆品的安全评估中，由于多数产品主要的暴露途径是经皮，所以最常见的完善或精细化暴露评估的方式就是评估中增加透皮吸收研究。皮肤最外层的角质层，具有阻挡外部物质进入机体的保护功能，化学物质如果要经皮吸收，需要通过两个途径，即：细胞间途径和跨细胞途径。前者主要适合疏水、亲脂物质，后者主要适合亲水物质。经皮渗透是一个复杂的过程，涉及多个因素的相互作用。这些因素包括化学物质的物理化学性质（如分子大小、溶解度、脂溶性）、皮肤屏障的特性（如角质层的厚度、角质层的角质细胞间隙、角质层的水分含量）、应用条件（如涂抹剂量、应用时间、物质的溶剂或载体）等，因此经皮渗透的程度取决于多个因素，包括化学物质的特性、皮肤的状态、应用条件和使用剂量等。一些化学物质具有较高的皮肤渗透性，可以迅速进入皮肤和血液循环系统，可能对健康产生潜在的影响。反之，一些化学物质具有较差的皮肤渗透性，很难进入皮肤或机体，其暴露量可能远低于保守估计。

较好的皮肤渗透剂，一般在水和油中同时具有良好的溶解性，又称两性化合物；皮肤的渗透性：两性化合物 > 亲脂化合物 > 亲水化合物；当化学物质的油水分配系数（logKo/w）接近于 1，具有轻微的亲脂趋势（logKo/w 在 −1 到 4 之间）；小分子（分子量低于 500Da）。反之，较差的皮肤渗透剂，大分子（如分子量大于 500Da），当分子量大于 1000Da 时，可以忽略透皮吸收；在水或辛醇中难溶，亲水或者极度亲脂，油水分配系数（logKo/w）小于 −2 或者大于 4。高度亲脂的化合物由于其在水中的低溶解度，难于离开脂性角质层进入表皮，会随着皮肤脱屑而向外脱落。利用上述原理，可以预测透皮吸收率，从而完善暴露评估。分子量小于 500Da 和油水分配系数在 −1 到 4 之间的化合物被认为皮肤 100% 吸收；分子量大于 500Da 并且油水分配系数小于/等于 −1，大于/等于 4 的化合物被皮肤 10% 吸收。另外，也可以通过皮肤渗透的测试来完善暴露评估，比如体内、体外人皮肤或猪皮测试。化学物对人皮肤的渗透性，相对于多数动物皮肤（大鼠、兔、小鼠、猴）较低，大鼠皮肤渗透结果是人/猪皮肤的 1~45 倍，外推时需要调整。猪皮由于足够保守，人皮肤或者猪皮肤具有类似的皮肤渗透图谱，从猪皮肤外推到人皮肤不需要调整。如遵守 OECD 和其他原则，可信度水平体内和体外相等。

（七）吸入暴露

吸入途径不是化妆品暴露的预期途径，一般认为，相比化妆品的经皮或者其他暴露途径，喷雾剂产品的吸入暴露是不显著的。有一些化妆品的类型，可能有被吸入的可能，如：气雾类产品。当然，有很多具体的其他考量因素，包括产品的使用方式、配方情况、包装设计、颗粒粒径等。

吸入暴露模型可以通过使用数学模型进行估计，也可以在标准暴露条件下直接进行测量。在使用数学模型时，依旧采用逐级、分层的方法，估计吸入暴露。一开始采用默认方程作为保守的最坏情况方法和初步估计值。为了进行更真实的估计，可以进一步考虑使用一室模型、二室模型估算吸入暴露风险，甚至更高级别的模型，进行精细估算，比如使用积分方法计算空气交换等带来的影响。在模型参数值方面，可以使用点值（确定性评估）或分布（概率评估）。

四、风险特征描述

风险特征描述是对化学物质在特定的暴露环境下对人体健康的损害进行研究，来预测和判断特定化学物质在化妆品使用过程中是否对人体健康有影响。风险特征描述中最重要的研究方法是安全边际 MoS（Margin of Safety）计算方法。MoS 是 NO（A）EL 和 SED 之间的比值，也即：MoS =（NO（A）EL）/SED。

世界卫生组织（World Health Organization，WHO）建议 MoS 值大于 100 时可以认为化学物质的暴露是安全的。这里 100 是不确定因子或安全系数 UF（Uncertainty Factor，UF）。不确定因子概念的提出要追溯到 1954 年由美国 FDA 提出从动物测试到人需要乘以 100 作为安全系数，并提出 100 是考虑物种之间的差异、人群易感性的差异以及多种食品添加剂和污染物之间可能的协同作用。1961 年 WHO 专家在讨论如何确立每日容许摄入量（Acceptable Daily Intake，ADI）时采用了这一概念。随后不同的机构和科学家对不确定因子作出多种探索性研究，在 1994 年 WHO 采用了毒代动力学和毒效动力学的理论。动物到人体的差异由毒代动力学的 $10^{0.6}$ 和毒效动力学的 $10^{0.4}$ 组成，人体间差异由毒代动力学和毒效动力学各为 $10^{0.5}$ 组成，也就是种间差异等于 4 乘以 2.5 以及种内差异等于 3.2 乘以 3.2，不确定因子都为 10，总不确定因子为 100，如下图 1–2 所示。最终这个概念广泛被接受和使用于食品、化学品和化妆品评估中。不确定因子的引入，是风险评估的重要发展，也是"估"的一个体现。总不确定因子并不是固定的，一方面，当有待评估物质本身的毒代和毒效动力学数据时，可以采用这些实验数据来优化这 100 的不确定因子。另一方面，不确定因子的优化还可依据不同暴露途径的相互参考，暴露时间修正，NOAEL 修正，毒理学数据质量的不确定性，待评估物质是否有可能和测试物中的其他组分有协同和拮抗作用等，相应通过增加或者减少不确定因子，来保证评估的准确性和保守性，避免开展不必要的毒理学测试。上文描述的采用 28 天重复剂量毒性试验增加 3 以及采用 LOAEL 增加 3 也都是通过增加不确定因子来修正评估过程。

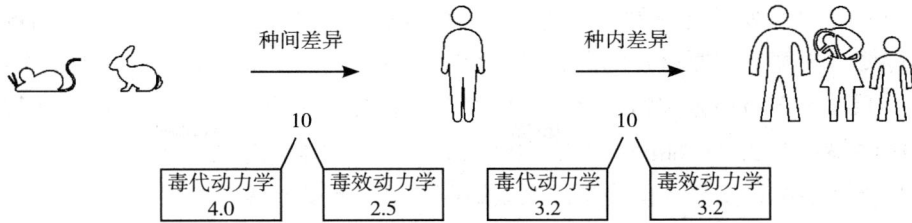

图 1-2 从动物实验结果外推到人体的不确定因子

对于无阈值效应的毒理学终点，例如无阈值效应类致癌性，可以使用 T_{25} 或者 $BMDL_{10}$ 替换 NO（A）EL 进行评估，计算公式和 MoS 计算方法类似，我们称之为暴露边际（Margin Of Exposure，MoE）。欧洲食品安全委员会（European Food Safety Authority，EFSA）推断采用 10000 作为 $BMDL_{10}$ 计算的安全评估因子以及 25000 作为 T_{25} 计算的安全评估因子，可以控制癌症风险在可接受范围内。除此之外，针对无阈值效应致癌性还有一种计算方法，称之为终身癌症发生风险（Lifetime Cancer Risk，LCR），具体的公式为：

人体 T_{25} 值（HT_{25}）$=T_{25}/$（人体体重 ÷ 实验动物体重）$^{0.25}$

终身癌症发生风险（LCR）$=SED/$（$HT_{25}÷0.25$）

由于数据质量、实验条件、实际暴露场景等因素不同，实际的癌症风险不一定和计算一致，完成计算后仍然需要根据情况修正结果，再和癌症风险控制阈值比较。癌症风险控制阈值一般使用 10^{-5}。

在不同组织和机构出版的风险评估指南中会出现 MoS 和 MoE 这两个名词或者其中之一，往往会产生迷惑。MoS 和 MoE 是在风险评估指南中常出现的两个名词，用于评估暴露是否安全。它们的定义和计算方法略有不同，但在评估结果上没有区别。在某些指南中，这两个名词有时会混用，容易造成困惑。一些组织认为这两个名词没有区别，采用相同的计算方法。然而，也有观点认为 MoS 是将不确定因子带入到计算公式中的方法，而 MoE 则更多地代表实际暴露的安全风险。如在欧洲 SCCS 发布的化妆品评估指南中 MoS 是指 NOAEL 和 SED 之间的比值，而在 EFSA 和美国环保署（United States Environmental Protection Agency，U.S. EPA）出版的相关指南中这个比值叫作 MoE。也有观点认为 MoS（或者 MoP，Margin of Protection）是把不确定因子 UF 带入到计算公式内的方法，也即 MoS = NOAEL /（UF × SED），这时计算结果的毒理学意义是该化学物质能容许的暴露水平 AEL（Acceptable Exposure Level），而 MoE = NOAEL/SED。在化妆品安全评估中，通常使用 MoE 方法来评估安全风险。由于化妆品的使用比较固定，针对的消费者和使用对象也比较明确，所以 UF 相对比较清楚。在化妆品的安全评价中，使用的计算方法主要是 MoE 方法，即 SCCS 的 MoS 计算公式。

在化妆品的安全评估过程中，我们也可以参考如化妆品安全使用历史（History of Safe Use，HoSU）、食用历史、其他行业的评估阈值等用于风险评估，必要时可以和化妆品暴露量对比，来进行 MoS 的计算。

在化妆品所有的原材料的安全性完成评估后，仍然需要进一步评估产品的安全性。

虽然化妆品是一系列原材料的复合物，产品的安全性很大程度上依赖于原材料的评估。但是依然要考虑配方中原材料的混合是否会带来安全隐患，需要确认产品的安全性。其中包括，原材料之间是否有相互反应，原材料和包装之间是否有相互反应，产品的稳定性是否能够得到保证，产品的微生物污染状况以及防腐体系有效性评估等。

在风险评估结论安全的前提下，必要时可选择开展人体安全性试验来进一步确认产品的安全性，包括两个类别：产品兼容性试验和产品接受度试验。兼容性试验指能够确认产品对人体皮肤或者黏膜组织无有害作用的试验，试验中产品的暴露水平相较真实使用较为夸大，如人体皮肤斑贴试验。接受度试验是指用来确认产品符合对其使用的预期的试验，一般采用真实使用作为试验条件，如人体试用试验安全性评价。化妆品的人体安全性试验要求遵照良好临床试验规范和世界医学联合会赫尔辛基宣言进行，需符合伦理学要求。在进行人体安全使用试验之前，需完成必要的和完整的原材料和产品安全评估，以符合要求。

第三节　数据检索与安全评估

在进行毒理学评估时，是否能获得准确可靠的毒理学数据和信息，是能否开展安全评估的重点。一般情况下，毒理学数据的检索和评估，包括以下 4 个流程：数据的搜集、数据的评估、数据缺口分析以及填补数据缺口。任何一个安全评估应当从数据的搜集开始，获取所有可得的毒理学数据和信息。这也是安全评估和传统安全评价不同的地方，安全评价是以开展新的测试为起点，再以测试结果为评价标准。而安全评估是以数据检索为起点，在数据满足评估要求时，不需要进一步的试验，节约测试时间、成本，以及更符合伦理学要求。但由于可获得数据和信息的复杂性，如何评价这些信息或数据的质量和完整性，是获得可靠评估结果的重要前提。这就是证据权重的概念。当安全评估过程中，所有可得的毒理学数据和信息可以满足安全评估的需求，没有毒理学数据缺口产生，可以完成安全评估。反之，则需要开展新的毒理学测试，来填补数据缺口。

在 1997 年 Klimisch 等报道了对数据质量评估的具体方法，包括：相关性，已知数据或测试是否适合用于某一个或多个毒理学终点的危害表征。可靠性，评估一份毒理学实验报告或文献报道是否符合或接近标准测试方法的要求，通过对实验步骤和结果的分析，以判断实验发现是否清晰可靠。适用性，确定现有数据是否充分和恰当，满足一个或多个毒理学终点的评估要求。当数据不能满足安全评估的需要时，可能要重新检索或产生新的数据。

一、数据相关性

如下一些问题在评价数据的相关性时可以用来参考：测试物本身或包含组分是否和待评估成分相同或相似？选择的被试物种是否和人类反应相关？测试中的暴露方式是否

和实际暴露方式相关？关键试验参数的选择是否影响试验结果对该毒理学终点的解释？

人体数据是和人体毒理学最相关的毒理学信息来源，但是一些不确定因素会影响结果的可靠性。在使用缺乏可靠性的人体数据时，尤其是流行病学调查数据，如研究方法有科学缺陷，试验参数影响因素过多，或者报告不完整时，通常可以和动物试验方法、替代方法以及其他数据一同考虑，评估数据之间的一致性，以最终确认这些人体数据。

评价动物试验是否和人体毒理学反应相关，主要参考毒代动力学及毒效动力学实验数据。对评估成分在人体和实验动物的毒代动力学及毒效毒理学数据差异进行分析，即便毒代动力学及毒效动力学数据非常有限，有时也可以提供非常重要的参考。当有数据支持评估成分的毒理学效应和被试物种特殊性相关，也就是说在对某一物种的测试中发生的效应不太可能在其他物种中产生，尤其是不太可能在人体产生，那么通过充分、系统地论证后，我们可以认为这个研究和人体毒理学评估的相关性不高。

二、信息可靠性

在评价某一个毒理学研究的可靠性时，必须谨慎地评估该毒理学研究的质量，方法，结果以及结论。研究的质量不高主要由以下几个方面导致：使用过时且有严重缺陷的研究方法进行测试，受试物的成分信息缺失，试验方法和技术过于粗糙，没有记录和该毒理学终点相关的关键信息。此外报告的不完整或者研究缺少基本的质量保证也会影响信息的可靠性。

Klimisch 开发了一套评级系统用来评估数据的可靠性，可以用于人体健康毒性的风险评估：

第一类，数据可靠。该类研究报告完整，采用被认为是公认的或经过我国或者国际相关组织验证过的或相关国家承认的或研究中描述的测试方法经比较后认为和上述方法一致的试验方法，以及该研究是在严格的实验室体系下（比如 GLP、CNAS、CMA 等）完成。

第二类，数据在一定条件下是可靠的。该类研究报告完整，但可能不在严格的实验室体系下完成，其研究方法也不和任何标准测试指南完全一致。但是该研究方法仍然被认为是科学的，比如经过同行评议的科学文献报道，该试验结果仍然可以接受。

第三类，数据不可靠。该类研究报告基本完整，但是试验方法并不适合该类受试物或者试验方法本身有缺陷。

第四类，不能归类。该类研究报告不完整，不足以进行分类。比如没有提供试验细节，或者只有论文摘要，或者属于二次引用（现有的资料只是引用了该报告，不是原始文献）。

使用该评级系统可以帮助我们根据数据可靠性对现有的信息和数据分类，在毒理学评估中尽量采用可靠性更高的数据，并主要关注这些数据。而被归类为数据不可靠的研究，可作为支持性数据来使用。需要提及的是，如何准确地归类数据的可靠性，需要相关的专业知识进行专业的判断，不能轻易地把所有不可靠数据排除出毒理学评估。

当试验方法被认为和经过验证的试验方法有明显区别，或者在某些地方和科学原则相违背时，或者报道的数据并不完整时，需要确定如何使用该数据，比如在某些方面可以反映一些事实时，作为支持性数据使用。

Klimisch 在发布该评级系统时，并没有给出详细的分级标准和指导方法，这导致整个评价体系比较粗放，不同的毒理学工作者可能会对同一研究给出不同分类。为解决这一问题，2008 年欧洲替代方法验证中心（现已改名为欧盟动物替代试验联合参考实验室）发布了毒理学数据可靠性评价工具（ToxRtool）。其是一个 EXCEL 工具，可以很方便地对 Klimisch 前三类进行评级。其分为动物试验和离体试验两部分内容，评级体系上有所不同。ToxRtool 包含了很多具体和详细的分级标准，使得评级判断更加规范和合理，也更加稳定和客观。但是必须强调的是，ToxRtool 毕竟只是一个工具，无法避免分级比较机械的局限性，需要相关的专业指导帮助进行完整的评价。

三、数据适用性

适用性指为了完成危害和风险评估，现有可获得的毒理学信息是否充分和有效。换句话说也就是使用现有毒理学信息是否能够得到一个清晰的评估结果，并判断评估成分是否安全。这些毒理学信息包括但不限于理化性质，结构效应关系等非测试数据，交叉参照，物质分组，离体试验，动物实验，人体试验，历史使用经验，或者其他机制类研究的文献报道。在很多情况下，虽然没有一个符合标准测试方法的毒理学试验结果，但是根据现有的文献报道或者历史使用经验，我们已经可以得到 NOAEL 或者安全使用剂量，并结合暴露足以保证评估结论是安全的，那就没有必要再进行重复剂量毒性试验了。

四、证据权重

使用证据权重来评估和整合现有毒理学信息在风险评估中具有重要地位，影响到最终决定的判断，是风险评估的主要方法之一。如何进行证据权重在当下并没有统一的方法和程序来完成，也没有明确的工具来使用。

基于证据的方法涉及对之前检索和收集的不同的毒理学信息的相对价值 / 权重的评估。为此可以根据前文介绍的 Klimisch 方法为每个毒理学信息分类。现有证据的重要性将受到诸如数据质量，结果和数据一致性，毒理学作用的性质和严重程度，和给定毒理学终点的相关性等因素的影响。在所有情况下，必须考虑到相关性，可靠性和适用性。

在证据权重中较常见的是在同一毒理学终点获得多个试验报告，结果差异较大。如果每个报告都通过了相关性，可靠性和适用性评估，则选择最保守的数据进行风险评估，这是风险评估中的一个重要原则。如果只有少数报告通过相关性，可靠性和适用性评估，则只选择这些报告数据作为关键数据进行风险评估。需要注意的是这里的相关性和可靠性都是相对的。比如在只有经口暴露数据时，虽然化妆品暴露途径是经皮暴露，但依然使用该数据作为关键数据。如果同时获得经口试验或者经皮试验结果，则在可靠性相同时，由于经皮试验在暴露途径上相关性更好，可以选择经皮试验结果为关键数据。同样的，在只获得可靠性二类数据情况下，依然采用该数据作为关键数据。但在出现二类数据和一类数据出现偏差时，需要分析偏差原因，如果二类数据并不具有更好的相关性，则选择一类数据作为可靠数据，反之亦然。在这些情况下不需要采用保守原则进行风险评估。

并不是所有的评估都需要进行复杂的证据权重过程。当数据清晰可靠时，一般可以直接进入风险评估。当遇到数据质量疑问，或者多个数据结论不一致时，需要使用证据权重，一般来说都是针对不同的具体案例进行不同的具体分析。在完成证据权重后需要记录并归档证据权重的过程以及做出最后判断的依据。必须强调在证据权重阶段专家判断的重要性，在有需要时，可以进行专家之间的交流，以保证评估的正确性。

证据权重可能意味着形式化的决策方案，建立衡量信息要素的规则，然后将所有信息进行整合，比较和整理，得出结论。一般包含证据收集、证据评估和权重以及证据整合与报告几个步骤。

证据收集应基于待评估物质和毒理学终点，搜集和整理所有可获得的数据，并根据数据间的逻辑关系进行分类；如根据体外、动物或者人体数据进行分类，或者根据毒作用机制的因果关系或发生时间顺序进行分类。证据收集时，应纳入所有相关的直接（如某一性质的测试数据）和间接（如其他地区或不同行业的法规决定）证据。

证据评估和权重需对数据的可靠性、相关性和适用性进行评估，从而决定不同证据的权重。在此过程中，可以采用定性或定量的方式，如"高""中""低"或赋分。最终选择权重系数最高的一个或者多个数据进行风险评估。

证据整合与报告指按照证据权重的结果对数据进行整合得出评估结论，并形成记录，作为风险评估过程的一部分用于后续的评估报告，用以保证方法的透明性、可重复性和可追溯性。在进行基于证据权重的数据整合时，有时还需要对数据的不确定性进行分析，可以在后续风险评估过程中，增加或者减少不确定因子，来保证评估结论的可靠性。不确定因子见本章第二节第四部分风险特征描述中的介绍。

化妆品的安全评估过程中，在搜集和整理所有可获得的数据过程中，我们可以使用已有的、公开报道的、相关行业的毒理学数据和信息，从而避免重复的和不必要的毒理学测试，有效地节省资源和更符合伦理学的要求。互联网主要的一些毒理学信息资源有：

国际权威化妆品安全评估机构：

- 美国化妆品原料评价委员会（Cosmetic Ingredient Review，CIR），网址：https://www.cir-safety.org/
- 欧盟消费者安全科学委员会（Scientific Committee on Consumer Safety，SCCS），网址：https://health.ec.europa.eu/scientific-committees/scientific-committee-consumer-safety-sccs_en
- 国际日用香料协会（International Fragrance Association，IFRA），网址：http://www.

ifra.org/

其他非化妆品权威机构：

- 欧盟食品安全局（European Food Safety Authority，EFSA），网址：http://www.efsa.europa.eu/
- 欧盟药品管理局（European Medicines Agency，EMA），网址：http://www.ema.europa.eu/ema/
- 欧盟化学品管理局（European Chemicals Agency，ECHA），应用于 REACH 注册递交的毒理学数据，网址：https://echa.europa.eu/
- 美国国家环境保护局（美国 EPA），网址：https://www.epa.gov/
- 美国食品药品管理局（美国 FDA），网址：https://www.fda.gov/
- FDA 发布的一般认为安全物质（GRAS）清单，网址：https://www.cfsanappsexternal.fda.gov/scripts/fdcc/index.cfm?set=SCOGS

  https://www.cfsanappsexternal.fda.gov/scripts/fdcc/index.cfm?set=GRASNotices
- 美国香料和提取物制造商协会（The Flavor and Extract Manufacturers Association of the United States，FEMA）发布的一般认为安全物质（GRAS）清单，网址：https://www.femaflavor.org/flavor-library/search?fulltext=&synonyms=1
- 澳大利亚工业化学品引入管理署（Australian Industrial Chemicals Introduction Scheme，AICIS，前身为国家工业化学品申报评估署 NICNAS，有部分化妆品原料评估报告），网址：https://www.industrialchemicals.gov.au/
- 德国联邦风险评估研究所（Bundesinstitut für Risikobewertung，BfR，有部分化妆品原料评估报告），网址：https://www.bfr.bund.de/en/home.html
- 联合国国际粮农组织 / 世界卫生组织食品添加剂联合专家委员会（Joint FAO/WHO Expert Committee on Food Additives，JECFA），网址：https://www.fao.org/food-safety/scientific-advice/jecfa/en/
- 联合国国际粮农组织 / 世界卫生组织农药残留联合专家会议（The FAO/WHO Joint Meeting on Pesticide Residues，JMPR），网址：https://www.who.int/groups/joint-fao-who-meeting-on-pesticide-residues-（jmpr）
- 美国国家毒理学研究计划（National Toxicology Program，NTP），网址：https://ntp.niehs.nih.gov/
- 国际癌症研究署（International Agency for Research on Cancer，IARC），网址：https://www.iarc.who.int/
- 国际经济和合作组织（Organization for Economic Co-operation and Development，OECD）提供的化学物质全球公共信息检索平台 eChemPortal，提供包括理化性质，环境归趋和行为，环境毒理，以及毒理学相关数据的检索服务（包括 39 个全球各政府或机构发布的公共数据库数据），网址：https://www.echemportal.org/echemportal/

科学文献报道：

可以在美国国家生物技术信息中心的 Pubmed 数据库中搜索全球主要科学杂志报道的科学文献。科学文献既包括毒理学临床前实验数据，可以直接获得毒理学评估关键数据；也可以搜索到毒理学机制研究作为支持性数据应用于证据权重；还可以获得一些临床及人群数据和医学案例报道，比如致敏性报道。网址：https://pubmed.ncbi.nlm.nih.gov/此外，也可以查阅我国主要的科学文献数据库如中国知网和万方数据等。

相关国家和机构发布的物质限制使用剂量：

如果化妆品原料本身也是食品添加剂，可以参考各国食品法规或指南中食品添加剂限制使用剂量，结合化妆品暴露信息，评估化妆品原料的安全性。

如果化妆品原料是应用广泛或受关注度较高的化学物质，一些政府组织和机构比如 FDA，EPA，JECFA，EFSA 等会发布该化学物质的参考剂量（Reference Dose，RfD），每日耐受摄入量（Tolerable Daily Intake，TDI）和每日容许摄入量（Acceptable Daily Intake，ADI）值。

美国加州 65 提案中对致癌、致畸物质的限制使用剂量，也可以用于对原料携带杂质的评估。网址：https://oehha.ca.gov/proposition-65

职业卫生健康相关机构发布的工业生产过程中职业暴露的限量值，比如吸入毒性可以参考美国工业卫生学家协会 ACGIH，以及德国科学基金会 DFG 下属的工作环境化学物质健康风险研究委员会发布的职业环境空气浓度限量值。

ACGIH 网址：http://www.acgih.org/

DFG 网址：http://www.dfg.de/en/index.jsp

在使用其他行业发布的物质限制使用剂量时，需要考虑到该行业的暴露途径和暴露剂量是否和化妆品暴露之间有差异。根据暴露量和途径的差异，在安全评估过程中采纳不同的安全系数或不确定因子进行校正，同时决定是否需要评估和局部毒性相关的毒理学终点。

参考文献

［1］US NRC. Risk assessment in the federal government：managing the process［M］. Washington，D.C.：National Academy Press，1983.

［2］US NRC. Science and judgment in risk assessment［M］. Washington，D.C.：National Academy Press，1994.

［3］SCCS/1647/22. The SCCS Notes of guidance for the testing of cosmetic ingredients and their safety evaluation 12th revision［Z/OL］.（2023-05-15）https://health.ec.europa.eu/publications/sccs-notes-guidance-testing-cosmetic-ingredients-and-their-safety-evaluation-12th-revision_en.

［4］Boyer I，Bergfeld W，Heldreth B，et al. The Cosmetic Ingredient ReviewProgram—Expert

Safety Assessments of Cosmetic Ingredients in an Open Forum［J］. International Journal of Toxicology, 2017, 36（2）: 5-13.

［5］EC. Regulation（EC）No 1223/2009 of the European parliament and of the council of 30 November 2009 on cosmetic products［S］. Brussels, 2009.

［6］Knight A. Systematic Reviews of Animal Experiments Demonstrate Poor Human Clinical and Toxicological Utility［J］. ATLA, 2007, 35: 641-659.

［7］US NRC. Toxicity Testing in the 21st Century: A Vision and a Strategy［M］. Washington, DC: The National Academies Press, 2007.

［8］Ankley G, Bennett R, Erickson R, et al. Adverse outcome pathways: a conceptual framework to support ecotoxicology research and risk assessment［J］. Environmental Toxicology and Chemistry, 2010, 29（3）: 730-741.

［9］Parish T, Aschner M, Casey W, et al. An evaluation framework for new approach methodologies（NAMs）for human health safety assessment［J］. Regulatory Toxicology and Pharmacology, 2020, 112: 104592.

［10］ICCR. Integrated Strategies for Safety Assessments of Cosmetic Ingredients-Part I［Z/OL］.（2017-06-06）https://www.iccr-cosmetics.org//downloads/topics/iccr-11_jwg_integrated_strategies_integrated_strategies_for_safety_assessments_of_cosmetic_ingredients_-_part_i.pdf.

［11］中华人民共和国卫生部. 化妆品卫生标准（GB 7916-1987）［S］. 北京: 中国标准出版社, 1988.

［12］中华人民共和国卫生部. 化妆品安全性评价程序和方法（GB7919-87）［S］. 北京: 中国标准出版社, 1988.

［13］中华人民共和国卫生部. 化妆品卫生规范［S］. 北京, 2007.

［14］国家食品药品监督管理局. 化妆品中可能存在的安全性风险物质风险评估指南［S］. 北京, 2010.

［15］国家食品药品监督管理总局. 关于调整化妆品注册备案管理有关事宜的通告［S］. 北京, 2013.

［16］国家食品药品监督管理总局. 已使用化妆品原料名称目录（2015年版）［S］. 北京, 2015.

［17］国家食品药品监督管理总局. 化妆品安全技术规范（2015年版）［S］. 北京, 2015

［18］国家食品药品监督管理总局. 化妆品安全评估技术导则（2021年版）［S］. 北京, 2021.

［19］国家食品药品监督管理总局. 优化化妆品安全评估管理若干措施的公告［S］. 北京, 2024.

［20］周宗灿. 毒理学教程［M］, 第3版. 北京: 北京大学医学出版社, 2006.

［21］国家食品药品监督管理总局. 已使用化妆品原料名称目录（2021年版）［S］. 北

京，2021.

［22］US EPA. Guidelines for exposure assessment［Z］. Washington，DC：U.S Environmental Protection，Risk Assessment Forum，1992.

［23］US EPA. Exposure factors handbook：2011 Edition［Z］. Washington，DC：U.S. Environmental Protection Agency，2011.

［24］秦钰慧. 化妆品安全性及管理法规［M］. 北京：化学工业出版社，2013.

［25］ECETOC. Guidance for Effective Use of Human Exposure Data in Risk Assessment of Chemicals［Z/OL］. Technical Report No.126.（2016–11）https://www.ecetoc.org/wp-content/uploads/2021/10/ECETOC–TR–126–Guidance–for–Effective–Use–of–Human–Exposure–Data–in–Risk–Assessment–of–Chemicals.pdf.

［26］Yamaguchi M，Araki D，Kanamori T，et al. Actual consumption amount of personal care products reflecting Japanese cosmetic habits［J］. The Journal of Toxicological Science，2017，42（6）：797–814.

［27］CIR. Resource Document，Respiratory Exposure to Cosmetic Ingredients［Z/OL］.（2019–09）https://cir–safety.org/sites/default/files/RespiratoryExposure%20–%20Zhu%20–%202019.pdf.

［28］ECHA. Guidance on information requirements and chemical safety assessment. Chapter R.15：Consumer exposure assessment［Z/OL］.（2016–07）https://echa.europa.eu/documents/10162/17224/information_requirements_r15_en.pdf/35e6f804–c84d–4962–acc5–6546dc5d9a55.

［29］WHO. Assessing human health risks of chemicals：derivation of guidance values for health–based exposure limits. Environmental Health Criteria 170［Z］. Geneva，1994.

［30］EFSA. Opinion of the Scientific Committee on a request from EFSA related to A Harmonised Approach for Risk Assessment of Substances Which are both Genotoxic and Carcinogenic［J］. The EFSA Journal，2005，282：1–31.

［31］Klimisch H.，Andreae M. and Tillmann U. A systematic approach for evaluating the quality of experimental toxicological and ecotoxicological data［J］. Regulatory Toxicology and Pharmacology，1997，25：1–5.

［32］ECHA. Guidance on information requirements and chemical safety assessment Chapter R.4：Evaluation of available information［Z/OL］.（2011–12）http://echa.europa.eu/documents/10162/13643/information_requirements_r4_en.pdf/d6395ad2–1596–4708–ba86–0136686d205e.

［33］OECD. Guiding Principles and Key Elements for Establishing a Weight of Evidence for Chemical Assessment［S］. OECD Series on Testing and Assessment No. 311，Paris，2019.

第二章
化妆品毒理学基础知识

化妆品的安全性评估是基于对所有原料和风险物质的科学评价，利用现有的科学数据和相关信息，识别和预测潜在的风险，降低产品对消费者健康的危害。毒理学研究作为安全评估的基础，通过多种试验方法，包括动物实验和替代方法，阐明外源性物质的毒性及其潜在危害，为化妆品的安全性评估提供了重要支撑。本章将详细探讨化妆品毒理学的基础知识，从局部毒性和系统毒性方面，介绍用于安全评估的皮肤和眼部刺激性、皮肤致敏性、皮肤光毒性和光变态反应、急性毒性、致突变性/遗传毒性、亚慢性毒性、生殖和发育毒性、致癌性以及毒物代谢及动力学等试验方法和相关资料。通过本章内容，可全面了解化妆品毒理学的基本原理和实际操作方法，掌握最新的评估技术和工具，从而在实际工作中更好地应用这些知识，确保产品的安全性，为消费者提供更安全、放心的化妆品。

第一节　局部毒性及其安全评估要点

局部毒性是指外源化合物对机体接触部位的毒性效应，一般包括：皮肤刺激性/腐蚀性、眼刺激性/腐蚀性、皮肤致敏性、皮肤光毒性和皮肤光变态反应。

一、皮肤刺激性/腐蚀性

皮肤腐蚀是指皮肤接触化合物后产生的局部不可逆组织损伤，产生凝固坏死，同时伴有溃疡和脱落。皮肤刺激是指皮肤接触化合物后产生的局部可逆性的炎症变化。化妆品不良反应中约90%为接触性皮炎，而接触性皮炎中约90%为刺激性皮炎。确保配方无（低）皮肤刺激性是化妆品安全评估最重要的内容之一。刺激性和耐受性存在个体差异性，也是安全评估难点之一。

皮肤刺激性和腐蚀性可以分为：感觉性刺激、原发性刺激和累积性刺激。化妆品安全评估重点关注原发性刺激和累积性刺激，防止和减少由此产生的化妆品不良反应。

常见有刺激性的化妆品成分：阴离子型、阳离子型、非离子型、两亲型表面活性剂、酸、碱、过氧化物、溶剂等。

皮肤刺激性和腐蚀性测试方法有《化妆品安全技术规范》（以下简称《技术规范》）

和国际常用方法（如 OECD 测试指南中的方法）以及人体研究，测试的目的是确定和评价化妆品原料及其产品对皮肤局部是否有刺激作用或腐蚀作用及其程度。

《化妆品安全技术规范》毒理学测试方法：《皮肤刺激性/腐蚀性试验》和《化妆品用化学原料离体皮肤腐蚀性大鼠经皮电阻试验方法》。

其他常见的毒理学测试方法：OECD TG 404《急性皮肤刺激性/腐蚀性试验》、TG 430《离体皮肤腐蚀性：大鼠经皮电阻试验法（TER）》、TG 435：《体外膜屏障试验：CORROSITEX》、TG 431《体外皮肤腐蚀性：重组人表皮模型试验法（RHE）：Episkin，EpiDerm，SkinEthic，epiCS》、TG 439《体外皮肤刺激性：重组人表皮模型试验方法：Episkin, EpiDerm, SkinEthic，LabCyte，EPI-MODEL24》等。

皮肤刺激性人体测试方法包括：

（1）《化妆品安全技术规范》中人体安全性检验方法：人体皮肤斑贴试验，包括皮肤封闭型斑贴试验及皮肤重复性开放型涂抹试验（Repeated Open Applicatoin Test，ROAT）。人体试用试验安全性评价。

（2）重复累积刺激斑贴试验报告（Cumulated Irritation Patch Test，CIPT），多用于驻留类产品，如产品通过重复（如 X 天）斑贴试验评估产品或配方引起局部毒性反应的潜在可能性（如刺激性和累积性刺激性），可根据产品种类及使用方法制定相应的试验方案。

（3）安全性试用试验报告，可根据产品种类及其使用方法制定试验方案，通过一段时间的试用来评估产品或配方引起局部反应的潜在可能性，可以用于了解正常和合理可预见使用条件下产品每日使用量，对皮肤、头发、眼或黏膜的刺激性等信息。

（4）其他人体研究包括：人体重复激发斑贴测试（Human Repeated Insult Patch Test，HRIPT）、消费者调研数据和人体功效测试等。

人体临床研究在开展前，需要评估产品的安全性，符合伦理的条件下方可开展测试。同时对于人体研究中的企业或行业自拟方法，应用于化妆品注册和备案有待于进一步研究。

皮肤刺激性和腐蚀性测试安全评估要点：

（1）急性毒性试验（经皮）、重复剂量毒性研究（经皮）、皮肤致敏性研究和皮肤吸收研究等涉及经皮暴露的试验可以提供皮肤刺激性和腐蚀性的提示，但是由于接触时间、面积、剂量、贴片类型、皮肤损伤判定和记录、试验物种不同等原因，不能等同于皮肤刺激性/腐蚀性试验，必须经过专家审核和评估后，通过证据权重的方式使用。

（2）受试物为强酸或强碱（pH 值 ≤ 2 或 ≥ 11.5），可以不再进行皮肤刺激试验，直接判定为强刺激或者腐蚀。但需要注意的是 pH 虽然跟刺激性相关，但是要考虑物质本身缓冲能力，如碳酸和磷酸的 pH 值较低，但是皮肤刺激性较弱。

（3）急性经皮毒性试验中受试物剂量为 2000mg/kg bw 仍未出现皮肤刺激性作用，也无需进行皮肤刺激性试验。

（4）重复剂量毒性研究（经皮）如在初始接触受试物后观察到皮损，可以用于腐蚀性评估，可以考虑判定为有刺激性。

人体、动物和体外刺激性测试方法暴露条件和剂量不同，物种敏感程度不同。对于测试方法和结果要进行评估，结合化妆品特点进行综合讨论和研究。当各种测试结果不一致时候，根据证据权重原则判断确定物质的刺激性和腐蚀性。

二、眼刺激性／腐蚀性

眼刺激是指眼睛表面接触化合物后产生的局部可逆性的炎症变化。严重眼刺激（眼腐蚀）是指眼睛表面接触化合物后产生的局部不可逆组织损伤。产品正常、合理和可预见的使用条件下，可能接触到眼部的产品需要考虑眼刺激性，如易触及眼睛的发用产品和易触及眼睛的护肤产品。根据《化妆品注册和备案检验工作规范（2019版）》规定，免洗护发类产品和描眉类彩妆品不需要进行急性眼刺激性试验；易触及眼睛的祛斑类、防晒类产品应进行急性眼刺激性试验；育发、烫发和染发产品应进行急性眼刺激性试验。这些规定和要求充分体现了以暴露为导向的安全评估原则。

《化妆品安全技术规范》中眼刺激性和腐蚀性的测试方法：《急性眼刺激性／腐蚀性试验》和《化妆品用化学原料体外兔角膜上皮细胞短时暴露试验》。其他常见测试方法有：OECD TG 405《急性眼刺激性／腐蚀性试验》、TG 437《牛角膜渗透性和通透性试验方法（BCOP）》、TG 438《离体鸡眼试验（ICE）》、TG 460《荧光素渗漏试验（FL）》、TG 491《重建人角膜模型试验（RhCE）：EpiOcular, SkinEthic, Labcyte, CONEA, MODEL24 EIT, MCTT HCE》、TG 494《胶原蛋白凝胶－眼刺激性试验（Vitrigel-EIT）》和 TG 496《体外大分子试验方法》等。

眼刺激性和腐蚀性测试安全评估要点：

（1）区分机械性刺激（物理摩擦）与化学性刺激，如摩擦剂进入眼部后可能由于物理摩擦而导致眼刺激性。

（2）有皮肤刺激的物质通常也会造成眼刺激性，严重程度可能不同。

（3）考虑到眼睛非化妆品的使用部位，化妆品不需要进行多次眼刺激性试验。

（4）刺激性和腐蚀性跟浓度和产品配方有关系，如氢氧化钠（NaOH）是强碱，有皮肤腐蚀性和严重眼睛刺激性，但用于化妆品配方中作为 pH 调节剂，目的是减少配方的刺激性。因此对于产品和配方的评估，需要结合使用浓度和使用部位来进行评估，不能简单地使用物质的危害来说明产品的风险。

产品使用过程中，如果认为有眼刺激风险的产品，需要额外的风险控制措施（如更详细的产品使用说明和警示语）。

三、皮肤致敏性（皮肤变态反应）

皮肤致敏性是指人体对某一种化合物免疫介导的皮肤反应，人体临床表现为瘙痒、红斑、水肿、丘疹和水疱。动物的反应与人体不同，可能只见到皮肤红斑和水肿。化妆品导致的皮肤过敏多为外源化合物引起的Ⅳ型超敏反应，是个别宿主对变应原发生过强的正性应答的结果，此类反应至少需要两次接触，即诱导和激发阶段。

皮肤致敏性测试的诱导阶段是指机体通过接触受试物而诱导出过敏状态所需的时间，一般至少一周。激发接触是指机体接受诱导暴露后，再次接触受试物的试验性暴露，以确定皮肤是否会出现过敏反应。

《化妆品安全技术规范》中皮肤致敏性动物测试方法包括：《豚鼠最大值试验（Guinea Pig Maximization Test，GPMT）》《局部封闭涂皮试验（Buehler Test，BT）》《局部淋巴结试验（Local Lymph Node Assay，LLNA）》《直接多肽反应试验（DPRA）》《氨基酸衍生化反应试验方法（ADRA）》《人细胞系活化试验（h-CLAT）》《U937细胞激活试验方法（U-SENS）》《角质细胞荧光素报告基因测试 LuSens 方法（LuSens）》。

其他常见体外皮肤变态反应试验：OECD TG 442C《动力学直接肽反应性测定（kDPRA）》、TG 442D《角质细胞 ARE-Nrf2 荧光素酶检测方法（KeratinoSens）》、TG 442E《白介素-8 报告基因检测（IL-8 Luc）》和《基因组皮肤致敏原快速检测（GARD）》等。

对于替代方法的使用可根据《皮肤致敏性整合测试与评估策略应用技术指南》"3选2试验"的要求进行评估。除了体内、体外和非测试的毒性预测方法外，人体重复激发斑贴测试（HRIPT）也常用于评估皮肤致敏性。

皮肤的刺激性和致敏性的皮肤临床症状（皮损状态）比较相似，通常很难直接区分，消费者主观症状中的皮肤"痒"或者"瘙痒"往往与致敏性相关，但也要结合病史等其他情况和资料综合判断，具体比较见表 2-1。

表 2-1　皮肤过敏和刺激的异同

	皮肤过敏（变态反应）	皮肤刺激
是否需要诱导	是	否
毒物来源	低分子化合物（半抗原）	机械、物理、化学刺激物等
是否第一次接触后就出现	不，通常有多次使用化妆品的历史，有潜伏期	可能
暴露后多久出现	9~24 小时，处于激发状态的皮肤可能快速出现症状	可能立即出现
暴露人群中出现反应的比例	相对较少	相对较多
皮损分布	皮损出现在接触部位，可能影响附近或远处部位	局限在接触部位
主观症状	痒	刺痛、麻刺、灼热、疼等
皮损状态	多形性皮损：红斑、肿胀、水疱；慢性阶段：干燥、皮肤增厚、抓痕；急性阶段：水疱	由于机制不同，表现可能不同：主观刺激：没有明显的皮损；急性接触性皮炎：红斑、肿胀、有时有水疱；慢性累积性皮炎：红斑、干燥、皮肤增厚

皮肤致敏性（皮肤变态反应）安全评估要点：

（1）单次接触化妆品造成的接触性皮炎，可能为刺激性或处于激发阶段的皮肤变态反应。

（2）皮肤过敏反应存在"阈值"，特别是在诱导阶段，这是可以进行定量评估的理论依据。

（3）局部淋巴结试验和人体重复激发斑贴测试结果可得到预期无诱导致敏剂量（NESIL）（$\mu g/cm^2$），可用于有潜在致敏风险的原料和/或风险物质的定量评估（QRA）。

（4）部分科学研究显示儿童没有比成人更容易产生皮肤过敏。

（5）不同结构近似或官能团一样的致敏物质可能存在交叉反应（cross reaction）。

（6）欧盟24个致敏原标识规定（驻留类0.001%，淋洗0.01%），不是基于"安全阈值"制定，而是一种警示标识，警示那些已经对其中一个或多个过敏原的消费者，避免再次接触。

（7）儿童化妆品需要按照《儿童化妆品技术指导原则》要求，对于易致敏香料组分评估。

四、皮肤光毒性和皮肤光变态反应

皮肤光毒性是指紫外线照射后产生的光刺激性，急性光毒反应会造成皮肤出现红斑和水疱，慢性光毒可引起照射处色素沉着过多和皮肤变厚。

化合物吸收紫外线，并呈现出更高能力的激发态。当回到基态时，依赖氧的光动力学反应将能量转给氧分子，产生单线态氧或其他自由基，从而产生皮肤毒作用。

皮肤光变态反应，是一种迟发的过敏性反应，由紫外线照射后光敏化合物转化为引起皮肤变态反应的半抗原后造成的过敏反应。皮肤重复性接触受试物并经过紫外线照射，通过作用于机体免疫系统，诱导机体产生光过敏状态，经过一定间歇期后，皮肤再次接触同一受试物并在紫外线照射下，引起特定的皮肤反应，其反应形式包括：红斑、水肿、脱屑剥落等。

皮肤光毒性和皮肤光变态评估步骤和方法：化合物结构判断、化学物光吸收测试（如 OECD TG 101《紫外可见分光光度计法》）、《光反应性活性氧（ROS）测定试验方法》《化妆品用化学原料体外3T3中性红摄取光毒性试验方法》、OECD TG 498《体外光毒：重组人表皮光毒测试（RHEP）》《皮肤光毒性试验》和《皮肤光变态反应试验方法》等。

皮肤光毒性和皮肤光变态反应安全评估要点：

（1）根据原料的化学结构可预测其光毒性，当认为具有紫外吸收特性（290~400nm）时，需要考虑光毒性和皮肤光变态反应。

（2）某些化妆品原料中可能存在的光毒杂质（呋喃香豆素类）的原料，如部分柑橘类来源植物原料。

（3）产品使用后无日光暴露，一般不需要考虑皮肤光毒性和光变态，如晚霜和淋洗类产品。

第二节　系统毒性及其安全评估要点

系统毒性是指外源化合物经接触部位吸收而引起的全身毒性，一般包括：急性毒性、遗传毒性、重复剂量毒性、生殖发育毒性、慢性毒性/致癌性。毒代动力学和其他毒理学试验资料以及人群安全性试验资料可能也包括系统毒性信息，因此纳入本节进行介绍和讨论。

一、急性毒性

急性毒性是指化合物单次（或短时间内，通常指24小时内）经口、经皮或经吸入后产生的毒性效应。化妆品通常关注急性经口和/或经皮途径，有吸入风险的原料需要关注急性吸入毒性。

急性毒性试验是通过短时间染毒可提供对健康危害的信息，通常以半致死剂量/浓度（Lethal Dose 50%/Lethal Concentration 50%，LD_{50}/LC_{50}）来表述。急性毒性测试基本原则：受试物以不同剂量经皮给予各组实验动物（大鼠，小鼠或其他动物），每组用一个剂量，染毒后观察动物的毒性反应和死亡情况。

《化妆品安全技术规范》急性毒性测试方法：《急性经口毒性试验》《急性经皮毒性试验》《急性吸入毒性试验方法》和《急性吸入毒性试验：急性毒性分类法》。

其他急性毒性测试方法包括：OECD TG 401：《急性经口毒性试验》、TG 402：《急性经皮毒性试验》、TG 403：《急性吸入毒性试验方法》、TG 420：《急性经口毒性试验：固定剂量法》、TG 423：《急性经口毒性：急性毒性经典方法》、TG 425：《急性经口毒性：上下法》、TG 433：《急性吸入毒性试验：固定浓度法》、TG 436：《急性吸入毒性试验：急性毒性分类法》等。

急性毒性安全评估要点：

（1）急性皮肤毒性试验可为化妆品原料毒性分级和标签标识以及确定亚慢性毒性试验和其他毒理学试验剂量提供依据。

（2）正常使用化妆品导致急性毒性的可能性较低。

（3）化妆品杂质，考虑到暴露量很低，因此造成急性毒性的风险通常较低。

（4）不同部位组织结构存在差异，经皮吸收率一般低于经口吸收率，因此通常 LD_{50}（经皮）值大于 LD_{50}（经口）值。

（5）皮肤如果处于破损状态，皮肤吸收率不同从而导致急性经皮毒性发生变化（如二甘醇）。

（6）《化妆品新原料注册备案资料管理规定》：能够同时提供国际权威安全评价机构评价结论认为在化妆品中使用是安全的安全评估报告或符合伦理学条件下的人体安全性检验报告的，可不提交该急性经口或急性经皮毒性试验。

二、遗传毒性

致突变性是化合物导致的细胞或生物体遗传化合物数量或结构永久性的变化。遗传毒性是一个更广泛的术语，是指改变 DNA 的结构、信息内容或分离，并不一定与致突变性相关。一般通过基因突变试验和染色体畸变试验资料来判定化学物的致突变性或遗传毒性。

《化妆品安全技术规范》遗传毒性测试方法:《体外哺乳动物细胞染色体畸变试验》《鼠伤寒沙门菌／回复突变试验》《体外哺乳动物细胞基因突变试验》《哺乳动物骨髓细胞染色体畸变试验》《体内哺乳动物细胞微核试验》和《睾丸生殖细胞染色体畸变试验》。

其他常见的遗传毒性试验如下：体外遗传毒性试验：OECD TG 471《细菌回复突变试验》、TG 473《体外哺乳动物细胞染色体畸变试验》、TG 490《体外哺乳动物细胞基因突变试验》和 TG 487《哺乳动物细胞体外微核试验》。

体细胞遗传毒性试验：TG 489《哺乳动物体内碱性彗星试验》、TG 488《转基因啮齿动物体细胞和生殖细胞基因突变试验》、TG 486《体内肝脏非常规 DNA 合成（UDS）》、TG 479《哺乳动物骨髓姐妹染色体单体互换 SCE》、TG 475《哺乳动物骨髓染色体畸变试验》和 TG 474《哺乳动物红细胞微核试验》。

生殖细胞致突变性／遗传毒性试验：TG 483《哺乳动物精原细胞染色体畸变试验》、TG 478《啮齿动物显性致死试验》等。

对于不同遗传测试的选择和结果判断，可以参考欧盟 SCCS 遗传毒性测试策略（图 2-1）。

细菌回复突变试验和哺乳动物细胞体外微核试验测试结果都为阴性时，一般不需要进一步测试，可直接判定物质无遗传毒性。当其中一项为阳性时，进行相应体内遗传毒性测试。

三、重复剂量毒性

重复剂量毒性试验不仅可获得一定时期内反复接触受试物后引起的健康效应、受试物作用靶器官和受试物体内蓄积情况资料，还可估计接触的无有害作用水平，后者可用于选择和确定慢性试验的接触水平和初步计算人群接触的安全性水平。

通过重复剂量经皮毒性试验不仅可获得在一定时期内反复接触受试物后可能引起的健康影响资料，而且为评价受试物经皮渗透性、作用靶器官和慢性皮肤毒性试验剂量选择提供依据。重复剂量毒性包括亚急性毒性试验（如 28 天）和亚慢性毒性试验（如 90 天）等。

有害作用（Adverse effect）：生物化学变化、功能损害或病理损害（对刺激的反应），单独或联合对整个生物体的性能产生不利影响，或降低生物体对额外环境挑战的反应能力，如：肝脏重量增加，有肥大迹象。

初步考虑
交叉参照、化学物质类别、QSARs 和其他模型（计算机）预测、理化性质、杂质、经皮吸收，其他毒理数据（例如：已有的啮齿动物致癌性数据等）

主要试验
– 细菌回复突变（Ames 测试）或哺乳动物基因突变试验 *
– 体外微核试验（结构变异和数目变异）OECD TG 487

在最终评估之前，请考虑以下几点：
– 研究的有效性
– 结果的可重复性
– 历史性对照数据的控制
– 潜在作用模式
– 可导致假阳性/假阴性结果的因素，如细菌毒性、细菌特异性代谢、过高的哺乳动物细胞毒性、代谢活化体系效能等

| 试验中均为阴性结果，且无任何预警 | 任何一项主要试验结果存疑 | 任何一项主要试验结果阳性 |

考虑：
可能导致假阴性结果的因素，如无细胞毒性、暴露于纳米粒子后细胞摄取的缺乏等

考虑：
– 潜在作用模式
– 可导致假阳性/假阴性结果的因素，如细菌毒性、细菌特异性代谢、过高的哺乳动物细胞毒性、代谢活化体系效能等

如果以上考虑因素没有得到解决，结果将是不确定的

在 WoE 方法中利用其他体外测试模型，如哺乳动物细胞基因突变（MLA，Xprt，Hprt）、染色体畸变、彗星试验、3D 重建皮肤模型上进行的彗星和微核试验、毒物基因组学、重组细胞模型、继发性基因毒性模型、HET-MN，Pig-a 基因突变试验、γH2AX、HCA

物质无基因突变性

物质被认为是体外诱变剂

没有充分的数据来断定该物质的安全性

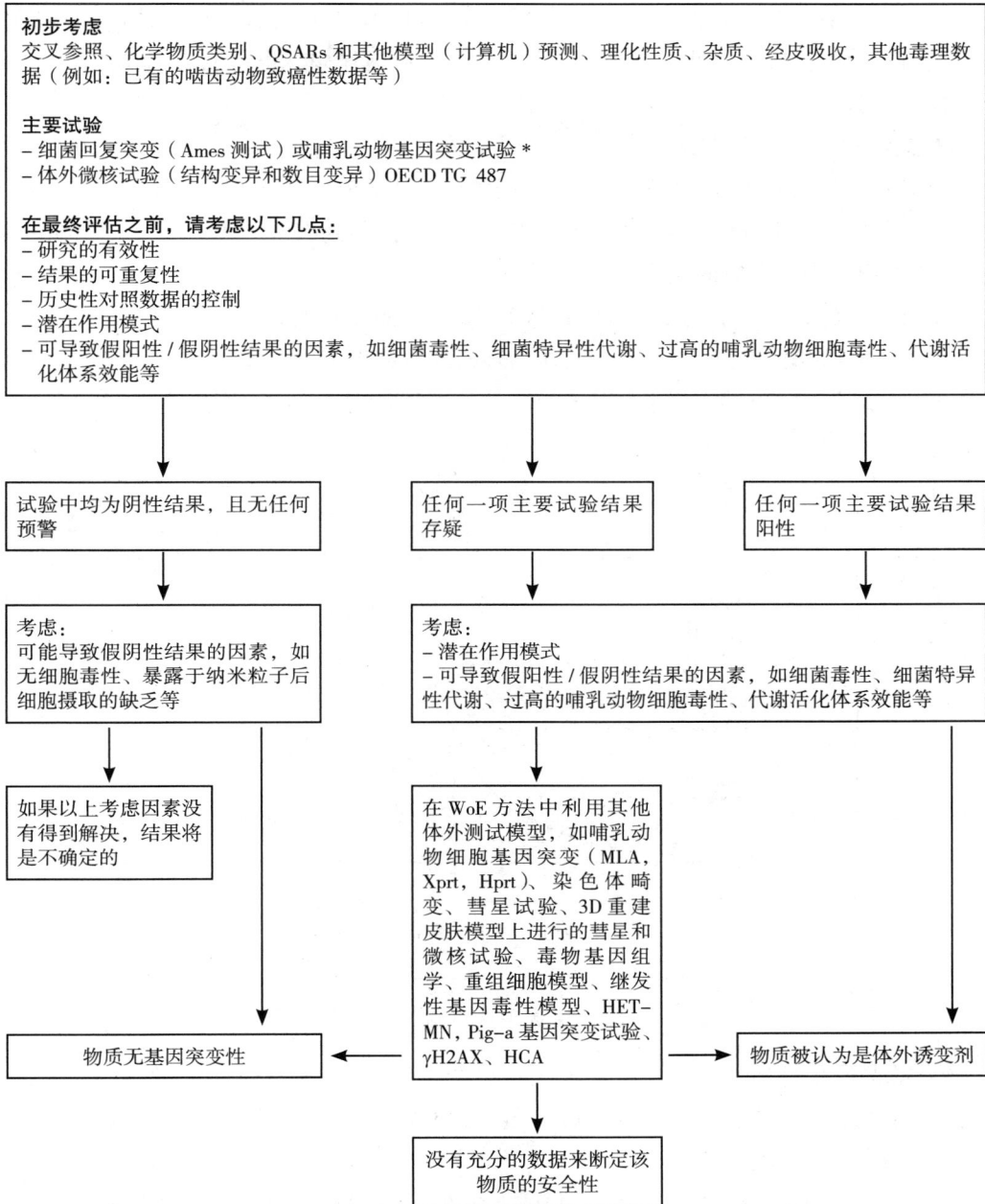

图 2-1　SCCS 遗传毒性测试策略

* 优先进行细菌回复突变试验。如果不适合（如抗生素、纳米材料），则应选择哺乳动物细胞基因突变测试。
缩写：MLA– 小鼠淋巴瘤细胞试验；Xprt– 黄嘌呤 – 鸟嘌呤磷酸核糖基转移酶基因；Hprt– 次黄嘌呤 – 鸟嘌呤磷酸核糖基转移酶基因；HET-MN– 鸡蛋微核诱导试验；Pig-a– 磷脂酰肌醇糖 A 类基因；γH2AX– 磷酸化的 H2A 组蛋白家族成员 X；HCA– 高内涵分析法。

　　非有害作用（Non-adverse effects）/适应性（Adaptive effects）：可定义为不会导致影响动物总体健康、生长、发育或寿命的物理、生理、行为和生化变化的生物效应，如：肝脏重量增加，但无病理变化迹象。

举例来说某植物提取物经口重复剂量毒性测试显示测试动物体重显著增加，有剂量关系且与对照组相比有统计学意义，但不一定属于有害作用，也可能是试验动物摄入额外营养物质造成的非有害作用。

重复剂量毒性一般可以获得一个 NOAEL 值，其意义是在暴露水平下，暴露人群与其相应对照组之间的有害作用频率或严重程度在统计学或生物学上没有显著增加。在这个水平上可能会产生一些影响，但它们不被认为是有害的或有害影响的前兆，因此可以用 NOAEL 值外推到人体的风险评估。

需要注意的是试验获得的 NOAEL 和 NOEL，并不是该受试物种在此试验中真正的 NOAEL 和 NOEL 值，而是一个精心设计出来的剂量或者浓度（图 2-2）。因此同一化合物在多个不同试验可能获得不同的 NOAEL 值，也就是同一个物质有多个 NOAEL 值。

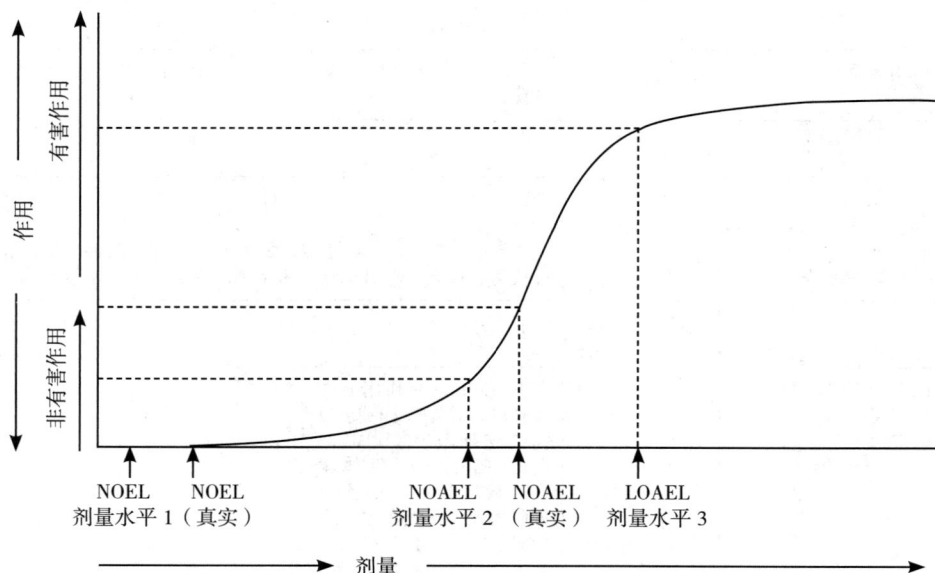

图 2-2　剂量反应曲线中有害效应观测点

《化妆品安全技术规范》测试方法：《亚慢性经口毒性试验》《亚慢性经皮毒性试验》《28 天重复剂量经口毒性试验方法》《28 天重复剂量吸入毒性试验方法》和《90 天重复剂量吸入毒性试验方法》。

其他常见的 OECD 重复剂量毒性测试方法有：TG 413《90 天亚慢性吸入毒性试验方法》、TG 412《28 天重亚急性吸入毒性试验方法》、TG 408《啮齿动物 90 天重复剂量经口毒性》、Test No. 422《联合重复剂量毒性研究与生殖/发育毒性筛选试验》、TG 407《啮齿动物 28 天重复剂量经口毒性》、TG 409《非啮齿动物 90 天重复剂量经口毒性》、TG 419《有机磷物质的迟发性神经毒性：28 天重复剂量毒性测试》、TG 411《亚慢性经皮毒性：90 天测试》和 TG 410《重复剂量经皮毒性：21/28 天测试》等。

重复剂量毒性安全评估要点：

（1）重复剂量毒性可能同时带来局部效应（local effect）或 / 和系统效应（systemic effect）信息，特别是受试物质存在刺激性的情况下。

（2）重复剂量毒性测试，特别是亚慢试验有时可提供化合物生殖毒性（如精子指标和发情周期）和致癌性信息（如 pre-neoplastic lesions/ 癌前病变）。

（3）急性毒性试验结果不能直接用于推导重复剂量毒性测试结果，但是对于试验设计选择合适的剂量组有参考意义。

（4）亚急性试验（28 天）结果经过矫正后可以用于计算 MoS。

（5）LOEAL 需要增加相应的不确定因子后用于 MoS 计算。

部分最新版的 OECD 测试指南中建议最高剂量组设计为 1000 mg/kg，可能的最高 NOAEL 值为 1000 mg/kg。一些暴露量相对比较大的产品类型（如体乳），其中的部分成分浓度比较高时，计算的 MoS 值会小于 100。这并不代表该成分使用存在健康风险，而是由于试验设计本身得到的 POD 值不够大而导致风险评估被限制，安全评估人员此时需要进一步评估，如使用该成分的经皮 / 经口吸收率用于 MoS 计算。

四、生殖发育毒性

生殖发育毒性：对亲代的生殖功能、妊娠母体机能、胚胎发育、胎儿出生前、围产期和出生后结构及功能的有害作用。

生殖毒性是指化合物对亲代雄性和雌性生殖功能的损害及对后代的有害影响，可发生于妊娠前期、妊娠期和哺乳期。

发育毒性是指母体接触化合物后，子代在成体之前被诱发的任何有害影响，即在胚胎期诱发或显示的影响，以及在出生后显示的影响。

《化妆品安全技术规范》测试方法：《致畸试验》《扩展一代生殖发育毒性试验方法》和《两代生殖发育毒性试验方法》。

常见的 OECD 生殖发育毒性体内测试方法：TG 421《生殖 / 发育毒性筛选测试》、TG 422《联合重复剂量毒性研究与生殖 / 发育毒性筛选试验》、TG 414《产前发育毒性测试》、TG 443:《扩展一代生殖发育毒性测试》、TG 426《发育神经毒性测试》、TG 416:《两代生殖发育毒性试验》和 TG 415《一代生殖发育毒性试验方法》等。

其他常见的生殖发育毒性体外测试方法：

TG 455《用于检测雌激素受体激动剂和拮抗剂的稳定转染反式激活体外检测的基于性能的测试指南》、TG 457《用于鉴定雌激素受体激动剂和拮抗剂的 BG1Luc 雌激素受体反式激活试验方法》和 TG 456《H295R 类固醇生成测定》等。

生殖发育毒性安全评估要点：

（1）单个生殖和发育毒性试验有时可获得多个 NOAEL：如二代生殖试验可获得父体 NOAEL，母体 NOAEL，子一代和子二代 NOAEL。

（2）内分泌干扰物可能导致生殖和发育毒性（如性激素干扰物）。

（3）致突变物质同样可能导致发育毒性。

（4）胚胎发育给药时间点对于毒性效应的产生非常关键。

（5）受试物种的选择对生殖发育毒性研究很重要。

（6）重复剂量毒性试验如果发现生殖器官存在有害作用，则要考虑对生殖毒性进一步研究。

五、慢性毒性 / 致癌性

慢性毒性试验（一般为 12 个月）是使动物长期地以一定方式接触受试物而引起毒性反应的试验。

当某种化学物质经短期筛选试验（如遗传毒性试验，重复毒性试验发现器官有肿瘤现象）预测具有潜在致癌性，或其化学结构与某种已知致癌剂相近时，需用致癌性试验进一步验证。

致癌性是指化合物引起正常细胞发生恶性转化并发展成肿瘤的过程。目前致癌化合物根据作用方式通常可以分为两类：遗传毒性和非遗传毒性致癌物。

遗传毒性致癌物是指那些与 DNA 反应引起遗传学改变的化合物。非遗传毒性致癌物是引起表观遗传学改变而产生的恶性细胞，通常此类化合物不会与 DNA 反应，而是通过改变遗传表达，改变细胞间通道以及其他机制导致癌症的产生（如长期细胞毒性导致细胞增殖）。

一般认为非遗传毒性致癌物有阈值（threshold），而遗传毒性致癌物无阈值，即已知或假设大于零的所有剂量都可以诱导出有害作用的化合物。

《化妆品安全技术规范》测试方法:《慢性毒性 / 致癌性结合试验》。需要特别说明的是"慢性"是指在实验动物的大部分生命期间将受试化学物质以一定方式染毒，观察动物的中毒表现，并进行生化指标、血液学指标、病理组织学等检查，以阐明此化学物质的慢性毒性。"致癌性"是指将受试化学物质以一定方式处理动物，在该动物的大部分或整个生命期间及死后检查肿瘤出现的数量、类型、发生部位及发生时间，与对照动物相比以阐明此化学物质有无致癌性。

常见的 OECD 致癌性测试方法：TG 452《慢性毒性试验》、TG 453《慢性毒性 / 致癌性结合试验》和 TG 451《致癌性测试》。

致癌性安全评估要点：

（1）如果物质有遗传毒性（如体内遗传毒性测试结果阳性），则一般认为物质致癌性风险较高。

（2）重复剂量毒性试验（如亚慢试验）显示物质能够诱导增生（Hyperplasia）和 / 或肿瘤前病变（Pre-neoplastic lesions），需要考虑进行致癌性测试。

（3）化合物的致癌性跟暴露的途径有关系，如石棉通过吸入途径进入肺部可能会导致癌症，但是没有证据显示经皮会导致癌症。吸入的甲醛可能导致鼻喉癌，但是经口或者经皮肤的甲醛不会导致此类癌症的发生。

（4）国际癌症研究机构（International Agency for Research on Cancer，IARC）将评估物质分为四类，分别是：1类：对人体致癌；2A类：致癌可能较大；2B类：致癌可能较小；3类：尚不清楚其对人体致癌作用；4类：对人体基本无致癌作用。需要注意的是，IARC的致癌分类较为宽泛，且并不一定和风险直接相关，更多是为了提示公众增加安全性关注。比如高于65℃的热水被分类为2A类，主要风险是来自于温度而不是水，长期高温饮品可能会损伤食道，从而增加致癌风险。而猪肉、牛肉、羊肉等红肉也被分类为2A。因此，不能简单化的采纳IARC分类用于风险评估。

（5）致癌性风险评估涉及因素较多，有阈值和无阈值致癌物评估也不同，具体评估可参考《化妆品安全评估导则》。

六、毒代动力学

毒代动力学是定量地研究在毒性剂量下化合物在动物（人）体内的吸收、分布、代谢、排泄（ADME）过程和特点，进而探讨原料毒性的发生和发展的规律，了解原料在动物体（人）内的分布及其靶器官。同时了解不同物种在动力学方面的差异可以为从动物实验结果外推到人时的不确定因子（UF）提供理论支持。

常见的OECD毒代动力学测试方法：OECD TG 417《毒代动力学》。

毒代动力学安全评估要点：

（1）动物和人在各个器官的蛋白酶种类和含量不一样，会导致代谢和分解的产物不同，毒性效应也不同。

（2）化合物的分子量大小，会影响动物和人的排泄，比如说同一个分子量的物质，大鼠的排泄途径可能是粪便，人类排泄的途径是尿液。排泄器官不同，如果化合物在暴露量大的情况，就会发现靶器官的毒性不同。

（3）化妆品评估重点关注经皮吸收，特定情况下经口和经呼吸道吸收也需要关注。

七、其他毒理学试验资料

产品或原料有经呼吸道吸收可能时，原料需提供吸入毒性试验资料和进行相应的评估。风险物质存在神经毒性、免疫系统毒性、内分泌系统毒性可能性时，可通过相关的测试和评估，进一步了解其危害性。

参考文献

［1］周宗灿，付立杰．现代毒理学简明教程［M］．北京：军事医学科学出版社，2012.

［2］国家食品药品监督管理总局．化妆品安全技术规范（2015年版）［S］．北京，2015.

［3］Klaassen C D. Casarett and Doull's Toxicology：the Basic Science of Poisons［M］．New York：McGraw-Hill Education，2013.

［4］Bolognia JL，Schaffer JV，Cerroni L. Dermatology［M］．朱学骏，王宝玺，孙建方，项

蕾红，译．北京：北京大学医学出版社有限公司，2020.

［5］Api AM, Basketter DA, Cadby PA, et al. Dermal sensitization quantitative risk assessment（QRA）for fragrance ingredients［J］. Regulatory Toxicology and Pharmacology，2008，52：3-23.

［6］WHO. Skin sensitization in chemical risk assessment［R/OL］. International Programme on Chemical Safety Harmonization Project Document No.5.（2008）https://iris.who.int/bitstream/handle/10665/43886/9789241563604_eng.pdf?sequence=1.

［7］国家食品药品监督管理总局．化妆品新原料注册备案资料管理规定［S］．北京，2015.

［8］Burnett C L, Bergfeld W F, Belsito D V, et al. Safety Assessment of Citrus Fruit-Derived Ingredients as Used in Cosmetics［J］. International Journal of Toxicology，2021（3）：5-38.

［9］SCCP Opinion on Diethylene Glycol（SCCP/1181/08）［R/OL］.（2008-6-24）https://ec.europa.eu/health/ph_risk/committees/04_sccp/docs/sccp_o_139.pdf.

［10］ECHA. Guidance on Information Requirements and Chemical Safety Assessment, Chapter R.7a：Endpoint specific guidance［Z/OL］.（2017-07）https://echa.europa.eu/documents/10162/17224/information_requirements_r7a_en.pdf/e4a2a18f-a2bd-4a04-ac6d-0ea425b2567f.

［11］ECETOC. Recognition of and Differentiation between, Adverse and Non-adverse Effects in Toxicology Studies, Technical report No. 85［Z/OL］.（2002-12）https://www.ecetoc.org/wp-content/uploads/2014/08/ECETOC-TR-085.pdf.

［12］ECHA. Guidance on information requirements and chemical safety assessment Chapter R.8：Characterisation of dose［concentration］-response for human health［Z/OL］.（2012-11）https://echa.europa.eu/documents/10162/17224/information_requirements_r8_en.pdf/e153243a-03f0-44c5-8808-88af66223258.

［13］OECD TG No.408：Repeated Dose 90-Day Oral Toxicity Study in Rodents［S］. OECD Guidelines for the Testing of Chemicals, Section 4，2018.

［14］WHO. Guidelines for indoor air quality：selected pollutants［Z/OL］. Air Quality, Energy and Health（AQE），Guidelines Review Committee.（2010）https://www.who.int/publications/i/item/9789289002134.

第三章
安全评估新技术和新方法介绍

随着科学技术的不断进步和新方法的引入，化妆品的安全评估和风险管理方式也发生着变化。由于科学研究的深入和监管要求的提升，传统的毒理学测试方法逐渐被更为先进和高效的新技术所取代，评估的模式也相应进行着改变。这不仅提高了评估的准确性和可靠性，也减少了对动物实验的依赖，符合现代社会对动物福利和伦理的关注。本章将探讨新技术和新方法在化妆品安全评估中的应用，这些新方法为化妆品行业提供了更为科学和系统的评估工具，帮助企业在确保产品安全性的同时，提升研发效率和创新能力。以下内容将详细阐述多个新技术新方法的概念、发展历程及其在化妆品安全评估中的应用。以期提供一个全面的视角，了解当前化妆品安全评估领域的最新进展和未来趋势。

第一节　有害结局路径和新技术方法

一、有害结局路径

2010 年美国环境保护署首次提出了有害结局路径（Adverse Outcome Pathway，AOP）的概念。2012 年经济合作与发展组织（Organization for Economic Co-operation and Development，OECD）（以下简称经合组织）正式启动并开始实施 AOP 开发计划并在 2013 年发布了 AOP 指南。2014 年 OECD 与欧洲委员会联合研究中心、美国环境保护署等共同推出 AOP 知识数据库（adverse outcome pathway-knowledge base，AOP-KB；https://aopkb.oecd.org/）。AOP 框架旨在提高化学品安全评估的效率和透明度，陆续发展涵盖了一系列新的毒理学终点和化合物类型，如纳米材料和塑料微珠。

有害结局路径（AOP）是一种方法学手段，通过收集、整理已有的化学、生物学和毒理学知识，构建一种简化的生物途径。AOP 提供了一个概念框架工具，用于描绘机体暴露化学物质后，在分子、细胞和器官水平上产生的关联连续的生物学事件，然后导致机体产生毒性的过程。其中，生物学事件可以具体分为分子起始事件（Molecular Initiating Event，MIE），关键事件（Key Events，KEs）和有害结局（Adverse Outcome，AO）这三大类，而各个过程则是通过关键事件关系（Key Event Relationships，KERs）进行连接。

AOP 的概念可以类比于多米诺骨牌游戏，虽然 MIE、KEs 和 AO 都属于不同的事件，但它们之间发生的前后顺序是不同的，MIE 强调的是分子层面的起始事件，如受体蛋白的激活、DNA 损伤的发生等，因此 MIE 的发生是整个 AOP 的起点，类似于推倒第一张多米诺骨牌。而 KEs 的发生则类似于其余骨牌接连倒下的连锁反应，随着 MIE 的激活后不同的 KEs 序贯进行，需要注意的是这些 KEs 的发生的层次是从分子水平至个体或群体水平依次递增的，如化合物暴露引起的某个 MIE 首先造成一系列的蛋白水平的级联反应、随后是细胞器的损伤、细胞的增殖或死亡、组织及器官损伤等，并最终关联至 AOP 的终点 AO，如导致个体的损伤或死亡以及种群水平的改变等。KERs 决定了不同毒性事件前后的发生顺序，以及由前一个毒性事件向下一个毒性事件发生的因果关系，而这种因果关系的判断则来源于生物学关联性、经验判断和定量分析三大方面。

整体而言，一条 AOP 的建立确定了毒性发生过程中各个独立的毒性事件（MIE、KEs 和 AO），以及毒性事件发生间的前后关系（KERs），从而可以将这些毒性事件模块化用以发展其他的 AOP。随着 AOP 概念的发展，AOPWiki 网站（aopwiki.org）不仅收录了已建立的或正在开发的两百多条 AOP，而且还模块化了众多 KEs 和 KERs，从而能够基于这些 KEs 和 KERs 来进一步完善或构建其他 AOP。

AOP 概念提出之前，毒理学研究的关注点是相对孤立的，例如体外（in vitro）测试主要关注于分子与细胞水平的毒性效应，而体内（in vivo）测试关注的重点则是对组织、器官及个体水平的有害损伤。AOP 最核心的内容在于规范化和模块化了从分子、细胞、组织、器官及至最终个体与群体水平的一系列毒性发生事件，并强调以逻辑推理性来确定这些毒性发生事件的前后关系。同时采用证据权重（Weight of Evidence，WoE）的方式评估数据，确定毒性发生的各个事件，强调不同毒性过程（如致癌和内分泌干扰这两种不同的毒性过程）中类似的毒性事件（如细胞增殖）的一致性。另一方面也采用 WoE 的方式来关联不同毒性事件发生的前后顺序，强调从一个毒性事件推导至另一个毒性事件的逻辑性（如雌激素受体的激活导致的细胞增殖）。

AOP 有定性和定量两种类型。尽管 AOP 通常是用定性语言描述的，但可以通过数学模型来量化，通常采用剂量－反应模型、系统生物学模型、贝叶斯网络来定量。有害结局路径 AOP 的概念及框架是复杂的，但一条完整 AOP 的建立能够极大促进毒理学研究和简化化合物的风险评估流程。对于已建立和认可的 AOP 来说，这条 AOP 中各个毒性事件是经过验证后可识别或可检测的，同时它们之间的发生是具有可靠的因果关系。当对目标化合物进行毒理学研究或风险评估时，研究人员仅需要对有限的已囊括于某条 AOP 的毒性事件展开试验即可推断出最终的毒性损伤效应，因而极大地减少了实验量。正因如此，AOP 的概念当前已开始应用于化学品风险的监管评估、工业化学品的安全评估、新产品的发现与开发、医药卫生与环境质量检测等。我国在 2024 年发布的《皮肤致敏性整合测试与评估策略应用技术指南》就是皮肤致敏 AOP 在化妆品安全评估中的应用。

二、新技术方法

新技术方法（New Approach Methodologies，NAMs）是指任何单独使用或与其他方法结合使用，可以替代动物方法、提供更具保护性和/或相关性的模型、改进化合物风险评估的体外方法、化学或计算（计算机）方法。NAM 可带来重大的科学进步和/或在某些情况下带来经济效益。这些包括提供更相关的方法和使用代表更多相关物种的生物学模型，例如使用更合适物种（例如人类或环境相关物种）的细胞或组织来模拟相关生物途径并阐明重要作用机制的模型。

2007 年，美国国家科学院（National Academy of Sciences，NAS）在其《21 世纪的毒性测试：愿景与策略》中首次提出了一种基于 NAM 的系统毒理学方法。该愿景并非旨在取代动物毒性测试，而是通过考虑暴露和毒理学作用机制信息，使用一系列体外和计算模型，以新的方式进行毒理学安全性评估。自该报告发表以来，在 NAMs 的开发和应用方面取得了重大科学进展。随后出现了"下一代风险评估"（NGRA）这个术语，其定义为一种以暴露主导、以假设驱动的风险评估方法，该方法整合了计算机模拟、化学模拟和体外方法。其中 NGRA 是总体目标，而 NAM 是实现该目标的重要工具和手段。基于 NAM 的 NGRA 的一个基本前提是，安全评估应该对那些接触化学物质的人群起到保护作用，但不一定需要预测在过高剂量下（远高于实际暴露量）可能出现的具体不良影响。为使化学品的管理更科学有效，推动将目前基于危险的评估方法过渡到基于风险的评估方法，而不再仅仅强调危害识别。这将需要进行比较精细和精准的环境暴露评估。美国国家科学院在其出版物《21 世纪暴露科学愿景》中也将其作为战略的一部分进行了强调。近年来，新技术方法的开发速度显著加快，这些方法有可能为基于 NAM 的安全性评估做出贡献。这些方法包括：①计算、建模和机器学习工具。②分组和交叉参照方法。③高通量和高涵量测试，包括多种基于组学的测试系统。④从二维培养到组织和微生理器官芯片系统的不同复杂程度的离体和体外检测。⑤体外生物活性测试技术。⑥人类体外到体内外推（In Vitro–In Vivo Extrapolation，IVIVE）方法。

在过去 20 年中，NAM 已成功应用于一些由化学反应性或物理化学性质驱动的特定局部毒性终点评估（例如，皮肤腐蚀/刺激、严重眼损伤/眼刺激和皮肤致敏和皮肤吸收），开发出特定的确定性方法（Defined Approach，DA），即数据源（例如计算机模型、化学反应测试和/或体外测试数据）与明确数据解释程序的特定组合方法，促进了体外方法或基于 NAM 的方法在监管中的应用。严重眼损伤和眼刺激以及皮肤致敏的 DA 已在 OECD 测试指南 OECD TG 467 和 OECD TG 497 中规定，现在已被业界广泛使用并被世界各地的许多法规引用。NAM 在某些方面比传统毒理学测试更具有优势，如皮肤致敏评估，比较了基于人体的体外方法组合（NAM 方法）、人体数据和小鼠局部淋巴结试验（LLNA）的结果，表明基于人体的体外方法组合与小鼠局部淋巴结试验（LLNA）具有相似的性能，但 NAM 方法在特异性方面优于 LLNA。

第二节 安全评估评估策略进展

一、整合测试与评估方法

整合测试与评估方法（Integrated Approach to Testing and Assessment，IATA）是一种基于多种信息源的系统化的评估方法，可用于化学物的危害识别和 / 或风险评估。IATA 遵循一套明确的流程，包括问题界定、收集现有数据、证据权重分析、生成新数据以及做出决策等步骤。各种类型的数据（如物理化学性质、暴露数据、计算机模拟预测、交叉参照和分组、体外方法、动物测试和人体数据等）被分析与整合，以科学、系统和透明的方式利用数据，以做出有关危害或风险的评估结论和管理决策。

IATA 建立在几个关键原则之上，包括有害结局途径（AOP）、证据权重（WoE），以及新技术方法（NAMs）等。AOP 为 IATA 的构建提供了作用机理的指导，为 IATA 的数据收集和整理提供了方法学框架，也对识别数据缺口和指导新数据生成起着至关重要的作用。例如，数据收集、分析和生成应围绕着已知 AOP 中的分子起始事件、关键事件以及有害结局进行。

体外测试方法很难对传统动物试验实现一对一的替代，通常会需要一组体外数据，有时还需要结合其他类型的数据（例如计算机模拟预测、QSAR）共同进行评估。如何整理和分析这些数据就需要用到证据权重法（WoE）。证据权重法考虑来自不同独立来源的可用证据，并对这些证据形成专家意见。证据权重分析涉及收集证据、评估证据、权衡证据以及整合证据的过程，根据数据的可靠性和相关性进行权重分析，考虑每个证据的可信度，得出评估结论。在 IATA 框架下需要生成新数据时，应优先考虑新技术方法。迄今已有大量体外测试方法被开发，其中一部分经过了 OECD 等机构的验证。在我国，近年有光毒性、皮肤刺激、眼刺激、皮肤致敏等诸多毒理学终点的体外测试方法被纳入《化妆品安全技术规范》。这些方法都可以为 IATA 提供新方法学的数据。在美国环保部等监管机构的框架下，交叉参照和分组等方法也属于新方法学的范畴，它们也是 IATA 重要的数据来源。

综上，IATA 是一种综合而透明的评估方法，旨在获得并整合足够的信息，以便以最有效的方式做出决策。通过整合和分析相关数据和信息、基于 AOP 进行证据权重分析，IATA 为管理决策提供了可靠的评估框架。目前 IATA 已成为国际上化学物危害和风险评估的重要组成部分。OECD 发布了一系列指南，包括 IATA 的基本概念、如何基于 AOP 构建 IATA、IATA 的案例分析以及针对若干毒理学终点的 IATA 的指导文件。我国在 2024 年发布了《皮肤致敏性整合测试与评估策略应用技术指南》，标志着我国化妆品安全评估领域对 IATA 的重视，为未来的化妆品安全评估提供了更加先进和全面的技术指导。

二、下一代风险评估

半个世纪以来，人体健康风险评估主要依赖动物测试，但这种传统方法面临挑战。动物测试无法满足大量化学物质测试和评估需求，动物福利和伦理要求也限制和减少了动物测试的使用。此外，动物实验结果外推到人体上也受到质疑。为应对这些问题，美国国家科学院、加拿大科学委员会和欧盟等发布了改革风险评估的重要报告。其中，美国国家科学院提出了转变毒性测试策略的观点，推荐基于体外方法的系统，并使用人源细胞评估生物过程的变化。此后，欧洲化学品管理局和美国环保局举办了科学研讨会，讨论新方法技术在化学品风险评估中的应用。

化妆品行业也面临类似的挑战，需要不依赖动物试验的风险评估方法。国际化妆品监管合作组织（ICCR）提出了化妆品安全性评估的原则和使用替代测试方法的建议。2018 年，ICCR 发布了化妆品成分下一代风险评估（Next Generation Risk Assessment，NGRA）的 9 项原则，分为 4 个主要原则、3 个实施原则和 2 个文件编制原则。4 个主要原则分别为总体目标是人体安全风险评估、评估应以暴露为导向、评估以假设为驱动、评估旨在防止危害；3 个实施原则分别为使用分层迭代的方法、对现有信息进行适当评估、使用可靠且相关的方法和策略；2 个文件编制原则分别是评估应该透明地记录在案、明确说明方法的逻辑和不确定性来源。

ICCR 报告详细介绍了 NGRA 评估过程中的分层推进策略，评估过程分为三个层级：Tier 0、Tier 1 和 Tier 2。Tier 0 层涉及确定使用场景并收集有关正在评估的化妆品成分的现有信息。Tier 1 涉及构建假设，而 Tier 2 将假设应用于评估。在 Tier 0 阶段，收集有关化妆品成分的现有信息并确定使用场景。如果现有数据不足，可以使用分组、交叉参照和计算毒理学工具来填补数据空白。Tier 1 阶段，根据特定暴露相关的生物作用模式（MoA）制定假设。常用的工具包括交叉引用、基于暴露的豁免、计算毒理学工具和组学等。Tier 2 阶段，根据 Tier 1 的假设选择合适的评估方法，如 PBK 模型、组学、报告基因测定和体外药理学分析。最后，整合不同证据的数据以做出最终决策，并记录整个评估过程。

NGRA 评估化妆品成分安全性主要依赖于 NAM，这些体外方法通常具有高通量和强生物效应关联性。ICCR 报告概述了可用于化妆品成分 NGRA 的几种 NAM，涵盖了系统生物学、生物信息学、组学、结构化学和计算毒理学等领域，具体总结为三类：常用方法、可能有用的方法和潜在实用性方法。第一类包括化妆品成分安全评估中常用的方法，例如交叉参照、基于暴露的豁免（如 TTC）、计算机模拟工具、代谢和代谢物鉴定、PBK 模型、化学分析、报告基因分析、3D 组织培养（局部效应和遗传毒性）和人体研究。第二类包括可能在化妆品风险评估中有用的方法，包括组学、体外药理学分析、途径建模和 3D 培养系统（全身效应）。第三类包括具有潜在实用性但尚未充分开发的方法，例如器官芯片和斑马鱼胚胎测试。

随着计算毒理学和 NAM 领域的不断发展，用于风险评估的工具变得越来越复杂。

这些工具现在涵盖了一系列决策方法和策略模型,包括证据权重(WoE)、定量结构 – 活性关系(Quantitative Structure–Activity Relationship,QSAR)和综合源策略,例如整合测试和评估方法(IATA)、整合测试策略(ITS)、有害结局路径(AOP)和确定性方法(DA)。然而,这些策略或模型的验证和确认比简单的生物或化学方法(如毒理学或物理化学测试)复杂得多。同时,毒理学测试方法都有其适用性和局限性,计算毒理学和替代毒理学方法更常用于具有明确结构的纯化学品。混合物、新兴生物技术成分来源和传统植物来源的化妆品成分使用 NGRA 方法评估存在挑战,需要进一步研究。

第三节　新方法技术进展

一、计算毒理学

计算毒理学(Computational Toxicology)是通过应用数学及计算机模型,整合毒理学、计算化学、生物信息学及系统生物学等学科,结合高通量筛选(High Throughput Screening,HTS)、化学物构效分析及网络数据库信息挖掘,探索环境化学物暴露及人群不良健康效应结局之间定性及定量的关系,筛查关键毒性通路及影响因素,可应用于化学物的毒性预测及风险评估优先级分级。计算毒理学研究的方法充分利用以往已发布的信息,对海量数据进行定量分析计算,这些优势被各公共卫生机构如美国国家环境保护局、美国食品药品管理局、欧盟联合研究中心(Joint Research Center,JRC)等应用于风险评估。随着计算机技术发展,化学物潜在毒性预测及数据挖掘、体外至体内外推(In Vitro to In Vivo Extrapolation,IVIVE)模型、外推模型不确定性估算等相关数学模型、软件工具及数据库被陆续建立,推动了计算毒理学在风险评估中的广泛应用。计算毒理学包括的内容非常广泛包括数据库构建、化合物毒性模型预测、化合物的暴露预测(包括靶器官暴露等内暴露的预测)、化合物在生物体内或在环境介质中的归趋模拟等。在下文中主要介绍化合物毒性的计算预测模型。

计算毒理学软件包括交叉参照、(Q)SAR 和专家系统等预测手段。SAR 和 QSAR 统称为(Q)SAR,是计算毒理学中常用的理论模型,用于预测化合物的物理化学、生物和环境特性。(Q)SAR 使用数学模型将化合物的结构参数与属性或活性进行定性或定量关联。构建(Q)SAR 模型需要化学品参数数据集、分子结构描述符数据集和关联方法。

按照经济合作与发展组织(OECD)对 QSAR 模型有效性评估的原则,具备明确的终点;清晰的算法;明确界定的应用域;恰当的拟合度、稳健性和预测能力;可能的话对机制进行解释等 5 项信息的 QSAR 模型是有效的。

QSAR 模型预测的结果必须以适当的文本形式进行报告,以阐明预测结果的透明度、一致性和可接受性。通用的 QSAR 预测报告应当对采用的模型和方法以及结果进行充分的解释,包括模型的信息、相关的终点、对预测结果准确性的鉴定、被预测物与模型适用范围之间的关系以及其与类似物的近似程度。如果所预测的终点不是相关法规所关注的终点，则需要说明两者之间的关系。

二、毒理学关注阈值

（一）毒理学关注阈值的概念

毒理学关注阈值（threshold of toxicological concern，TTC）方法是毒理学界最近发展起来的一种新的风险评估工具。当人体暴露剂量低于化学品的毒理学关注阈值时，该化学品对人体健康造成不良影响的可能性很低。TTC 方法基于化学物质的结构和毒性关系，确定了化学物质的安全暴露水平。根据毒理学研究和数据库，将化学物质分成不同类别，并为每个类别确定相应的阈值。当人体暴露水平低于阈值时，认为该化学物质对人体健康的危害较低。

（二）毒理学关注阈值的发展历史

首先将阈值方法运用于风险评估是在食品包装材料方面。1967 年，Frawley 分析了 220 种不同化合物的慢性毒性数据，首次提出如果食品包装材料中的物质迁移到食品中的浓度低于 0.1mg/kg，应该不会引起人体健康风险。1987 年 Rulis 等分析了 Gold 的致癌数据库中 343 种致癌物，建立了慢性剂量——风险概率分布图，按照致癌风险为 10^{-6}（百万分之一）进行外推，根据每人每天摄入 3kg 食品，可接受的摄入量为 1.5μg/d，将食品中化合物浓度安全阈值确定为 0.5μg/kg。1995 年该阈值被美国 FDA 规定为食品包装材料"管理阈值"（Threshold of Regulation，TOR）。1999 年 Cheseman 对 Gold 致癌性数据库中 709 种啮齿类动物致癌强度进行了进一步的分析，通过线性外推的方法来估算 10^{-6} 终生致癌风险的上限值的相应剂量，证实了对根据结构没有致癌潜能的化学物质来说，在食品中浓度为 0.5μg/kg 的管理阈值是有效的。2004 年，Kroes 完善了致癌物 TTC 阈值并提出如果物质的结构提示具有 DNA 反应性致突变物／致癌物，并且该物质不属于强致癌物（包括黄曲霉素类、N- 亚硝基化合物、肼、氧化偶氮类化合物、类固醇、和多卤代二苯并二噁英／二苯并呋喃类物质），则其 TTC 阈值为 0.15μg/d 也就是 0.0025μg/（kg·d）。

非致癌 TTC 的发展是从 1978 年 Cramer 建立 Cramer 决策树开始，其是根据化合物分子结构反映的毒性大小，将化合物分成 3 类，其中结构分类Ⅲ毒性最大，结构分类Ⅱ毒性居中，结构分类Ⅰ毒性最小，不同 Cramer 结构分类的化合物对应不同的 TTC 值。2011 年 JRC 对 Cramer 决策树中的问题进行更新，形成了最终的 38 个问题组成的结构问卷，帮助进行 Cramer 分类。1996 年，Munro 等建立了一个包含有 612 个化学结构明确的有机化学物质数据库，依据 Cramer 决策树将这些化合物分类，其中结构分类Ⅰ 137 个、结构分类Ⅱ 28 个、结构分类Ⅲ 448 个，并得出Ⅰ类、Ⅱ类和Ⅲ类的 TTC 阈值分别为 1800、540 和 90μg/d。Munro 等通过在原 Cramer Ⅲ类分布中剔除有机磷类，进一步优化 Cramer Ⅲ 类的 TTC 值。新的 TTC 值，即新分布的 5 百分位的值为 180μg/d。如果在此基础上再从 Cramer Ⅲ 类中剔除有机氯化合物，TTC 甚至可以达到 600μg/d。国际生命科学会（ILSI）组织专家讨论 TTC 用于膳食中化学物质的评价。2000 年 Kroes 等发表了这些工作的结果。分析结果表明用 Cramer 分类研究建立的阈值能够覆盖神经系统、免疫系统、内分泌系统和发育系统的毒性终点，但是有机磷酸酯化合物毒作用特殊，应单独制定 TTC 值为 18μg/d。2004 年 Kroes 等发表了基于一系列方法构建的 TTC 决策树，并用此方法来评价食物中低暴露水平化合物的毒理学安全性。最近完成的 CEFIC LRI 项目 B18 根据实验或计算机模拟数据将致癌性数据库（CPDB）中的致癌物分为非遗传毒性或遗传毒性化合物。新的研究证明，使用 Cramer 分类的 TTC 值来评估非遗传毒性致癌物足够保守。

TTC 原则已经被美国 FDA、世界粮农和卫生组织（FAO/WHO）食品添加剂委员会（JECFA）、欧洲食品安全局（EFSA）、欧洲药品评估机构（EMEA）、人用药品技术要求国际协调理事会（The International Council for Harmonisation of Technical Requirements for Pharmaceuticals for Human Use，ICH）、化学品安全国际项目（International Programme on Chemical Safety，IPCS）、国家食品安全评估中心（China National Center for Food Safety Risk Assessment，CFSA）和国家药品监督管理局（NMPA）用于食品添加剂、食品用香精香料、食品包装材料、饮用水、工业化学品、农药、医药、医疗器械、化妆品等原料和产品的风险评估中。

（三）TTC 限值优化和研究进展

2007 年 COLIPA 组织的专家组建议可以用 TTC 原则对化妆品成分进行安全评估，之后建立了基于 Munro 和 COSMOS TTC 数据集的"联合数据集"，并推导适用于化妆品原料评估的 TTC 值。2021 年 SCCS 参考这个数据集将 Cramer 类 Ⅲ 和 Ⅰ 的阈值分别设为 2.3 和 46μg/（kg·d），用于化妆品相关物质。此外，Patel 等人的研究将 RIFM 数据库中 476 种化学物质（COSMOS TTC 数据集之外新增了 344 种），并将其添加到现有的 TTC 数据库中。扩展后的 RIFM 数据集分别提供了 Cramer 类 Ⅰ、Ⅱ 和 Ⅲ 中的 421、111 和 795 种化学物质。

为进一步优化 Cramer 分类，美国 FDA 开发了扩展决策树（EDT），使用一系列基于结构的问题，根据化学品的毒性强度对其进行筛选和优先排序，以进行安全测试，并将化学品分配到六个 EDT 类之一。每个类别都有一个与之相关的毒理学关注阈值（TTC）值。

关于致敏相关的 TTC 研究，Roberts 等人 2015 年发表的文献中报道了两种单独的皮肤致敏阈值（Dermal Sensitisation Threshold，DST）：基于 38 种化合物，非反应性化学物质的值为 900μg/cm²，基于 233 种化学物质，反应性化学物质的值为 64μg/cm²。还发布了一组结构规则来识别任何高效力类别（HPC）化学品，这些化学品的 EC3 值可能低于反应性 DST。最近，Nishijo 等人 2020 年发布了第三个 1.5μg/cm² 的 DST，涵盖了预测属于高效力类别的化学品。Chilton 等人（2022）使用 Derek Nexus 对扩展数据集中的 1152 种化学物质的致敏活性进行分类，并预测哪些化学物质属于高效力类别（HPC）。这种两步分类产生了 3 个更新阈值：非反应性 DST 为 710μg/cm^2（基于 79 种非致敏剂）、反应性（非 HPC）DST 为 73μg/cm^2（基于 331 种致敏剂）和 HPC DST 为 1.0μg/cm^2（基于 146 种致敏剂）。

关于吸入 TTC，欧洲化妆品协会于 2020 年 11 月组织了一次虚拟研讨会，分享了现有吸入 TTC 方法对化妆品成分适用性的当前科学现状，比较了从不同数据库推导而得的吸入 TTC 值，认为 Cramer 分类不适合用于吸入 TTC 值的推导。主要讨论点包括为局部呼吸道作用建立吸入 TTC 的必要性、剂量指标、数据库建设和研究质量、化学空间和应用域，以及化学品吸入毒性分类。会议重点强调了迄今为止在吸入 TTC 研发方面取得的进展，以及为获得监管部门认可而需要进行的下一步开发措施。

对于植物提取物，Kawamoto 等人（2019）报告称，Cramer Ⅲ 类 TTC 值为 90μg/d 可能足够保守。Mahony 等人在 2020 年提出 TTC 值为 10μg 植物材料（基于干重）/d（用于含有潜在遗传毒性物质的植物提取物的评估。

在多方参与的合作项目框架内，Rogiers 等人（2020）目前正在努力开发一套可用于人类安全评估的体内 TTC（internal TTC，iTTC）值，即基于血浆浓度的 TTC 值。然而，开发 iTTC 数据库很复杂，Ellison 等人（2019、2020）除了目前仅通过应用计算机工具修正 NOAEL 的尝试之外，还需要进行更深入的研究。虽然正在努力开发更稳健的 iTTC 阈值，但已经提出了消费品中化学物质的临时保守 iTTC 为 1 μM 血浆浓度，并得到了制药行业已发表的数据、非药物化学物质 / 受体相互作用的文献综述以及 ToxCast^{TM} 数据分析的支持。然而，这是在原始 TTC 排除标准中额外排除了雌激素和雄激素受体作为低剂量暴露的关注目标。Ellison 等人（2021）年回顾和概述了 iTTC，并提出了 iTTC 未来的研究方向

三、交叉参照

（一）交叉参照的基本概念

交叉参照（Read-across）是毒理学家在工作中根据一个或多个化合物的毒性来预测其他化学物质的毒性的方法。它是一种有文件记录的专家判断方式，用于减少动物测试的使用，节约时间和费用。近年来交叉参照（Read-across）方法逐渐被法规认可，理论和技术体系逐步完善，得到科学界、工业界和管理部门的广泛关注和认可。1998 年美国环保局首次制定了一份指导文件来支持美国 HPV Challenge 项目。同样的指导文件也被纳入（OECD）经合组织 HPV 化学品调查手册。随着在 OECD HPV 化学品方案以及国家 / 区域采用该指南的经验不断积累，为了进一步推荐和提高这个方法的接受度，OECD 在 2007 出版指导文件 TD 80《guidance on grouping of chemicals》，并建议更广泛地使用这一方法。同时指南指出化学物分组的评估是一个不断发展的领域，旨在对其指

导文件进行持续修订。2008 年 ECHA 发布了 REACH 技术指南《Guidance on information requirements and chemical safety assessment Chapter R.6：QSARs and grouping of chemicals》。2012 年，欧洲化学品生态毒理学和毒理学中心（ECETOC）发布了一份关于类别方法、交叉参照和 QSAR 的技术报告，该报告提供了关于如何准备并向监管机构提交交叉参照论证文件的简单指导。ECETOC 文件中提出的许多建议后来被纳入 OECD 2014 年的化学物分组指导文件中，该文件于 2017 年更新。2017 年的指南介绍了类别法和类似物法的区别，就如何提供交叉参照证据提供更多指导，并开始讨论体外测试和有害结局路径（AOP）可以发挥作用的地方。为了不断支持和促进交叉参照的科学发展，从而进一步提高交叉参照数据的质量，ECHA 开发了"交叉参照评估框架"（RAAF）来评估交叉参照的质量，并在 2017 更新加入关于多组分物质和化学结构未知、组分可变、复杂的反应产物或生物材料物质（UVCB）的内容。

目前，交叉参照在填补数据缺口中的应用已经被工业化学品、化妆品、食品添加剂、农药和生物杀灭剂等行业法规所认可，尤其是在工业化学品领域，交叉参照作为非测试方法中的重要一员已经被欧盟、美国、加拿大、日本等多个国家的管理机构所接受，也被中国《新化学物质申报登记指南》所认可。2022 年，我国国家食品安全风险评估中心（CFSA）出版的《食品安全风险评估技术程序与应用指南》中包括《交叉参照在食品安全风险评估中的应用指南》。2024 年 4 月，中国食品药品检定研究院（National Institutes for Food and Drug Control，NIFDC）（以下简称中检院）发布了《交叉参照（Read across）方法应用技术指南》以指导化妆品原料的安全评估。

（二）交叉参照的判定原则

交叉参照简单地可理解为，由一个（或多个）源化学物质［source substance（s）］的毒性终点信息预测另一个（或多个）具有相似特性的目标化学物质［target substance（s）］的同一毒理学终点信息，从而替代试验的方法。交叉参照的应用包括两类，类似物法（analogue approach）和类别法（category approach），类似物法是一个目标化学物质和一个源化学物质的交叉参照，而类别法是指一个或多个目标化学物质和至少两个或更多个源化学物质的交叉参照的方法。

无论是类似物法还是类别法，采用交叉参照的基础都是源于化学结构的相似性或机制（生物活性）的相似性。其中，结构相似性的判断主要包括以下几个方面。

含有共同的功能基团：醛基、环氧化物、酯键、特殊的金属离子等，如已被 OECD 接受的铁盐类化合物含有相同的金属离子 Fe^{2+} 或 Fe^{3+}。

碳链长度的固定增加或减少，一般这类化合物的物理化学特性也会产生相应的较为恒定的变化。如 C2-C4 脂肪硫醇类化合物组包括：1- 乙硫醇，1- 丙硫醇，1- 丁硫醇，2- 甲基 -2- 丙硫醇。

相同的组分或化学类别，或相似的碳数量范围，一般常见于未知或变量的物质成分、复杂反应产物或生物材料（Substance of Unknown or Variable composition，Complex reaction products or Biological materials，UVCB）物质，如碳氢化合物溶剂、石油产品、煤炭衍生产品、天然的复杂物质。

物理化学性质相似和代谢相似性也是可以进行交叉参照的判断依据之一。一般理化性质相似是基础，包括分子量、水溶解性、辛醇/水分配系数（Octanol-Water Partition Coefficient，LogKow）、蒸气压，固体的粒径等。这些物质自身的理化性质关系到化合物染毒后，体内的吸收、代谢、分布、排泄的特征表现，进而会影响毒理性质。代谢途径、作用机制等相似，如含氨类化合物［NH_3，NH_4OH，（NH_4）$_2S_2O_3$，（NH_4）$_2H_2PO_4HSO_4$］，都含有氨或铵根离子，不同的功能基团分别是硫酸根离子，硫代硫酸根离子，磷酸根离子，由于这些离子正常存在于血液中，过量时可以通过尿液排出，所以上述含氨类化合物可认为是类似物质；共同的前体和/或降解产物，通过物理或生物作用，产生结构类似的物质，如代谢产物酸/酯/盐类物质。

特定的毒理学终点与化学物质的作用机制有密切的关系。在过去几年中有害结局路径（Adverse Outcome Pathways，AOPs）的发展使得通过化合物能否引起分子起始事件（MIE）来判断化合物是否和其他类似物或同类别物质具有相同的作用机制，从而判断是否可以引起相似的毒理学效应。如皮肤致敏性或致突变性的毒理学终点，化学反应性可能提供有用的支持信息。进行机制和生物活性相似性的判断需要比较同一类别内体外生物活性测试数据，这就需要借助相关生物学工具来完成。包括利用体外生物测定数据进行局部验证，用"大数据（big data）"比较化合物的整体特性来判断他们在生物学特性上是否相似，用"组学（omics）"技术来判断分组或归类是否合理。

（三）交叉参照的流程

不同组织和机构发表的工作流程中，交叉参照的步骤虽然没有完全相同，但是逻辑基本一致。以 Patlewicz 等提出的通用工作流程为例（图3-1），交叉参照（类别法和类似物法）的步骤一般分为7步：①决策背景分析：了解交叉参照评估的具体目的是用于优先排序、物质筛选，还是法规监管框架下的危害评估或风险评估。②分析缺失数据：确定和收集目标化学品已知的危害特性的信息和数据缺口的类型和数量，从而确定后续步骤的优先顺序。③相似性假设：对目标物质进行初步分析然后建立关于相似性的假设。这里包括了解所观察的效应的种类，靶器官的信息，作用机理的种类或毒代动力学信息，从而确定毒性效应是否可能由目标化合物或其（非生物，生物，代谢）转化的产物导致。④类似物识别：这是搜索目标化学物的类似物的具体过程，相似性基本原理决定了如何进行搜索。如果是化学结构相似，则可以通过结构警示功能团，或化学类别的相似性进行搜索；识别类似物可以通过手动搜索，也可以借助相关计算机模型。⑤类似物评估：搜索了源类似物后，关键步骤是评估这些类似物的有效性和相关性，包括结构、组成、物理化学性质、反应性、代谢以及作用机制的相似性等，进一步评估初始类似物搜索中没有考虑的相似性。该步骤还需要评估源化学物质的实验数据的有效性，并判断它们在不同数据间和效应终点之间的作用的一致性。⑥填补缺失数据。

⑦不确定性评估：不确定性评估有两种主要方法——专家判断或数据驱动。专家判断的方法依赖于领域科学家／专家评估类似物及其相关数据的相关性。目前，相关的研究希望确定在一定程度上可以客观地评估预测的准确性，以便能够定量评估与预测相关的不确定性。引入新技术方法可以降低交叉参照的不确定性。

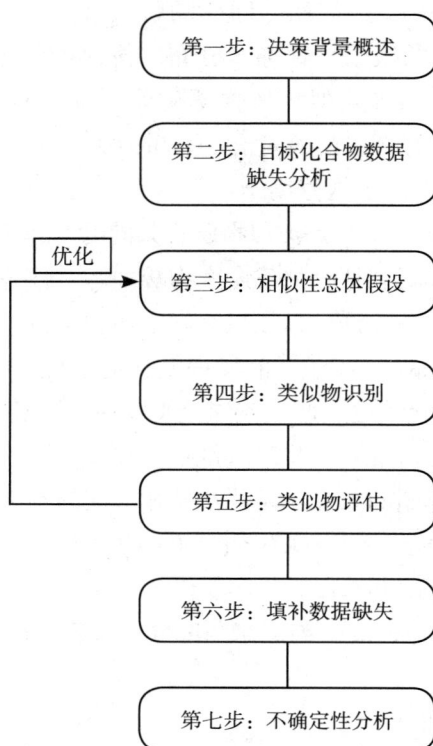

图 3-1　Patlewicz 交叉参照工作流程

四、生理动力学模型

生理动力学（Physiologically Based Kinetic，PBK）模型是一种结合了基于生理系统的数学模型和化学物质的化学性质数据的，用于预测化学物质在生物体内的生物过程［吸收、分布、代谢和排泄（Absorption、Distribution、Metabolism and Excretion，ADME）］的模型工具。因运用领域不同，PBK 也被称为 PBTK 生理毒代动力学（Physiologically Based Toxicokinetic，PBTK）模型或生理药代动力学（Physiologically Based Pharmacokinetic，PBPK）模型。此类动力学模型的概念最早是由 Theorell 在 1937年提出的，用于模拟药物在组织中的浓度。进入 21 世纪后，PBK 得到了快速的发展，目前 PBK 模型已被广泛应用于许多领域，其中包括但不限于人类药品／健康，化妆品，职业从业人员健康，食品饲料安全，工业化学品等。

PBK 模型的建立主要包括以下几个步骤。第一步是收集与目标化学物质相关的数据，包括物理化学性质（如分子量、溶解度、脂溶性和电离特性等）和生化常数（如化学物质的吸收、蛋白结合、代谢和排泄等）等方面的数据。下一步是利用动力学数学模型构建具有生理学意义的人体生理房室，这些房室代表了参与化学物质的生理过程的器官，通常包括肝脏、肾脏、肺部、脂肪组织、血液和相关靶器官。一旦房室建立，与其相对应的生理、解剖和生化参数（包括血液流速、器官容积、酶活性、转运蛋白容量和结合亲和力等）将被引入模型。在这之后，不同的算法工具会被用于求解微分方程组，以模拟化学物质在身体各个器官和体液的动力学变化，例如化学物质在生物体内的浓度随时间的变化。

因为 PBK 可以模拟预测化学物质的 ADME，目前 PBK 在毒理学中有多种不同的应用场景，主要内容如下。

1. 剂量 – 反应预测

PBK 模型可以帮助估算化学物质在靶器官或组织中的内部暴露水平，从而有助于理解外部剂量与毒性效应之间的关系。

2. 不同物种间外推

PBK 模型可以将数据从一个物种外推到另一个物种。通过考虑物种间的生理和 ADME 差异，PBK 模型可以基于目标化学物的动物毒理效应数据，外推出人体的毒理学效应。除此之外，通过量化不同物种间化学物质的毒代动力学差异性和 / 或不确定性，PBK 可以用于建立化学特异性调整系数（Chemical-Specific Adjusting Factor，CSAF），从而在人类安全风险评估中替代物种间的不确定性因子（Uncertainty factor，UF）10 中的毒代动力学系数 4。不确定因子的介绍可参见第一章第二节内容。

3. 同物种个体间差异性

PBK 模型可以预测毒代动力学的个体间差异性。根据年龄、性别、生命周期阶段和健康状况等个体信息，PBPK 模型可以帮助预测不同个体在 ADME 方面的差异，有助于识别出对某些化学物质更为敏感的人群。除此之外，因为 PBK 模型可以量化化学物质在物种内不同个体的毒代动力学差异性和 / 或不确定性，为优化人类安全风险评估中的 UF 提供了可能。应用 PBK 建立的化学特异性调整系数（Chemical-Specific Adjusting Factor，CSAF）可用于替代物种内 UF10 的毒代动力学系数 3.2（见上综述）。

4. 研究设计优化

通过模拟不同的暴露情景和试验条件，PBK 模型可以帮助优化试验设计，减少所需的动物 / 器官 / 细胞数量，并提高毒理学试验的效率和准确性。

5. 暴露途径外推

PBK 模型可以将一种暴露途径的毒理学数据外推到另一种暴露途径的数据。

6. 体外到体内外推（IVIVE）

PBK 模型可根据体外试验的数据外推出体内的数据。

7. 计算毒理学

PBK 模型可以整合到包含多种新途径方法（NAMs）的计算毒理学框架中。通过结合不同的数据资源和建模技术，这些框架可以帮助更全面地了解化学物质在体内的生物活性和代谢动力学。

参考文献

［1］Ankley GT, Bennett RS, Erickson RJ, et al. Adverse Outcome Pathways：A Conceptual Framework to Support Ecotoxicology Research and Risk Assessment［J］. Environ Toxicol Chem, 2010, 29：730-741.

［2］OECD. Guidance document on developing and assessing adverse outcome pathways［S］. In Series on Testing and Assessment, No. 184, 2013.

［3］Westmoreland C, Bender J H., Doe E J. Use of New Approach Methodologies（NAMs）in regulatory decisions for chemical safety：Report from an EPAA Deep Dive Workshop［J］. Regulatory Toxicology and Pharmacology, 2022, 135：105261.

［4］Sewell F, Alexander-White C, Brescia S, et al. New approach methodologies（NAMs）: identifying and overcoming hurdles to accelerated adoption［J］. Toxicology Research, 2024, 13（2）: tfae044.

［5］SCCS/1647/22. The SCCS Notes of guidance for the testing of cosmetic ingredients and their safety evaluation 12th revision［Z/OL］.（2023-05-15）https://health.ec.europa. eu/publications/sccs-notes-guidance-testing-cosmetic-ingredients-and-their-safety-evaluation-12th-revision_en.

［6］Strickland J, Truax J, Corvaro M, et al. Application of defined approaches for skin sensitization to agrochemical products［J］. Frontiers in Toxicology, 2022, 4：852856.

［7］郭家彬, 帅怡. 体外与预测毒理学［M］. 北京：北京大学医学出版社, 2021.

［8］OECD. Overview of Concepts and Available Guidance related to Integrated Approaches to Testing and Assessment（IATA）［S］. OECD Series on Testing and Assessment, No. 329, 2020.

［9］OECD. Guidance Document for the Use of Adverse Outcome Pathways in Developing Integrated Approaches to Testing and Assessment（IATA）［S］. OECD Series on Testing and Assessment, No. 260, 2017.

［10］Dent M P, Vaillancourt E, Thomas R S, et. al. Paving the way for application of next generation risk assessment to safety decision-making for cosmetic ingredients［J］. Regulatory Toxicology and Pharmacology, 2021, 125：105026.

［11］Carmichael P L, Baltazar M T, Cable S, et al. Ready for regulatory use：NAMs and NGRA for chemical safety assurance［J］. ALTEX-Alternatives to animal experimentation, 2022, 39（3）: 359-366.

［12］Cronin M T D, Enoch S J, Madden J C, et al. A review of in silico toxicology approaches to support the safety assessment of cosmetics-related materials［J］. Computational

Toxicology, 2022, 21：100213.

［13］OECD（Organisation for Economic Co-operation and Development）. Guidance Document on the Validation of（Quantitative）Structure-Activity Relationship［（Q）SAR］Models［S］. OECD Series on Testing and Assessment, No. 69, 2007.

［14］郑明岚，周少英，刘学军，等. 毒理学关注阈值（TTC）在化学物质风险评估中的应用［J］. 卫生研究，2010, 39（5）：639-642.

［15］Escher S, Felter S P, Hollnagel H, et al. Workshop report on the evaluation of the updated and expanded carcinogen database to support derivation of threshold of toxicological concern values for DNA reactive carcinogens［J］. Alternatives to Animal Experimentation, 2023, 40（2）：341-349.

［16］Batke M, Afrapoli F M, Kellner R, et al. Threshold of toxicological concern—an update for non-genotoxic carcinogens［J］. Frontiers in Toxicology, 2021, 3：688321.

［17］Yang C, Barlow S M, Jacobs K L M, et al. Thresholds of Toxicological Concern for cosmetics-related substances：New database, thresholds, and enrichment of chemical space［J］. Food and Chemical Toxicology, 2017, 109：170-193.

［18］Patel A, Joshi K, Rose J, et al. Bolstering the existing database supporting the non-cancer Threshold of Toxicological Concern values with toxicity data on fragrance-related materials［J］. Regulatory Toxicology and Pharmacology, 2020, 116：104718.

［19］Nishijo T, Api A M, Gerberick G F, et al. Application of the dermal sensitization threshold concept to chemicals classified as high potency category for skin sensitization assessment of ingredients for consumer products［J］. Regulatory Toxicology and Pharmacology, 2020, 117：104732.

［20］Chilton M L, Api A M, Foster R S, et al. Updating the Dermal Sensitisation Thresholds using an expanded dataset and an in silico expert system［J］. Regulatory Toxicology and Pharmacology, 2022, 133：105200.

［21］Bowden A M, Escher S E, Rose J, et al. Workshop report：Challenges faced in developing inhalation thresholds of Toxicological Concern（TTC）-State of the science and next steps［J］. Regulatory Toxicology and Pharmacology, 2023, 142：105434.

［22］Kawamoto T, Fuchs A, Fautz R, et al. Threshold of Toxicological Concern（TTC）for Botanical Extracts（Botanical-TTC）derived from a meta-analysis of repeated-dose toxicity studies［J］. Toxicology Letters, 2019, 316：1-9.

［23］Mahony C, Bowtell P, Huber M, et al. Threshold of toxicological concern（TTC）for botanicals-Concentration data analysis of potentially genotoxic constituents to substantiate and extend the TTC approach to botanicals［J］. Food and chemical toxicology, 2020, 138：111182.

［24］Ellison C A, Blackburn K L, Carmichael P L, et al. Challenges in working towards an internal threshold of toxicological concern（iTTC）for use in the safety assessment of cosmetics：Discussions from the Cosmetics Europe iTTC Working Group workshop［J］. Regulatory Toxicology and Pharmacology，2019，103：63-72.

［25］Rovida C，Barton-Maclaren T，Benfenati E，et al. Internationalization of read-across as a validated new approach method（NAM）for regulatory toxicology［J］. Altex，2020，37（4）：579.

［26］Zhu H，Bouhifd M，Kleinstreuer N，et al. t4 report：Supporting read-across using biological data［J］. Altex，2016，33（2）：167.

［27］Patlewicz G，Cronin M T D，Helman G，et al. Navigating through the minefield of read-across frameworks：A commentary perspective［J］. Computational Toxicology，2018，6：39-54.

［28］Schultz T W，Richarz A N，Cronin M T D. Assessing uncertainty in read-across：questions to evaluate toxicity predictions based on knowledge gained from case studies［J］. Computational Toxicology，2019，9：1-11.

［29］Lester C，Byrd E L，Shobair M，et al. Quantifying analogue suitability for SAR-based read-across toxicological assessment［J］. Chemical Research in Toxicology，2023，36（2）：230-242.

［30］Escher S E，Aguayo-Orozco A，Benfenati E，et al. Integrate mechanistic evidence from new approach methodologies（NAMs）into a read-across assessment to characterise trends in shared mode of action［J］. Toxicology in Vitro，2022，79：105269.

［31］OECD. Guidance document on the characterisation，validation and reporting of Physiologically Based Kinetic（PBK）models for regulatory purposes［S］. Series on Testing and Assessment No. 331，2021.

［32］Lin Z，Fisher J W. Chapter 1-A history and recent efforts of selected physiologically based pharmacokinetic modeling topics［M］. Physiologically Based Pharmacokinetic（PBPK）Modeling. Academic Press，2020：1-26.

［33］WHO. Characterization and application of physiologically based phamacokinetic models in risk assessment［Z/OL］. International Programme on Chemical Safety Harmonization Project Document No.9.（2010）https://iris.who.int/bitstream/handle/10665/44495/9789241500906_eng.pdf?sequence=1&isAllowed=y.

第四章
化妆品人体安全评估的基础知识

人体安全性评价是化妆品安全评估的重要组成部分，在进行化妆品人体安全性评价过程中，需要综合考虑皮肤的结构和功能，通过多维度的检测和评估，确保产品在保障皮肤健康的同时，发挥其清洁、保护、美化等功效。

本章将从人体皮肤及其附属器官结构和功能、生物学特征、几种常见皮肤状态的生理结构特点、化妆品透皮吸收及人体安全性、化妆品不良反应类型及判定标准、化妆品不良反应监测的意义、注册人备案人如何收集化妆品不良反应和不良反应与产品配方、原料安全评估、七种人体安全性评价与试验方法及其意义等方面进行介绍。

第一节　皮肤及其附属器官的组织结构

皮肤是人身体最大的器官，约占人体总重量的 5%~8%，总面积（成人）约为 1.5~2m^2，体积为 2400ml，厚度不一，在 0.5~4.0mm 之间（不包括皮下脂肪组织），同时容纳了人体约 1/3 的循环血液和约 1/4 的水分。此外，皮肤是软组织，柔韧且富有弹性，在一定范围内可以推动和伸张。

皮肤从外到里依次为表皮、真皮和皮下组织，同时包含毛发、指（趾）甲、汗腺和皮脂腺等 4 个皮肤附属器。

一、皮肤的组织结构及其功能

（一）表皮

表皮（epidermis）为人体最外面的一层组织，属于复层鳞状上皮。人体各部位的表皮厚薄不等，一般厚度为 0.07~0.12mm，手掌和足底最厚，为 0.8~1.5mm，眼睑最薄，为 0.07~0.12mm。

表皮由两类细胞组成：一类是角质形成细胞（Keratinocyte，KC），是表皮细胞的主要成分，它们在分化中合成大量角蛋白，使细胞角化；另一类是树突状细胞，数量少，分散存在于角质形成细胞之间，包括黑素细胞（melanocyte）、朗格汉斯细胞（Langerhans cell，LC）和麦克尔细胞（Merkel cell，MC）。

根据角质形成细胞各发展阶段的特点，将表皮分为五层，由内向外依次为基底层、棘层、颗粒层、透明层和角质层。

1. 基底层

基底层（Stratum basale）即基底细胞层，是表皮最底层，附着于基膜之上。由一层矮柱状或立方形细胞组成。每天约 30%~50% 的基底细胞进行分裂，产生的新细胞向上推移进入棘层，故基底层也称为生发层。此外，基底细胞内含有数目不等的黑素细胞，其活跃状态影响皮肤颜色，如日晒后皮肤变黑，是因为基底层的黑素细胞产生更多的黑色素。

2. 棘层

棘层（Stratum spinosum）位于基底层上方，一般由 4~10 层多边形、体积较大的角质形成细胞组成。细胞向四周伸出许多细短的突起，愈向浅层愈扁平，故名棘细胞；棘层细胞间还散布有朗格汉斯细胞，帮助识别和清除病原体，当皮肤受到轻微划伤时，棘层细胞可以迅速响应，通过免疫细胞的参与帮助伤口愈合，防止感染。

3. 颗粒层

颗粒层（Stratum granulosum）位于棘层上方，由 3~5 层较扁的梭形角质形成细胞组成，一般其厚度与角质层厚度成正比。颗粒层细胞胞质内含有许多透明角质颗粒，主要成分是富含组氨酸的蛋白质、糖脂等，颗粒层细胞形状不规则，大小不等，能够将所含的糖脂等物质释放到细胞间隙内，在细胞外形成多层膜状结构。颗粒层是阻止物质透过表皮的主要屏障。

4. 透明层

透明层（Stratum lucidum）位于颗粒层上方，只在无毛的厚表皮（如手掌，脚掌）中明显易见，由几层更扁的梭形细胞组成，细胞呈透明均质状，界限不清，胞核和细胞器已消失。长时间行走或手部进行重复性工作时，透明层有助于保护手掌和脚掌的皮肤，减少磨损和水泡的形成。

5. 角质层（Stratum corneum）

角质层（Stratum corneum）为表皮的最表层，由多层扁平、无核的角化细胞（"死"细胞，无细胞核和细胞器）组成。电镜下可见胞质中充满密集平行的角蛋白丝，浸埋在均质状的物质中，其中主要为透明角质颗粒含有的富组氨酸蛋白质，细胞膜内面附有一层厚约 12nm 的不溶性蛋白质，故细胞膜明显增厚而坚固。

角质层有类似"砖墙结构"的物理性屏障结构，是皮肤屏障功能的基础，保护皮肤健康的第一道防线。由于角质层是由完全角质化、无细胞器的角质形成细胞组成，4~8 层细胞排列成，类似于"砖墙"，角化细胞为"砖"，砖与砖之间充满着由层状颗粒所释放的脂质及蛋白质等物质，犹如"灰浆"，形象地称之为"砖墙灰浆"样结构。角质层的"砖墙灰浆"可减少皮肤表面水分蒸发，阻隔外界刺激物侵入皮肤等，维持正常的皮肤屏障功能。

此外，覆盖在"砖墙结构"外还有一层皮脂膜，主要由皮脂腺分泌的皮脂、角质层细胞分解产生的脂质与汗腺分泌的汗液乳化形成，像砖墙结构表面刮了一层"腻子"，"腻子"和"砖墙结构"共同构成了皮肤的屏障。

表皮的由基底层到角质层的结构变化，反映了角质形成细胞增殖、分化、移动和脱落的过程，同时也是细胞逐渐生成角蛋白和角化的过程。角质形成细胞更新周期为 3~4 周（通常说是 28 天），因其定期脱落和增殖，使表皮各层得以保持正常的结构和厚度。在代谢过程中，靠近角质层表面的角质细胞间的桥粒解体，细胞彼此连接不牢，角质细胞逐渐脱落，即为人们日常所称的皮屑。

角质层具有五大作用，分别是：

（1）机械性保护作用：耐受轻度的摩擦；抵御较重的撞击；缓冲外来的冲击。

（2）物理性保护作用：对光线照射起着漫散的作用，减少进入真皮层的光线强度。

（3）化学性保护作用：对酸、碱有一定的缓冲能力。

（4）生物性保护作用：可以防止微生物的侵入，能抑制微生物及真菌的生长。

（5）防止体内物质丧失：节制体内水分过量散失，使皮肤含水量处于正常状态。

表皮的角质层虽然有"'砖墙灰浆'样结构"且还有覆盖在"砖墙结构"外的皮脂膜，看似"密不透风"。事实上，皮肤是一面"透风的墙"，不仅通过身体的汗腺、皮脂腺分泌汗液、皮脂，将体内的代谢物"排泄"到皮肤表面，还能够吸收"墙面"上的水分和营养物质，是一种"有限制性进出"的结构。

（二）真皮

真皮（dermis）位于表皮下面，上面与表皮牢固相连，深部与皮下组织连接，但表皮与皮下组织间均没有清楚的界限。身体各部位真皮层厚薄不等，一般为 1~2mm，是表皮层的 15~40 倍，真皮层影响皮肤厚度，在预防和延缓皮肤衰老方面扮演了重要角色。

真皮层细胞主要为成纤维细胞（Human Fibroblast，HFB），参与合成胶原蛋白、弹性蛋白、酶等物质。真皮层的主要成分为胶原蛋白，其次是弹性蛋白、蛋白多糖、氨基多糖，这些成分组成了各种纤维和细胞外基质（Extracellular Matrix，ECM）。其中以胶原纤维最为丰富，起着真皮结构的支架作用，使真皮具有韧性，弹性纤维使皮肤具有弹性，网状纤维表现为纤细的胶原纤维。

真皮主要由胶原纤维、弹力纤维组成结缔组织构成，ECM，神经、血管、淋巴管、肌肉、毛囊、皮脂腺及大小汗腺均位于真皮结缔组织内。

真皮层分为乳头层（papillary layer）和网状层（reticular layer），近表皮为乳头层，深部为网状层。

乳头层是紧邻表皮的薄层结缔组织，毛细血管丰富，有许多游离神经末梢，在手指等触觉灵敏的部位常有触觉小体，胶原纤维和弹性纤维较细密，含细胞较多。乳头层结缔组织向表皮底部突出，形成许多嵴状或乳状的凸起，称真皮乳头（dermal papilla），使表皮与真皮的连接面扩大，有利于两者牢固连接，有助于表皮从真皮的血管获得营养。网状层在乳头层下方，较厚，是真皮的主要组成部分，与乳头层无清楚的分界，由致密结缔组织组成，粗大的胶原纤维束交织成密网，同时富含弹力纤维，使皮肤有较大的韧性和弹性。网状层内含有丰富的血管、淋巴管和神经、毛囊、皮脂腺，汗腺也多存在于此层内，并常见环层小体。有的婴儿骶部肌肤真皮中有较多的黑素细胞，使局部皮肤显灰蓝色，即俗称的胎斑、胎记。

（三）皮下组织

皮下组织（subcutaneous tissue）分布于真皮和肌膜之间，上方与真皮、下方与肌膜紧密连接，广泛分布于体表，由疏松的结缔组织和脂肪组织组成，一般不认为它是皮肤的组成部分。人体的脂肪分布很广，在浅部为皮下脂肪，深部分布在大网膜、肠系膜、腹膜和肾脏周围脂肪囊及骨髓等部位。腹部皮下组织脂肪组织丰富，厚度可达 3cm以上，眼睑、阴茎、阴囊等部位皮下组织最薄，脂肪组织较少。血管、淋巴管和神经，"穿行于"皮下组织，毛囊和汗腺也常延伸到此层组织中。

皮下组织在结构和功能上存在特殊性，其主要功能有以下几种：① 对外来冲击起衬垫作用，缓冲冲击对身体的伤害。② 属于热的不良导体和绝缘带，参与防寒和保温。③ 脂肪细胞中的高能物质（如脂质）合成、储存和供应的场所。④ 特殊免疫功能，参与机体防御反应。⑤ 脂肪干细胞，具有嫩肤作用。⑥ 皮下组织的填充作用，表现女性曲线美和青春丰满美。

二、儿童及敏感皮肤的生物学特征

（一）儿童皮肤的结构特点

我国《化妆品分类规则和分类目录》附3，使用人群目录"将人群分为婴幼儿（0~3 周岁，含 3 周岁）""儿童（3~12 周岁，含 12 周岁）"。这个年龄段人群（0~12 岁）的生长发育是一个连续渐进的动态过程，儿童生长发育早期的皮肤，特别是婴幼儿的皮肤与成人皮肤相比有着不同的生理特点，其结构、成分和功能都与成人显著不同。

较薄的表皮层：儿童，特别是婴幼儿的皮肤厚度约为成年人的 50%~70%，这使得其皮肤对外界刺激更加敏感。想象一下，如果皮肤是一堵墙，那么儿童的皮肤就像是用较薄的砖块砌成的，容易受到外界刺激的侵袭。

未完全成熟的角质层：婴幼儿皮肤的角质层比成人的薄 30%，皮肤屏障功能也不完善，需要更多的保护措施。此外，婴儿皮肤的水合能力，保持水分的能力尚发育不完全。若将皮肤比喻为一块海绵，其皮肤海绵没有成人皮肤海绵那么能吸水和锁水，所以在干燥的环境里，或者在冬天，更容易出现干燥和脱皮现象。

较少的黑色素细胞：儿童皮肤中的黑色素细胞较少，意味着他们的皮肤对紫外线的防护能力较弱，更容易晒伤。

较少皮脂：皮脂分泌是皮肤的另一个重要功能，它由皮脂腺负责，这些腺体分布在皮肤中，分泌油脂，帮助保持皮肤的柔软和滋润。儿童，特别是婴儿的皮脂分泌相对较少，导致皮肤缺少了一层天然的润滑剂，因此，婴幼儿的皮肤会感觉比较干燥和紧绷。

丰富的血管分布：儿童皮肤的血管分布较为丰富，使得其对温度变化更为敏感，在炎热的夏天，儿童的皮肤更容易变红，而在寒冷的冬天，则更容易变蓝。此外，丰富的血管分布，可以快速地将养分和氧气输送到受损区域，有助于伤口愈合。

未成熟的免疫系统：儿童的免疫系统正在成长和完善过程中，意味着其更容易受到细菌和病毒的侵袭，这就像是一支正在训练中的军队，还没有成人的免疫系统那么强大和经验丰富。

与成人皮肤相比，儿童皮肤特别是婴儿皮肤具有较薄的表皮层、未完全成熟的角质层、正在发育的水合能力、较少的黑色素细胞及皮脂分泌、丰富的血管分布、未成熟的免疫系统的特点。这些特点使得儿童的皮肤更加敏感和脆弱，需要特别的关注和护理，以保护他们免受外界环境的伤害，维持皮肤的健康和舒适。随着儿童的成长发育，其皮肤结构组成会逐渐随着年龄增长和成人趋于一致。

基于上述原因，儿童化妆品〔适用于年龄 12 岁以下（含 12 岁）〕除满足普通人群化妆品的通用技术要求外，注册人、备案人还应当根据儿童的生理特点和可能的应用场景，研制开发儿童化妆品，并充分开展安全评价。

（二）敏感性皮肤结构特点

敏感性皮肤（sensitive skin）是一种受到外界微弱刺激后，出现阵发性或周期性灼热、阵发性发红、刺痛、瘙痒及紧绷感，伴或不伴持续性红斑的皮肤综合征，主要表现在皮肤屏障功能的降低和对外界刺激的高反应性〔来源：敏感性皮肤临床诊疗指南（2024 版）〕，常具有以下特点。

1. 皮肤角质层较薄

意味着皮肤表面的保护层不够坚固，容易受到外界环境因素的侵害，屏障功能不如正常皮肤，外界刺激物也更容易穿透皮肤。

2. 皮肤的脂质含量和成分发生变化

敏感性皮肤通常脂质含量较少（也有常说的油敏肌即皮脂含量多的敏感性皮肤），水分容易流失，保水能力较差，皮肤容易干燥，需要更多的保湿成分来维持皮肤的水分平衡。除含量变化外，敏感性皮肤的脂质成分种类也发生了变化。有研究表明，敏感皮肤中性脂质数量明显减少，鞘脂水平上调，角质层中神经酰胺含量减少。

3. 对外界刺激耐受能力弱

血管对温度变化、压力或其他刺激因素反应更为敏感，血管扩张和收缩的频率及幅度更大，导致皮肤在受到轻微刺激时容易出现红斑或红血丝。

4. 神经末梢较为敏感

瞬时受体电位香草酸亚型 1 受体（Transient Receptor Potential Cation Channel，Subfamily V，Member 1，TRPV-1）广泛表达于皮肤伤害性感觉神经末梢以及角质形成细

胞和肥大细胞上，由于敏感性皮肤屏障功能受损，对皮肤神经末梢的保护不足，因此对高温（T＞42℃）、酸性环境（pH＜5.9）、辣椒素、紫外线以及内外源性炎症介质通过激活 TRPV-1，热觉以及化学性刺激的感觉传入都有较为明显的感知，容易感到灼热、刺痛或瘙痒。

5. 免疫系统过度反应

皮肤免疫系统对某些物质，如花粉、尘螨、宠物皮屑等，产生过度反应，导致皮肤出现炎症反应，如红肿、瘙痒或皮疹。

综上，与正常状态下的皮肤相比，敏感皮肤具有角质层较薄、皮肤屏障通透性增加、皮脂含量降低、皮脂成分改变、对外界刺激耐受力弱、神经末梢敏感及免疫系统存在过度反应的特点，因此，对敏感肌肤的护理，需特别注意对环境因素的防护，加强补水保湿，修复皮肤屏障，以维持皮肤的健康与稳定。

三、眼部及唇红部的皮肤生物学特征

（一）眼部

眼部皮肤，作为面部最薄弱的区域，具有一系列独特的生物学特征，这些特征共同决定了眼部皮肤对环境因素和衰老过程的敏感性。

1. 眼部皮肤薄

其厚度只有面部皮肤的四分之一，更为脆弱，且更容易受到损伤和炎症的影响。

2. 眼部皮肤缺乏皮脂腺和汗腺

眼部皮肤不能自行分泌油脂和汗液，导致这一区域容易干燥和缺水，需要额外的保湿措施来维持其水分含量。

3. 眼部皮肤的真皮层由疏松的结缔组织构成

这种结构赋予了眼部皮肤一定的弹性，但同时也使得它对外界刺激更为敏感，容易受到压力或摩擦等物理因素的影响。

4. 眼部皮肤下的血管分布丰富

这些血管不仅为眼部提供必要的养分和氧气，也使得眼部皮肤容易出现黑眼圈和浮肿现象，特别是在睡眠不佳或饮食不当的情况下。眼睑的皮下结缔组织特别疏松，渗出液体容易聚集在此处，首先表现为眼睑浮肿，尤其是在心肾功能不全或局部炎症时。

5. 眼部周围肌肉组织发达

尤其是控制眨眼动作的眼轮匝肌，这种频繁的肌肉活动可能导致眼部皮肤较早出现动态纹，随着时间的推移，动态纹可能逐渐转变为静态纹。

6. 眼部皮肤的弹性纤维较少

随着年龄的增长，眼部皮肤更容易失去原有的弹性，形成永久性的皱纹。

综上，眼部皮肤会经历自然的老化过程，这一过程不仅包括皮肤松弛和细纹的形成，还可能伴随着眼袋的出现和眼周色素沉着，这些变化共同构成了眼部老化的典型特征。此外，眼部皮肤经常暴露在阳光和外界环境中，容易受到紫外线等光损伤的影响，这不仅会加速皮肤老化的过程，还可能增加皮肤病的风险。

（二）唇红部

通常认为唇部皮肤由皮肤、唇红及黏膜三个部分组成。唇红部分的皮肤是皮肤与黏膜的移行部位，其组织结构和皮肤、黏膜存在连续性，且整体更加趋近于面部皮肤。

唇红部皮肤的最外层被一种特殊的层状鳞状上皮所覆盖，上皮仅有轻度角化和角化不全，唇红部皮肤结构特点如下。

表皮、真皮和皮下脂肪层的平均厚度分别只有 0.06mm、1.4mm 和 0.28~0.42mm，且唇红部位没有毛囊、皮脂腺和汗腺。

角质层很薄且角质层更新速度快，细胞中含有较多的角母蛋白，透明度高；固有层乳头狭长，几乎达到上皮表面，乳头中含有较多的毛细血管。

相较于皮肤和黏膜两个部分，唇红部皮肤比面部皮肤更薄，同时富含毛细血管，缺乏皮脂腺，所以唇红部呈现为红色，且较为干燥和敏感，因此，唇红部在寒冷或压力下容易变白或发紫，反映出身体对温度变化的敏感性。此外，唇红部缺乏黑色素细胞，因此对紫外线的防护能力较弱，更容易受到紫外线的伤害。

唇红部的感觉神经末梢非常密集，使得它对触觉、压力和温度极为敏感，因此，嘴唇能够成为感觉敏锐和表达情感的重要部位。同时，唇红部的上皮细胞具有较快的更新速度，有助于唇部在受到轻微损伤后能够迅速修复和再生。

四、几种常见皮肤现象的生理结构特点（临床为主）

（一）皮肤变态反应

皮肤变态反应（Allergic skin reaction）指皮肤在过敏原的作用下，机体的一种免疫过激的反应。环境因素包括空气污染、气候变化、接触过敏原（如某些金属、化妆品成分、香精成分）等，都可能触发或加剧皮肤过敏反应。当过敏原刺激机体引发过敏反应，皮肤中毛细血管扩张、血管壁通透性增强、平滑肌收缩和腺体分泌增多，临床表现为皮肤充血、发红、发痒、出现红疹，甚至过敏性面疱，严重者脱皮、水肿。

（二）皮肤刺激反应

皮肤刺激反应（Irriating skin reaction）指皮肤对某些外部因素（刺激因子）产生的痛、红肿、瘙痒等不适反应。刺激因子能被人体感受并引起组织细胞、器官和机体发生反应的内外环境变化，包括但不限于化学物质、物理刺激、环境因素或生物、心理因素等。刺激发生过程不产生抗体，主要产生组胺及激肽原酶（可催化激肽、缓激肽形成），从而引发局部皮肤红斑、水肿、脱屑和角质形成细胞囊泡化样变，一定时间内单位皮肤水分散失增多，pH 升高。

（三）皮肤光过敏反应

皮肤光过敏反应（photoallergy）是一种免疫介导的反应，需要免疫系统的参与，光过敏反应可以由某些药物、化学物质、食物或植物等引起，且光过敏反应通常只在有特定遗传倾向的个体中发生，可能与遗传有关，需要多次接触光敏物质后才会出现反应。光过敏反应的临床表现包括湿疹样皮疹、红斑、丘疹、水疱等，这些症状可能在光照部位出现，也可能在非光照部位出现。

（四）皮肤光毒反应

皮肤光毒反应（phototoxity）是一种非免疫性反应，与免疫系统的参与无关。光毒反应可以由任何人在首次接触某些化学物质后发生，这些物质在紫外线的作用下会在皮肤中产生自由基或激发态分子，直接损伤皮肤细胞。光毒反应的临床表现通常包括皮肤红肿、发热、瘙痒和水疱，症状的严重程度受药物剂量和日晒时间的影响。某些药物，如某些抗生素、非甾体抗炎药等，在阳光下可能增加光毒反应风险。

五、皮肤附属器

（一）毛发的组织结构（毛囊、头发）

1. 头皮的组织结构及特性

头部皮肤是身体皮肤的一部分，由表皮层、皮下组织、帽状腱膜层、腱膜下层、骨膜层组成，是覆盖于颅骨之外的软组织。其中帽状腱膜层由两部分组成，一部分是肌肉，另一部分是筋膜，腱膜下层由纤细而松散的结缔组织构成，骨膜层则紧贴颅骨外板，可自颅骨表面剥离。

头皮具有以下 4 个特点。

（1）油脂分泌旺盛，易滋生微生物，而引起头皮屑等头皮问题。

（2）头皮较薄且敏感，头部皮肤的厚度要比面部皮肤更薄，仅次于眼部皮肤。

（3）头皮衰老速度快，头皮的代谢周期为 14~21 天，头皮衰老速度比脸部皮肤快 6 倍，所以对于外界刺激，头皮比面部更加敏感，更容易出现瘙痒等皮肤问题。

（4）头皮血管和神经丰富，有助于体温调节，更容易受到情绪、压力、内分泌等因素的影响，产生脱发、白发等问题。

2. 毛干的组织结构

毛干，就是通常所说的头发丝，由死亡的角蛋白细胞构成，具有特定的组织结构，对烫发和染发化妆品的作用至关重要。

表皮层是毛干的最外层，由扁平的细胞重叠排列形成，起到保护内部结构的作用。在染发过程中，染发剂需要渗透这一层以改变头发颜色；烫发时，化学药剂会首先作用于表皮层，使头发变得柔软以便于卷曲。

皮质层位于毛干表皮层之下，是毛干的主要组成部分，含有大量的角蛋白纤维和自然色素。染发时，染发剂与皮质层中的色素发生反应，改变头发颜色；烫发时，化学药剂影响皮质层的结构，导致头发纤维重组，形成卷发。

髓质层是毛干的中心部分，可能不存在于所有毛发中。髓质层对烫发和染发的影响相对较小，但在某些情况下，烫发过程中的高温可能会影响其结构。

烫发化妆品通常含有能够改变头发蛋白质的结构，如硫酸盐、硫基乙酸等，这些成分能够断开头发中的二硫键，使头发变得更加柔软和可塑，从而容易形成卷曲（图4-1）。

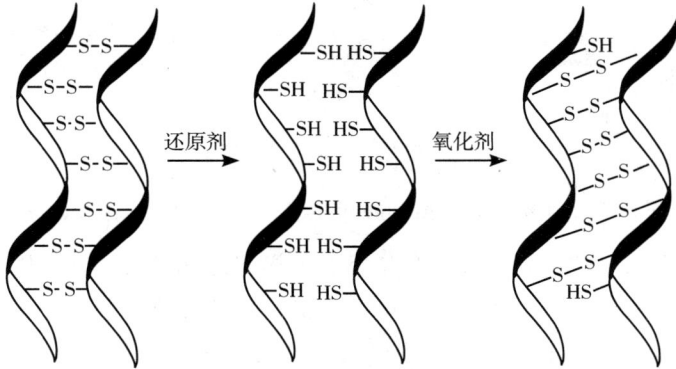

图 4-1　烫发原理结构示意图

染发化妆品中一般染发剂（含有染料中间体和偶合剂）和氧化剂。染发过程包括头发膨胀褪色、染色和显色。①头发角蛋白在碱性（NH3）条件下膨胀，在强氧化物质作用下褪色（漂白）。②染色：此过程包括渗入和耦合过程。首先染料中间体（一般为苯的衍生物，苯二胺类物质）渗透到毛发中；染料中的偶合剂（酚类，胺类物质）与染料中间体结合（耦合）。同时与染料中间体一起渗透进入头发的皮质。③显色：氧化剂（过氧化氢及过硼酸钠）与耦合剂发生氧化反应、缩合反应形成较大的染料分子，被封闭在头发纤维内（图4-2）。

由于染料中间体和偶合剂的种类不同、含量比例的差别，故氧化后（显色）产生色调不同的反应产物，各种色调产物组合成不同的色调，使头发染上不同的颜色。氧化型染发剂，其染发原理是不直接使用染料，而是使用无色的染料中间体，这些染料中间体分子量较小，可渗透到发丝内部，与同样渗入发丝内部的偶联剂、氧化剂发生氧化聚合反应变成大分子染料而使头发上色，在发丝内部形成的大分子染料很难从发丝内部渗出，因而难以被洗掉，色泽持续的时间较长。

（二）指（趾）甲

指（趾）甲，由甲体及其周围组织组成，甲体是长在指（趾）末节背面的外露部分，为坚硬透明的长方形角质板，由多层连接牢固的角化细胞构成，细胞内充满角蛋白

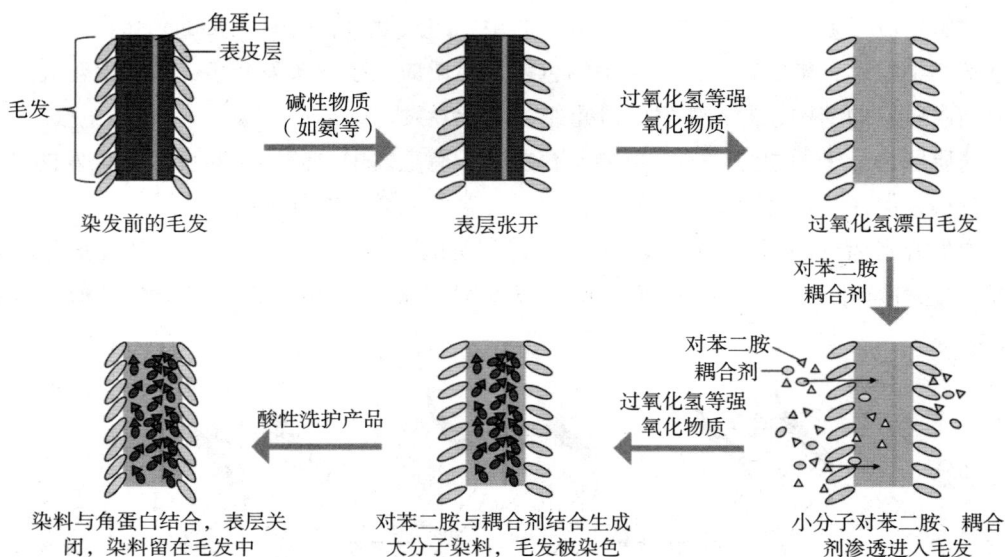

图 4-2　对苯二胺（p-Phenylenediamine，PPD）染发机理

丝。各指（趾）甲的生长速度不同，受年龄、外界湿度和其他因素的影响。

指甲油是用来修饰和增加指甲美观的化妆品，它能在指甲表面形成一层耐摩擦的薄膜，起到保护、美化指甲的作用。指甲油通常含有溶剂、树脂、增塑剂和色素等成分，溶剂使指甲油易于涂抹，树脂提供坚固的薄膜，增塑剂增加柔韧性，色素赋予颜色。虽然甲体具有一定的硬度及厚度，但是甲油中的一些渗透性强的小分子溶剂依旧能够渗透入指甲，甲油中的某些成分，如丙酮、邻苯二甲酸酯类等，对人体有害。因此，避免频繁涂抹和卸除指甲油，以及选择无害或低害成分的指甲油对健康至关重要，此外，指甲也需"呼吸"，指甲油的配方应允许一定程度的透气，避免长时间密封导致指甲变软或感染。

（三）皮脂腺

皮脂主要是通过皮脂腺体分泌产生的覆盖皮肤和头皮的脂质。人体皮脂的组成（以质量分数计算），包括角鲨烯（12%~14%）、胆甾醇（2%）、蜡脂（26%）、甾醇酯（3%）、三甘油酯（50%~60%）等。不同部位的皮肤其皮脂分泌的量略有差异，其中小部分皮脂是表皮细胞角化过程中角质层细胞供给的角质脂肪，分泌的皮脂存积在皮脂腺内，增加了排泄管内的压力，皮脂最后经皮肤毛囊口排出。

痤疮是毛囊皮脂腺的慢性炎症，皮脂腺分泌的皮脂如果量过多或者排出不畅都是导致痤疮的重要因素。皮脂腺的分泌功能在出生时很强，6个月后降到很低，并保持低水平，从青春期前开始，无论男女，皮脂腺的分泌逐渐增加，16~20岁达到高峰，以后保持该水平，女性在40岁/男性在50岁后皮脂腺的分泌开始减少。男性的皮脂分泌率（SSR）要高于女性，脂腺的分泌受内分泌影响，主要是雄激素，皮脂腺是雄激素的一个靶器官，在雄激素的作用下皮脂腺的分泌增加，皮肤油腻；皮脂分泌过多会引起毛囊漏斗部角质细胞过度角化，互相粘连，使开口处堵塞，进而引起毛囊皮脂腺内痤疮丙酸杆菌大量繁殖，产生脂肪酶分解皮脂；在炎性介质和细胞因子的作用下导致炎症，进而化脓，破坏毛囊皮脂腺，导致痤疮的发生。

（四）汗腺

汗腺代替了肾脏部分排泄功能，如肾功能障碍时，可采用发汗疗法以减轻水肿及代谢产物蓄积引起的中毒症状。冬季不自觉出汗或暑天多汗时，小便会相应减少，当肾脏功能失常时，汗腺也能代替部分肾脏的排泄功能。顶泌汗腺受肾上腺素及胆碱神经支配，情绪激动时分泌含有大量的蛋白和脂质的乳白色黏稠分泌物，某些疾病，如多汗症，会导致汗腺过度活跃，而汗腺功能减退或丧失，则可能导致热调节障碍。汗腺的健康对维持皮肤的整体健康非常重要，汗腺功能障碍可能与皮肤问题，如痱子、皮疹等有关。

六、化妆品透皮吸收与人体安全性

（一）化妆品透皮吸收的概念及机理

化妆品透皮吸收（Cosmetic Transdermal Absorption，TDS），指化妆品涂于皮肤后，配方成分经释放、透入皮肤并到达皮肤一定部位，发挥作用的过程。化妆品透皮吸收与一般药理学上的透皮吸收略有不同，即仅希望配方成分被吸收至皮肤组织特定深部，产生局部效应，而不希望它们吸收进入血液循环，以免降低功效或产生全身性不良反应。

透皮吸收机理包括扩散理论、渗透压理论、水合理论、相似相溶理论、结构变化理论。

1. 扩散理论

是解释药物（这里指化妆品的配方成分）经皮肤渗透的主要模型。即在稳态条件下透皮速率满足 Fick's 第一扩散定律，即在单位时间内通过垂直于扩散方向的单位截面积的扩散物质流量（称为扩散通量 diffusion flux，用 J 表示）与该截面处的浓度梯度（concentration gradient）成正比，也就是说，浓度梯度越大，扩散通量越大。

2. 渗透压理论

基于把皮肤看作是一层半透膜，只容许某种混合物中的一些物质透过，而不容许另一些物质透过。半透膜隔开有浓度差的溶液，其溶剂通过半透膜由高浓度溶液向低浓度溶液扩散的现象称为渗透，为维持溶液与纯溶剂之间的渗透平衡而需要的超额压力称为渗透压。渗透现象的产生必须具备两个条件：一是有半透膜存在，二是半透膜两侧必须存在物质的浓度差。

3. 水合理论

皮肤外层角蛋白或其降解产物具有与水结合的能力，称为水合作用。皮肤的水合作用通常有利于经皮吸收，因为当提高角质层细胞的角蛋白中含氮物质的水合力后，细胞自身发生膨胀，结构的致密程度降低，物质的渗透性增加，水溶性和极性物质更容易从角质层细胞透过。

4. 相似相溶理论

主要指"极性溶质易溶于极性溶剂，非极性溶质易溶于非极性溶剂"，所谓的"相似"主要指分子的极性。例如水和乙醇可以无限制地互相溶解，乙醇和煤油只能有限地互溶。因为水分子和乙醇分子都有一个—OH基，分别跟一个小的原子或原子团相连，而煤油则是由分子中含 8~16 个碳原子组成的混合物，其烃基部分与乙醇的乙基相似，但与水毫无相似之处。

5. 结构变化理论

认为促渗剂渗入皮肤后，破坏了角质层中类脂质的结构，使扁平角化细胞的有序叠集结构发生改变，降低了脂质排列的有序性，使类脂质完全流化，从而促使功效成分顺利通过。结构变化理论的应用范围较广，很多促透方法的作用机制都常用它来解释。

（二）化妆品透皮吸收的途径和过程

主要有两种途径：一是直接由表皮透入到真皮或皮下组织，即所谓的表皮途径，这是化妆品功效成分透皮吸收的最主要途径；二是经皮肤附属器官（毛囊、汗腺和皮脂腺）透入到真皮或皮下组织。

从动力学角度看，功效成分透皮吸收可分为以下几个主要过程：释放 – 扩散 – 分配 – 吸收。

1. 释放

由基质向角质层的释放。

2. 扩散

通过角质层的扩散（转运）。

3. 分配

从亲脂的角质层分配至亲水的活性表皮。

4. 吸收

活性表皮和真皮的转运并伴有皮肤微管结构摄取。

表皮具有类脂膜特性，允许脂溶性功效成分以不解离形式透入皮肤，解离型功效成分难以透入，功效成分透入表皮吸收的主要阻力来自角质层。

毛发根部被毛囊包被，毛囊开口于皮面，开口处呈漏斗状凹陷（毛孔），皮脂腺除少数经导管直接开口于皮面，大部分开口于毛囊，毛孔内充满角质鳞屑和皮脂，所以脂溶性功效成分可自毛孔渗入到毛囊和皮脂腺，进而可透过毛囊的外毛根鞘或皮脂腺的腺细胞，进入真皮层及皮下组织并被吸收。对于水和简单的电解质来说，毛 – 皮脂腺系统的扩散常数大于完整的角质层。

（三）影响化妆品中的功效成分透皮吸收的因素

功效成分的化学结构决定其理化性质，皮肤表层具有疏水性，所以功效成分极性越大其渗透常数就越小。化妆品研究开发的一个热点是将功效成分通过衍生化制成酯型前体从而提高其脂溶性，增强透皮性能。

角质层具有类脂膜的性质，脂溶性较大的功效成分易于透过角质层，功效成分透过角质层后需分配进入活性表皮，继而被吸收进入皮肤细胞，活性表皮是水性组织，油/水分配系数适中的功效成分有较好的透皮渗透系数。因此，功效成分须具有一定的脂溶性，以保证其在角质层分配和转运的实现，但脂溶性过强又会抑制功效成分从角质层进入水性活性表，所以功效成分既含有疏水基团，又含有亲水基团，才具有较强的渗透作用，若功效成分在油、水中均难溶，则很难透皮吸收。此外，功效成分的解离状态和分子大小也会影响其透皮吸收，例如非解离型的功效成分易于透皮吸收，而解离型的功效成分难以吸收，分子量小的功效成分易于透皮吸收，分子量大于5000的则难以透皮吸收。

功效成分在化妆品基质中的溶解状态，对功效成分的透皮吸收有很大影响，一方面，功效成分在化妆品基质中以完全溶解状态透皮吸收，比部分存在未溶固体颗粒透皮吸收快；另一方面，对穿透分子亲和力低但能够有效溶解功效成分的基质，有利于其透皮吸收。

皮肤，尤其是角质层的水合程度，是影响功效成分透皮吸收的主要因素。水合作用能引起角质层细胞膨胀，使紧密结构形成多孔性结构，并增加皮肤表面湿度及皮肤的有效面积，从而促进功效成分的透皮吸收，且对水溶性强的功效成分的促进作用较脂溶性功效成分显著。

（四）化妆品透皮吸收与人体安全

化妆品透皮吸收是一个复杂的生理过程，涉及化学物质通过皮肤的角质层、毛囊、皮脂腺和汗腺等途径进入皮肤，对人体健康产生影响。安全性评估是确保化妆品在正常使用条件下不会对人体健康造成危害的关键步骤。透皮吸收试验，包括体外试验，是评估化妆品成分能否穿透皮肤屏障的重要方法，有助于预测其在人体内的吸收速率和途径，同时确定其潜在的毒性和刺激性。根据评估结果，采取适当的风险控制措施，如调整配方、使用安全浓度、添加抑制剂等，以确保化妆品的安全性，在正常、合理及可预见的使用条件下，不会对人体健康造成危害，是化妆品透皮吸收研究和安全评估的最终目的。

第二节　化妆品常见的不良反应

化妆品不良反应，是指正常使用化妆品所引起的皮肤及其附属器官的病变，以及人体局部或者全身性的损害。化妆品不良反应的收集评价是人群安全性资料的重要组成部分，也是化妆品安全评估中需要关注的内容。

在明确化妆品不良反应时应明确可疑致病化妆品，一般通过详细询问病史、化妆品接触史，认真体格检查，必要时通过实验室检查往往可以找出病因。在条件允许情况下，应找出致病化妆品成分。化妆品不良反应的判定原则必须掌握包括化妆品接触史、临床表现和实验室检查，必要时获取化妆品质量检验等资料，以保证信息的完整性。对暂时不能确诊者，应停用该化妆品，进行随访，并进一步寻找诊断依据。对具体病例做具体分析。必须认真仔细收集资料，去伪存真，以保证信息的真实性。必须按要求将所有的项目综合分析，正确使用标准的说明。必须以科学的态度，公正客观地进行判定。

一、化妆品常见的不良反应类型及判定标准

（一）化妆品接触性皮炎

1. 定义

化妆品接触性皮炎（cosmetic contact dermatitis）：接触化妆品后，在接触部位和 / 或邻近部位发生的刺激性或变应性皮炎。

化妆品刺激性接触性皮炎（cosmetic irritant contact dermatitis）：皮肤接触化妆品后，通过非免疫性机制引起的接触部位皮肤炎症反应。

化妆品变应性接触性皮炎（cosmetic allergic contact dermatitis）：皮肤接触化妆品后，通过免疫机制引起的接触部位或超出接触部位皮肤炎症反应。

2. 临床表现

化妆品接触性皮炎是化妆品皮肤病中最常见的类型，约占 62%~93%，其中刺激性接触性皮炎占绝大多数。刺激性接触性皮炎是非免疫介导的，它的起病一般同皮肤敏感性、刺激物剂量、浓度大小和接触时间有关，主要临床表现为干燥、脱屑、红斑，严重者有水疱、渗出，自觉刺痛、灼痛；变应性接触性皮炎是迟发型变态反应，同患者是否为过敏体质及对致敏物是否过敏有关，其主要临床表现为红斑、水肿、丘疹、丘疱疹，自觉瘙痒。

3. 判定标准

对于化妆品接触性皮炎的诊断，应根据明确的接触史、皮损部位、皮损特征、严重程度、自觉症状、皮损与化妆品的使用量和频率的关系、实验室检查及化妆品的产品质

量的相关信息进行综合性诊断。对暂时不能确诊者，应停用该化妆品，进行随访，并进一步寻找诊断依据。对具体病例作具体分析。

4.常用的实验室检查

常用的实验室检查包括了皮肤封闭型斑贴试验和反复开放性涂抹试验。皮肤封闭型斑贴试验阳性者是诊断化妆品变应性接触性皮炎的重要依据；试验阴性者应结合病史、临床表现进行相关性分析。必要时进行反复开放性涂抹试验。

（1）皮肤封闭型斑贴试验操作程序和方法

① 试验物浓度和赋形剂　试验物必须是消费者所用的化妆品或同一批号的化妆品。试验物的试验浓度和赋形剂应根据实际使用浓度和方法而定。封闭型斑贴试验所用的化妆品试验浓度及赋形剂见表 4-1。

表 4-1　化妆品成品封闭型斑贴试验浓度及赋形剂

种　类	推荐浓度（%）	赋形剂
护肤类膏霜剂	50 或 100	白凡士林（油包水型化妆品）或蒸馏水（水包油型化妆品）
免洗类护发素	50 或 100	蒸馏水
洗面奶	1	蒸馏水
面膜	原物	—
香波	1	蒸馏水
沐浴液（泡沫浴剂、浴油、浴皂）	1	蒸馏水
清洁剂	1	蒸馏水
发胶	原物，自然干	—
发蜡	原物，自然干	—
清洗类护发素	1	蒸馏水
发用漂白剂	1	蒸馏水
染发剂	2	蒸馏水
剃须膏	1	蒸馏水
剃须皂	1	蒸馏水
须后水	原物，自然干	—
睫毛膏	50，自然干	—
眼线	原物，自然干	—
眼部卸妆水	原物，自然干	—
唇膏	原物，自然干	—

种 类	推荐浓度（%）	赋形剂
甲油类	原物，自然干	—
香水	原物，自然干	—
古龙水	原物，自然干	—
除臭剂	原物，自然干	—

注：① 烫发水和脱毛剂产品不宜进行封闭型斑贴试验。

② —. 没有相关内容。

② 操作程序　受试者阅读并签署知情同意书。选用合格斑试材料，如受试物为固体，直接称取 0.015~0.030g 于斑试器内；如受试物为半固体或液体，直接滴加 0.015~0.030ml 于斑试器或滴加在预先置于斑试器内的滤纸片上。受试物为化妆品终产品原物时，对照孔为空白对照（不置任何物质），受试物为稀释后的化妆品时，对照孔内使用该化妆品的稀释剂，用量和受试物相同。将加有受试物的斑试器贴敷于受试者的上背部，用手掌轻压使之均匀、平整地贴敷于皮肤上。

③ 观察与判定　观察时间：48h±2h 后去除斑试物，间隔 30min±5min 观察皮肤反应，如有疑问则有两名医师分别评判。分别于斑贴试验后 72h±1h 和 96h±2h 再观察两次。如有必要，可以增加随访次数（如第 5d、第 7d）。

反应评判：本试验的皮肤反应评判见表 4-2。

表 4-2　皮肤封闭型斑贴试验皮肤反应评判

反应程度	皮肤反应
–	阴性反应
±	可疑反应；仅有微弱红斑
+	弱阳性反应（红斑反应）；红斑，浸润（水肿），可有丘疹
++	强阳性反应（疱疹反应）；红斑，浸润（水肿），丘疹，疱疹；反应可超出受试区
+++	极强阳性反应（融合性疱疹反应）；明显红斑，严重浸润（水肿），融合性疱疹；反应超出受试区
IR	刺激反应

④ 结果解释　如斑贴后反应强度随时间逐渐增强，提示变应性接触性皮炎的价值更大，如测试后第 7 天出现弱阳性反应比第 3 天更具有临床价值。刺激性反应多在去除变应原后呈快速消退的趋势。结果解释时需在排除假阳性和假阴性反应基础上再进行相关性分析。

（2）反复开放性涂抹试验操作程序和方法

① 试验物浓度和赋形剂　试验物的浓度和赋形剂应按化妆品实际使用浓度和方法

而定，即洗类皮肤和/或发用类清洁剂应将其稀释成 5% 水溶液为受试物。即洗类产品如进行稀释时，应将稀释剂或赋形剂涂于受试部位对侧为对照。

② 操作程序　一般将前臂屈侧、乳突部和使用部位作为受试部位，面积 3cm×3cm。将受试物 0.03~0.04g（ml）涂于受试部位，每天 2 次。

③ 观察与判定　观察时间：将试验物均匀地涂于试验部位，连续 14~28d，同时观察皮肤反应，在此过程中如出现皮肤反应，应根据具体情况决定是否继续试验。

反应评判：本试验的皮肤反应评判标准见表 4-3。

表 4-3　反复开放性涂抹试验皮肤反应评判

序号	反应类型	皮肤反应
1	I	脱屑、皱褶、小裂隙
2	II	红斑、丘疹、水肿、风团、疱疹
3	III	色素改变（色素沉着或色素减退）
4	IV	痤疮样改变
5	V	自觉瘙痒、无皮损
6	VI	自觉灼痛、刺痛、无皮损

注：V～VI指主观反应，应加以重视，考虑是否进行其他试验。

④ 结果解释　结果出现 I、II、III、IV 型皮肤反应者结合临床资料即可判定该化妆品不良反应是由该试验物引起。

（二）化妆品痤疮

1. 定义

化妆品痤疮（cosmetic acne）：连续接触化妆品一段时间后，在接触部位发生于毛囊皮脂腺的痤疮样损害。

2. 临床表现

化妆品痤疮是易感人群长期使用含致痤疮性物质而导致的闭合性粉刺及脓疱性损害。化妆品痤疮的皮损可以是较多闭合性粉刺周围有少量的脓疱或以小脓疱为主。开放性粉刺也可看到，但数量较少。严重的炎症性皮损在化妆品痤疮中少见。

3. 判定标准

化妆品痤疮目前主要靠病史及症状来判断，在使用部位进行反复开放涂抹试验、人体致痤疮试验、兔耳致粉刺试验及必要的化妆品质量分析可协助判断。

4. 常用的实验室检查

（1）反复开放性使用试验操作程序和方法　反复开放性使用试验参见化妆品接触性皮炎的相应程序和方法。

（2）人体致粉刺性试验操作程序和方法

① 试验浓度和赋形剂　试验物必须是患者所用的化妆品或同一批号的化妆品。试验物的试验浓度和赋形剂应根据实际使用浓度和方法而定。

② 操作程序　受试者阅读并签署知情同意书。

按人体封闭型斑贴试验方法，将斑贴试小室置于上背部，封闭型斑贴试验所用的化妆品试验浓度及赋形剂见表4-2。封闭24h后去除斑贴物，再休息24h。

重复上述过程，每周3次（即周一、周三、周五斑贴、周二、周四、周六去除斑贴物，周日休息），连续4周。最后一次斑贴时间为48h。

用空白对照（不置任何物质）或试验物的稀释物为阴性对照物，白凡士林为阳性对照物。

最后一次斑贴物去除后，进行毛囊皮脂腺表面活检术。

将1滴氰基丙烯酸黏合剂置于试验部位皮肤表面，然后盖上高聚酯薄片，轻压薄片，使其与皮肤密切接触2min后揭下薄片，使薄片与2~3角质层细胞和毛囊角质物一起取下。

将高聚酯薄片置于载玻片上直接在显微镜下观察。如使用He染色更为明显。

③ 反应评判　本试验反应评判按照4级评分法，见表4-4。以找到个数乘以相应的评分即为该受试物的最后得分。

表 4-4　皮肤人体致粉刺性试验皮肤反应评判

反应评分	皮肤反应
0分	无致痤疮性，同阴性对照物相同
1分	很小的角质栓
2分	中等大小角质栓
3分	大球状，粉刺物

④ 结果解释　如果试验结果评分同阳性对照物相等或低于阴性对照物则该产品无致粉刺性，如果试验结果评分高于阳性对照物白凡士林，则提示该产品具有致粉刺性。如介于阴性对照物和阳性对照物之间则结合临床，提示可能有致粉刺性。

（三）化妆品毛发病

1. 定义

化妆品毛发病（cosmetic hair disease）：接触化妆品后出现的毛发干枯、脱色、变脆、断裂、分叉、变形、毳毛增粗及数量改变等病变（不包括以脱毛为目的的特殊用途化妆品）。

2. 临床表现

化妆品毛发病是由于化妆品中所含成分（如染料、去污剂、表面活性剂、化学烫发剂及其他添加剂等）破坏毛发的结构成分，或粗暴地使用洗发香波，破坏毛小皮使其极易暴露，主要临床表现为毛发散乱、失去张力、支持力和光泽度，出现毛发变色、分岔和断发等现象。除极其严重的变态反应性接触性皮炎有可能引起毛发脱落外，通常情况下化妆品不会引起毛发脱落。

3. 判定标准

化妆品毛发病目前主要靠病史及症状来判断，显微镜、毛发镜或扫描电镜下对毛发的观察可协助判断。

4. 常用的实验室检查

显微镜下的毛发图可帮助明确患者脱发的性质，以明确排除非化妆品引起的毛发脱落。

（1）操作程序

① 嘱受试者取发前 4d 洗发。

② 将顶部、枕部、双侧颞部或特定区域作为检查部位，共 50 根。

③ 用有橡皮套保护的镊子沿着头发生长的方向快速拔取头发。注意：如果速度慢，所取头发会失去发鞘。

④ 将所取头发标本从发根开始保留 2.5cm 发干，其余部分剪去。用透明胶带将头发固定于载玻片上使其在观察时不会移动。

⑤ 将带有头发标本的载玻片置于显微镜下观察每批头发的形态特征，并记录各期头发的数目。

⑥ 各期头发形态特征　生长期早期：头发带有黑色、金字塔形毛小球，毛鞘可以从毛小球延伸至毛干小平外数毫米，无钩状或异形。生长期晚期：头发带有黑色、矩形毛小球，毛鞘可以从毛小球延伸至毛干小平外数毫米，无钩状或异形。退行期：黑色、矩形、气球样、狭窄毛小球，并覆有毛鞘，无钩状或异形。休止期：白色、带有毛鞘的毛小球，仅限于毛小球水平，无钩状或异形。生长异常：变窄的毛小球或惊汉号状毛小球，可有色素缺乏，无毛鞘，有时有钩状异形或其他异形。营养异常：同生长异常相似，但带有惊叹号状毛球。

（2）结果解释

计算各期头发所占比例，按照生长期及休止期头发男女构成（表4-5）及正常头发各期构成（表4-6）可以判断生长期头发脱落，休止期头发脱落或头发营养异常或生长异常。

表 4-5　生长期及休止期头发男女构成（%）

	生长期（女/男）	休止期（女/男）
顶部	88/78	11/19
枕部	88/83	11/15
颞部	89/88	10/11

表 4-6 正常头发各期构成（%）

头发生长期	正常比例
生长期	66~96
退行期	0~6
休正期	2~18
生长异常	2~18
营养异常	0~18

（四）化妆品甲损害

1. 定义

化妆品甲病（cosmetic nail disease）：应用甲化妆品引起的甲剥离、甲软化、甲变脆、甲变色及甲周皮炎等病变。

2. 临床表现

化妆品甲病的引起是使用甲化妆品后引起甲母及甲半月周围皮肤的炎症影响甲母的发育，或甲化妆品成分造成甲正常结构破坏，从而产生甲部病变。如由清洁甲板的有机溶剂引起的甲失去光泽、变脆、变形、纵裂等；由纤维型胶引起的勺状甲。

3. 判定标准

化妆品甲病目前主要靠病史及症状来判断，可结合皮肤封闭型斑贴试验和皮肤光斑贴试验来明确判断。

4. 常用的实验室检查

（1）皮肤封闭型斑贴试验操作程序和方法：皮肤封闭型斑贴试验参见化妆品接触性皮炎的相应程序和方法。

（2）皮肤光斑贴试验操作程序及方法

① 试验仪器　具有恒定输出 UVA（长波紫外线，波长 320~400nm）的人工光源均可作为测试光源，如氙弧灯或 UVA 荧光灯管。

② 试验物浓度和赋形剂　试验物的试验浓度和赋形剂，应根据实际使用浓度和方法而定。化妆品中常见光致敏物斑贴试验及赋形剂见表 4-7。

表 4-7 化妆品常见光致敏物及其斑贴浓度

序号	中文名	英文名	浓度 %	赋形剂
1	地衣酸	Usnic acid（CAS No 125-46-2）	0.1	凡士林
2	二甲基 PABA 辛酯	Ethylhexyl dimethyl PABA（CAS No 21245-02-3）	10	凡士林
3	甲氧基肉桂酸乙基己酯	Ethylhexyl methoxycinnamate（CAS No 5466-77-3）	10	凡士林

续表

序号	中文名	英文名	浓度 %	赋形剂
4	二苯酮 –4	benzophenone–4（CAS No 4065–45–6）	10	凡士林
5	二苯酮 –3	benzophenone–3（CAS No 131–57–7）	10	凡士林
6	4– 甲基苄亚基樟脑	4–Methylbenzylidene camphor（CAS No 36861–47–9）	10	凡士林
7	三氯卡班	Triclocarban（CAS No 101–20–2）	1	凡士林
8	对氨基苯甲酸	PABA（CAS No 150–13–0）	10	凡士林
9	丁基甲氧基二苯甲酰基甲烷	Butyl methoxydibenzoylmethane（CAS No 70356–09–1）	10	凡士林
10	6– 甲基香豆素	6–Methyl coumarine（CAS No 92–48–8）	1	凡士林
11	秘鲁香油或香脂	myroxylon pereirae（CAS No 8007–00–9）	25	凡士林
12	氯己定二醋酸盐	Chlorhexidine diacetate（CAS No 56–95–1）	0.5	蒸馏水
13	氯己定二葡糖酸盐	Chlorhexidine digluconate（CAS No 18472–51–0）	0.5	蒸馏水
14	双氯酚	Dichlorophene（CAS No 97–23–4）	1	凡士林
15	盐酸苯海拉明	Diphenhydraminehydrochloride	1	凡士林
16	甲酚曲唑三硅氧烷	Drometrizole trisiloxane（CAS No 155633–54–8）	10	凡士林
17	2,2'– 硫代双（4– 氯苯酚）	2,2'–THIOBIS（4–CHLOROPHENOL）（CAS No 97–24–5）	1	凡士林
18	二（羟基三氯苯基）甲烷	Hexachlorophene（CAS No 70–30–4）	1	凡士林
19	胡莫柳酯	Homosalate（CAS No 118–56–9）	5	凡士林
20	p– 甲氧基肉桂酸异戊酯	Isoamyl–p–methoxycinnamate（CAS No 71617–10–2）	10	凡士林
21	氨基苯甲酸甲酯	Methyl anthranilate（CAS No 134–20–3）	5	凡士林
22	奥克立林	Octocrylene（CAS No 6197–30–4）	10	凡士林
23	水杨酸乙基己酯	ethylhexyl salicylate（CAS No 118–60–5）	5	凡士林
24	乙基己基三嗪酮	ethylhexyl triazone（CAS No 88122–99–0）	10	凡士林
25	芳香混合物	Perfume mix	6	凡士林
26	苯基苯并咪唑磺酸	phenylbenzimidazole sulfonic acid（CAS No 27503–81–7）	10	凡士林
27	檀香（SANTALUM ALBUM）油	santalum album（sandalwood）oil（CAS No 8006–87–9）	2	凡士林

序号	中文名	英文名	浓度 %	赋形剂
28	硫脲	Thiourea（CAS No 62–56–6）	0.1	凡士林
29	三氯生	Triclosan（CAS No 3380–34–5）	2	凡士林

③ 操作程序　将两份待试物质分别加入药室内，分别贴于上背部中线两侧正常皮肤，其上用不透光的深色致密织物遮盖。

24h 后去除两处斑试物，其中一处立即用深色致密织物覆盖，避免任何光线照射，作为对照；第二处用 5–8J/cm² 或 50% 的 MED–UVA 照射（应先测定患者的最小红斑量 MED–UVA，或计算光照量）。照射后 24 小时、48 小时、72 小时观察结果。必要时作第 5 天、7 天延迟观察。

④ 反应程度　本试验反应评判见表 4–8。

表 4–8　皮肤光斑贴试验皮肤反应评判

反应程度	皮肤反应
0	无反应
Ph ±	可疑反应
Ph +	红斑、水肿、浸润、可能有丘疹
Ph ++	红斑、水肿、丘疹、水疱
Ph +++	红斑、水肿、丘疹、大疱和糜烂

注：Ph 是 photo 的缩写。

⑤ 结果解释　若未照射区皮肤无反应，而照射区有反应者提示为光斑贴试验阳性；若两处均有反应且程度相同，则考虑为变应性反应；若两处均有反应但照射区反应程度大，则考虑为变应性和光变应性反应共存。

在皮肤光斑贴试验结果的判断中，需注意皮肤光斑贴试验物的异常敏感反应、使用不适当光源引起物理性损伤的假阳性反应；低敏感者所引起的假阴性反应；试验部位出现持续性色素沉着等。

（五）化妆品光接触性皮炎

1. 定义

化妆品光接触性皮炎（cosmetic contact photodermatitis）：接触化妆品后，由化妆品中某些成分和日光共同作用，在接触部位和／或其邻近部位引起的光毒性皮炎或光变应性皮炎。

化妆品光毒性皮炎（cosmetic phototoxic contact dermatitis）：接触化妆品后，由一定强度的光能直接作用于化妆品中光敏物质所引起的接触部位炎症。

化妆品光变应性皮炎（cosmetic photoallergic contact dermatitis）：接触化妆品后，再经过一定强度的光线照射所引起的接触部位或超出接触部位的免疫反应。

2. 临床表现

化妆品光毒性接触性皮炎是被光激活的化妆品光敏成分的直接作用所致，其发病机制无免疫过程，首次接触光敏物并受到日光（紫外线）照射即可发病，皮损局限于使用化妆品的暴露部位，有明显的光照界限，主要临床表现为轻者出现红斑、水肿伴有烧灼感，重者在红斑的基础上出现水疱。

化妆品光接触性皮炎是有光能参与的 T 细胞介导的迟发型变态反应，即被光激活的化妆品光敏物成分与载体结合形成完全抗原后引起 IV 型变态反应，因此发病有一定的潜伏期，皮损初发于暴露部位，边缘不清，常迅速向周围扩散，可延及遮盖部位皮肤乃至全身，主要临床表现为皮疹多呈湿疹样改变，即在水肿性红斑的基础上出现针头大小的密集丘疹、丘疱疹，重者可有水疱、渗出等，自觉瘙痒，亦可伴灼痛。

3. 判定标准

对于化妆品光接触性皮炎的诊断，应根据明确的接触史、皮损部位、皮损特征、严重程度、自觉症状、皮损与化妆品的使用量、频率和使用时间的关系、实验室检查及化妆品的产品质量的相关信息进行综合性诊断。对暂时不能确诊者，应停用该化妆品，进行随访，并进一步寻找诊断依据。对具体病例做具体分析。

4. 常用的实验室检查

皮肤光斑贴试验参见化妆品甲损害的相应程序和方法。

（六）化妆品色素异常

1. 定义

化妆品色素异常性皮肤病（cosmetic skin discoloration）：接触化妆品后，接触部位和 / 或其邻近部位发生的色素异常改变；或在化妆品接触性皮炎、化妆品光接触性皮炎的炎症消退后局部遗留的皮肤色素沉着或色素减退、脱失性改变。

2. 临床表现

化妆品色素异常多因化妆品直接染色或刺激皮肤色素增生造成，亦可继发于化妆品皮炎或化妆品皮肤损伤后。化妆品中含有不纯的石油分馏产品，某些染料及感光的香料等均可引起皮肤色素异常。化妆品中常见的致色素异常的化妆品成分有苏丹红 1、水杨酸卞酯、依兰精油、卡南加油、茉莉精华油、羟基香茅醛、檀香精油、苯甲醇、肉桂醇、薰衣草精油、香叶草醇、天竺葵油等。

3. 判定标准

化妆品皮肤色素异常主要靠病史及症状来判断，并结合实验室检查，必要时可做组织病理学及内分泌学检查与其他皮肤病相鉴别。

4. 常用的实验室检查

（1）皮肤封闭性斑贴试验操作程序及方法：皮肤封闭性斑贴试验参见化妆品接触性

皮炎的相应程序和方法。

（2）皮肤光斑贴试验操作程序及方法：皮肤光斑贴试验参见化妆品甲损害的相应程序和方法。

（七）化妆品唇炎

1. 定义

化妆品唇炎（cosmetic chilitis）：唇红部位接触化妆品后产生的刺激性、变态反应性、光毒性或光变态反应性接触性唇炎。

2. 临床表现

接触性唇炎发生于接触化妆品的唇部；光接触性唇炎则位于接触化妆品和曝光的唇部，尤其是下唇；急性唇炎是以水肿性红斑、疱疹、结痂为特征；慢性唇炎是以干燥、脱屑、增厚，可伴有皲裂，严重时可超出唇部，在附近皮肤出现接触性皮炎或光接触性皮炎的表现。

3. 判定标准

封闭型斑贴试验及光斑贴试验是协助诊断化妆品接触性唇炎的重要依据，试验阳性者是诊断化妆品唇炎的重要依据；试验阴性者应结合病史、临床表现全面分析。必要时进行反复开放使用试验。

4. 常用的实验室检查

（1）皮肤封闭性斑贴试验操作程序及方法：皮肤封闭性斑贴试验参见化妆品接触性皮炎的相应程序和方法。

（2）皮肤光斑贴试验操作程序及方法：皮肤光斑贴试验参见化妆品甲损害的相应程序和方法。

（3）反复开放性使用试验操作程序及方法：反复开放性使用试验参见化妆品接触性皮炎的相应程序和方法。

（八）化妆品接触性荨麻疹

1. 定义

化妆品接触性荨麻疹（cosmetic contact urticaria）：接触化妆品后数（通常数分钟至一小时内）在接触及邻近部位发生，并通常在几小时内消退的免疫介导或非免疫介导的皮肤黏膜红斑或风团改变。

2. 判定标准

化妆品接触性荨麻疹主要靠病史及症状来判断，开放性使用试验可协助判断。

3. 常用的实验室检查

常用的实验室检查为开放性使用试验。

（1）试验物浓度和赋形剂

试验物的浓度和赋形剂应按化妆品实际使用浓度和方法而定，即洗类皮肤和／或发用类清洁剂应将其稀释成 5% 水溶液为受试物。产品如进行稀释，应将稀释剂或赋形剂涂于受试部位对侧为对照进行试验。

（2）操作程序

一般将前臂屈侧作为受试部位，面积 3cm*3cm，受试部位应保持干燥，避免接触其他外用制剂。称 0.03~0.04g（ml）受试物涂于受试部位。

（3）观察与判定

将试验物轻轻均匀地涂于试验部位，15~30min 后观察反应，在此过程中如出现红斑、风团，即为阳性反应。

（4）结果解释

皮肤开放性涂抹试验是协助诊断化妆品接触性荨麻疹的重要依据，试验阳性者可诊断为化妆品接触性荨麻疹的重要依据；结合临床资料即可诊断皮肤病是由该试验物引起。试验阴性者应结合病史、临床表现及其他临床试验如挑刺试验、皮内试验等的结果全面分析。但要注意体内试验的危险性，做好应急抢救的准备。

二、化妆品不良反应监测的意义

化妆品不良反应监测是化妆品安全性监管的重要组成部分，也是化妆品上市后监管的重要内容。欧、美、日等国家监管部门都将化妆品不良反应监测作为化妆品上市后监管的重要组成部分，通过开展化妆品不良反应监测及时发现安全风险信号，保障公众健康。我国目前已初步建成了遍布全国各省的化妆品不良反应监测组织体系、实时在线上报化妆品 不良反应的信息化系统。《化妆品监督管理条例》中明确规定，国家建立化妆品不良反应监测制度，同时也对化妆品不良反应作出了定义。

三、注册人备案人如何收集化妆品不良反应

《化妆品监督管理条例》明确指出"化妆品注册人、备案人应当监测其上市销售化妆品的不良反应，及时开展评价，按照国务院药品监督管理部门的规定向化妆品不良反应监测机构报告"，明确了注册人、备案人在不良反应监测中的主体责任。注册人、备案人在收集化妆品不良反应病例信息时应尽可能地收集充足的病例信息，以便能够更好地进行关联性评价。

（一）充足的病例信息是分析评价化妆品不良反应的基础

1.病例信息

充足的病例信息一方面包括产品的信息，如可疑化妆品的名称、注册或者备案编号等基本信息，以便能够准确地关联到引发化妆品不良反应的产品。另一方面更重要的是收集不良反应病例的症状描述。收集到的原始信息的质量，特别是临床症状的描述，直接影响到不良反应与使用产品之间因果关系的评价。

在收集化妆品不良反应病例时需要关注以下内容。

① 是否有明确的化妆品接触史。

② 皮损形态和自觉症状的描述：如红斑、水肿、丘疹糜烂、渗出、结痂、色素改变、毛发、指甲改变等；自觉局部皮损瘙痒、疼痛等。

③ 不良反应发生的部位与化妆品使用的部位。

④ 皮损的严重程度同化妆品的使用量和频率有关。

⑤ 当停止使用该化妆品后皮损转归的合理如何。

⑥ 如再次使用该化妆品是否出现相同的皮损。

⑦ 过去使用相同的化妆品是否有类似的皮损产生。

⑧ 该化妆品的产品标签否有相关信息提示。

⑨ 除接触化妆品外是否有其他原因可以单独引起皮损。

⑩ 愈后如使用其他不同类型化妆品是否有类似的皮损产生。

⑪ 是否得到实验室检查的支持。

2. 一般信息

除了临床信息的收集外，不良反应病例的一般信息的采集对于判定化妆品不良反应的真实性以及后续化妆品不良反应的追踪等也非常重要（表4-9）。例如：病例的一般信息，如姓名、性别、年龄、联系方式等；化妆品不良反应的报告者，如医疗机构、注册人/备案人、化妆品经营者、受托生产企业、个人等；消费者购买产品的渠道等。

表 4-9 化妆品不良反应病例报告表

姓名		性别	
年龄		联系方式	
通讯地址			
化妆品不良反应史			
皮肤病史			
其他过敏史			
化妆品开始使用日期		不良反应发生日期	
停用日期		停用疑似过敏化妆品病情转归	
自觉症状（如瘙痒、灼热、疼痛等）			
皮损部位			

皮损形态（红斑、丘疹、风团、脓疱等）			
其他损害			
过程补充描述说明			
初步诊断			
不良反应结果			
化妆品类型（如水、乳、霜等）		特殊化妆品注册证书编号 / 普通化妆品备案编号	
化妆品名称		商标名	
生产批号		类别	
受托生产企业名称		化妆品注册人 / 备案人	
境内责任人		是否在使用期限内	
产品来源		购买地点 / 平台	
原物斑贴试验		斑贴试验结果	
成分斑贴试验		斑贴试验结果	
其他辅助检查			
关联性评价			
报告人		报告人电话	
不良反应发现或者获知时间		报告人职业	
报告单位名称		报告日期	

（二）化妆品不良反应的因果分析评价

对于收集到的化妆品不良反应数据要进行因果分析评估，也就是评估不良反应事件是否是由特定的化妆品产品所造成。化妆品不良反应评估的关键参数包括：不良反应的症状、不良反应的发生与使用产品之间合理的时间顺序、停用或再次使用产品的转归以及实验室检查。

以常见的化妆品接触性皮炎为例。不良反应的症状符合接触性皮炎的特征；接触性皮炎的发生与使用化妆品有合理的时间顺序和损害部位关系，不能用其他疾病、化学品及药物等因素的影响来解释；停用化妆品后反应转归合理，并得到实验室检查的肯定，如封闭性斑贴试验结果阳性。这时就可以确定所发生的不良反应与使用产品之间有明确的因果关系。而当接触性皮炎的发生与化妆品的接触时间、接触部位和停止接触化妆品后转归存在不合理关系；其他临床和实验室信息也表明接触性皮炎不可能由该化妆品引起。这时就可排除所发生的不良反应与产品之间有因果关系。

对于发现和收集到的不良反应事件，化妆品企业需要进行记录和进行因果分析评价，同时结合产品销量等信息，当某款产品正常使用引起的不良反应率呈明显增加趋势，或正常使用产品导致严重不良反应的，需重新评估产品的安全性，必要时与各个部门合作，自查产品原料、配方、使用说明和警示语、生产工艺、生产质量管理、贮存运输等方面可能引发不良反应的原因。

（三）化妆品不良反应中常用的实验室检查

在化妆品不良反应监测中首先应使用可疑的化妆品产品开展试验，如果可能，怀疑化妆品配方的成分也应进行试验（表 4-10）。在国内临床常采用的是欧标和澳标等斑贴试剂中都含有一些化妆品原料成分可用于化妆品配方的斑贴试验。

表 4-10　化妆品不良反应中常用的实验室检查

化妆品不良反应的类型	实验室检查
化妆品刺激性接触性皮炎	反复开放性使用试验
化妆品变应性接触性皮炎	皮肤封闭型斑贴试验、反复开放性使用试验、人体重复多次激发斑贴试验
化妆品痤疮	反复开放涂抹试验、人体致粉刺性试验
化妆品毛发损害	取发样做扫描显微镜下观察

第三节　化妆品人体临床测试与安全评估

一、化妆品人体临床测试与安全评估概述

化妆品是消费市场的重要组成部分，主要以涂擦、喷洒或者其他类似方法用于人体皮肤表面，起到清洁、保护、美化、修饰皮肤的作用，维护皮肤的健康美丽。一般来说，化妆品可以在日常生活中长期反复用于健康皮肤。而这种长期且大量的化妆品使用必须确保其使用安全，考虑每一种安全风险的可能性至关重要。特别有必要确认化妆品在使用后不久不会引起任何刺激和／或毒性反应，也不会因长期重复使用而引起刺激、毒性和／或变态反应（过敏）等。

我国《化妆品安全评估技术导则》中明确规定了开展化妆品及其原料安全评估的规范流程和步骤。通过一系列毒理学试验研究来测定化妆品原料和／或风险物质的毒理学特征是化妆品安全评估的基础，其安全测试结果可以在一定程度上预测可见的反应。然而，在化妆品使用的历史报道中，仍常见使用化妆品后出现明显的不良反应，如红斑、丘疹、水肿、水疱、大泡等症状，以及瘙痒、灼热和刺痛等不可见的刺激感觉。因此，在产品上市前，确认其在预期正常使用和合理可预见的过度使用条件下的安全性非常重要，但一般很难通过动物或者体外试验预测到瘙痒、刺痛和灼热等感官反应的风险。因此，人群安全性试验资料也是毒理学研究的系列内容之一，其中包括人体安全性试验资料和人群流行病学资料。人群流行病学资料包括人群流行病学调查、人群监测以及临床不良事件报告、事故报告等。

二、化妆品人体安全性临床试验

化妆品的临床试验不同于药品临床试验有相对详细规定和管理要求，如《药物临床试验质量管理规范》（Good Clinical Practice，GCP）、国际协调理事会（The International Council for Harmonisation，ICH）《人用药品注册技术要求》等。化妆品人体安全性临床测试目前在国际上并没有标准的测试方法和详细要求，行业在开展此类测试时主要参考其他行业的标准方法，同时结合化妆品的特点制定相应的临床研究和测试方法。通常是将化妆品原料或配方，通过斑贴和在正常条件下试用等施用方式，在人类受试者（研究参与者）皮肤、口唇和头皮头发等部位进行的安全方面的研究来确认化妆品原料或配方最终的安全性，特别是局部毒性相关的人体皮肤耐受性、刺激性与致敏性。

人体皮肤封闭型斑贴试验、重复性开放型涂抹试验和人体试用试验安全性评价是列入我国《化妆品安全技术规范》的常用人体安全性评价方法，多用于特定的特殊化妆品注册申报和部分普通化妆品的备案；《化妆品安全评估技术导则》规定完成化妆品产品的安全评估后，需要排除化妆品产品皮肤不良反应的，在满足伦理要求的前提下可以进行人体皮肤斑贴试验或人体试用试验；《化妆品新原料注册备案资料管理规定》中要求，对于国内外首次使用的具有防腐、防晒、着色、染发、祛斑美白、防脱发、祛痘、抗皱（物理性抗皱除外）、去屑、除臭功能以及其他国内外首次使用的具有较高生物活性的化妆品新原料，应当提交长期人体试用安全试验资料。其他在化妆品行业经常用于预测或者验证化妆品及其原料安全的人体安全性临床测试方法还有：多次累积刺激性斑贴试验（Cumulative Irritation Patch Test，CIPT）、人体重复激发斑贴试验（Human Repeated Insult Patch Test，HRIPT）、企业自拟的安全性试用试验（Safety In-use Test，SIU）、人体光斑贴试验（Photo Patch Test，PPT）和人眼刺激试验（Human Ocular Irritation Test，HOIT）等。一些化妆品人体使用临床功效测试和消费者使用测试在满足相应的条件下，也可以获得跟产品安全性相关的信息，如"无刺激""低致敏性"（Hypoallergenicity）、"适用敏感性皮肤""无泪配方"等。除此之外，还有一些非常规的研究型临床安全测试，如美国 FDA 对于防晒剂的人体经皮吸收研究等。

（一）化妆品人体安全性临床试验基本原则

（1）人体安全性试验应当遵守伦理学原则，要求受试者（研究参与者）签署知情同意书并采取必要的医学防护措施，最大程度地保护受试者的利益。

（2）人体安全性试验之前应先完成必要毒理学试验或安全评估并出具书面证明，安全评估结论在正常、合理及可预见的使用情况下不会对人体健康产生危害的样品方可进行人体试验。

（3）若在人体安全性试验过程中发现测试产品存在安全性问题或者其他风险的，应当立即停止试验，必要时应做好合理的医学处理，并保留相应的记录。

（4）各类人体安全性临床试验应根据入选和排除标准选择适当的受试人群，并根据试验目的和统计学原则设定一定样本例数。

（5）应根据已知的化妆品配方或者原料成分特点等选择适合的试验项目进行人体安全性的评价。

（二）化妆品人体临床试验基本伦理要求

《化妆品安全技术规范》《化妆品注册和备案检验工作规范》《化妆品功效宣称评价规范》等法规文件中涉及人体试验的均有应当遵守伦理学原则的要求。

通常来说，化妆品临床试验机构开展化妆品人体试验都需要符合国际赫尔辛基宣言对于涉及人体医学研究的伦理道德原则，要求委托企业确保测试产品的安全性，受试者（研究参与者）签署知情同意书并采取必要的医学防护措施。并可参考《涉及人的生命科学和医学研究伦理审查办法》《涉及人的生物医学研究伦理审查办法》《药物临床试验质量管理规范》（GCP）等相关文件开展化妆品人体试验的伦理审查。

（三）化妆品人体安全性临床测试原理和目的

化妆品人体安全性临床测试的目的一般是在一定人群样本中，通过一定时间的贴敷、涂抹和使用化妆品的方式，观察受试物引起人体皮肤不良反应的潜在可能性。常见的不良反应包括皮肤刺激反应、变态反应（过敏）、皮肤不耐受、光毒和光变态反应（光敏）等。不同测试方法的测试原理和目的有所不同，获得的原料和产品的安全信息也各不相同。企业可根据产品特点、安全评估要求以及产品注册和备案等法规要求选择相关的人体安全性临床测试方法。具体如下：

1. 人体皮肤封闭性斑贴试验（试验方法具体见《化妆品安全技术规范》）

（1）适用范围：《化妆品安全技术规范》规定人体斑贴试验适用于检验防晒类、祛斑类、除臭类及其他需要类似检验的化妆品。

（2）试验目的：拟通过将一定量受试物贴敷于受试者背部、上臂或前臂屈侧有较多树突状细胞的皮肤部位上持续 24 小时后去除的方式，观察受试物可能引起的皮肤不良反应，主要包括皮肤刺激反应和迟发型变态反应（即Ⅳ型变态反应），其中以刺激反应为主。

（3）试验原理：① 皮肤刺激是一种局部反应，由化妆品中的某些刺激成分接触皮肤后导致皮肤中的细胞或血管的直接毒性引起皮肤炎症反应。② Ⅳ型皮肤变态反应也称为过敏反应，是一种免疫介导的反应。这种反应是由致敏的淋巴细胞引起的免疫反应，与血清抗体无关。它是在机体受到抗原刺激后，T 淋巴细胞大量分化、增殖，最后形成致敏的淋巴细胞。当这些细胞再次遇到相应的抗原时，通常会在 1~2 天激发机体产生特异性细胞免疫应答，可能表现为红斑、丘疹、浸润、水肿、水疱等症状。当皮肤首次接触到化妆品中的过敏原时，通常不会立即发生反应，而是需要一段时间的潜伏期。当受试者在试验前接触过某种化妆品成分致敏原时，可能查见。

（4）试验结果影响因素：多种因素可影响人体皮肤斑贴试验结果的准确性和可重复性，如斑贴时间、季节、受试物的刺激强度、剂型、测试部位、皮肤状况及运动出汗情况等。开展试验时，应综合考虑可能的影响因素，保证试验结果的科学性、真实性、可靠性。

2. 重复性开放型涂抹试验（ROAT）（试验方法具体见《化妆品安全技术规范》）

（1）适用范围：《化妆品安全技术规范》中规定当祛斑美白类和防晒类化妆品进行人体皮肤斑贴试验出现刺激性结果或结果难以判断时，应当增加 ROAT 进行验证确认。故 ROAT 可作为人体封闭型斑贴试验的补充方法。封闭型斑贴试验试验周期短且操作简单，其阳性试验结果反映的是接触性皮炎的急性状态，而不是在现实生活中遇到的慢性长期使用的状态。因此，ROAT 这类反复暴露于较低浓度的测试物的累积测试模型被认为更接近现实状态。这种测试方法通过在受试者的皮肤上反复涂抹化妆品，以模拟产品在日常使用中的情况，从而评估其长期使用的安全性，能更好反映现实生活中暴露情况。

（2）试验目的：ROAT 主要通过连续 7 天将化妆品开放涂抹于一定面积的前臂屈侧部位后观察皮肤反应的方式，检测化妆品是否可能引起皮肤刺激或变态反应（过敏），如速发型（即 Ⅰ 型）变态反应和迟发型（即Ⅳ型）变态反应。

（3）试验原理：① 累积刺激反应是化妆品成分对皮肤的多次反复应用刺激导致的皮肤屏障功能受损累积刺激效应，引发炎症反应。② Ⅰ 型皮肤变态反应，也称为速发性变态反应或 IgE 依赖性反应，主要是由于过敏原与 IgE 抗体相互作用，导致局部平滑肌收缩、血管通透性增加、微血管扩张、充血、血浆外渗、水肿、腺体分泌亢进和嗜酸性粒细胞增多等，荨麻疹和血管性水肿样皮损。

（4）试验结果影响因素：多种因素可影响人体皮肤重复性开放型涂抹试验结果的准确性和可重复性。如受试者的选择、测试部位及皮肤状况、受试物的刺激强度、剂型、涂抹方法包括涂抹的频率、涂抹面积和涂抹量、温湿度等环境条件、受试者顺应性可能影响皮肤反应。开展 ROAT 试验时，需要严格按照程序进行并控制好各种影响因素，以保证试验结果的准确性。

3. 人体安全性试用试验（试验方法具体见《化妆品安全技术规范》）

（1）适用范围：根据《化妆品监督管理条例》对化妆品类别管理的调整，目前《化妆品安全技术规范》中适用于防脱发类、脱毛类、理化检验结果 pH ≤ 3.5 或企业标准中设定 pH ≤ 3.5 的驻留类化妆品及其他需要类似检验的化妆品。

（2）试验目的：主要通过让受试者按照产品使用方法直接使用化妆品一段时间来检测受试物引起人体皮肤不良反应以及主观感受（不耐受）的潜在可能性。该方法是化妆品终产品安全性评价体系中至关重要的组成部分。

（3）试验原理：涉及上述皮肤刺激／累积刺激、Ⅰ型和Ⅳ皮肤变态（过敏）反应相关原理。皮肤耐受性主要是指化妆品中的刺激性成分穿透皮肤角质层，刺激真皮层的神经末梢，从而引起皮肤瘙痒、刺痛、灼痛等不适感。

（4）影响因素：试验周期长、开放试用试验，虽然能更好地反映现实生活中的实际使用情况，能够记录受试者的瘙痒、刺痛、灼热等不适感觉，但影响试验结果的因素比较多，如受试者在试验期内身体或皮肤状况的改变，受试者的主观感觉差异，试验期内天气的变化等。因此，人体安全性试用试验受试者的宣教以及试验期间电话回访非常重要，保证受试者良好的依从性，是试验结果真实、准确的基础。

4. 长期人体安全性试用试验

（1）适用范围：我国《化妆品新原料注册备案资料管理规定》中要求国内外首次使用的具有防腐、防晒、着色、染发、祛斑美白、防脱发、祛痘、抗皱（物理性抗皱除外）、去屑、除臭功能以及其他国内外首次使用的具有较高生物活性的化妆品新原料。世界各国报道的化妆品不良反应提示，对于风险较高的化妆品新原料，人体斑贴试验、短期的人体试用试验可能不足以评估其安全性。根据化妆品在人群中的使用具有长期性的特点，可以应用长期的人体试用试验加以评价。

（2）试验目的：主要通过不少于 100 人的合格受试者至少使用 12 个月来检测受试物引起各种人体不良反应的潜在可能性，包括但不限于以下主观症状和客观皮损形态：ｊ主观症状：瘙痒、烧灼、刺痛等感觉。ｋ皮损形态：红斑、肿胀、丘疹、水疱、渗出、脱屑、苔藓化、色素沉着、色素减淡（脱失）、毛细血管扩张、萎缩、脱发、粉刺、脓丘疹、指甲变色、指甲变形等。

（3）试验原理：旨在模拟实际长期使用的条件，通过长期跟踪和监测，更全面地了解新产品对人体可能造成的潜在影响（包括常见化妆品不良反应：刺激或变应性接触性皮炎、光接触性皮炎、痤疮、色素异常、毛发损害、甲损害、唇炎、荨麻疹），为新原料使用的安全性提供科学依据。

5. 多次累积刺激性斑贴试验（CIPT）

（1）适用范围：由 Lanman 等人研发的 21 天累积刺激性斑贴试验，主要应用于皮肤药理学和皮肤毒理学，评估外用产品的皮肤刺激潜能。

（2）试验目的：21 天累积刺激性斑贴试验借鉴应用于化妆品安全性的评价测试时，常见 3 天、6 天和 12 天累积刺激性斑贴试验，根据不同产品的不同安全性要求选择试验方法（譬如正常皮肤、敏感皮肤、儿童皮肤用产品选择不同试验天数）。大多数与产品使用有关的不良反应投诉都与产生了局部皮肤刺激反应有关，因此通过可靠的测试来预测化妆品/原料的刺激潜力是评估产品整体安全性的关键。通过 CIPT 测试，除了可以评估化妆品的皮肤刺激潜能以外，还可以区分非常温和到温和的产品相似的性质，对大多数外用产品特别是化妆品的预期，是没有或仅具有最小或轻微的刺激潜力。

（3）试验原理：皮肤累积刺激反应是化妆品成分对皮肤的多次反复应用刺激导致的皮肤屏障功能受损累积刺激效应，引发炎症反应，可见干燥/鳞屑/褶皱、红斑、丘疹、渗出、糜烂、结痂等皮损。

6. 人体重复激发斑贴试验（HRIPT）

（1）适用范围：HRIPT 是改进的 Draize 程序，属于斑贴试验的一种，用于确认在正常人群中诱导皮肤致敏的无观察效应水平（No-Observed-Effect-Level，NOEL）。被美国香料材料研究所用于提供皮肤致敏定量风险评估的验证性人体数据。HRIPT 仅用于确认受试物在规定剂量下不引起皮肤致敏，不用于确定危险因素，也不用于皮肤致敏潜力未知的物质。鉴于目前还没有合适的方法可以准确地替代人体试验，对于更大范围的正常人群来说，为将皮肤致敏风险降到最低，进行 HRIPT 仍然是必要的。

（2）试验目的：HRIPT 的目的是在健康的人类受试者中，确认从皮肤致敏定量结构-活性关系、动物临床前数据和历史人类数据中获得的诱导皮肤致敏的 NOEL，是一种确认在暴露水平上缺乏皮肤致敏作用的测试。这种方法也可以通过在诱导阶段反复斑贴来评估皮肤刺激情况（图 4-3）。

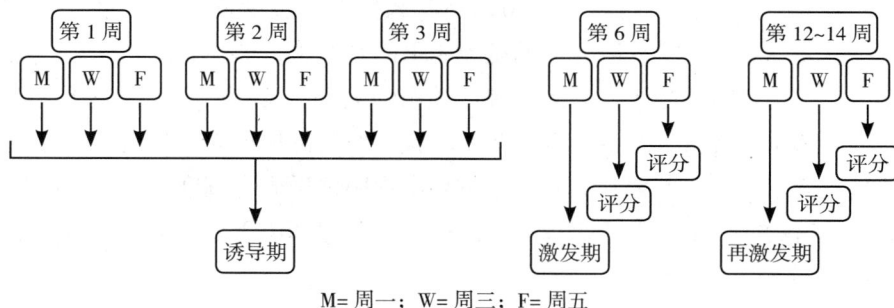

M= 周一；W= 周三；F= 周五

图 4-3 HRIPT 试验流程

（3）结果解释：皮肤致敏的诱导是由在激发期观察到的皮肤反应增强大于在诱导期观察到的皮肤反应增强所决定的。在诱导期观察到的低等级反应，但在激发期没有观察到，则认为是刺激。

受试者在诱导期的早期出现反应，并在激发期得到确认，则认为受试者对受试物是致敏的，不认为是在诱导期诱导的。该受试者被认为已经完成了该研究，但不包括在诱导致敏反应的数量中。

受试者在诱导期的后期和激发期出现持续的水肿反应提示诱导了皮肤致敏，应通过再激发试验进行确认。提示皮肤变态反应或可疑/模棱两可的反应和反应模式应通过适当的再激发试验进行验证。

任何一个受试者的反应都应该总是与所有其他暴露的受试者的反应进行比较。除了在极少数情况下，变态反应（过敏）只发生在极少数的受试者中，而刺激发生在整个暴露人群中更广泛。

7. 光斑贴试验

（1）适用范围：皮肤光斑贴试验是可用于检测化妆品是否会引起人体的光变应性反应或是光毒性反应的一种方法，适用于化妆品终产品或原料的光敏性安全性评价。

（2）试验目的：通过分别在背部两侧皮肤斑贴敷贴化妆品终产品或原料，去除斑试物后一侧接受一定剂量的 UVA 照射，来检测受试物引起人体皮肤光变态反应（光敏）性的潜在可能性。

（3）试验原理：皮肤光变态反应是一种细胞介导的由光激活的皮肤免疫性反应，是Ⅳ型变态反应的特殊类型，其原理为光感物质吸收光能后成激活状态，并以半抗原形式与皮肤中的蛋白结合成受试物一蛋白结合物，经表皮的郎罕巨细胞传递给免疫活性细胞，致敏的淋巴细胞引发免疫反应。致敏的淋巴细胞再次接触同一抗原时释放出淋巴因子，导致一系列皮肤反应。

（4）结果判断（光变态反应与接触变应性反应鉴别）：接触性变应性皮炎的发病机制前面已经详述。在变态反应中，小的化学半抗原穿透皮肤，然后被暴露在阳光下（通常 UVA 波长）被激活，半抗原共价结合内源性载体蛋白形成 hapten-protein 共轭物被抗原呈递细胞吸收，尤其是表皮朗格汉斯细胞和真皮树突状细胞迁移到淋巴结，在那里抗原结合呈现给记忆 T 细胞，这些 T 细胞增殖并触发Ⅳ型超敏反应。因此，光变态反应的发生必须有光的参与。在皮肤光斑贴试验结果的判断中，需注意皮肤光斑贴试验物的异常敏感反应、使用不适当光源引起物理性损伤的假阳性反应；低敏感者所引起的假阴性反应；试验部位出现持续性色素沉着等。单独在照射部位出现反应而非照射部位无反应，考虑是光变态反应；照射和非照射部位均出现阳性反应，程度相当，考虑是接触变应性反应；照射和非照射部位均出现阳性反应，但照射部位程度较高，考虑是接触性和光变应性共存。

8. 刺激反应与变态反应的鉴别

《化妆品安全技术规范》斑贴试验和人体试用试验安全性评价结果判读中，均未对皮肤刺激反应与变态反应作鉴别判定，以皮肤不良反应形式判定。皮肤封闭斑贴试验和人体试用试验结果呈阳性反应有两种可能：刺激反应或变态反应。刺激性反应不涉及免疫应答过程，反应程度主要与刺激物浓度及接触皮肤时间有关，只要刺激性超出皮肤能够耐受的阈值即可发生。皮肤斑贴试验和试用试验中发生的变态反应属于一种接触性迟发性变态反应（即Ⅳ型变态反应），个体受试者在试验前可能有多次接触过敏原成分，形成了致敏状态。在斑贴试验中，通常认为刺激性反应在去除斑试物后红斑反应等逐渐减轻，到第 4 天时多已消退；而变态反应则表现为浸润性红斑、丘疹等，阳性反应通常表现是 2 分（+）以及超过 2 分的反应，且在第一、二次或以后数次观察时反应持续存在甚至加剧，常常在斑贴试验后的 72 小时或更长时间内不消退。从皮肤反应的皮损特点看，变态反应阳性结果的红斑呈现为隆起性，可触及，边界不清，可扩展至斑试器外，或沿淋巴管扩展呈细红线状；可伴丘疹、水疱；瘙痒明显，去除斑试器后皮损可进一步加重。而刺激性反应的红斑、水疱可以表现与变态反应相同，红斑边界清晰不扩展，还可出现脓疱、坏死、紫癜及溃疡，或见到特征性的表皮细小起皱、干燥脱屑、孤立散在丘疹。少有瘙痒，可有疼痛及烧灼感。事实上，在微弱阳性反应的情况下，斑贴试验的阳性结果很难准确区分是刺激性反应或是变态反应，这也是《化妆品安全技术规范》中未对皮肤刺激反应与变态反应区别评判的重要原因。

化妆品不良反应主要包括有刺激性接触性皮炎和变应反应（过敏）性接触性皮炎。化妆品中的一些原料成分可能引起皮肤刺激或者变态反应（过敏），包括防腐剂、香精香料、表面活性剂、乳化剂和植物提取物等。皮肤刺激是一种局部反应，由化学物质导致皮肤中的细胞或血管的直接毒性引起的。皮肤变态反应（过敏）是由免疫反应介导引起的，当皮肤反复接触具有致敏潜力的化学物质时接触致敏，由胸腺来源的 T 淋巴细胞介导的迟发型超敏反应，炎症反应通常会延迟。

9. 化妆品人体安全性测试方法主要目的和对应的毒理学终点

不同场景下的各项人体安全性临床测试方法对应的毒理学重点汇总见下表 4-11。

表 4-11　人体安全性临床测试主要研究目的与毒理学终点

人体安全性临床测试项目	主要目的与毒理学终点
皮肤封闭型斑贴试验（规范方法）	皮肤刺激性、IV 皮肤变态反应
重复性开放型涂抹试验（规范方法）	皮肤刺激性、累积刺激性、皮肤变态反应
人体试用试验安全性评价（规范方法）	皮肤 / 黏膜刺激性、眼部刺激性、累积刺激性、皮肤变态反应等
长期人体安全性试用试验	各项可能的短期和 / 或长期化妆品不良反应
多次累积刺激性试验	皮肤累积刺激性
人体重复激发斑贴测试	皮肤累积刺激性和IV皮肤变态反应性
光斑贴试验	皮肤刺激性、IV皮肤变态反应、光毒性、光变态反应性

10. 人体临床测试方法结果理解与应用

临床测试出现的皮肤不良反应，一般由皮肤科医生依据标准，对皮肤等器官出现的反应做出分级和评分判定。对于按照《技术规范》方法进行的测试结果判定。

国际权威机构如 CIR 对于化妆品原料的评估结论有限制性条件的情况，如"当配方无刺激性时，用于化妆品是安全的"，除了可以使用产品 / 配方的毒理学测试结果满足该限制性要求，也可以使用临床测试结果来满足皮肤刺激性和致敏性要求，特别是与化妆品使用方式一致的化妆品人体试用试验。

特别需要注意的是斑贴测试，无论是单次还是多次试验，目的是在较短的时间内得到产品耐受性和刺激性的信息，测试条件通常比较极端且与化妆品正常使用情况不同，其结果不能作为唯一的判定依据。举例来说，封闭型斑贴试验出现刺激性结果或结果难以判断时，需要增加皮肤重复性开放型涂抹试验，用来进一步了解产品安全性。或者重复累积刺激试验中观察有小比例的低分读数，需要结合其他安全信息（如人体试用试验等）来判断。

对于临床测试结果的解读和使用，安全评估人员需要根据原料和配方毒理学测试和评估结果，其他临床测试项目结果，近似配方信息，已上市产品不良反应记录等做出综合评估，也就是《化妆品安全评估技术导则》中要求遵循的证据权重原则。举例来说，配方在皮肤刺激性毒理学测试中显示出了一定的刺激性，而人体临床安全试用测试结果则显示未发现明显的皮肤不良反应。考虑到物种间的差异，皮肤刺激性毒理学测试条件相对极端且与化妆品暴露不同，临床测试结果的权重高于毒理学测试结果，因此在满足一定的条件下，配方的最终安全评估结论可以是无皮肤刺激性。

综上，建议化妆品安全评估人员在实际评估工作中，不仅仅需要学习和掌握毒理学和风险评估原则等内容，也要了解跟化妆品安全相关的临床测试和不良反应等知识。

参考文献

［1］国家药品监督管理局. 化妆品安全评估技术导则（2021 年版）［S］. 国家药监局公告 2021 年第 51 号. 2021-04-15.

［2］SCCS/1647/22. The SCCS Notes of guidance for the testing of cosmetic ingredients and their safety evaluation 12th revision［Z/OL］.（2023-05-15）https://health.ec.europa.eu/publications/sccs-notes-guidance-testing-cosmetic-ingredients-and-their-safety-evaluation-12th-revision_en.

［3］上海市临床研究伦理委员会. 化妆品人体试验的伦理审查指南［J］. 医学与哲学，2024，45（6）：15-18.

［4］周吉银，刘丹.《涉及人的生命科学和医学研究伦理审查办法》的解读和思考［J］. 中国医学伦理学，2023，36（5）：475-481.

［5］国家食品药品监督管理总局. 化妆品安全技术规范（2015 年版）［S］. 国食药监总局公告 2015 年第 268 号. 2015-12-23.

［6］国家药品监督管理局. 化妆品注册和备案检验工作规范［S］. 国家药监局公告 2019 年第 72 号. 2019-09-03.

［7］Dose Setting Method Guideline Committee. Dose Setting Method Guideline for Human Long-Duration Trials（Safety）［J］. Journal of Japanese Cosmetic Science Society，2019，43（3）：245-256.

［8］国家药品监督管理局. 化妆品新原料注册备案资料管理规定［S］. 国家药监局公告 2021 年第 31 号. 2021-02-26.

［9］MITSUI T. New Cosmetic Science［M］. The Netherlands：Elsevier Science，1998.

［10］Walker AP, Basketter DA, Baverel M, et al. Test guidelines for the assessment of skin tolerance of potentially irritant cosmetic ingredients in man［J］. Food and Chemical Toxicology，1997，35（10–11）：1099–106.

［11］NGO M A, MAIBACH H I. Dermatotoxicology：historical perspective and advances［J］. Toxicology and Applied Pharmacology，2010，243（2）：225–238.

［12］秦鸥，王学民. 3497件特殊用途化妆品人体单次皮肤斑贴试验结果分析［J］. 中国卫生监督杂志，2009，16（1）：57–60.

［13］中国食品药品检定研究院化妆品安全技术评价中心. 人体皮肤斑贴试验技术指导原则（征求意见稿）［S］. 2023.

［14］中国医师协会皮肤科医师分会过敏性疾病专业委员会. 斑贴试验临床应用专家共识（2020修订版）［J］. 中华皮肤科杂志，2020，53（4）：239–243.

［15］ZAGHI D, MAIBACH H I. Quantitative relationships between patch test reactivity and use test reactivity：an overview［J］. Cutan Ocul Toxicol，2008，27：241–248.

［16］BROWN G E, BOTTO N, BUTLER D C, et al. Clinical utilization of repeated open application test among American Contact Dermatitis Society members［J］. Dermatitis，2015，26：224–229.

［17］HANNUKSELA M, SALO H. The repeated open application test（ROAT）［J］. Contact Dermatitis，1986，14：221–227.

［18］KALIYADAN F, JAYASREE P, ASHIQUE K T. Practical suggestions to improve standardization of repeated open application testing（ROAT）for daily use products［J］. Postepy Dermatol Alergol，2022，39（2）：304–306.

［19］WALKER A P, BASKETTER D A, BAVEREL M, et al. Test guidelines for assessment of skin compatibility of cosmetic finished products in man［J］. Food and Chemical Toxicology，1996，34（7）：651–660.

［20］GAO Y, KERN P S, SCHOBORG D, et al. Safety–in–use test of facial cosmetic products on normal and self–assessed sensitive skin subjects［J］. Internatiol Jonrnal of Cosmetic Science，2024，46（3）：391–402.

［21］DO L H D, MAIBACH H. The 21–day cumulative irritation assay in man：a half–century summary and re–evaluation［J］. Cutaneous and Ocular Toxicology，2021，40（2）：61–65.

［22］ZHANG P, LI Q. Revisit the 21–day cumulative irriation test–statistical considerations［J］. Cutaneous and Ocular Toxicology，2017，36（1）：29–34.

［23］BOWMAN J P, BERGER R S, MILLS O H, et al. The 21–day human cumulative irritation test can be reduced to 14 days without loss of sensitivity［J］. Journal of Cosmetic Science，2003，54（5）：443–449.

［24］POLITANO V T, API A M. The Research Institute for Fragrance Materials' human repeated insult patch test protocol ［J］. Requlatory Toxicology and Pharmacology, 2008, 52（1）: 35–38.

［25］BORMANN J L, MAIBACH H I. Draize human repeat insult patch test（HRIPT）: Seven decades of pitfalls and progress ［J］. Regul Toxicol Pharmacol, 2021, 121: 104867.

［26］MCNAMEE P M, API A M, BASKETTER D A, et al. A review of critical factors in the conduct and interpretation of the human repeat insult patch test ［J］. Regulatory Toxicology and Pharmacology, 2008, 52（1）: 24–34.

［27］NA M, RITACCO G, O'BRIEN D, et al. Fragrance Skin Sensitization Evaluation and Human Testing: 30–Year Experience ［J］. Dermatitis, 2021, 32（5）: 339–352.

［28］顾恒, 李邻峰. 光斑贴试验临床应用专家共识 ［J］. 中华皮肤科杂志, 2015, 48（7）: 447–450.

［29］THOMAS P, BERGOEND H. Principles and technicals studies of investigating photosensitivity of the skin ［J］. Ann Dermatol Venereol, 1977, 104（8–9）: 513–524.

［30］JANSE´N C T, WENNERSTEN G, RYSTEDT I, et al. The Scandinavian standard photopatch test procedure ［J］. Contact Dermatitis, 1982, 8（3）: 155–158.

［31］BRUYNZEEL D P, FERGUSON J, ANDERSEN K, et al. Photopatch testing: a consensus methodology for Europe ［J］. Journal of the European Academy of Dermatology and Vanereology, 2004, 18（6）: 679–682.

［32］BATCHELOR R J, WILKINSON S M. Photopatch testing——a retrospective review using the 1 day and 2 day irradiation protocols ［J］. Contact Dermatitis, 2006, 54（2）: 75–78.

［33］SNYDER M, TURRENTINE J E, CRUZ P D Jr. Photocontact dermatitis and its clinical mimics: an overview for the allergist ［J］. Clin Rev Allergy Immunol, 2019, 56（1）: 32–40.

［34］GONÇALO M, FERGUSON J, BONEVALLE A, et al. Photopatch testing: recommendations for a European photopatch test baseline series ［J］. Contact Dermatitis, 2013, 68（4）: 239–243.

第二篇　法规与技术指南

第五章
化妆品法规体系与监管概述

习近平总书记提出"坚持顶层设计和法治实践相结合，提升法治促进国家治理体系和治理能力现代化的效能"。从 1989 年《化妆品卫生监督条例》（以下简称原《条例》）颁布到 2020 年《化妆品监督管理条例》（以下简称《条例》）正式实施，我国在化妆品监管工作中，根据国内外行业发展的新业态、新趋势，在顶层制度设计上，不断完善化妆品法规体系，提升化妆品治理能力，促进化妆品行业健康发展。目前，已基本形成了以《条例》为核心，部门规章、规范性文件、技术标准为支撑的多层次的化妆品法规体系。借鉴国际通行规则，《条例》专门引入了化妆品安全评估制度，《化妆品安全评估技术导则》（以下简称《安评导则》）作为《条例》配套文件，明确了安全评估相关要求，采取分步实施方式，指导行业规范开展评估工作。2024 年 4 月 22 日发布的《国家药监局关于发布优化化妆品安全评估管理若干措施的公告》（以下简称《公告》），进一步优化化妆品安全评估管理措施，为我国化妆品安全评估制度平稳实施提供了重要支持。

第一节　化妆品法规体系与安全监管

一个安全、有效的化妆品法规体系是保障化妆品行业良性发展的关键要素。为确保化妆品安全，防止对使用者健康产生不良影响，世界各国和地区均对化妆品实行法规管控。本节就国内外化妆品监管情况、我国化妆品法规历史沿革以及现行化妆品法规体系进行了简要介绍，并从监管体制、监管制度、监管措施三个方面介绍我国化妆品法规体系的具体应用和实施。

一、化妆品法规体系概述

（一）国外化妆品法规概况

目前，国际上对化妆品的概念尚没有统一的定义。化妆品主要是从作用方式、部位、目的等三个方面来进行定义，由于部位和目的描述的不同使得各国化妆品定义范围不一致，导致各个国家和地区对化妆品的监管模式也有所不同。某些产品在中国是化妆品，在其他国家和地区却不是，反之亦然。如表 5-1、表 5-2 所示。

表 5-1 世界主要国家和地区的化妆品定义

国家（地区）	中国	欧盟	美国	日本	韩国
化妆品定义	指以涂擦、喷洒或者其他类似方法，施用于皮肤、毛发、指甲、口唇等人体表面，以清洁、保护、美化、修饰为目的的日用化学工业产品	是指用于接触于人体表面［表皮、毛发、指（趾）甲、口唇和外生殖器］或牙齿及口腔黏膜，以清洁、增加香气、改变容颜、纠正体臭、保护或保持其良好状态为目的的物质或制剂	预计以涂抹、喷洒，或喷雾，或其他途径施用于人体以达到清洁、美化、增加魅力，或改变外观目的的物品	以涂抹、喷洒或其他类似方法使用，起到清洁、美化、增添魅力、改变容貌或保养皮肤、保持头发健康等作用的产品，对人体使用部位产生的作用是缓和的	指起到清洁、美化人体的效果，以增加魅力，使容貌变得更加靓丽，或者可以保持或加强肌肤和毛发健康的可用于人体的产品，并且对人体作用轻微
化妆品定义范围	方式 + 部位 + 目的	部位 + 目的	方式 + 目的	方式 + 目的	目的

表 5-2 世界主要国家和地区的化妆品分类

国家（地区）类别	中国	欧盟	美国	日本	韩国
一般化妆品	普通化妆品	化妆品	化妆品	普通化妆品	普通化妆品
风险较高，含有特殊功效成分的化妆品	特殊化妆品	药品	非处方药（OTC） 处方药	医药部外品	1. 机能性化妆品 2. 医药外品
备注	特殊化妆品：用于染发、烫发、祛斑美白、防晒、防脱发的化妆品以及宣称新功效的化妆品	育发、祛斑（美白）等类别的产品，依据其产品宣称判断是否作为化妆品或药品管理	1. 非处方药：防晒产品、防龋产品、去屑产品； 2. 处方药：祛斑美白等产品	医药部外品：口腔清凉剂、腋臭防止剂、痱子粉、育发剂、除毛剂、染发剂、烫发剂、生理用品、沐浴剂、药用化妆品（含药用皂）、药用牙膏类、杀虫剂、驱虫剂、杀鼠剂、隐形眼镜消毒剂	1. 机能性化妆品：目前主要包括染发、美白、防晒、除皱、脱毛、缓解粉刺、缓解特应性皮炎干燥、淡化萎缩纹等产品。 2. 医药外品（牙膏、除腋臭剂、口腔清洁剂）

　　欧、美、日、韩等国家和地区的化妆品产业经历了相对较长的发展历史，其监管法规相对科学、成熟。为保护欧盟消费者使用化妆品的安全，2009 年 12 月 23 日欧盟委员会公布了最新的《化妆品法规》（Cosmetics regulation 2009/1223/EC），该法规在欧盟成员国中作为国家法律正式实施，包括化妆品定义、通告、安全评估报告、产品信息档案、责任人、禁限用物质的要求、CMR 物质（CMR 物质是指具有致癌、致突变、生殖毒性的物质，即 Carcinogens，Mutagens，reproductive toxicants）的要求、纳米材料的

要求等相关规定。欧盟对化妆品产品、生产商和进口商不设立事前许可，但需要履行一个上市前的告知程序。根据欧盟《化妆品法规》第13条规定，经过产品安全评估后，在化妆品投放市场前，化妆品责任人必须通过化妆品备案门户网站（Cosmetic Product Notification Portal，CPNP）进行简易的网上备案。该网上备案没有有效期限制，并且是即时生产，即产品可以即时投放市场。

美国《联邦食品、药品和化妆品法案》（Federal Food，Drug，and Cosmetic Act，FDCA）赋予美国FDA监督监管化妆品的权力。美国化妆品监管建立在企业自律基础上，没有针对化妆品的事前注册许可程序，政府部门不对化妆品的安全性、有效性和标签进行审批，化妆品生产企业对产品安全性、成分和产品是否符合法律法规负有完全的责任。美国《2022年化妆品法规现代化法案》（Modernization of Cosmetics Regulation Act of 2022，MoCRA）是自1938年以来对美国FDA化妆品监管权限的最大扩展，旨在确保化妆品的安全性，新增的主要要求包括：责任人义务、设施/工厂注册、安全性证明、产品通报/列名、香精过敏原标识、良好生产规范（GMP）、不良事件报告、强制召回权等。对于药品，以及作为"化妆品–药品"进行管理的产品，如果该产品能严格符合OTC专论中关于活性成分、标签等的要求即可不需要经过美国食品药品监督管理局的审批，而像化妆品一样直接上市。

日本对化妆品和医药部外品监管的主要法律依据是《药品与医疗器械法》，监管主体单位是日本厚重劳动省。日本对化妆品不实行审批制，企业按照政府的有关规定自行规范自己的生产行为，企业对产品的质量和安全性负全部责任。但企业在生产任何新产品之前，必须向当地卫生部门备案。但是，对于医药部外品，则仍然需要事先取得厚生劳动省的许可。目前，对于部分明确制定有许可标准的医药部外品，有些许可权限已委托至各都道府县知事，有些甚至已经不需要获得许可。

韩国化妆品监管主要的法律依据是《化妆品法》《化妆品施行令》和《化妆品施行规则》。韩国政府对化妆品的管理主要分三个方面，即制造者/制造销售者的登记管理、机能性化妆品和医药品上市前的审批以及上市后的监督管理，主管部门为MFDS以及各地方厅。一般化妆品上市前不需要进行任何备案或许可。

近年来，各国（地区）化妆品主管部门在法规方面进行着积极的沟通与交流。20世纪80年代后期，欧、美、日通过"Mutual Understanding"（相互理解）会谈，使得化妆品管理技术法规实现了较大程度上的统一；20世纪90年代，亚洲多个国家和地区的经济发展迅速崛起，化妆品相关法规也随之不断地进行着修订和完善，部分借鉴了欧、美等发达地区的管理理念。当然，由于各国（地区）政治体制、经济基础、发展水平等基本情况的不同，各国化妆品的监管法规和监管模式存在一定的差异。

（二）我国化妆品法规的历史沿革

1. 化妆品法规的建立

建国初期的化妆品行业由原轻工业部负责管理，直至20世纪80年代，化妆品才作为一个独立行业受到社会关注。1989年11月13日原卫生部颁布了《化妆品卫生监督条例》，自1990年1月1日起施行，确认了由原卫生部负责化妆品的卫生监督。该条例基本囊括化妆品生产经营的方方面面，如规定建立化妆品生产企业卫生许可证制度、将化妆品分为备案制非特殊用途化妆品和许可制特殊用途化妆品、规定新原料的使用、对化妆品标签及广告做出规定、实行进口化妆品许可制等。随后原卫生部陆续发布了与《化妆品卫生监督条例》配套的法规文件，如《化妆品卫生监督条例实施细则》《化妆品卫生监督检验实验室资格认证办法》《化妆品生产企业卫生规范》《化妆品卫生规范》《健康相关产品国家卫生监督抽检规定》等。

2.《化妆品卫生监督条例》的实施

2008年国务院机构改革方案确定化妆品卫生监督管理职责由卫生部划入国家食品药品监督管理局。原国家食品药品监督管理局先后发布了《化妆品行政许可申报受理规定》《关于印发化妆品命名规定和命名指南的通知》《关于印发化妆品生产经营日常监督现场检查工作指南的通知》《关于印发国产非特殊用途化妆品备案管理办法的通知》《关于印发化妆品生产经营企业索证索票和台账管理规定的通知》等。2013年根据国务院机构改革和职能转变方案，组建国家食品药品监督管理总局，将原国家质量监督检验检疫总局化妆品生产行政许可、强制检验的职责，划入原国家食品药品监督管理总局；并逐步将进口非特殊用途化妆品行政许可职责下放省级食品药品监督管理部门，将化妆品生产行政许可与化妆品卫生行政许可两项行政许可整合为一项行政许可（即"两证合一"）。原国家食品药品监督管理总局组建后出台了一系列监管新规，如《关于调整化妆品注册备案管理有关事宜的通告》（2013年第10号）、《关于公布实行生产许可制度管理的食品化妆品目录的公告》（2014年第14号），《关于化妆品生产许可有关事项的公告》（2015年第265号）等。

原《条例》自1990年施行以来，作为我国化妆品监管最重要、最核心的法规，在加强化妆品监管、规范行业健康发展、保障化妆品质量安全等方面发挥了积极的作用，但随着国内外化妆品行业的快速发展，原《条例》已无法满足产业发展要求和化妆品治理体系和治理能力现代化的要求。一是立法理念上重事前审批和政府监管，未能突出企业主体地位和充分发挥市场机制作用；二是监管方式比较粗放，没有体现风险管理、精准管理、全程管理的理念；三是对化妆品行业出现的一些新情况、新问题缺乏有针对性的规定；四是对违法情形设计不全，对很多监管实践中发现的严重违法行为未作出明确的法律责任规定，没有体现"最严厉的处罚"。

为充分落实党中央、国务院决策部署，深化"放管服"改革，适应当前化妆品行业蓬勃发展态势，有效保障广大消费者化妆品使用安全，监管部门自2014年启动了原《条例》修订工作。经过多年的反复研究、论证、修改、完善，《条例》在2020年6月16日向社会发布，并将于2021年1月1日正式实施。

3.《化妆品监督管理条例》的制修定

《化妆品监督管理条例》的制定是自1989年以来化妆品监管行政法规的首次全面

修改，是化妆品行业在治理能力、治理理念上最深刻的一次变革。《条例》最大的变化或者核心要义就是从简单许可到全链条安全的追求。政府对于化妆品监管的本质是"管安全"，其中包括守住安全底线、维护公平秩序、促进产业发展三个方面。《条例》的制定出台充分体现了坚持以人民为中心的发展思想，全力服务人民群众对美好生活的新期待，贯彻落实"四个最严"与"放管服"改革要求，为做好新时代的化妆品安全监管工作指明了方向，全面开启化妆品监管新篇章。

《条例》将"化妆品"界定为"以涂擦、喷洒或者其他类似方法，施用于皮肤、毛发、指甲、口唇等人体表面，以清洁、保护、美化、修饰为目的的日用化学工业产品"，将牙膏参照《条例》有关普通化妆品的规定进行管理，从而厘定化妆品监管的范围。

《条例》落实"放管服"改革要求，进一步简政放权，优化营商环境，促进产业创新发展。一是按照风险程度将化妆品分为特殊化妆品和普通化妆品，将化妆品新原料分为具有较高风险的新原料和其他新原料，分别实行注册和备案管理，对产品和原料实行更加科学的监管。二是简化注册、备案流程，优化服务。加强化妆品监管信息化建设，提高在线政务服务水平，为办理注册、备案提供便利；明确注册、备案的资料要求、办理时限，提高透明度和可预期性；简化备案程序，规定通过在线政务平台提交备案资料后即完成备案，避免实践中变相审批。三是鼓励和支持化妆品研究、创新，保护单位和个人开展研究、创新的合法权益，并强调鼓励和支持结合我国传统优势项目和特色植物资源研究开发化妆品。

《条例》强化全过程监管严守安全底线。《条例》建立化妆品注册人、备案人制度，明确化妆品注册人、备案人是化妆品质量安全责任主体，对化妆品的质量安全和功效宣称负责。《条例》加强生产经营过程管理，规定化妆品注册人、备案人、受托生产企业应当按照化妆品生产质量管理规范的要求组织生产；细化对原料和包装材料使用、进货查验和出厂检验、产品放行、贮存运输等生产经营各环节的质量管理要求；规范化妆品标签和广告宣传。同时，还加强化妆品上市后的质量安全监管，注册人、备案人应当开展化妆品不良反应监测和评价，对存在质量缺陷或者其他问题、可能危害人体健康的已上市销售的化妆品及时召回。《条例》加强新业态监管，将化妆品集中交易市场开办者、展销会举办者、电子商务平台经营者均纳入监管视野，要求美容美发机构、宾馆等在经营中使用化妆品或者为消费者提供化妆品的，也要履行化妆品经营者义务。《条例》还进一步完善化妆品监管措施，规定了现场检查、抽样检验、紧急控制、举报奖励等一系列监管措施，并增加信息公开和信用惩戒等多方面规定，多措并举，发挥社会共治合力。《条例》全面加大了对违法行为的处罚力度，细化了法律责任，增加了处罚到人的规定，严格落实"四个最严"要求。

随着《条例》的正式实施，我国化妆品监管法规体系经历了一个由分散到系统、由杂乱到规范、由模糊到清晰、由低效监管到高效监管的转变，实现了从"有法可依"到"良法善治"的完善与统一。

二、化妆品法规体系的构成

（一）化妆品法规体系的构架

《条例》实施后，国家药监局组织全行业开展史无前例的制度建设，先后制定并发布了《化妆品注册备案管理办法》及相关配套文件和技术指南，《化妆品生产经营监督管理办法》及相关配套文件，和《已使用化妆品原料目录》（2021年版）等技术标准体系，基本形成了以《条例》为核心，部门规章、规范性文件、技术标准为支撑的多层次的化妆品法规体系。

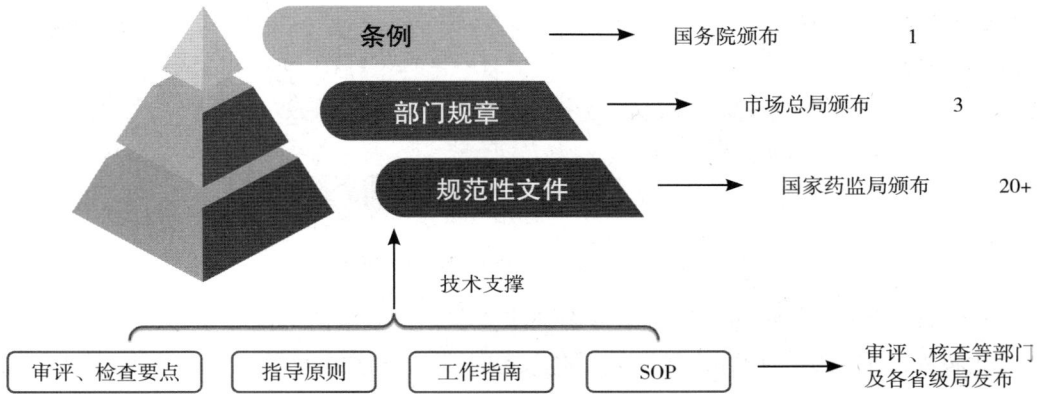

图 5-1　现行化妆品法规体系构架图

如图5-1所示，化妆品法规的四梁八柱已经形成，主要由国务院颁布的1部条例，国家市场监督管理总局颁布的3部部门规章，国家药监局发布的20多个规范性文件构成。但这些法规文件还远远不够，真正的法规落地要靠技术支撑。在整个法规体系建设中，最重要的基础是技术部门和省局发布的一些文件，比如技术审评检查要点、技术指导原则、工作指南、操作规程（SOP）等，只有这些才能支撑起化妆品法规的四梁八柱。

（二）上市前注册备案相关法规

《化妆品注册备案管理办法》作为《条例》配套部门规章，细化落实化妆品、化妆品新原料注册人、备案人的责任义务及准入条件，加强对产品责任源头监管，同时优化了注册备案管理程序。

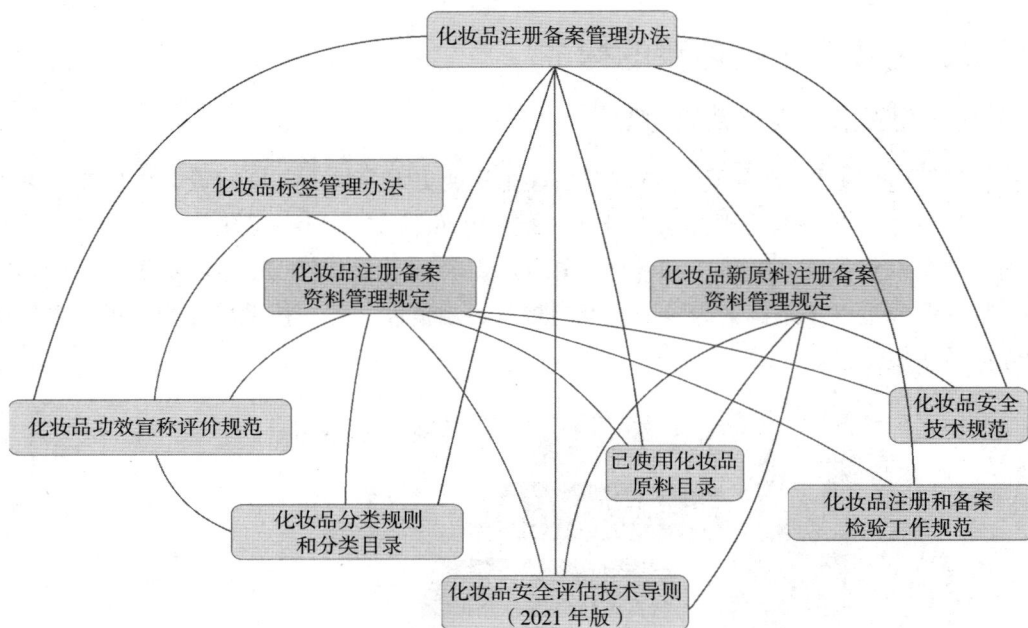

图 5-2　注册备案相关法规结构图

图 5-2 体现了《化妆品注册备案管理办法》和相关规范性文件之间的层级关系。首先，《化妆品注册备案管理办法》明确了化妆品注册、备案的程序、时限和管理的要求，需要监管部门、行业协会、企业等共同遵守。《化妆品注册备案资料管理规定》《化妆品新原料注册备案资料管理规定》对产品和新原料进行注册和备案时的申报格式、资料、内容等提出了实质性的要求。《化妆品安全技术规范》《化妆品注册和备案检验工作规范》等一系列技术文件规定了化妆品的安全技术要求。为规范原料管理，国家药监局发布了《已使用化妆品原料目录》和《化妆品禁用原料目录》，目录实行动态管理，根据原料的安全性进行调整，不断丰富目录的内容。另外，《化妆品标签管理办法》既对上市前的注册备案产品作出了要求，也为上市后的监管提供了执法依据。与化妆品注册备案密切关联的还有《化妆品功效宣称评价规范》《化妆品分类规则和分类目录》《化妆品安全评估技术导则》等规范性文件。

（三）上市后监督管理有关法规

《条例》在对上市前产品进行分类分级管理的同时，将监管重心从重上市许可转向上市后监管。如图 5-3 所示，《化妆品生产经营监督管理办法》根据《条例》制定了上市后关于化妆品生产经营的相关规定要求，明确了化妆品生产经营主体责任，细化对化妆品生产经营的管理要求，充实丰富了监督管理手段。配套出台《化妆品生产质量管理规范》及《化妆品生产质量管理规范检查要点及判定原则》，进一步规范化妆品生产质量管理。出台《化妆品检查管理办法》，规范化妆品检查工作。制定《化妆品网络经营监督管理办法》，进一步规范化妆品网络经营行为。出台《化妆品不良反应监测管理办法》，加强不良反应监测工作，及时有效控制化妆品安全风险。在稽查抽检管理方面，制定了《化妆品稽查检查手册》，公布了《化妆品补充检验方法管理工作规程》和首批18家化妆品抽样检验复检机构名录，组织起草《化妆品安全风险监测管理办法（征求意见稿）》，已向社会公开征求意见。在儿童化妆品监管方面，出台了《儿童化妆品监督管理规定》并发布儿童化妆品标志，进一步明确和完善儿童化妆品监管措施。

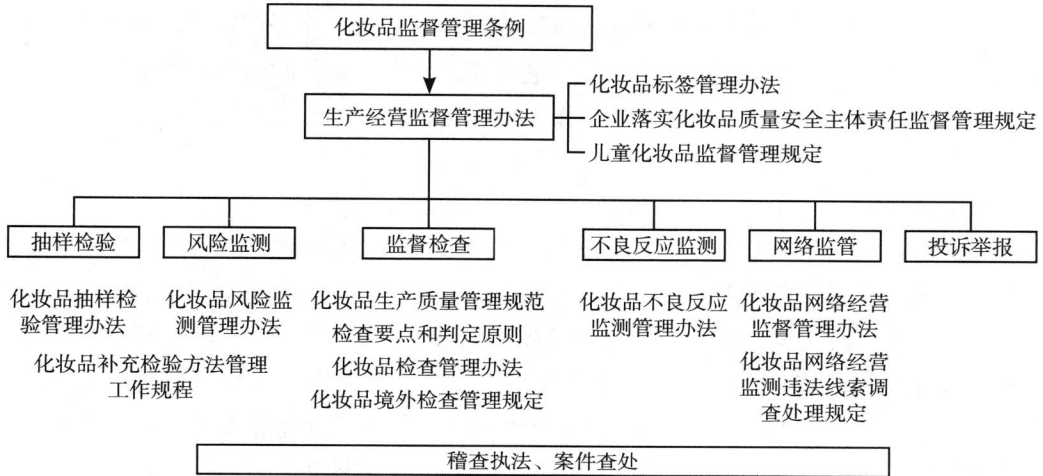

图 5-3　监督管理相关法规结构图

（四）化妆品技术支撑体系

化妆品法规的落地离不开专业技术支撑的保障，化妆品监管是以法规为依据，以技术支撑体系为支柱。《条例》实施三年多来，已基本构建了我国化妆品技术支撑体系框架，包括安全评估体系、标准体系、风险监测和预警体系以及信息化体系。

安全评估体系是化妆品注册备案工作的重要部分。我国化妆品安全评估标准体系主要包括动物试验、体外遗传毒性试验和人体安全性试验。化妆品技术标准体系是一系列针对化妆品研发、生产、销售和使用的规范和指南，旨在确保产品的安全性、有效性、稳定性和质量可控性，包括强制性国家标准、行业标准及团体标准等。为进一步做好化妆品标准化制修订工作，2024年4月30日，国家药监局决定成立化妆品标准化技术委员会，这是我国化妆品监管领域具有里程碑意义的大事，标志着我国化妆品标准体系建设迈开科学务实重要一步，为推动化妆品标准化建设，助力化妆品产业高质量发展，全力保障人民群众用妆安全具有重要意义。

同时，国家药监局开发化妆品备案信息服务平台、化妆品智慧申报审评系统、化妆品新原料安全信息报送平台、化妆品生产许可信息管理系统、化妆品不良反应监测系统、国家化妆品抽检信息系统、国家化妆品安全风险监测信息系统、国家药品化妆品补充检验方法和检验项目管理系统、化妆品监管应用程序（APP）等，充分利用信息化体系支撑化妆品监管。

三、化妆品法规体系的实施

（一）监管体制

根据《条例》规定，国务院药品监督管理部门负责全国化妆品生产经营的监督管理工作，以及化妆品新原料的注册、备案，特殊化妆品的注册和进口普通化妆品的备案工作等。省级药品监督管理部门负责本行政区域的化妆品生产监督管理和注册地在本行政区域的化妆品注册人、备案人以及化妆品电子商务平台经营者的监督管理工作，以及本行政区域内国产普通化妆品备案管理工作和特殊化妆品注册相关的现场核查工作；市县两级市场监管部门负责本行政区域内化妆品经营监督管理工作。具体如下。

1. 中央级别

国家药监局负责全国化妆品的监督管理工作以及化妆品新原料的注册、备案，特殊化妆品的注册和进口普通化妆品的备案工作等。主要职能部门化妆品监督管理司负责组织实施化妆品注册备案工作；拟订并组织实施化妆品注册备案和新原料分类管理制度；组织拟订并监督实施化妆品标准、分类规则、技术指导原则；承担拟订化妆品检查制度、检查研制现场、依职责组织指导生产现场检查、查处重大违法行为工作；组织质量抽查检验，定期发布质量公告；组织开展不良反应监测并依法处置。

中检院一是负责化妆品新原料注册、备案，特殊化妆品注册的技术审评工作；二是负责进口普通化妆品的备案审评工作、普通化妆品备案质量督查等工作；三是负责化妆品的检验检测、化妆品质量标准的制修订等工作。国家食品药品审核查验中心负责指导并组织实施化妆品的监督检查等工作。国家药品评价中心（国家药品不良反应监测中心）负责组织开展化妆品不良反应监测等工作。国家药监局信息中心负责普通化妆品备案及相关政务信息系统的建设运维、数据管理等工作。

2. 省级及以下

全国 32 个省、自治区、直辖市和新疆生产建设兵团的药品监督管理部门（以下简称省局），都建立了相应的化妆品监管机构。截至 2024 年，省级层面已有 27 个省级局单独设置化妆品处；有 16 个省份设置了药品监管派出机构，包括检查分局、监管分局或者直属分局等，或者参照国家药监局配置了相应的技术支撑机构。部分具备相应能力的省、自治区、直辖市药品监督管理部门根据《化妆品注册备案管理办法》等的规定，受国家药监局委托实施进口普通化妆品备案管理工作。

在备案管理方面，各省都以药品（食品、化妆品）审评（查验）中心＋地市州市场监管局（省局辖区分局）等方式，多部门、分层级共同开展备案的资料整理、技术核查、日常监管、稽查执法工作。全国参与普通化妆品监督管理的工作人员共计 5000 余人。另外，各个省局也因地制宜，创新了本省的监管模式。例如，广东省局引进第三方技术机构参与备案资料审查；北京市局成立了专职的化妆品审评检查中心，统领全市备案技术审查工作。这种各有特点、又相对统一的监管模式，构成了我国省级及以下普通化妆品监管机构的现状。

（二）监管制度

注册人、备案人制度是《条例》新规定的一项制度，此前全国有化妆品品牌持有者70000多家，但实际生产企业只有5000多家，以前化妆品质量安全问题往往都是由生产企业承担，但实际产品的品牌持有者却难以追究全部责任。为此，《条例》明确了注册人、备案人不仅要对化妆品质量安全负责，还要对宣称的功效负责。

《条例》实施前，化妆品企业对质量管理的要求相对宽松，一般仅侧重于生产过程控制和产品质量检验方面，往往不能参与产品配方、原料采购、工艺设计等环节的决策。《条例》首次确立了化妆品质量安全负责人制度，规定化妆品注册人、备案人、受托生产企业应当设质量安全负责人，承担相应的产品质量安全管理和产品放行职责。

自2014年6月30日实施国产非特殊用途化妆品网上备案以来，备案平台已经形成逾220万条备案产品信息。受原化妆品监管法规制度不完善和旧备案平台功能限制等原因，《条例》颁布实施以前完成备案的产品，有些虽然已经不再继续生产，但产品信息依然在备案平台上愈积愈多，逐步形成"僵尸"产品，给监管工作和社会公众查询都带来了很大不便。在监管工作中发现，有些产品甚至无法找到备案人，产品的质量安全主体责任无法落到实处，这些产品给消费者健康安全带来隐患，亟待通过合法手段进行清理。因此，《化妆品注册备案管理办法》确立了年度报告制度，规定普通化妆品的备案人应当每年向承担备案管理工作的药品监督管理部门报告生产、进口情况，以及符合法律法规、强制性国家标准、技术规范的情况。为保证产品注册备案工作质量，《化妆品注册备案管理办法》还确立了专家咨询制度等。

产品上市后为规范化妆品不良反应监测工作，国家药监局发布《化妆品不良反应监测管理办法》。这是我国首部专门针对化妆品不良反应监测管理制定的法规文件，明确化妆品注册人、备案人、受托生产企业、化妆品经营者、医疗机构等各类主体均应当收集、报告化妆品不良反应，细化规定不良反应监测工作中各类主体的监测义务和能力要求，同时强化对各类主体开展不良反应监测情况的监督管理。

在"国家建立化妆品安全风险监测和评价制度"的大框架下，国家药监局确立化妆品安全高风险信息"直通车"制度，及时汇总分析来自不良反应监测、抽样检验、投诉举报、风险监测等方面的化妆品（重点关注儿童化妆品、特殊化妆品等）风险信息，建立完善高风险信息及时识别、准确评价及多部门联动应对的闭环机制，尤其是对高风险产品生产企业有针对性地组织进行飞行检查，促进化妆品监管各环节识别的风险信息在监管中充分发挥作用。

对发现的化妆品违法违规行为，按照国务院关于加强药品安全的决策部署和药品安全巩固提升专项行动要求，坚决予以严厉打击，依法查处，对重大案件挂牌督办，切实维护公众用妆安全。

（三）上市后监管措施

产品上市前对其安全性开展的评估只是理论上的评估，并未经过真实世界的检验。只有在产品上市后经过消费者使用，其安全性方可得到检验。因此，上市后监管是化妆品质量安全的重要保障。目前，《条例》已形成化妆品上市后监管"五驾马车"工作构架，在抽样检验、监督检查、不良反应监测、风险监测、投诉举报和案件查处5个方面，全面加强化妆品安全监管。

1. 化妆品抽样检验

化妆品抽样检验以发现和查处化妆品质量安全问题为导向，依法对化妆品生产经营活动全过程组织开展抽样检验。《化妆品生产经营监督管理办法》第五十二条细化了化妆品抽样检验制度，抽检具有靶向性，突出重点环节、重点领域、重点产品，加大监督抽检力度，按照规定及时公布化妆品抽样检验结果。对举报反映或者日常监督检查中发现问题较多的化妆品，以及通过不良反应监测、安全风险监测和评价等发现可能存在质量安全问题的化妆品，负责药品监督管理的部门可以进行专项抽样检验。《化妆品生产经营监督管理办法》第五十三条规定了对化妆品抽样检验结果不合格的后续处理，包括停止生产、召回已经上市销售的化妆品、通知停止经营使用，以及开展自查、进行整改。《化妆品补充检验方法管理工作规程》规定了检验的相关事项。

2. 化妆品监督检查

根据《化妆品生产经营监督管理办法》，化妆品监管部门应当对化妆品的生产经营活动开展监督检查，并依法及时公布化妆品生产许可、监督检查、行政处罚等监督管理信息。根据检查的性质和目的，化妆品检查分为许可检查、常规检查、有因检查和其他检查。许可检查是指药品监督管理部门在开展化妆品生产许可过程中，对申请人是否具备法律法规规定的条件开展的检查。常规检查是指药品监督管理部门有计划地对被检查对象执行化妆品监督管理的法律法规和强制性国家标准、技术规范、化妆品注册或者备案资料载明的技术要求等情况开展的检查。有因检查是指根据注册备案、抽样检验、不良反应监测、风险监测、投诉举报、案件查处、舆情监测等发现的风险信息，有针对性地对被检查对象开展的检查。其他检查是指除许可检查、常规检查、有因检查外的检查。目前，国家药监局已建立国家级职业化、专业化化妆品检查员队伍，多数省份也配备了本省的化妆品检查员队伍。

3. 化妆品不良反应监测

化妆品不良反应监测是化妆品上市后安全监管工作的重要手段，化妆品生产经营主体有报告化妆品不良反应的义务。《化妆品生产经营监督管理办法》第五十五条规定化妆品不良反应报告遵循可疑即报的原则，即只要发现可能与使用化妆品有关的、无法排除与化妆品存在相关性的所有有害反应，都应当报告化妆品不良反应监测机构，这有助于加强对化妆品安全风险的及时识别与研判。为规范和指导化妆品注册人、备案人开展化妆品不良反应收集和报告相关工作，国家药监局制定了《化妆品注册人、备案人收集和报告化妆品不良反应指南（试行）》。按照规定，自2022年10月1日起，化妆品注册人、备案人、受托生产企业、化妆品经营者、医疗机构在发现或者获知化妆品不良反应后，应通过国家化妆品不良反应监测系统报告。

4.化妆品风险监测和评价

风险监测工作是《条例》中是最有技术含量的"马车"，通过对影响化妆品质量安全的风险因素进行监测和评价，评判化妆品原料、产品、生产经营过程、标签标识中蕴含的风险，可以对化妆品安全形势有总体的把握，了解化妆品安全和质量中存在的主要问题，来识别和确认影响化妆品质量安全的风险因素，并对相关风险因素的风险程度进行评价，对拟选择的风险控制措施进行比较衡量，为化妆品标准制修订、补充检验方法研制等工作提供重要技术支撑。

5.投诉举报和违法查处

《条例》明确消费者协会或者其他消费者组织可以依法进行社会监督，有问题线索可以及时进行投诉举报，充分发挥消费维权主力军作用，推进消费维权社会共治和源头治理。《条例》在制定过程中，将"四个最严"要求贯穿始终，细化法律责任要求，加大行政处罚力度，增设处罚到人、市场禁入的规定。自《条例》实施以来，先后有多个知名化妆品生产、销售企业因违反化妆品监管法规受到监管部门的处罚。

第二节　化妆品安全评估制度概述

一、化妆品安全评估制度的由来

随着化妆品市场的快速发展和消费者需求的日益增长，化妆品安全问题已经成为公众关注的焦点。随着全球对化妆品安全的关注度不断提高，为确保化妆品的安全性和有效性，许多国家和地区纷纷出台相关法律法规和标准，要求化妆品生产商在上市前进行安全评估。化妆品安全评估是确保化妆品质量和安全性的重要环节。一方面通过对化妆品进行科学、全面、系统的评估，可以发现潜在的安全风险，制定相应的风险控制措施，保护消费者的健康。另一方面安全评估也是化妆品上市的必要条件，有助于提升化妆品的市场竞争力，更能满足我国化妆品产业国际化的发展需求。因此，建立健全我国化妆品安全评估制度有助于我国监管体系与国际接轨，有助于我国化妆品行业更好地应对国际标准和法规要求，提升国际竞争力，是我国化妆品监管国际化和产业国际化的必由之路。

（一）监管国际化的必然选择

欧盟和美国最早开始对化妆品的安全评估进行系统研究，目前已建立了较为完善的化妆品安全评估制度。日本和韩国等国也对化妆品的安全评估提出了相关要求，为了更清晰地了解我国建立化妆品安全评估制度的由来，首先介绍一下国外化妆品安全评估制度的相关情况。

1. 欧盟

（1）机构设置

欧盟开展化妆品安全风险评估工作主要由 SCCS 负责，SCCS 作为重要技术支撑机构，是欧盟科学委员会之一，成员由欧盟健康和食品安全总司任命，在工作中遵循独立性、透明性和保密性原则。

（2）相关法规

欧盟化妆品安全风险评估相关法规与技术文件主要包括欧盟《化妆品法规》（Cosmetics regulation 2009/1223/EC）《化妆品成分测试和安全评估指南》《化妆品安全报告 CPSR 编写指南》等。其中《化妆品法规》（Cosmetics regulation 2009/1223/EC）是欧盟各成员国的化妆品法规性文件。

根据欧盟《化妆品法规》（Cosmetics regulation 2009/1223/EC）第三条规定，上市化妆品必须在正常合理可预见条件下，对消费者是安全的。第 5.1 条明确了化妆品安全为化妆品责任人（responsible person）的义务，化妆品责任人应委托专业安全评估人员对产品及其原料进行安全评估，责任人需对产品及其原料的安全性负责并留存相关的安全评估资料。

（3）工作程序

根据《化妆品法规》（Cosmetics regulation 2009/1223/EC），化妆品常用原料及产品的安全风险评估由生产企业负责，高风险物质的安全风险评估工作主要由政府承担。根据欧盟委员会指令，SCCS 对申请人提供的符合特定要求的安全资料展开评估工作，在公开征求意见后发表评估报告。根据 SCCS 评估报告中的评估意见，欧盟委员会决定是否采取必要的风险管理措施，包括撤回或召回已上市销售的产品、提交相关法规修改草案等。如需修改相关法规，欧盟通常会先行成立一个非官方化妆品工作组对 SCCS 相关评估意见及法规草案进行讨论，非官方化妆品工作组成员包括欧盟委员会、成员国及行业专家，讨论结果统一提交至欧盟委员会健康与消费者保护总司下设的化妆品常务委员会，该常委会依据《化妆品法规》（Cosmetics regulation 2009/1223/EC）规定对 SCCS 相关评估意见及法规草案进行表决，在 SCCS 官网上公布表决通过的法规修订内容和评估意见，并以修正案的形式发表于欧盟官方期刊（EU Official Journal）。

2. 美国

（1）机构设置

美国化妆品安全风险评估工作主要涉及美国 FDA、美国食品安全与应用营养学中心（Center for FoodSafety and Applied Nutrition，CFSAN）、CIR 等。其中美国 FDA 对化妆品进行管理，但未制定具体安全性评价指南，也未对评估人员资质提出具体要求，仅根据法律授权对其中添加的色素（除煤焦油染发剂外）进行审批管理。具体由美国 FDA 下设 CFSAN 专门负责对化妆品中添加的色素进行安全评估，为《联邦规章法典》第 21 篇中的着色剂清单的制修订提供技术支撑。CIR 由行业资助的专家组成，专家成员主要包括医学相关科学家，CIR 作为美国第三方化妆品原料风险评估机构，其评估报告虽不直接作为美国政府的立法依据，但对于企业使用安全原料具有重要的参考意义。

（2）相关法规

美国化妆品安全风险评估相关法规与技术文件主要包括《联邦食品、药品和化妆品法案》《联邦规章法典》和 CIR 安全评估报告等。2022 年 12 月，美国签署了《2022化妆品监管现代化法案》（Modernization of Cosmetics Regulation Act of 2022，MoCRA）。MoCRA 是自 1938 年以来对《联邦食品、药品和化妆品法案》的第一次重大修订。根据MoCRA 规定，所有在美国销售的化妆品及其工厂都需要进行强制注册。这一措施旨在确保市场上的化妆品产品都符合安全和质量标准，消费者可以更加放心地使用。时间节点：对于在 MoCRA 生效前已经在美国上市的产品，有一个宽限期至 2024 年 7 月 1 日来完成注册。而对于新上市的产品，则需要在上市后 120 天内完成产品注册，体现了对新产品的快速监管要求。

（3）工作程序

目前，美国 FDA 已关闭"化妆品自愿注册计划 VCRP 通道"。产品责任人在向美国FDA 进行产品注册时，应提交包括其成分和生产地的信息以及产品安全证明。责任人确保并保持支撑性证据记录，以证明化妆品是"安全的"，并制定了在美国市场销售的产品必须符合的安全标准。没有充分安全证据的化妆品将依据 FDCA 第 601 节被视为掺假。CIR 首先通过大量的文献检索和数据汇总，形成优先开展安全风险评估物质的报告草稿。CIR 专家评审组依据物质接触程度和潜在生物学特性确定需要优先评价的化妆品原料名单，优先评价原料名单需发表相关综述，并公开征求意见。随后根据征集意见起草化妆品原料评价报告，公众可对评价报告提供补充资料，在经过多次公开听证和公开讨论后形成最终安全评估报告，并予以公开发表。如有新的与评价报告相关的资料，评审组将根据其对评价报告影响程度，决定是否需对评价报告进行修订。

3. 韩国

（1）机构设置

韩国化妆品安全风险评估工作主要涉及韩国食品医药品安全部（Ministry of Food and Drug Safety，MFDS）、韩国食品药品安全评价院（National Institute of Food and Drug Safety Evaluation，NIFDS）、大韩化妆品产业研究院（Korea Cosmetic Industry Institute，KCII）等。其中 NIFDS 为 MFDS 附属的研究机构，下设的化妆品研究科负责化妆品、医药外品的安全风险评估相关工作。大韩化妆品产业研究院是由政府和企业共同成立的化妆品专业研究机构，其主要研究项目包括化妆品原料安全评估、皮肤特性数据库建立等。

（2）相关法规

韩国化妆品安全风险评估相关法规与技术文件主要包括《韩国化妆品法》《化妆品安全标准等相关规定》等。

（3）工作程序

根据韩国化妆品安全性信息管理体系，医生、药师、护士、销售者、消费者或相关团体等对化妆品使用中发生的或知道的不良反应等安全性信息可通过 MFDS 网站或者电话、邮寄、传真、邮件等方式向食品药品安全处长或化妆品责任销售者报告，报告分为迅速报告和定期报告两种方式。食品药品安全处长认为不良反应等安全性信息的报告不符合此规定或认为需要补充资料时，可要求在一定期限内完善资料。食品药品安全处长根据信息可信性及因果关系评价等条目内容对化妆品安全性信息进行检查及评价，必要时可接受化妆品安全相关领域专家咨询。食品药品安全处长或地方食品医药品安全厅可根据安全性信息的检查及评价结果采取禁止产品制造、进口、销售及回收、报废等必要措施。为了化妆品安全、正确使用，食品药品安全处长可将化妆品安全性信息评价结果告知给化妆品责任销售者，必要时可提供给消费者，同时对收集到的安全性信息、评价结果或后续措施等，必要时可通报到国际机构或相关国家政府。

4. 日本

（1）机构设置

日本化妆品安全风险评估工作主要由日本厚生劳动省（Ministry of Health, Labor, and Welfare，MHLW）、都道府县监管部门、日本国家产品技术与评价院（National Institute of Technology and Evaluation，NITE）、日本药品与医疗器械管理局（Pharmaceuticals and Medical Devices Agency，PMDA）等机构完成。其中 NITE 为从事化学物质管理的国家级别独立行政法人，该机构旨在提供化学物质有关的科学性见解，以及法律法规、国际惯例等有关技术方面的支持。PMDA 在辅助厚生劳动省进行医药品、医药部外品等管理方面发挥十分重要的作用。

（2）法规要求

日本化妆品安全风险评估相关法规与技术文件主要包括《医药品、医疗器械等品质、功效及安全性保证等有关法律》（以下简称《药机法》）、《化妆品安全性评价指南》等。《药机法》规定了医药部外品、化妆品等用语的定义、标签广告等相关事宜。除《药机法》外，厚生劳动省还发布了实施细则，这些具体条令在日本的法律体系中有其专有称谓，如"省令""政令""告示"等。截至目前，与医药部外品及化妆品相关的法律法规约 500 项，涵盖医药部外品与化妆品的研究开发、制造销售、使用时的注意事项等。《化妆品安全性评价指南》作为保证化妆品安全性的参考文件被广泛使用，由日本化妆品工业联合会出版。

（3）工作程序

在日本，虽然没有专门从事化妆品评价的官方机构，但有国家级别的从事化学物质管理的独立行政法人"国家产品技术与评价院"。国家产品技术与评价院受政府委托，为政府部门提供技术支持，因此其见解受到业界的广泛关注。国家产品技术与评价院在化学物质管理领域的工作主要分为三个部分：一是科学物质审查管理工作，主要包括新化学物质审查的事前指导、化学物质的风险评估、企业现场检查等；二是《化学物质排放管理促进法》（以下简称《化管法》）的有关工作，主要包括《化管法》施行的指导、《化管法》有关信息的收集和分析等；三是《化学兵器禁止法》的有关工作。

PMDA 的"一般药等审查部"负责一般医药品（OTC）、非新功效成分医药品及医药部外品的审查，其中负责医药部外品有关人员 10 人左右；医药品医疗器械综合机构的"安全第一部"则负责上述产品的安全管理。根据日本《药机法》规定，厚生劳动省可将医药部外品的审批工作委托给医药品医疗器械综合机构负责，医药品医疗器械综合机构将审查结果向厚生劳动省报告，再由厚生劳动省大臣做出最终批准决定。

5. 中国

近年来我国市场规模年增长率达 10%，我国已成为全球第二大化妆品市场。因此对我国化妆品监管也提出了新的要求和挑战，原《条例》的立法理念与管理手段已无法满足产业发展的需求。为推动化妆品行业创新有序发展，国家药监局启动了原《条例》修订工作。经过多年的反复研究、论证、修改、完善后，《条例》在 2020 年 6 月 16 日向社会发布，并于 2021 年 1 月 1 日正式实施。在原《条例》框架下，我国借鉴欧盟、美国等的先进经验，专门引入安全评估制度，中检院制修订了相关技术文件，逐步发展和完善了化妆品安全评估制度。我国的监管理念逐渐由此前的注重产品卫生质量转移到关注全过程的产品质量安全，由侧重于上市前的许可管理逐步转向事中事后的市场监管。随着从强调政府监管职能到强调企业主体责任的意识转变，化妆品行业的整体能力水平也正在逐步提升。随着网络销售、直播带货、红人种草等新营销方式日益兴起，国内消费者对化妆品品质要求和风险意识不断提升，对我国化妆品质量安全监管和安全风险评估提出了更高要求；而化妆品国际贸易中对减少动物测试的呼声也越来越高；与此同时，近几年我国化妆品行业在整体上取得了长足的进步。这些因素共同构成了实施安全评估制度的有利条件，我国化妆品的安全评估法规制度建设开启了新的阶段。我国和欧美等国安全评估主要机构设置情况、相关法规和技术文件情况见表 5-3。

表 5-3　国内外安全评估机构设置和相关法规、技术性文件

国家类别	中国	美国	欧盟	日本	韩国
安全评估主要机构设置	NMPA、NIFDC	美国 FDA、CFSAN、CIR	SCCS	MHLW、NITE、PMDA 等	MFDS、NIFDS、KCII 等
相关法规和技术性文件	《化妆品监督管理条例》《化妆品注册备案管理办法》《化妆品安全评估技术导则（2021年版）》《优化化妆品安全评估管理若干措施的公告》《化妆品安全技术规范》等	《联邦食品、药品和化妆品法案》《联邦规章法典》《2022化妆品监管现代化法案》（MoCRA）CIR 安全评估报告等	《化妆品法规（Cosmetics regulation 2009/1223/EC）》《化妆品成分测试和安全评估指南》《化妆品安全报告 CPSR 编写指南》等	《医药品、医疗器械等品质、功效及安全性保证等有关法律》《化妆品安全性评价指南》等	《韩国化妆品法》《化妆品安全标准等相关规定》等

（二）产业国际化的必然趋势

化妆品安全评估是指利用现有的科学资料对化妆品中危害人体健康的已知或潜在的不良影响进行科学评价，目前已成为确保化妆品使用安全的重要手段。

化妆品安全评估是产品进入国际市场的门票。欧盟法规要求自 2009 年 3 月 11 日起禁止使用动物进行化妆品急性毒性、眼刺激和致敏试验；自 2013 年 3 月 11 日起全面禁止化妆品和原料的动物测试，同时不允许成员国从外国进口和销售违反上述禁令的化妆品，并且这一举措得到世界多国的回应。因此，化妆品安全评估不仅对保障消费者健康重要，也对企业进入国际市场起到关键作用。全球化的化妆品行业要求符合相关法规要求的产品才能合法上市销售。安全评估制度不仅可以引导企业遵循科学的方法和严谨的态度进行产品开发和落地，同时也推动化妆品行业朝向优质高效方向发展。具备完善安全评估体系的企业更容易在国际市场竞争中占据优势。

化妆品安全评估也是化妆品行业产品创新需求。原料创新如原料厂商开发和应用新的化妆品原料，产品形式创新如开发气雾剂、涂抹式面膜、长效缓释产品等，以及个性化创新如为消费者提供个性化的化妆品产品和服务、配合仪器使用的化妆品等，这些创新都离不开通过"个例分析"的原则有针对性地开展安全评估以确定对象最后的安全性，仅靠一两个毒理学测试很难精准完成。安全评估的要求促使企业更加审慎和科学地选择原料，推动了对新型、天然、安全、高效原料的研发和应用。安全评估还促使企业优化配方，提升产品的整体性能，关注产品的稳定性和防腐体系的有效性。化妆品安全评估对生产环境和工艺提出了更高要求，促进了生产技术的进步。在网络与自媒体高度发达的时代，消费者获取产品功效、安全与合规信息的渠道迅速而快捷，产品通过科学充分的安全评估，会助力企业传递产品安全理念，加强消费者对品牌价值和理念的认同感，增强与消费者之间的互动。

构建化妆品安全评估制度有助于帮助国内企业克服技术壁垒，有利于原料和产品走向国际化道路。我国有大量的民族特色原料和产品，通过深化理解和实践安全评估的新方法和理念，与国际产品安全评估规则和体系接轨，可以助力我国企业进一步走向国际市场。

二、化妆品安全评估制度的构建

化妆品安全评估制度是《条例》结合监管实际，顺应产业发展提出的一项重要的创新制度。随着我国化妆品法规体系逐步完善，技术支撑体系的逐渐建立，企业的安全评估意识和能力水平显著提升，我国的化妆品安全评估制度逐步构建（图 5-4）。

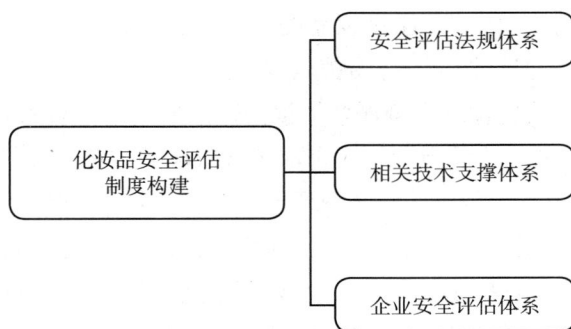

图 5-4　化妆品安全评估制度构建一览表

（一）法规体系的构建

我国化妆品监督管理部门一直致力于接轨国际通行的安全评估理念，并不断推动安全评估工作在我国化妆品行业的落地实施。目前已建立了以《条例》为核心、以《化妆品注册备案管理办法》为基础，以《化妆品注册备案资料管理规定》《化妆品新原料注册备案资料管理规定》《化妆品安全评估技术导则（2021 年版）》《儿童化妆品监督管理规定》《优化化妆品安全评估管理若干措施的公告》等法规文件为支撑的化妆品安全评估法规体系。

《条例》引入了化妆品风险管理的理念，国家按照风险程度对化妆品、化妆品原料实行分类管理，同时建立化妆品安全风险监测和评价制度。明确要求：申请化妆品新原料注册或者进行化妆品新原料备案，应当提交新原料安全评估资料；申请特殊化妆品注册或者进行普通化妆品备案，应当提交产品安全评估资料；化妆品新原料和化妆品注册、备案前，注册申请人、备案人应当自行或者委托专业机构开展安全评估。同时对从事安全评估的人员专业知识和从业经历提出了要求。《条例》明确了安全评估的责任主体，对化妆品注册人、备案人及生产经营者的行为进行了规范和要求。同时《条例》明确安全评估是一个动态的过程，根据科学研究的发展，对化妆品原料的安全性有认识上的改变的，或者有证据表明化妆品原料可能存在缺陷的，省级以上人民政府药品监督管理部门可以责令化妆品新原料的注册人、备案人开展安全再评估或者直接组织开展安全再评估。对化妆品、化妆品原料的安全性认识发生改变的，或者有证据表明化妆品、化妆品原料可能存在缺陷的，要求开展化妆品安全再评估，以及安全再评估工作由承担注册、备案管理工作的药品监督管理部门责令或组织实施的规定；明确了再评估结果表明化妆品、化妆品原料不能保证安全的，撤销注册、取消备案，并禁止使用，向社会公开的规定。化妆品安全评估制度得以在法规层面确立。

为了规范化妆品注册和备案行为，保证化妆品质量安全，《化妆品注册备案管理办法》进一步细化《条例》中安全评估制度的具体措施，明确保证化妆品质量安全是化妆品注册人、备案人的法律义务之一，化妆品注册人、备案人应当依法履行产品不良反应监测、风险控制、产品召回等义务，对化妆品的质量安全和功效宣称负责。为了规范和指导化妆品安全评估工作，确保化妆品的安全性，细化评估要求，2021年5月，国家药监局发布《化妆品安全评估技术导则（2021年版）》。自2022年1月1日起，依据《安评导则》的要求开展化妆品安全评估，提交产品安全评估资料。考虑到我国化妆品行业安全评估基础薄弱，《安评导则》还采取了分阶段的过渡措施，在2024年5月1日前，化妆品注册人、备案人可以按照《安评导则》相关要求，提交简化版产品安全评估报告。2024年5月1日后，化妆品注册人、备案人需要提交完整版产品安全评估报告。《安评导则》中对安全评估的适用范围、基本原则和要求、安全评估人员的要求、风险评估程序、毒理学研究、化妆品原料和产品的风险评估原则等进行了细化要求，同时对化妆品原料和产品的安全评估报告的内容、相关术语和释义等进行了明确，并提供了原料和产品评估报告的样例。有利于行业更加规范地开展安全评估工作。对于儿童这一使用化妆品的特殊使用人群，为了规范儿童化妆品生产经营活动，加强儿童化妆品监督管理，保障儿童使用化妆品安全，国家药监局还发布《儿童化妆品监督管理规定》，明确了儿童化妆品应当进行配方设计并应当遵循"安全优先原则、功效必需原则、配方极简原则"。为了进一步明确了新原料、化妆品注册备案安全评估的要求，2021年，国家药监局公布了《化妆品新原料注册备案资料管理规定》《化妆品注册备案资料管理规定》。考虑企业的实际需求，为了促进我国化妆品安全评估的制度建设，2024年4月，国家药监局发布了《优化化妆品安全评估管理若干措施的公告》。至此，构建了化妆品安全评估法规体系的"四梁八柱"（图5-5）。

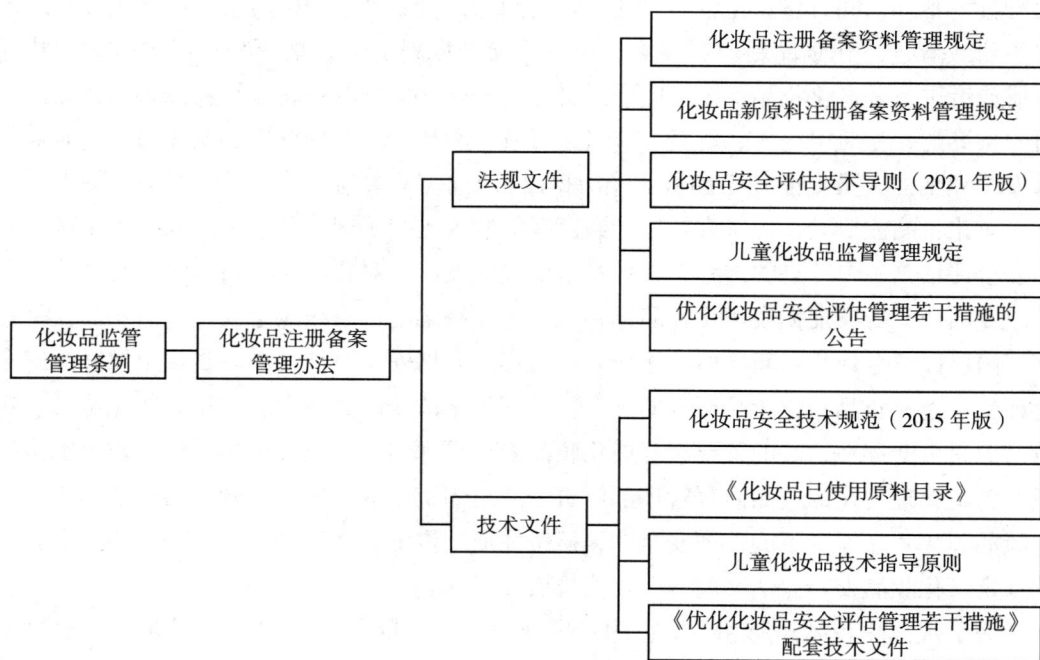

图5-5　我国化妆品安全评估法规体系和技术支撑体系

（二）技术支撑体系的构建

我国化妆品安全评估技术体系的构建，最早要追溯到 1987 年，由原卫生部发布了《化妆品卫生标准》（GB7916–87）以及《化妆品安全性评价程序和方法》（GB7919–87），对化妆品的一些安全卫生标准、有害物质以及不同化妆品类型应当开展的毒理学测试进行了介绍，这是我国化妆品安全评估的起点，标志着我国开始建立化妆品安全评估技术体系。随后，原卫生部参考欧盟化妆品法规，分别形成了 1999 年版、2002 年版和 2007 年版的《化妆品卫生规范》。这些规范在安全评估方面进行了逐步完善和修订，根据评估的需要增加了多个毒理学测试方法。2008 年 9 月，化妆品卫生监督职能由原卫生部移交原国家食品药品监督管理局。随着化妆品新原料、新技术的发展，原有的标准和规范进行了更新，以适应行业发展和监管需求。2010 年，发布了《化妆品中可能存在的安全性风险物质风险评估指南》（以下简称《评估指南》），明确了风险评估程序和资料要求。这是我国首次在化妆品安全性相关的指南中，提出采用"四步法"进行安全性风险评估。2013 年，发布了《关于调整化妆品注册备案管理有关事宜的通告》，指出国产非特殊用途化妆品可采用风险评估的方式进行安全评估。为了进一步规范化妆品原料管理，为判断是否为化妆品新原料提供了参考依据，2014 年发布《已使用化妆品原料名称目录》，2021 年进一步更新为《已使用化妆品原料目录》。2015 年发布的《化妆品安全技术规范》（以下简称《技术规范》）在安全评估部分进行了更新、增加了与风险评估有关的内容。《技术规范》（2015 年版）是我国化妆品技术支撑体系的核心，是化妆品注册备案、审评审批的法定依据，在我国上市的化妆品应当满足《技术规范》（2015 年版）的安全技术要求。《条例》中明确指出技术规范是在强制性国家标准制定并发布实施之前，国务院药品监督管理部门为满足实际监管工作需求制定的化妆品质量安全补充技术要求。由此可知，在《条例》实施后，《技术规范》（2015 年版）仍然会在我国化妆品安全评估技术支撑体系中发挥重要作用。在 2015 年发布《化妆品安全风险评估指南》（征求意见稿）［以下简称《评估指南》（征求意见稿）］，我国也首次尝试对化妆品产品安全评估技术进行介绍，探索了基于风险评估的产品安全评估的方式来代替传统的毒理学试验进行安全评估的方法，具有里程碑意义。但是这种评估方式的实施是需要建立在较为完善的技术支撑体系和较强的行业发展水平之上的，考虑到当时行业大面积地推行安全评估的条件尚不成熟，行业安全评估意识、安全评估相关专业人才和安全评估数据短缺的问题极为突出，因而《评估指南》（征求意见稿）并未正式推行。2021 年，随着《条例》的发布，安全评估制度和安全评估人员均成为法规的要求。作为法规要求的配套文件，建立在 2015 年《评估指南》基础上的《化妆品安全评估技术导则》发布。对我国化妆品安全评估的具体流程和要求进行了明确，并相应地设置了过渡期。我国化妆品产品安全评估进入了发展的新轨道。2024 年 4 月，为促进我国化妆品安全评估制度的建设，切实落实相关法规要求，细化技术操作指南，力求在不降低安全标准的前提下，提升行业安全评估的操作性和原料数据的获得性，切实解决化妆品企业在开展安全评估工作存在的问题和困难，促进产品上市提质增速，推动化妆品安全评估制度有序实施。国家药监局发布《优化化妆品安全评估管理若干措施的公告》的同时期发布了一系列配套的技术指导文件，制定发布交叉参照、毒理学关注阈值、整合策略等相关技术指南，化妆品安全风险物质识别与评估技术指南，理化稳定性测试、防腐剂挑战测试、包材相容性测试评估等相关技术指南；制定发布《化妆品原料数据使用指南》（以下简称《数据使用指南》），指导化妆品企业规范开展安全评估；整合发布原料安全评估相关的数据信息。至此，化妆品安全评估技术支撑体系逐渐完善（图5-5）。

（三）企业安全评估体系的构建

在中华人民共和国境内，化妆品注册人、备案人、受托生产企业（以下统称"企业"）是保证化妆品安全的主体和第一责任人。在我国，企业作为化妆品安全生产和经营主体，负有保证其研发、生产和销售的化妆品安全的主要责任。根据《条例》等相关法律法规，企业作为化妆品安全的主体和第一责任人，应当切实履行自身职责，保障化妆品安全，以维护消费者的合法权益和社会公共利益。在落实化妆品安全的措施时，企业应当结合自己企业运行的现状，构建科学的化妆品安全评估体系，将化妆品原料和产品安全评估的理念引入产品的全生命周期，以合理高效地确保化妆品安全入市，并形成合理的反馈机制，通过长期运行，最终实现良性循环。构建企业化妆品安全评估体系，是落实企业主体责任的重要体现，也是企业良性发展的关键支柱，更是确保化妆品安全的核心环节。只有构建科学的化妆品安全评估体系，才可以更好地为快速迭代的化妆品市场产品保驾护航。

1. 构建全生命周期安全评估体系

企业应当将安全评估的理念融入研发的全过程，助力企业实现化妆品的全生命周期风险管理，保障产品质量安全。在新的法规环境下，安全评估应该起步在产品研发之前，落地于产品注册备案之时，伴随在产品上市之后，贯穿于产品全生命周期，化妆品需要全生命周期的安全评估和风险管理的理念。企业构建化妆品全生命周期的安全评估体系，应从四方面开展：一是将原料的安全评估作为企业的一项基础性和常态性工作开展。主动开展原料筛查，尽量选择具有全面安全性数据的原料；二是将安全评估理念前置，在配方开发过程加强企业内部研发、合规安全、质量等各部门的合作，各司其职，将安全评估的理念从原料入库、配方开发一直到贯彻到产品注册备案，以实现产品顺利上市；三是将递交安全评估报告完成产品注册备案看作是一个向社会承诺所备案产品安全和合规的起点，而不是视其为安全评估结束的终点；四是应投入合理资源，在产品上市后积极主动开展产品不良反应监测和汇报工作，通过不良反应监测进行再评估、内部反馈甚至产品迭代，实现产品的全生命周期风险管理。

2. 构建专业化人才培养体系

企业应当着力于专业安全评估人才的能力培养。《安评导则》对企业的安全评估工作者评估能力有较高要求，包括相关文献信息检索能力，分析、评估和解释相关数据能力，了解和掌握新的安全评估理论、技术和方法并应用于实践的能力等。化妆品安全评估工作具有较强的科学性和专业性。加强专业安全评估人员的培养，可以提高安全工作的专业性和产品安全资料审评的通过率。此外，创新型化妆品企业对自身评估人员的安全评估知识体系、能力和灵活性应有更高的要求。

三、化妆品安全评估制度的实施

（一）化妆品安全评估制度实施概况一览表（图5-6）

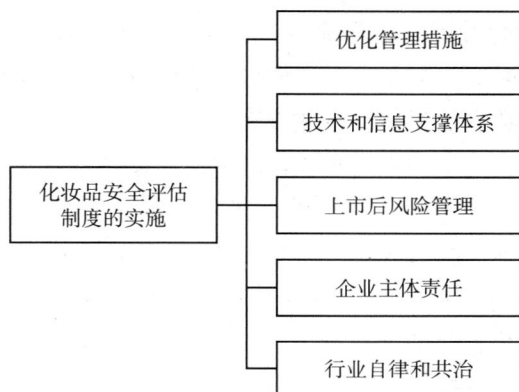

图5-6　化妆品安全评估制度实施概况一览表

（二）化妆品安全评估制度实施现状

化妆品的安全评估不等于毒理学研究，相较于毒理学，化妆品的安全评估是一个更全面的分析和评判过程，它不仅包括通过动物毒性试验、体外试验、人体安全性试验和人群流行病学调查方法等一系列毒理学研究测定化妆品原料和／或风险物质的毒理学特征，还包括考虑化学物质的个体暴露水平、使用模式、潜在的暴露人群以及产品的微生物理化稳定性。此外，化妆品的安全评估还涉及风险管理措施，如制定安全标准和指导原则，以减少潜在的健康风险。构建安全评估制度，就是从过去将产品的安全性依托于几个毒理学试验进步到通过更全面的和全生命周期的评估方式来保障产品的安全性。

化妆品安全评估制度实施以来，已对化妆品行业产生了极为深远的影响。化妆品安全评估整体水平有所提升，行业企业在安全评估观念认识、人才和技术储备等方面都有了一定进步，化妆品企业的安全评估意识明显增强，能力水平显著提升，国内市场上的产品安全保障水平普遍提高，我国已逐步构建了较为完善的法规支撑体系、技术支撑体系，多数企业也逐步建立了全生命周期的安全评估体系。其中，实施简化版安全评估报告无疑是一项有利于行业发展且能够提升化妆品安全评估水平的重要举措。首先，简化版安全评估报告在特定时期内满足了行业的实际需求，在不降低化妆品质量安全要求的前提下，提升行业安全评估的操作性和原料数据的获得性，切实解决化妆品企业在开展安全评估工作存在的问题和困难，行业生产经营活动稳定有序。其次，这一举措激发了化妆品行业追求高质量发展的自主意愿和前进动力。企业更加重视产品的安全性，加大对安全评估的投入，包括培养专业的安全评估人员以及建立完善的安全评估体系等。行业的安全评估意识持续得到强化，安全评估能力也有了较大幅度的提升。从业人员通过参加培训、学习交流等活动，不断提升自己的安全评估能力和专业素养，经由简化版报告的实践操作，逐渐加深了对安全评估的理解认识和经验积累，为进行完整版安全评估奠定了坚实的基础。再次，通过安全评估对产品的安全性进行评价符合国际发展趋势，开展安全评估，以逐渐减少动物测试，有利于促进化妆品国际贸易。

但与欧盟、美国等化妆品发达国家或地区国家相比，我国化妆品行业整体技术水平能力还存在差距，同时对完整版安全评估报告，行业反映还存在很多困难和挑战。首先，我国在化学品基础数据的积累和整理方面也有待提升，特别是很多化妆品企业和化妆品原料企业起步较晚，虽然国家发布了《已使用化妆品原料目录》等数据资源，但我国对数据的收集和掌握还有较大欠缺，仍有部分企业面临评估数据缺乏。其次，《安评导则》中虽然对交叉参照、毒理学关注阈值（TTC）等评估技术作出了原则性规定，但评估技术的应用缺少细化规则，缺乏具体的操作指导。在实际按照《安评导则》原则要求进行安全评估的过程中，企业无法规范使用交叉参照、毒理学关注阈值（TTC）等评估技术，导致评估数据不被接受。再次，由于我国国产化妆品中小企业较多，国内化妆品企业普遍缺少专门的安全评估人员，国内安全评估人员队伍建设有待加强，一些新入行的安全评估人员，由于工作时间较短，缺少相关工作经验，评估水平有待提高，由于上述原因，叠加新型冠状病毒性肺炎疫情等不可抗力因素，使得企业在开展安全评估时，特别是完整版安全评估，面临一些困难和挑战。

（三）化妆品安全评估制度的进一步完善

1. 优化措施的实施

为了推动行业构建系统完备的化妆品安全评估体系，促进化妆品安全评估制度平稳有序实施，在对行业安全评估能力进行多次调研的基础上，充分考虑行业现状，帮助指导企业开展化妆品安全评估工作，解决企业在开展安全评估工作时的问题和困难，不断完善我国化妆品安全评估制度，国家药监局在调查研究、评估的基础上，出台了《优化化妆品安全评估管理若干措施的公告》，《公告》一次性发布了12项优化措施，从报告分类管理、技术指南细化、数据收集使用、强化宣传培训等方面，全面指导帮扶企业规范开展安全评估，同时也为我国化妆品安全评估体系的持续提升给出基本路径。为了加强技术指导，不断提升企业化妆品安全评估能力，制定发布交叉参照、毒理学关注阈值、整合策略等相关技术指南，化妆品安全风险物质识别与评估技术指南，理化稳定性测试、防腐剂挑战测试、包材相容性测试评估等相关技术指南。为了指导化妆品企业规范开展安全评估，整合发布原料安全评估相关的数据信息，收集、整理、发布国际权威化妆品安全评估数据索引，为企业开展化妆品安全评估提供参考依据，制定发布《数据使用指南》；为了指导化妆品行业权威组织协调化妆品原料企业和化妆品企业共享原料安全性信息，按照国际通行的方法开展化妆品原料安全评估，构建和完善原料数据共享平台。基于风险管理原则，结合产品情况、企业质量管理和安全评估体系建设情况，制定发布化妆品安全评估资料提交指南，对安全评估报告提交的情形进行分类，允许部分符合条件的普通化妆品的安全评估报告由企业存档备查，建立安全评估报告分类提交制度。此外，为了提高化妆品安全评估的科学性和规范性，支持化妆品安全评估学科建设和专业人才队伍培养，加强了安全评估相关基础建设和化妆品安全评估工作交流与技术合作。见图 5-7 化妆品安全评估管理的优化措施。

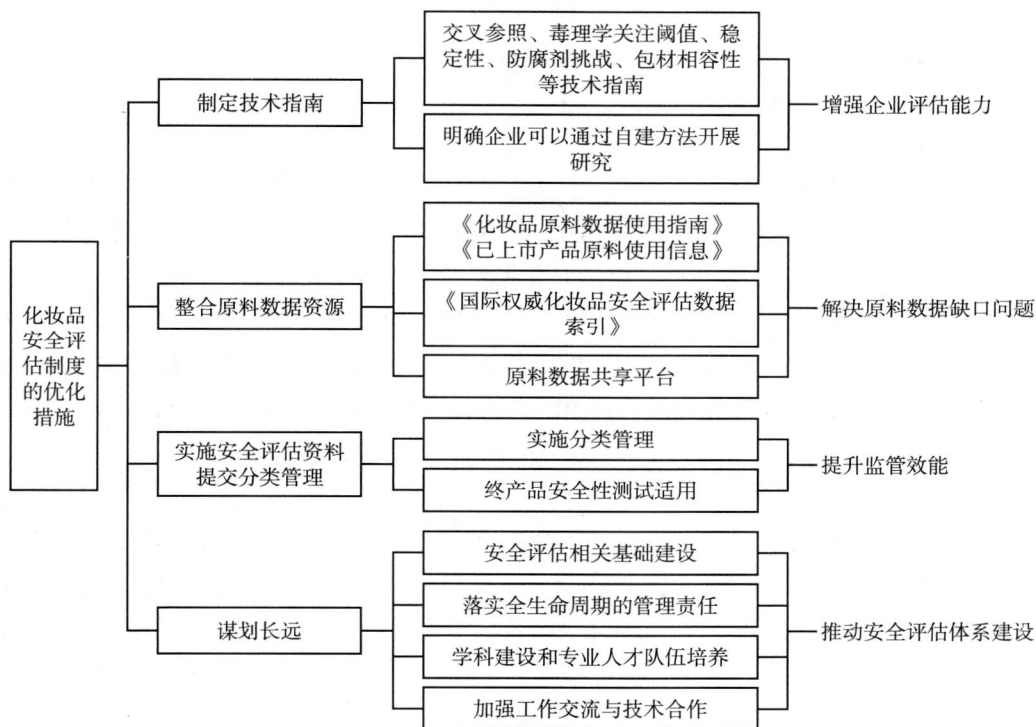

图 5-7　化妆品安全评估管理的优化措施

2. 支撑体系的建设

我国在化妆品安全评估支撑体系建设方面也有了进一步提升。为了追踪国家化妆品标准动态，结合我国化妆品行业的特点和实际情况，提出适合我国的化妆品标准制修订建议，并组织专家对标准化方法草案进行审查和评估，确保标准的科学性和适用性，以促进行业标准化水平不断提升，为化妆品监管提供决策参考，保障人民用妆安全，国家药监局于 2024 年 4 月成立"化妆品标准化技术委员会"组织化妆品强制性国家标准的项目提出、组织起草、征求意见和技术审查，该技术委员会下设立 8 个分技术委员会，其中通用技术要求、原料和包装材料、安全评级 3 个分技术委员会秘书处以及该技术委员会的总秘书处均设在中检院。该技术委员会成立之前，一直由国家药监局化妆品标准专家委员会秘书处中检院组织化妆品标准的制修订，包括《技术规范》《安评导则》等。

我国在化妆品安全评估信息化保障方面也开展了相关工作，国家药监局信息中心建立了普通化妆品备案系统，该系统用于全国各省局的普通化妆品备案。中检院建立化妆品智慧申报审评系统，用于特殊化妆品注册、化妆品新原料的注册备案等。

3. 上市后风险管理的开展

我国在化妆品上市后风险管理方面也开展了大量工作，国家药监局及其授权的检验机构将对化妆品进行抽样检验，以确保产品质量安全。对于检验不合格的产品，国家药监局将依法采取相应的监管措施，包括但不限于责令召回、停止销售、没收违法所得、罚款等。化妆品注册人、备案人应当积极配合国家药监局的监管工作，确保产品质量安全；国家药监局不良反应中心负责化妆品不良反应信息的收集、分析和评价，并向国家药监局提出处理建议。

4. 企业主体责任的落实

落实化妆品企业对产品全生命周期的管理责任。引导化妆品企业构建并持续完善安全评估体系，强化产品上市前安全评估，持续完善质量管理体系，做好产品上市后不良反应监测和安全再评估，提升产品质量安全保障能力。鉴于化妆品企业的产品研发需要一定周期，为避免企业研发资源重复投入，国家药监局在《公告》正文中明确，对已开展评估的产品给予一年的过渡期，在 2025 年 5 月 1 日前，化妆品注册人、备案人申请注册或者进行备案时仍可以提交符合《化妆品安全评估技术导则（2021 年版）》要求的简化版安全评估报告。

5. 行业的自律和共治

化妆品行业协会在加强行业自律的同时，也加强对化妆品生产经营者的督促引导，通过增加行业培训等活动提升化妆品行业相关人员的专业水平，进而推动化妆品市场健康发展以及行业诚信建设。

第三节 《化妆品安全评估技术导则（2021 年版）》

化妆品一般可认为是各种原料的组合，原料的安全性是化妆品安全的前提条件。化妆品产品的安全性评价应基于所有原料和风险物质的风险评估。化妆品安全评估是指利用现有的科学资料对化妆品中危害人体健康的已知或潜在的不良影响进行科学评价，能有效地反映出化妆品的潜在风险，是一种重要的化妆品安全评估技术手段，并且在技术法规制修订、突发化妆品安全事件的处理以及风险交流等方面发挥着重要作用。

《条例》第二十一条第一款明确"化妆品新原料和化妆品注册、备案前，注册申请人、备案人应当自行或者委托专业机构开展安全评估"。这是我国化妆品法规文件中首次明确提出将安全评估纳入化妆品监管中，但尚无化妆品安全评估指导性文件。原国家食品药品监管局印发的《评估指南》（国食药监许〔2010〕339 号）（以下简称《评估指南》）也仅是针对化妆品中可能存在的安全性风险物质的风险评估程序进行了描述，难以科学、系统地指导化妆品安全风险评估工作。为配合《条例》实施，国家药监局于2021年4月8日发布了《关于发布〈化妆品安全评估技术导则（2021年版）〉的公告》。安全评估是一项全新的管理制度，本身专业性、科学性极强，需要大量的毒理学数据作为支撑，而我国的化妆品企业大多数起步较晚，安全评估的意识和能力不足，且缺乏专业的安全评估人员，难以立即全部依照国际通行规则开展评估。对此，国家药监局在发布《安评导则》时，特别考虑了既要借鉴欧美发达国家经验，提高产品安全保障水平，推行安全评估制度，又要给到企业一定的适应期，使企业能够提升能力，积累经验，逐步达到独立开展安全评估的水平。因此，对安全评估采取了分步实施的做法，指导企业逐步提高安全评估水平。自2022年1月1日起，化妆品注册人、备案人申请特殊化妆品注册或者进行普通化妆品备案前，必须依据《安评导则》的要求开展化妆品安全评估，提交简化版或完整版产品安全评估资料；自2024年5月1日起，所有化妆品必须提供完整版化妆品安全评估报告。

作为《条例》的配套性文件，《安评导则》落实了《条例》提出的对化妆品安全评估的新规定、新要求，规定了化妆品安全风险评估的原则和程序参考国际化妆品安全评估相关文件，引入毒理学关注阈值和分组／交叉参照等先进的安全评估技术，是规范和指导我国化妆品安全评估工作的重要规范性文件。《安评导则》把国际先进风险评估理念和技术同我国目前化妆品行业现状相结合，构建了一套具有前瞻性的化妆品安全评估体系。这一体系既与国际接轨，又适应我国国情，对于保障化妆品质量安全和消费者权益，以及促进我国化妆品产业的可持续发展具有重要意义。

一、主要内容

《安评导则》包括正文与附录两个部分。正文共十部分，包括适用范围、基本原则与要求、化妆品安全评估人员的要求、风险评估程序、毒理学研究、原料的安全评估、化妆品产品的安全评估、安全评估报告、说明、术语和释义。主要明确了安全评估的原则、人员等，规定了评估程序、原料和产品的安全评估要求以及评估报告内容、简化版安全评估报告要求等。附录共四个，附录1和附录2分别规定了原料和化妆品产品安全评估报告应包含的内容，附录3和附录4分别给出了完整版和简化版产品安全评估报告的示例。《安评导则》内容主要包括以下八个部分。

（一）明确《安评导则》的适用范围

《安评导则》第一部分"适用范围"明确指出"本导则适用于化妆品原料和产品的安全评估。"该规定为化妆品行业的安全评估工作提供了清晰的指导方向。在化妆品领域，无论是原料还是产品，均依据《安评导则》进行系统的安全评估。值得一提的是，《条例》规定牙膏参照普通化妆品的规定进行管理，《牙膏监督管理办法》第十二条第一款提出"牙膏备案前，备案人应当自行或者委托专业机构开展安全评估"，《牙膏备案资料管理规定》第三十条进一步细化"备案人应当参照《化妆品安全评估技术导则》的有关原则和要求，结合牙膏产品实际情况，科学合理开展产品安全评估，并提交产品安全评估报告"。牙膏的安全评估可参照《安评导则》执行，但与化妆品相比，牙膏通常用于口腔护理，在使用过程中会与口腔黏膜密切接触，且可能会被部分吞咽。这就要求在进行安全评估时，应考虑牙膏的暴露特点等特殊情况，综合考量牙膏对口腔黏膜的刺激性、潜在的毒性等影响。

（二）明确安全评估的原则要求

《安评导则》第二部分"基本原则与要求"对化妆品产品和原料安全评估的基本原则与要求作出了规定。其中包括对原料和风险物质的评估、证据权重原则、参考资料引用原则、安全评估人员出具报告原则、安全评估责任原则以及安全评估资料保存要求、安全评估具体情况分析要求、安全评估人员简历要求等。其中证据权重的原则是首次写入《安评导则》中，在开展评估时，要求评估人员根据所获得数据的质量、结果、一致性、毒理学作用的性质和严重程度，与毒理学终点的相关性等因素综合判定，还应考虑数据的可靠性、适用性等。

（三）明确安全评估的人员要求

《条例》第二十一条第二款规定："从事安全评估的人员应当具备化妆品质量安全相关专业知识，并具有 5 年以上相关专业从业经历。"在此基础上，根据化妆品行业特点，《安评导则》在第三部分"化妆品安全评估人员的要求"中进一步细化，明确了化妆品安全评估人员应符合四点要求，包括相关专业从业经历、查阅分析文献信息数据能力、确保评估报告科学准确真实可靠、定期接受相应的专业培训等。化妆品质量安全可能涉及医学、药学、生物学、化学或毒理学等多学科专业知识，因此，安全评估人员应具有这些专业知识，熟悉化妆品成品或原料生产过程和质量安全控制要求。同时，还需具备查阅相关文献、解读数据的能力，能够了解和掌握新的安全评估知识等。只有这样，才能确保评估人员出具的评估报告具有科学性、合理性和客观性，切实为化妆品的质量安全提供保障。

（四）明确风险评估的程序步骤

《安评导则》第四部分"风险评估程序"明确了化妆品原料和风险物质的风险评估程序包括危害识别、剂量反应关系评估、暴露评估及风险特征描述四个步骤。危害识别是基于毒理学试验、临床研究、不良反应监测和人群流行病学研究等的结果，确定化妆品原料和 / 或风险物质是否对人体健康存在潜在危害。《安评导则》明确了化妆品安全评估时应关注的健康危害效应，在评估时包括但不限于这些毒理学终点；确定健康危害效应后，依照相应的原则对其进行判定，明确原料和 / 或风险物质的主要毒性特征及程度。若有人群相关资料，应依照所获得的资料判定其可能对人体产生的健康危害效应。

剂量反应关系评估用于确定原料和 / 或风险物质的毒性反应与暴露剂量之间的关系。阈值是量效关系评估中一个十分重要的概念。是否有阈值，则采取的评估方法不同，《安评导则》中将化妆品剂量反应关系评估分为三种情况：一是对有阈值的毒性效应，需获得未观察到有害作用的剂量（NOAEL）或基准剂量（Benchmark Dose，BMD），不能获得这两个值时，也可以用观察到有害作用的最低剂量（LOAEL），但这种情况下，需要增加相应的不确定因子（一般是 3 倍）；二是对无阈值的致癌效应，可以使用 BMD 或 T_{25} 进行剂量反应关系评估；三是对于存在致敏风险的，可通过预期无诱导致敏剂量（No Expected Sensitization Induction Level，NESIL）进行剂量反应关系评估。暴露评估是指通过对化妆品原料和 / 或风险物质暴露于人体的部位、浓度、频率以及持续时间等的评估，确定其暴露水平。化妆品产品类别广泛，暴露场景有多种，因此在暴露评估时至少要考虑到用于化妆品中的类别、使用方法（擦涂、喷雾、擦拭、是否用后即洗等）、暴露部位或途径（皮肤、黏膜暴露），以及可能的吞咽或吸入暴露、暴露频率、持续时间、暴露量（包括每次使用量及每日使用总量等）、在产品中的浓度、透皮吸收率和暴露对象的特殊性等。《安评导则》给出了两种计算全身暴露量的公式，在评估时按要求进行计算。风险特征描述是指化妆品原料和 / 或风险物质对人体健康造成损害的可能性和损害程度的描述。可通过计算安全边际值（margin of safety，MoS）、终生致癌风险（lifetime cancer risk，LCR）、可接受暴露水平（Acceptable Exposure Level，AEL）与实际暴露量的比较分别对化妆品原料和风险物质对人体引起有阈值作用，无阈值致癌作用和致敏作用进行描述，《安评导则》中给出了相应的计算公式。一般情况下安全边际值大于 100 可以认为化学物质的暴露是安全的。如果毒理学数据质量存在缺陷，MoS 值应适当增加。一般认为终生致癌风险小于 10^{-5} 时，风险带来的威胁较低，但评估时可综合考虑，应用更严格的限值。

（五）明确毒理学研究相关要求

《安评导则》第五部分"毒理学研究"规定化妆品原料和 / 或风险物质的毒理学研究一般应当按照《技术规范》规定的毒理学试验方法开展，包括急性毒性等 11 项系列研究和人群安全性试验资料。也可选用相关国家标准、经济合作与发展组织（OECD）发布的方法等，选用其他国内外权威机构发布的《技术规范》未收录的毒理学试验方法或标准时，应当在评估报告中载明方法的来源、识别毒理学危害的原理，并分析结果的科学性、准确性和可靠性。

（六）明确原料的安全评估要求

《安评导则》第六部分"原料的安全评估"规定了原料安全评估的基本原则要求、原料的理化性质以及不同来源的原料评估时应包含的内容。其中基本原则共有 8 条，主要内容包括原料的安全评估需对化妆品原料和 / 或其可能存在的风险物质进行评估，《技术规范》中有使用规定的应符合其要求，国际权威化妆品安全评估机构公布的评估结论、权威机构已公布的安全限量或结论等可在符合我国化妆品相关法规要求的情况下采用，毒理学关注阈值（TTC）和分组／交叉参照方法的使用范围和要求，以及毒理学终点的确定等。明确规定了评估时理化性质应包含的内容以及不同来源的原料在评估时应提交的资料。香精香料应符合我国相关国家标准和／或国际日用香料协会（IFRA）修正案及其相关标准。

（七）明确产品的安全评估要求

《安评导则》第七部分"化妆品产品的安全评估"规定了化妆品产品安全评估的基本原则、理化稳定性评价、微生物学评估、上市后的安全监测以及儿童化妆品评估要求等。化妆品产品的安全评估应以暴露为导向，对化妆品中的各原料和／或风险物质进行风险评估，评价相关理化指标以确定产品的稳定性。对原料间可能存在的化学／生物学相互作用，以及容器或载体的理化稳定性及其与产品的相容性进行评估。对配方体系近似、包装材质相同的化妆品，可根据已有的资料和实验数据对理化稳定性开展评估工作。产品微生物学评估中规定，儿童化妆品、眼部／口唇化妆品，应当对微生物污染予以特别关注。对处于研发阶段的化妆品，可参考国际通用的标准或方法对其防腐体系的有效性进行评价。对于防腐体系相同且配方近似的产品，可参考已有的资料和实验数据进行产品安全性评价。产品上市后需对其安全性进行监测、记录和归档，以及在必要情况下需对上市产品进行重新评估。除此之外，对于儿童化妆品的评估也提出了特殊的要求，特别是针对配方设计、原料要求等有明确的规定，在评估时应重点考虑。

（八）明确安全评估报告的要求

《安评导则》第八部分"安全评估报告"规定了化妆品原料的安全评估报告、化妆品产品的安全评估报告的内容与要求，并在附录1与附录2提供了具体的参考格式。针对实际情况，还提供了化妆品产品安全评估报告（完整版）示例（附录3）、化妆品产品安全评估报告（简化版）示例（附录4）。

二、重点内容解读

《条例》出台前，我国化妆品安全评估主要参考2015年颁布的《评估指南》（征求意见稿）及2010年颁布的《评估指南》。《安评导则》在此基础上进一步细化，明确了安全评估报告责任主体、成分评估时可采用的证据类型、风险评估新技术、儿童化妆品安全评估要求及安全评估报告。

（一）注册人、备案人对安全评估报告负责

《安评导则》2.5明确规定"化妆品注册人、备案人应自行或委托专业机构开展安全评估，形成安全评估报告，并对其真实性、科学性负责"。这是依据《条例》第六条"化妆品注册人、备案人对化妆品的质量安全和功效宣称负责"而作出的细化规定。注

册人、备案人是依法设立的企业或者其他组织，不是自然人。化妆品注册人、备案人可以自行生产化妆品，也可以委托其他企业生产化妆品，注册人、备案人是境外企业的，应当指定我国境内的企业法人作为境内责任人，协助注册人、备案人承担产品质量安全责任。但这都不改变注册人、备案人应当对化妆品的质量安全负主体责任。注册人、备案人对安全评估报告负责是化妆品注册人备案人制度的重要内容之一。这一制度的实施，有助于明确责任主体，加强监管力度，保障消费者的权益，促进化妆品行业的健康发展。注册人、备案人应当充分认识到自己的责任，加强内部管理，选择合格的专业机构，及时更新安全评估报告，确保产品的安全性符合相关法规和标准的要求。同时，监管部门也应当加强对注册人、备案人的监管，督促企业履行好自己的责任，共同保障化妆品的质量安全。

注册人、备案人对安全评估报告负责的具体内容，一是注册人、备案人应当确保安全评估报告的真实性和准确性。安全评估报告应当由具备相应资质的机构或人员进行编制，报告内容应当客观、真实、准确地反映化妆品的安全性。注册人、备案人不得提供虚假的安全评估报告，否则将承担相应的法律责任。二是对安全评估报告的内容负责。安全评估资料是化妆品新原料和产品注册备案资料的重要组成部分，化妆品注册人、备案人是化妆品质量安全的责任人，应对提交的安全评估资料的真实性和科学性负责。三是及时更新安全评估报告。注册人、备案人应当及时更新安全评估报告。随着化妆品行业的不断发展，新的法规、标准和技术不断涌现，化妆品的安全性也可能会发生变化。注册人、备案人应当密切关注行业动态，及时对安全评估报告进行更新，确保产品的安全性符合最新的要求。

（二）成分评估时可采用的证据类型

《安评导则》提出，充分采纳国内外权威机构已有的评估结果。凡符合现行的《技术规范》相关要求的防腐剂、防晒剂、着色剂、染发剂等肯定列表的原料，可免予风险评估。同时，凡化妆品安全风险评估机构或国外权威机构已公布评估结论的原料，在符合我国化妆品相关法规规定的情况下，可科学合理地采用相关评估结论。此外，成分评估时可采用的证据类型与分步实施的安全评估制度有密切的关系，在可提交简化版安全评估报告的过渡期内，《安评导则》允许化妆品企业将已上市至少3年产品中的历史使用浓度和化妆品监管部门公布的原料最高历史使用量作为安全评估报告的证据来源和参考。

为引导行业统筹考虑各项原料安全信息和数据，规范原料安全信息和数据的使用，国家药监局还组织制定《数据使用指南》，并于2024年4月30日发布。《数据使用指南》明确了《技术规范》中的限用组分、准用防腐剂、准用防晒剂、准用着色剂和准用染发剂；国际权威化妆品安全评估机构公布的评估结论；世界卫生组织（WHO）、联合国粮农组织（Food and Agriculture Organization，FAO）等权威机构已公布的安全限量或结论；监管部门公布的已上市产品原料使用信息；原料3年使用历史；安全食用历史；

结构和性质稳定的高分子聚合物（具有较高生物活性的原料除外）等七种化妆品注册人、备案人在开展安全评估时可采用的主要原料数据类型，指导企业提供满足评估要求的证明资料，提高化妆品原料评估的科学性。

（三）化妆品安全评估新技术的应用

《安评导则》6.1.6、6.1.7引入毒理学关注阈值（TTC）和分组/交叉参照（Grouping/Read Across）两种风险评估新技术、新工具。毒理学关注阈值（TTC）是对化学结构明确，且不包含严重致突变警告结构的原料或风险物质，含量较低且缺乏系统毒理学研究数据时，参考使用的评估技术。分组/交叉参照（Grouping/Read Across）是对缺乏系统毒理学研究数据的非功效成分或风险物质开展评估时，参考使用的评估技术。这两种新技术为国际上近几年发展较快、较新的风险评估工具。《安评导则》引入这两种风险评估工具的使用要求，为化妆品企业在风险评估中面临的部分原料和风险物质安全性数据不足提供了评价工具和途径。

为了增加这些评估技术的适用性和接受度，国家药监局组织编制并于2024年4月和7月分别发布了毒理学关注阈值（TTC）、交叉参照、整合测试与评估策略应用等技术指南，进一步细化方法和技术使用的步骤，并附以相关示例，提高方法和技术的适用性、可操作性，特别针对植物提取物、发酵产物等原料，提出了解决路径，在满足安全性的基础上，合理调整使用范围，使得多数缺乏毒理学终点的原料可以通过交叉参照、TTC等方法进行评估。

（四）儿童化妆品安全评估要求

《安评导则》对儿童化妆品的评估也提出了特殊的要求，应当结合儿童生理特点以及产品的使用方法、作用部位、使用量、残留等暴露水平进行安全评估。一是由于儿童的体表面积与体重之比通常大于成人，按日常使用化妆品的习惯，会使儿童的系统暴露量高于成人，儿童皮肤特点详见第四章第一节。因此，同一个原料在儿童化妆品中的实际安全使用浓度原则上低于成人化妆品中的安全使用浓度。对化妆品进行暴露评估时，优先引用国内外化妆品研究机构评估文件或者公开发表暴露量研究文献中的儿童化妆品暴露数据。"婴幼儿"化妆品安全评估时，还应当充分考虑婴幼儿行为发育的特点，例如一些举止动作（如吸吮、抓挠等）导致其暴露量高于成人的可能性，以及婴幼儿的代谢能力与成人之间的差异，因此，必要时尽可能采用更为严格的评估数据。二是儿童化妆品配方设计应当遵循安全优先、功效必需、配方极简的原则，应当结合儿童生理特点，从原料的安全、稳定、功能、配伍等方面评估所用原料的科学性和必要性，特别是香精香料、着色剂、防腐剂以及表面活性剂等原料。三是儿童化妆品应当选用有安全使用历史的化妆品原料，非必要情况且其他原料无法替代的情况下，一般不允许使用特殊化妆品原料及使用基因技术、纳米技术等新技术制备的原料，如必须使用时，则应对使用的必要性及针对儿童化妆品使用的安全性进行评价。

（五）安全评估报告要求

化妆品安全评估报告通常包括报告封面、摘要、产品简介、产品配方、配方设计原则（儿童化妆品）、配方中各成分的安全评估、可能存在的风险物质的安全评估、风险控制措施或建议、产品安全评估结论、安全评估人员签名、安全评估人员简历、参考文献和附录等内容。儿童化妆品安全评估报告的配方设计的原则，应对配方使用原料的必要性进行说明，特别是香料、着色剂、防腐剂及表面活性剂等原料。多色号或多香型的系列产品可简化部分重复内容，产品配方除着色剂或香料的种类或含量不同外，基础配方成分含量、种类相同，且系列名称相同的产品，可以参考已有的资料和数据，只对调整组分进行评估。安全评估报告应完整、清晰，内容及形式符合《安评导则》的要求。安全评估报告的具体要求详见第七章第二节。

参考文献

［1］邢书霞，张凤兰，王钢力. 国内外化妆品风险评估现状与进展［J］. 环境与健康杂志，2017，34（6）：539-542.

［2］张伟，邬国庆，秦美蓉，等. 化妆品安全风险评估工作机制探讨［J］. 食品与药品，2024，26（1）：57-62.

［3］秦钰慧. 化妆品安全性及管理法规［M］. 北京：化学工业出版社，2013.

［4］王钢力，张庆生. 全球化妆品技术法规比对［M］. 北京：人民卫生出版社，2018.

［5］唐颖. 化妆品安全与功效评价：原理和应用［M］. 北京：化学工业出版社，2022.

［6］王钢力，邢书霞. 化妆品安全性评价方法及实例［M］. 北京：中国医药科技出版社，2020.

［7］唐颖，张兆伦，曹力化，等.《化妆品监督管理条例》背景下《化妆品安全评估技术导则》的解读刍议［J］. 轻工学报，2021，36（5）：84-91.

［8］裴新荣，孙磊，邢书霞.《化妆品安全评估技术导则（2021年版）》解读［J］. 环境卫生学杂志，2021，11（5）：442-446.

第六章
安全评估技术支撑体系

自化妆品安全评估制度实施以来，我国化妆品安全评估整体水平有所提升，行业企业在安全评估观念认识、人才和技术储备等方面都有了一定进步，但与欧盟、美国等化妆品发达国家或地区相比，我国化妆品行业整体技术水平能力还存在差距，同时对即将实施的完整版安全评估报告，行业反映还存在很多困难和挑战。一是关于评估数据的缺乏。很多化妆品企业和化妆品原料企业对原料安全信息的收集和整理还有较大欠缺。二是关于评估技术的应用缺少细化规则，在实际应用过程中，因缺乏具体的操作指导，无法规范使用这些评估技术。三是国内安全评估人员队伍建设有待加强。安全评估人员对原料和安全评估的认识不够充分，评估能力有待进一步提高。

为了帮助指导企业开展化妆品安全评估工作，解决工作中的问题和困难，根据调研情况，国家药监局于 2024 年 4 月 22 日发布了《国家药监局关于发布优化化妆品安全评估管理若干措施的公告》（2024 年第 50 号）（以下简称《公告》），力求在不降低安全标准的前提下，提升行业安全评估的操作性和原料数据的获得性，切实解决化妆品企业在开展安全评估工作存在的问题和困难，提出 12 项安全评估管理优化措施，从报告分类管理、技术指南细化、数据收集使用、强化宣传培训等方面，为推动化妆品行业高质量发展和高水平安全良性互动奠定了坚实的基础。

第一节　安全评估技术支撑体系概述

为配套《公告》的实施，中检院制定了《化妆品原料数据使用指南》《国际权威化妆品安全评估数据索引》《已上市产品原料使用信息》（以下简称《原料信息》）《毒理学关注阈值（TTC）方法应用技术指南》《交叉参照（Read-across）方法应用技术指南》《皮肤致敏性整合测试与评估策略应用技术指南》《化妆品稳定性测试评估技术指南》《化妆品与包材相容性测试评估技术指南》《化妆品防腐挑战测试评估技术指南》《化妆品风险物质识别与评估技术指导原则》和《化妆品安全评估资料提交指南》等指南类文件及相应的问答。这些技术指南的发布，有效解决了制约行业开展安全评估的原料数据缺口、安全评估技术缺乏细化指南、部分测试无标可依等问题，引导企业向高质量发展和高水平安全协同迈进的同时，兼顾了当今社会发展现状和行业实际，为我国化妆品安全评估体系的持续提升给出基本路径。

一、《化妆品原料数据使用指南》

《安评导则》给出了化妆品原料的安全评估原则，主要从如下方面给出了原料评估可以采用的证据：①《技术规范》相关规定。②国内外权威机构公布的安全限量或结论。③原料 3 年使用历史。④监管部门公布的原料最高使用量。很多企业在收集整理相关信息方面，经验不足。特别是使用历史，在实施简化版安全评估报告期间，企业对《已使用目录》中的最高历史使用量的依赖性较强，没有及时整理本企业原料的使用历史，也不知道如何规范使用这些数据。为引导行业逐步进行数据积累，提高化妆品原料评估的科学性，中检院制定了《化妆品原料数据使用指南》（以下简称《数据指南》），明确了安全评估中主要的 7 种数据类型、使用要求和证明材料。主要的原料数据类型包括：①《技术规范》中的限用组分、准用防腐剂、准用防晒剂、准用着色剂和准用染发剂。②国际权威化妆品安全评估机构公布的评估结论。③ WHO、FAO 等权威机构已公布的安全限量或结论。④监管部门公布的已上市产品原料使用信息。⑤原料 3 年使用历史。⑥安全食用历史。⑦结构和性质稳定的高分子聚合物（具有较高生物活性的原料除外）。明确了"同一原料指《已使用目录》同一序号原料"，增加了"化妆品注册人、备案人应对销售情况进行分析，结果能反映原料在人群中的使用安全性"原则性要求。

《数据指南》明确了安全评估中应用的七种主要数据类型的使用要求以及需要提供的证明材料，方便企业科学选择；强化了企业主体责任，化妆品注册人、备案人应基于产品配方体系，对收集的安全评估相关资料进行分析，包括产品和原料的不良反应、安全事件等，遵循 WoE 的原则科学开展安全评估，履行企业主体责任，保证产品的安全性；提高了原料数据使用便利性。

二、《国际权威化妆品安全评估数据索引》

为提升原料数据的可及性，中检院组织收集了国际权威机构如 CIR、SCCS 等的原料评估数据，制定了《国际权威化妆品安全评估数据索引》（以下简称《数据索引》），便于行业可以利用索引，快速找到相关的评估资料。在应用权威化妆品安全评估数据时，应对相关资料进行分析的基础，在符合中国化妆品相关法规要求的情况下，可采用相关评估结论，索引目前包括了 3651 种原料，后续动态更新。需明确的是，不同的权威机构评估结果不一致时，根据数据的可靠性和相关性，科学合理地采用相关评估结论。化妆品注册人、备案人在开展安全评估时可使用包括但不限于上述评估机构之外的国际权威化妆品安全评估机构发布的评估数据或结论，如 BfR、AICIS 等。

三、《已上市产品原料使用信息》

为提供数据服务信息，中检院对注册备案有效化妆品中原料使用信息批件有效期内特殊化妆品中已使用、未收录在《技术规范》中且无权威机构评估报告的原料使用量的客观收录，为化妆品安全评估提供参考。需要注意的是：所列原料的安全性未进行系统评价，化妆品注册人、备案人在使用相关原料信息时，应当符合国家有关法律法规、标准、规范的相关要求，开展化妆品安全评估并承担产品质量安全责任。化妆品注册人、备案人应结合具体产品特点，正确选择使用相应的信息，若原料超出《已上市产品原料使用信息》（以下简称《原料信息》）中的使用量，应按照《安评导则》开展安全评估，或按照《数据指南》使用其他原料数据类型。

四、《毒理学关注阈值（TTC）方法应用技术指南》

为增加化妆品安全评估新技术的适用性，中检院多次组织行业协会、企业代表、有关专家等讨论，在《安评导则》的基础上制定了《毒理学关注阈值（TTC）方法应用技术指南》，明确了技术要求，特别是针对行业关注的植物提取物、发酵产物等原料，提出了解决路径，在满足安全性的基础上，合理调整使用范围，使得多数缺乏系统毒理学终点的原料可以通过 TTC 方法进行评估。

指南中分别对 TTC 技术进行概述、明确适用范围、术语和释义、物质分类、评估程序以及混合物应用技术要求。同时，附录中提供了 Cramer 类别分类流程、评估流程图、化学物质和植物提取物的应用示例。在适用范围方面，在参考国际相关标准的基础上，结合我国化妆品的监管特点，限定具有防腐、防晒、着色、染发、祛斑美白功能的原料不适用本指南；对遗传毒性测定，除传统的试验方法测定之外，增加（定量）构效关系预测工具；对于植物提取物的评估，需确定待评估物质是否为 DNA 反应性致突变物／致癌物，尽可能多地识别出单一或大类成分，除生产过程中添加的必要溶剂或稳定剂、防腐剂、抗氧化剂等外，需确定成分含量不低于 50%。对于已知成分，分别采用适宜的评估方法进行安全评估，以确保使用安全，若含有结构类似的成分，应进行剂量叠加评估。对于属于非 DNA 反应性致突变物／致癌物的未知成分，若无法确定 Cramer 类别，其整体的 Cramer 类别按 Cramer Ⅲ 类进行评估。对不能排除 DNA 反应性致突变物／致癌物的未知成分，采用 DNA 反应性致突变物／致癌物的 TTC 阈值进行评估。

五、《交叉参照（Read-across）方法应用技术指南》

为增加化妆品安全评估新技术的适用性和接受度，解决行业在安全评估中系统毒性数据不足的问题，中检院多次组织行业协会、企业代表、有关专家等讨论，在《安评导则》的基础上制定了《交叉参照（Read-across）方法应用技术指南》。交叉参照（Read-across）方法是一种在化学物质安全评估中常用的技术，它基于化学结构或生物学活性的相似性，通过利用一种或多种类似化学物质（类似物）的毒理学终点数据来预测另一种或一类结构相似的特定化学物质（目标化学物质）的相同毒理学终点信息。这种方法可以减少对动物的测试，提高评估效率，符合国际化学品安全评估趋势。

指南明确了交叉参照方法的适用范围、评估程序及步骤，并给出了示例报告。该指南适用于结构明确，缺乏系统毒理学数据的非功效成分或风险物质。不适用于具有防腐、防晒、着色、染发和祛斑美白功能的原料。

需要注意的是，交叉参照方法的有效性取决于目标化学物质和源化学物质之间相似性的准确评估，以及所使用数据的真实性、完整性、可靠性和充足性。此外，交叉参照是一个需要专家判断、不断迭代自检的多步骤复杂工作，并且预测结果存在一定的不确定性，需要结合其他实验数据和资料进行综合评估，对评估人员技术要求较高。

六、《皮肤致敏性整合测试与评估策略应用技术指南》

为配合优化安全评估工作，进一步提升和促进安全评估相关技术的应用能力，中检院对皮肤致敏性测试方法进行组合，制定了《皮肤致敏性整合测试与评估策略应用技术指南》，明确致敏策略选择的方法和工具，形成具有可操作性的评估程序，并提供示例，起到规范指导和示范性作用，满足新《条例》背景下行业高质量发展需求，具体要求和规定基本与国际接轨，对于已经比较成熟的、被国际权威组织认可并应用的方法，原则上予以接受。相关技术要求结合《安评导则》和《化妆品新原料注册备案资料管理规定》的要求，明确了如选用尚未收录于我国《技术规范》的其他国际权威替代方法验证机构发布的方法时的具体应用要求。

七、《化妆品稳定性测试评估技术指南》《化妆品与包材相容性测试评估技术指南》《化妆品防腐挑战测试评估技术指南》

《安评导则》指出，化妆品企业应当结合产品的具体情况评价相关理化指标以确定产品的稳定性，对与内容物直接接触的容器或者载体的理化稳定性及其与产品的相容性进行评估，并对产品的防腐体系的有效性进行评价，保障每批次上市化妆品的质量稳定。关于产品稳定性测试、微生物挑战测试、包材相容性测试，行业普遍反映因不同企业采用的方法差异性很大，还有一些企业不知道如何开展相关的测试和评估。为指导或规范化妆品企业开展相关测试，中检院制定了《化妆品稳定性测试评估技术指南》《化妆品与包材相容性测试评估技术指南》《化妆品防腐挑战测试评估技术指南》。指南中方法是推荐性的，企业可以使用这些测试方法进行测试或者评估，也可以使用行业标准、国际标准或者本企业开发的方法进行测试或者评估，只要能够确保产品的质量稳定即可，在注册备案时，不需要提交三项测试的全部资料，只提交测试或者评估结论即可。未来，随着技术进步和科学发展，三项测试的要求还会根据行业实际进行调整完善。

八、《化妆品风险物质识别与评估技术指导原则》

为指导行业评价化妆品的潜在风险，强化技术指引，提高风险防控水平。也是基于风险管理原则，对风险物质进行细化分类，明确相关评估要求，中检院对接国际法规，落实最新要求，制定了《化妆品风险物质识别与评估技术指导原则》。比如，《技术规范》没有限量要求的如二甘醇、苯酚等，可参照权威机构的评估结论；落实了化妆品禁用组分的管理限值要求，比如苯（2mg/kg）。针对不同类别、不同特性的产品系统性地给出风险物质识别的要求，企业可以根据自身产品的配方、工艺等情况，开展风险物质识别。这个文件的出台，一方面给企业提供了风险物质识别的方向和参考，另一方面，也从整体上提升了我国化妆品的风险控制水平。

九、《化妆品安全评估资料提交指南》

考虑到我国的行业现状，经过将近3年的督促引导，企业普遍理解和掌握了化妆品安全评估的理念和基本内容，具备了根据产品安全风险高低对安全评估报告实施分类管理的基础。因此，中检院制定了《化妆品安全评估资料提交指南》。

第一，坚持风险管理，细化产品分类。将化妆品从功效宣称、使用人群、产品剂型、是否使用监测期内新原料或纳米原料、是否必须配合仪器或者工具使用等维度分为两类。第一类化妆品需提交的资料是化妆品安全评估报告；第二类化妆品分为两种情形，分别是情形一：需提交化妆品评估基本结论和较高风险原料等的评估资料，化妆品安全评估报告存档备查或者提交化妆品安全评估报告；情形二：提交化妆品评估基本结论，化妆品安全评估报告存档备查或者提交化妆品安全评估报告。

第二，依托产品分类，明确资料提交要求。基于风险管理原则，允许部分符合条件的普通化妆品提交安全评估基本结论，安全评估报告由化妆品企业存档备查。

第三，强化技术指引，护航产业发展。起草《化妆品安全评估报告自查要点》，提高安全评估报告自查的科学性、规范性。

需要关注的是第二类化妆品，企业通过对安全评估报告开展自查形成安全评估基本结论，在备案时可仅提交安全评估基本结论，安全评估报告存档备查。但存档备查不等于免于评估，企业对产品全生命周期的安全评估仍需持续关注。

化妆品安全评估是一项系统工程，下一步还需要社会各方充分发挥凝聚力，共同推动我国化妆品安全评估体系的不断完善。一是加强安全评估相关技术研究应用。加强化妆品监管科学研究，强化化妆品原料标准管理，全面梳理基础原料、功效原料、大众原料，针对性地细化技术要求；在安全评估方面增加已上市产品原料数据的利用度，进一步丰富完善已上市产品原料使用信息；加速动物替代试验推广，持续开展方法验证转化研究，进一步推动相关成果和替代方法在我国原料安全评估中应用；继续做好安全评估相关法规的宣贯落实，跟踪行业安全评估工作动态，收集企业开展安全评估工作中的问题，及时予以研究解决，持续推动行业安全评估体系建设。二是落实产品的质量安全主体责任。化妆品注册人、备案人要落实主体责任，重视安全评估能力建设和人才队伍培养，不断提高化妆品安全评估的科学性和规范性；构建科学合理的化妆品安全评估体系促进企业创新和行业发展，将安全评估理念融入研发生产全过程，助力实现化妆品的全生命周期风险管理。

第二节　安全评估中原料数据使用的技术指南

原料是化妆品安全性的基础。化妆品的安全评估是在对原料安全信息分析评价的基础上，充分评估各原料及风险物质的安全性。为提高原料数据使用便利性，中检院整合了原料数据资源，发布了相应的技术文件，以指导化妆品行业科学、规范地使用已有的原料数据资源。本节介绍了原料数据使用相关文件的主要内容，以及应用这些数据开展安全评估时需关注的问题。

一、化妆品原料数据使用指南

（一）背景介绍

为落实《条例》中关于化妆品和新原料开展安全评估的新要求，2021 年 4 月 8 日国家药监局发布了《安评导则》（2024 年第 51 号）用于规范和指导我国化妆品安全评估，并设置了 3 年的过渡期。2024 年 4 月 22 日，为推进完整版安全评估的实施，解决行业反馈的完整版安全评估压力大、安全评估能力不足、数据缺乏等困难，国家药监局发布了《公告》，提出四项优化措施：加强技术指导，提升化妆品安全评估能力；整合原料数据资源，提高原料数据使用便利性；创新评估报告管理机制，促进产品上市提质增速；推动安全评估体系建设，提高产品安全保障水平。其中提高原料数据使用便利性的措施中，明确提出制定发布《数据指南》，指导化妆品企业根据《安评导则》要求，遵循 WoE 原则，使用《技术规范》、国际权威机构评估数据、已上市产品原料使用历史等不同类型的化妆品原料数据开展安全评估。

2024 年 4 月 30 日，为落实公告要求，推进完整版安全评估平稳实施，指导企业科学合理应用已有原料数据，中检院制定发布了《数据指南》，明确了开展完整版安全评估时不同类型的原料数据要求，用于提升行业安全评估的操作性和原料数据的获得性。

目前，《数据指南》是参考《安评导则》为指导行业科学使用原料评估数据而制定的，同时考虑了现阶段部分原料毒理学数据缺乏、行业安全评估人员缺乏等困难，将 3 年使用历史、已使用信息等作为数据类型为评估提供参考。下一步，随着如 "NGRA" 技术在化妆品中的应用等安全评估技术的发展，毒理学数据的积累、安全评估人才的增加等，将逐步更新指导文件，以提升化妆品安全评估的科学性、规范性和国际竞争力，保障消费者安全和促进化妆品行业的健康发展。

（二）主要内容

《数据指南》，包括主要的原料数据类型、数据使用要求和证明材料及相关说明。

主要的原料数据类型明确了化妆品安全评估时所应用的主要的原料数据，如《技术规范》中的准用和限用原料、权威化妆品安全评估机构公布的评估结论、WHO、FAO 等权威机构已公布的安全限量或结论等 7 种主要的数据类型。

数据使用要求和证明材料明确了每种数据类型在使用时的要求以及需要提供的证明材料，一是使用《技术规范》中的准用和限用原料必须满足《技术规范》要求，如使用限用原料三链烷胺、三链烷醇、胺及盐类时，不和亚硝基化体系一起使用，避免形成亚硝胺；最低纯度为 99%，原料中仲链烷胺最大含量为 0.5%；产品中亚硝胺最大含量为 50μg/kg；存放于无亚硝胺的容器内。此外，驻留类产品中添加总量不超过 2.5%。二是使用权威化妆品安全评估机构评估结论时，必须符合我国化妆品相关法规及使用条件，对于有限制使用条件的，必须满足限制条件，如 CIR 对甘油的评估报告，驻留类化妆品浓度为 78.5% 时，在化妆品中的使用是安全的，在开展评估时可直接使用此评估结论；对于 WHO、FAO 等公布的安全限量或结论，在符合我国化妆品相关法规规定的情况下，可采用其结论，豁免系统毒性，但应结合产品的使用方法对局部毒性开展评估；中检院发布的《原料信息》可为评估提供参考，可根据相应的原则参考使用，如果超出了收录的使用量，应按《安评导则》开展完整评估；使用原料 3 年（含 3 年）以上使用历史作为评估数据时，要考虑暴露量和接触时间，并且应提供注册或备案凭证、不良反应监测情况说明、上市销售数据证明、授权书等证明材料；使用安全食用历史作为评估数据时，应确保原料或制备该原料的原材料有可安全食用的特性，并提供具有一定权威性，来源于食品、农业、卫生等相关领域的省级（含省级）以上监督管理部门，或具有食品安全评估相关职能的技术机构公开发布的数据信息作为证明材料，必要时需评估其局部毒性。如国家卫生健康委员会发布的《既是食品又是药品的物品名单》《可用于保健食品的物品名单》等可作为具有安全食用历史原料的证明材料；对于结构和性质稳定的高分子聚合物（具有较高生物活性除外），可豁免系统毒性，结合产品使用部位和使用方式等，对局部毒性进行评估，需评估结构单元、平均分子量、相对分子质量小于 1000 道尔顿的低聚体含量等证明材料，还应提供原料不具备生物活性的说明。

（三）重点内容解读

1. 关于 7 种数据类型

化妆品注册人、备案人是产品质量安全的主要责任人，在开展安全评估时应基于产品配方体系，对收集的相关资料进行分析，包括产品和原料的不良反应、安全事件等，对化妆品的质量安全负责。评估人员应以科学的数据和相关信息为基础，科学开展安全评估，保障产品的安全。

《数据指南》中所列 7 种原料数据类型，除《技术规范》中的限用组分、准用防腐剂、准用防晒剂、准用着色剂和准用染发剂外，其余数据类型应基于数据的科学性和合理性，遵循科学、公正、透明和个案分析的原则，选用最相关和可靠的数据类型开展评估。

2. 关于原料 3 年使用历史证明资料

应用原料 3 年使用历史作为评估数据时，其证明材料中产品所使用的原料应与所用原料为序号相同的原料，同时应提供其暴露量相关的资料，如注册证书、注册配方（须与申报时提交配方一致），原料含量或可计算原料含量的生产投料记录，备案凭证等，主要用于与产品暴露量的对比；此外还应提供不良监测情况的说明，以证明该原料在实际应用中无明显不良反应；国内、国外企业应用同一原料的上市产品都可以作为证明材料，如果应用的是非本企业的上市产品，还应出具原料生产企业或使用同一原料的化妆品企业的授权书；此外，已使用该原料的产品还应具有一定的销售量。

3. 关于 3 年使用历史中销售数据证明

《数据指南》规定，使用原料 3 年使用历史作为证据类型时，需提供上市销售数据证明。化妆品注册人、备案人应对销售情况进行分析，结果能反映原料在人群中的使用安全性。

考虑到行业现状和不同种类产品的差异，未明确具体的销售数量要求，但企业在提供销售数据证明材料时，应保证上市销售产品有一定的覆盖范围，能反映该原料在不同地区、不同人群、不同产品等中的使用风险是可接受的。

4. 关于安全食用历史证明材料

使用安全食用历史作为评估数据时，证明材料主要为省级（含省级）以上监督管理部门，或具有食品安全评估相关职能的技术机构发布的文件、报告、书籍等，常见的证明材料主要包括以下几方面：一是粮食、瓜果蔬菜等常见食物原料来源的，可提供中国食物成分表、中国居民膳食营养素参考摄入量、现行粮油行业标准目录以及其他符合条件的相关证明等，如中国疾病预防控制中心营养与食品安全所编著的《中国食物成分表》，公共卫生科学数据中心网站收录有中国食物成分数据库；中国营养学会发布的《中国居民膳食营养素参考摄入量》；国家粮食和物资储备局标准质量中心编制的现行粮油行业标准目录涉及多种原粮及制成品、油料、油脂及制品等原料。二是食品添加剂类原料可提供 GB 2760《食品安全国家标准　食品添加剂使用标准》、GB 14880《食品安全国家标准　食品营养强化剂使用标准》等食品安全国家标准作为证明材料。三是保健食品用原料，可提供国家卫生健康部门发布的保健食品原料目录；来源为新食品原料或药食同源物质的，可提供监管部门发布的批准公告。此外国际食品法典委员会、美国农业部、EFSA、MHLW 等国际权威机构或国外监管部门发布的可安全食用原料相关文件也可作为证明材料。

5. 关于 7 种数据类型均不能应用时

《数据指南》中所列数据类型是为指导行业科学开展评估，提高数据使用便利性而将评估时可应用的主要原料数据进行归类、整理。化妆品注册人、备案人在开展评估时科学合理地使用这些原料数据类型，如果《数据指南》中所列数据类型不能证明原料安全性的，应按照《安评导则》相关要求对原料开展评估。

二、国际权威化妆品安全评估数据索引

（一）背景介绍

为减轻企业负担，避免重复开展安全评估工作，《安评导则》规定国际权威化妆品安全评估数据可以作为安全评估的证据类型，用于我国化妆品原料的安全评估。为引导化妆品行业提升化妆品安全评估能力和水平，规范开展化妆品安全评估工作，推进化妆品安全评估制度有序实施，国家药监局发布了多项优化化妆品安全评估管理的措施，收集、整理、发布国际权威化妆品安全评估数据索引是其中重要的优化措施之一。

SCCS 是欧盟化妆品领域最为重要的技术支撑机构。作为欧盟科学委员会之一，SCCS 主要提供包括化妆品、化妆品原料等非食品类消费产品和服务的健康和安全风险相关的科学意见，例如化学、生物学、作用机制及其他方面的安全风险等。在化妆品领域，SCCS 制定了 SCCS 指南，规范欧盟化妆品法规所收录物质的安全评估流程，并负责对法规所收录的禁用原料、限用和准用原料等进行评估，发布评估报告。CIR 由美国个人护理用品协会（Personal Care Products Council，PCPC）建立，得到美国 FDA 和消费者联合会的支持，是一个独立的评估机构，其评估报告对于化妆品生产企业的原料选择具有重要参考意义，美国 FDA 通常支持其评估结果。近几十年，SCCS 和 CIR 发布了几千份评估报告，其评估结果得到行业认可。

2024 年 4 月 30 日，为方便化妆品行业应用国际权威化妆品安全评估数据，中检院制定和发布《数据索引》供企业在化妆品安全评估参考。为提高数据使用便利性，下一步除积极追踪国际权威化妆品评估机构评估动态，不定期更新《数据索引》外，还将组织对不同权威机构的报告内容进行梳理、分析，为行业应用提供参考。

（二）主要内容

《数据索引》收集和整理了我国化妆品中已使用且未收录在《技术规范》中，SCCS 和 CIR 已公布化妆品安全评估报告原料，共 3651 种。行业在应用这些国际权威化妆品安全评估机构公布的评估结论时，应对资料进行充分的分析，在符合我国化妆品相关法规及使用条件下，可直接引用相关评估结论。对于评估报告中有限制使用条件的原料，应在满足限制条件的情况下采用其评估结论。如果不同的权威机构评估结果不一致，需要根据数据的可靠性和相关性，科学合理地采用相关评估结论。

（三）重点内容解读

1. 关于 SCCS 和 CIR 之外的权威机构评估报告应用

《数据索引》目前收录的是 SCCS 和 CIR 已公布化妆品安全评估报告原料名称。化妆品行业在开展评估时，除《数据索引》收录的原料外，其他国家权威化妆品安全评估机构，如 BfR、AICIS 等，这些权威机构发布的化妆品相关的评估报告经过分析后也可

合理应用。

2. 关于《数据索引》更新

国际权威化妆品机构持续开展化妆品原料的评估工作，因此《数据索引》将采取动态更新策略，持续收集、整理和分析化妆品原料评估结论。化妆品注册人、备案人应及时关注国际权威机构对于原料的评估动态，科学合理地应用其评估报告。

3. 关于国际权威机构评估结果与我国法规要求不一致

《数据索引》目前未收录列入《技术规范》管理的原料，但是随着 SCCS 和 CIR 定期开展化妆品原料的安全评估并公布评估报告和结论，如果评估原料涉及我国《技术规范》中所列的禁用、限用和准用原料，当出现不一致的情况下，应当符合我国化妆品相关法规要求。

4. 关于有限制使用条件的原料

对于有使用限制的原料，如 SCCS 关于纳米材料评估意见中明确规定材料质量规格，如果使用该评估结论，需要满足质量规格要求的情况下，方能采用其（安全）评估结论。CIR 原料评估结论有限制性要求时（如刺激性），结合产品或原料毒理学测试、人体临床测试结果等，满足其限制性条件下可采用其结论。

5. 关于《数据索引》应用

化妆品注册人、备案人应履行企业主体责任，《数据索引》为安全评估提供了便利化查询工具，但并不意味着列入的原料可直接安全使用。安全人员需要对原料相关资料进行分析。如果发现原料评估结论发生改变，不足以支持化妆品原料的安全性，或者限制性条件发生改变时，需要对原料重新开展评估。

三、已上市产品原料使用信息

（一）背景介绍

1. 起草目的和背景

随着完整版安评的实施，行业普遍反馈实施完整版安全评估存在技术能力不足、部分原料安全信息不足并且无全权威机构评估结论可供参考等困难。

原料使用安全是化妆品安全评估的基础，化妆品原料使用信息对化妆品安全评估具有重要的参考意义。为推进化妆品安全评估制度平稳实施，解决行业痛点，针对无权威机构发布化妆品安全评估报告的原料，中检院组织开展对已上市产品中原料使用信息进行收集整理工作，于 2024 年 4 月 30 日，发布了《原料信息》为企业开展化妆品安全评估提供参考。《原料信息》以已上市化妆品产品信息为基础，依据《化妆品分类规则和分类目录》，提供了不同作用部位和使用方法的原料使用量，为行业开展安全评估提供参考。

2. 历史沿革和国内外研究现状

为帮助解决原料评估数据缺乏等问题，中检院收集整理了已上市批件有效的 2 万多个特殊化妆品的原料信息，发布了《原料信息》，以指导企业收集、使用现有原料安全性数据，降低原料安全评估成本。

为增加已上市产品原料数据的利用度，在《原料信息》的基础上，中检院对备案数据库中的百万件普通化妆品原料信息进行整理分析，结合技术研究，进一步对《原料信息》的数据和使用原则进行丰富完善。

3. 创新性和意义

化妆品产品的安全评估是以暴露为导向，结合产品的使用方法、作用部位等暴露水平，对化妆品产品进行安全评估。基于科学性，在综合考虑安全评估相关因素的前提下，制定了不同作用部位和使用方法的参照使用原则，提升了数据利用度。

（二）主要内容

2024 年 4 月 30 日发布的《原料信息》分为两大部分。

第一部分：本原料使用信息是对我国批件有效期内特殊化妆品中已使用、未收录在《技术规范》中且无权威机构评估报告的原料使用量的客观收录。① 未组织对所列原料的安全性进行系统评价，化妆品注册人、备案人在使用相关原料信息时，应当符合国家有关法律法规、标准、规范的相关要求，开展化妆品安全评估并承担产品质量安全责任。② 其载明的原料使用量，可为化妆品安全评估提供参考，化妆品注册人、备案人应当结合产品使用方法和作用部位，正确使用原料使用量。③ 相同作用部位的同一原料，若只有驻留类产品的原料使用量，淋洗类产品可参照驻留类使用。④ 相同使用方法的同一原料，可按照全身皮肤、躯干部位、面部、口唇、眼部的顺序，或全身皮肤、躯干部位、手足、头部、头发的顺序等两种情形，后面作用部位可参照前面作用部位的原料使用量，但产品作用部位为眼部且参考其他部位使用量时，需另外评估原料的眼刺激性。

第二部分：共收录 2234 种原料 4415 条使用量信息。包括：序号、《已使用目录》序号、中文名称、INCI 名称 / 英文名称、作用部位、使用方法、使用量（％）和备注。

《原料信息》根据以下原则制定：① 客观收录原则。对批件有效期内的化妆品中已使用、未收录在《技术规范》且无权威机构评估报告的原料使用信息进行客观收录。② 科学可行原则。化妆品产品的安全评估是以暴露为导向，结合产品的使用方法、作用部位等暴露水平，对化妆品产品进行安全评估。基于此原则，对同一原料按照不同使用方法和作用部位进行系统梳理，并且对安全评估相关因素进行综合考虑的前提下，制定了参照使用原则。③ 公开透明原则。起草过程中，坚持"公开透明、广泛参与"原则，多次组织监管部门、技术专家、行业协会和企业召开专题会议进行专题研究，同时根据意见反馈情况及时修改完善。

《原料信息》是在已上市批件有效的特殊化妆品原料信息的基础上整理而成，为了提高已上市产品原料数据的利用度，中检院又对备案数据库中化妆品原料信息进行整理分析，结合技术研究，对《原料信息》的数据和使用原则进行丰富完善。

（三）重点内容解读

1. 关于正确使用《原料信息》

《原料信息》载明的原料使用量，可为化妆品安全评估提供参考，化妆品注册人、备案人应当结合产品使用方法和作用部位，对数据的适用性进行评估后，正确使用原料使用量。

《原料信息》属于完整版安全评估的证据类型之一，化妆品注册人、备案人在进行安全评估时，应基于数据的科学性和合理性，遵循科学、公正、透明和个案分析的原则，选用最相关和可靠的数据类型开展评估。

化妆品注册人、备案人在进行产品生产时，若原料超出《原料信息》中的使用量，应按照《安评导则》开展安全评估，或按照《数据指南》使用其他原料数据类型。

2. 关于参照使用原则

化妆品注册人、备案人应当结合产品使用方法和作用部位，正确使用原料使用量。

3. 关于同时用于多个作用部位（含两个）的产品

同时用于多个作用部位（含两个）产品的原料使用量，可选择使用相同使用方法的上一级作用部位的使用量。若无可选择的使用量，应按照《安评导则》开展安全性评估或按照《数据指南》使用其他原料数据类型。

第三节　安全评估新方法应用技术指南

2021年1月1日《条例》正式实施，进一步推进安全评估在化妆品注册备案中的应用。《安评导则》给出了化妆品及化妆品原料的安全风险评价的基本原则、要求和实施步骤，用于指导开展安全评估工作，并结合我国行业现状，拓宽了评估证据类型，有效利用科学技术的新进展、新成果，引入了TTC和交叉参照等安全评估新技术，但对关键技术要求未进行明确。

为推进化妆品安全评估制度平稳实施，提升行业安全评估相关技术的应用能力，在不降低安全标准的前提下，提升行业安全评估的操作性和原料数据的获得性，切实解决化妆品企业在开展安全评估工作存在的堵点、难点问题。中检院制定发布了应用指南，细化安全评估技术要求，明确方法的适用范围和评估程序，并给出应用示例，指导企业提升化妆品安全评估能力和水平。为指导行业评价产品的稳定性，对与内容物直接接触的容器或者载体的理化稳定性及其与产品的相容性进行评估，并对产品的防腐体系的有效性进行评价，保障每批次上市化妆品的质量稳定，中检院组织制定了相应的测试指南供企业参考，企业可以使用这些测试方法进行测试或者评估，也可以使用行业标准、国际标准或者本企业开发的方法进行测试或者评估，只要能够确保产品的质量稳定即可。随着技术进步和科学发展，三项测试的要求还会根据行业实际进行调整完善。本节介绍了配套优化措施而发布的系列技术指南，以及应用这些指南开展安全评估时需关注的问题。

一、毒理学关注阈值（TTC）方法应用技术指南

（一）背景介绍

1. 起草目的和背景

为化妆品原料的安全性是确保化妆品产品使用安全的基础。我国部分已使用原料安全信息不足，要对这些原料开展毒理学测试（包括动物试验），尤其是系统毒性试验，面临着无替代方法、试验周期长、实验室资源匮乏的问题，并且不符合目前以欧盟为代表的部分国家和地区（如欧盟、英国、韩国、加拿大、新西兰、巴西、印度等）实施的化妆品"动物试验禁令"，将会一定程度上影响了我国化妆品及原料的研发创新和进出口贸易。

非动物测试方法已成为国际上涉及工业化学品、食品、药品、农药和化妆品等多领域安全评价的研究方向。为了在动物福利和产品安全方面寻求合理的平衡，ICCR于2017年提出化妆品原料NGRA的九大原则，其中原则二指出"安全评估应当以暴露为导向"，即在安全性安全评估实践中，评估不同暴露量级的化合物所需的危害信息程度（毒理学终点数据）不同，因此应当在安全评估过程中尽早引入"暴露评估"环节，以暴露量为先导标准对化妆品原料进行分层次评估。

TTC方法是基于化学物质低于一定阈值的暴露剂量对人体产生的危害风险极低的基本假设。关键是确定是否适用于TTC，且不能低估暴露量。综合考虑了化学结构、代谢、毒性和暴露等方面的数据，通过对大量化学物结构特征和相关毒理学数据进行分析，为不同结构化学物制定对应的人体暴露阈值。当某一化学物质的人体暴露剂量低于相应阈值时，该化学物质对人体潜在健康危害的可能性就会很低。TTC建立在化学物质结构以及与结构相关的毒性数据基础之上，主要分为两种类型：一种是建立在对具有遗传毒性物质的致癌风险的基础之上；另一种是建立在不具有遗传毒性化学物质的无明显作用剂量或无明显不良作用剂量概率分布基础之上。在食品、化妆品行业发达国家或地区应用已超过20年的历史，其适用性和科学性已经得到很好的验证，可直接免除暴露量极低物质的系统毒性测试，极大节约了各类资源，同时也是动物福利、3R原则在安全评价应用中的体现。

《安评导则》中纳入了TTC法，明确"对于化学结构明确，且不包含严重致突变警告结构的原料或风险物质，含量较低且缺乏系统毒理学研究数据时，可参考使用TTC方法进行评估"，虽明确纳入安全评估体系，但未给出具体技术要求，因此需制订发布更为全面、翔实的安全评估技术应用指南，细化安全评估技术要求，明确方法的适用范围和评估程序，并给出应用示例，指导行业或者监管机构采用该方法对原料中的化合物或风险物质进行安全性的安全评估，提升行业化妆品安全评估能力和水平。

2024年4月30日，中检院在参考国内外化妆品、化学品和食品相关标准法规的基础上，如SCCS、ECHA、EFSA和美国EPA等相关指南文件，充分结合我国化妆品行业

评估能力现状，制定了《毒理学关注阈值（TTC）方法应用技术指南》（以下简称《TTC指南》），细化了 TTC 方法的技术要求，明确方法的适用范围和评估程序，并给出应用示例，指导企业提升化妆品安全评估能力和水平。

2. 创新性和意义

TTC 法是一种基于暴露的安全评估工具，其体系构建过程相当严格且足够保守。TTC 法的构建基础是大量化合物的系统毒性数据，经过统计分析以建立化合物的人体暴露阈值（即 TTC 值），非 DNA 反应性致突变物 / 致癌物的 TTC 值为每一类化合物系统毒性数据集的第 5 百分位数，DNA 反应性致突变物 / 致癌物按照终身致癌风险水平 10^{-6} 外推实际安全剂量建立其 TTC 值。通过 TTC 法可免除化妆品中暴露量极低的物质的系统毒性测试，当物质的暴露量低于该阈值时预计不存在危害人类健康的风险。考虑到化妆品产品暴露场景已知，使用 TTC 法开展化妆品安全评估，是科学可行的。

为了确保评估方法的先进性和广泛认可度，在总结分析多年来国际上 TTC 方法的研究成果和各领域应用经验的基础上，结合了我国化妆品行业的发展现况和原料使用特色制定《TTC 指南》。制定工作中，结合我国行业关注度较高的混合物尤其是植物提取物或者生物来源原料系统毒性数据不足的问题，在分析研究化妆品行业发达的国家或地区的最新研究进展，经过综合考虑，提出了解决路径，在满足安全性的基础上，合理调整使用范围，使得多数缺乏毒理学终点的原料可以通过 TTC 等方法进行评估，具体要求为：需确定成分含量不低于 50%；对于已知成分，分别采用适宜的评估方法进行安全评估，若含有结构类似的成分，应进行剂量叠加评估；对于属于非 DNA 反应性致突变物 / 致癌物的未知成分，若无法确定 Cramer 类别，其整体的 Cramer 类别按 Cramer Ⅲ 类进行评估。

需要指出的是，TTC 方法作为 NAMs 之一，利用已有的科学数据推测未知毒性物质的潜在系统毒性风险，在一定程度上减少了对动物试验的需求，也减轻了安全评估工作的复杂程度及工作量，加速对低暴露量的化学物的安全评估过程。同时该方法也通过对大量化学物进行筛选，确定那些可能带来潜在健康风险并需要重点关注和精确评估的物质。

此外，TTC 方法作为评估工具，能用于对化学物质进行基于风险的优先级排序，有利于快速地做出风险管理决策。由食品领域发展而来的经典 TTC 方法，由于应用需要，进一步衍生出了吸入毒性 TTC、体内 TTC（internal TTC，iTTC）、DST 等，拓展了 TTC 概念，增强了 TTC 方法的适用性。值得注意的是，在采用 TTC 方法开展化妆品原料的安全评估时需要首先满足《TTC 指南》中的适用条件，在符合适用条件的前提下逐步开展分析。同时，TTC 方法并不是唯一的安全评估工具，对于可能引起局部毒性效应的物质及不能排除系统毒性风险的物质，还需要其他可接受的毒性数据来判定是否具有安全风险。

随着该方法数据库的不断积累以及多领域应用经验的积累，TTC 法将会逐步扩展适用范围，目前已有用于吸入毒性、局部毒性的 TTC 方法应用报道。为助推我国化妆品安全评估技术紧跟国际先进步伐，行业应关注国际最新研究进展，推动安全评价技术新进展、新成果的应用，不断完善我国的化妆品安全评估体系。

（二）主要内容

1. 框架和主要内容

《TTC 指南》分别对 TTC 技术进行概述、明确其适用范围、术语和释义、物质分类、评估程序以及混合物应用技术要求。同时，附录中提供了评估流程图、化学物质和植物提取物的应用示例。

2. 技术要求

（1）适用范围

仅限于在推导 TTC 阈值的数据库中所涵盖的化学物质结构类型。参考 EFSA 和 SCCS 的最新指南，最终确定在应用 TTC 方法之前，应排除掉不适用于 TTC 方法的物质，这些物质的安全性评价需进一步基于毒性数据的评估。TTC 方法不适用的物质包括：①不在数据库中的物质：无机物、蛋白质、纳米材料、放射性物质、有机硅物质、金属类物质（对于有机金属盐如果其对应的离子为身体必需金属元素，如钠盐，则可以适用）。②具有特殊性质的物质：强致癌物如黄曲霉素、氧化偶氮类、N– 亚硝基类物质和联苯胺类、类固醇类和生物蓄积性很强的物质（如多卤代二苯并二噁英 / 二苯并呋喃 / 联苯类物质）。③具有特殊功效的高风险原料，不适宜只用 TTC 方法进行安全评估的原料：具有防腐、防晒、着色、染发和祛斑美白功能的原料。

（2）确定待测化学物质是否具有遗传毒性

根据待评估物质是否具有遗传毒性或遗传毒性 /DNA 反应性警示结构，待评估物质分为 DNA 反应性致突变物 / 致癌物和非 DNA 反应性致突变物 / 致癌物。若待评估化学物质无遗传毒性试验数据，可采用（定量）构效关系预测方法学进行预测或开展遗传毒性 /DNA 反应性终点的试验（细菌回复突变试验或基因突变试验等）。

采用（定量）构效关系预测方法进行预测时，应至少采用两种互补的国际公认的预测方法，一种方法应基于专家知识规则，另一种方法应基于统计学。若经两种互补的方法（专家知识规则和统计学）预测均没有警示结构，则判定该化学物质为非 DNA 反应性致突变物 / 致癌物。若任意一种预测方法警示待评估化学物质可能具有遗传毒性 /DNA 反应性，则需开展遗传毒性 /DNA 反应性终点试验，根据 WoE 原则判定是否为 DNA 反应性致突变物 / 致癌物。

计算模型预测结果可能会存在不确定性，如有必要，还可根据专家知识进行综合评估，合理论证并得出最终结论。专家评估可包括以下方面：①比较具有细菌回复突变试验分析数据的结构相似的类似物。②对化学结构进行审查，以确定该化学物质是否有可能与 DNA 发生反应。③采用另外一个相同规则的（Q）ASR 模型（基于专家知识规则或统计），获得不超出其预测范围的结果。

（3）Cramer 物质分类

Cramer 物质分类是以 1978 年 Cramer 根据当时已有的化学物质代谢和毒理学信息建

立的化学物质分类方法为基础，基本分类方式是根据物质的化学结构依次回答分类程序中的 33 个问题，并根据现有毒性数据库的数据，将这些物质分为 3 个不同的结构类别（分别代表低、中、高安全关注度）。2011 年，JRC 完善这一物质分类决策流程，将原先的 33 个问题（问题 1~33）扩展至 38 个（问题 1~33 附加问题 40~44）。该扩充依旧符合 Cramer 原先对于该问题的设定，已经被广泛认可和应用，并被整合编写成为可经由计算机辅助进行结构分类的电子软件程序。化学物分为三类，其中 Cramer Ⅰ类：具有简单化学结构，能被有效代谢的物质，其经口毒性较低。包括：支链无环脂肪烃、普通碳水化合物、普通萜类、不具有特定官能团脂肪族化合物的磺酸盐或氨基磺酸盐等。Cramer Ⅲ类：具有不能初步假定安全性高，甚至可能显示出有明显的毒性或含有反应性官能团化学结构的物质，包括含脂肪族仲胺、氰基、亚硝基、重氮、三氮烯或季铵氮原子的化合物；含除碳、氢、氧、氮或二价硫以外元素且这些元素并非以简单阴阳离子形式存在的物质；某些苯衍生物；某些杂环物质；含有三种以上特定官能团且包含游离不饱和杂原子的脂肪族物质等。Cramer Ⅱ类：具有比 Cramer Ⅰ类物质毒性强、但不像 Cramer Ⅲ类物质具有明显毒性结构特征的物质。包括除醇、醛、侧链酮、酸、酯之外没有其他官能团的物质；含简单取代基的单碳环且无环缩醛或缩酮的化合物，单环烷酮或带有或不带有环酮的双环物质等。

除了可以根据决策树问题对化学物质进行人工判断分类之外，也可通过欧洲化学品局联合研究中心开发的 Toxtree 对待评估化学物质进行 Cramer 分级。目前 Toxtree 包含的 TTC 决策树包括 Cramer 规则、扩展的 Cramer 规则、Kroes 决策树和修订后的 Cramer 决策树四种，选择合适的 TTC 决策树，完成化合物的 Cramer 分类。除了 Toxtree 之外，经合组织 /OECD 开发的 QSAR Toolbox 也可用于 Cramer 分类。尽管 Toxtree 和 QSAR Toolbox 的开发都基于 Cramer 决策树，但两者对于同一化合物的 Cramer 分类结果可能不一致。这些差异可能是由于软件开发者对于决策树分类规则的解释不同引起的。操作时，也可以根据化学结构和决策树，针对 38 个问题做出专家判断，如专家判断给出的化学物质分类低于计算机程序预测，需阐述相应的科学依据。当对 Cramer 分类存在争议时，通常采用更为保守的 Cramer 分类。

对于只采用一类评价模型，或者评价模型无法明确是基于何种规则的，评估结果将不会得到认可。

（4）阈值的确定

对于潜在 DNA 反应性致突变物 TTC 阈值（0.15μg/d），是基于现有最大的啮齿类动物致癌性数据库（CPDB）中每种化学物质的最低的 TD_{50} 进行线性外推后得出的。在该阈值下，绝大多数物质的致癌风险都不会超过 10^{-6}。由于该方法假设所有具有遗传毒性警示结构的物质，无论是否具有人体相关性，或作用机制是否存在阈值，都当作是人体致癌物来评估，因此被认为是足够保守。

对于非潜在 DNA 反应性致突变物 TTC 阈值，当前最主要的和化妆品相关的 TTC 阈值主要来自于 Munro 等 1996 年建立的 TTC 阈值（Ⅰ、Ⅱ、Ⅲ）：1800、540、90μg/d［即

30、9 和 1.5μg/（kg·d）] 以及"整合信息模型预测化妆品重复剂量毒性优化安全性"（COSMOS）项目。COSMOS 项目扩展了 Munro 数据库并引入了几百种化妆品的原料成分，统计计算得出 46、6.2 和 2.3μg/（kg·d）的 Cramer Ⅰ、Ⅱ 和Ⅲ类 TTC 阈值。此外，国际日用香料研究所（RIFM）将其数据库中的 476 种化学物质引入到 COSMOS/Munro TTC 数据集中，进一步整合形成 RIFM/COSMOS/Munro 数据集，扩展后的 Cramer Ⅰ、Ⅱ 和Ⅲ类的 TTC 阈值分别为 49、12.7 和 2.9μg/（kg·d）。本指南对于非潜在 DNA 反应性致突变物 / 致癌物 TTC 阈值的选择主要基于以下两个方面：①推导阈值的数据集大小。②数据集中物质和化妆品原料的相关性。COSMOS/Munro 整合数据集下的毒理学阈值，同时包括了 COSMOS 数据集和 Munro 数据集，数据量远大于 Munro 的原始数据集，更具科学性；此外，该数据集收录了常用的化妆品原料。而 SCCS 指南也认为，对于化妆品相关的物质，使用 COSMOS/Munro 整合数据集的 TTC 阈值是合适的。由于 Cramer Ⅱ 类物质在 COSMOS/Munro 中的数量仍然较少，不足以得出一个统计学上稳健的阈值。基于保守性原则，将 Cramer Ⅱ 类物质归为Ⅲ类进行评估，这也和 SCCS 最新的指南保持一致。不同数据集的 TTC 数值见表 6–1。

表 6–1　不同数据集的 TTC 数值 [μg/（kg·d）]

数据集	Munro	COSMOS	COSMOS/Munro	RIFM	RIFM–COSMOS–Munro
Cramer Ⅰ 类物质	30	42	46	53.9	49.1
Cramer Ⅱ 类物质	9	–	2.3	19.7	12.7
Cramer Ⅲ 类物质	1.5	7.9	2.3	11.7	2.9
潜在 DNA– 反应性致突变物和 / 或致癌物	0.0025	0.0025	0.0025	0.0025	0.0025

　　充分考虑以上数据库的应用特点结合化妆品原料的特性，《TTC 指南》中明确了在我国化妆品安全评估中使用的 TTC 值：DNA 反应性致突变物 / 致癌物为：0.0025μg/（kg·d）；Cramer Ⅰ 类为：46μg/（kg·d）；Cramer Ⅱ 和Ⅲ类为：2.3μg/（kg·d）。
　　（5）混合物的应用
　　目前，TTC 方法主要是基于组分清晰、化学结构明确的化学物质确定的保守阈值。国际上也在探索性采用 TTC 方法开展植物提取物安全评估的研究，如 Re 等用 TTC 法评估了金盏花瓣及其提取物的安全风险。研究者从 CIR 评估报告和金盏花相关文献中总结金盏花提取物组成成分和浓度范围的数据。对不适用 TTC 方法的物质，如高分子量原料（如蛋白质和糖等）、多糖基树胶、矿物质、水等，采取其他方法进行评估。利用 Toxtree 软件对余下的组成成分进行 Cramer 分类，并根据金盏花成分的浓度、分子量和 Log P 计算人体暴露量。将计算结果与 TTC 值进行对比，以此来判断金盏花或其提取物部分组分作为化妆品和个人护理产品原料是否安全。Jeon 等采用 TTC 方法评价了日本川芎根茎提取物的安全性。首先通过 USDA 数据库和文献数据分析了日本川芎根茎提取物中的 32 种组成成分，并结合 LC–PDA/ELSD 实验确定了每种组成成分的含量，确定成分的总量为 80%。通过细菌回复突变试验和体外哺乳动物染色体畸变试验证明日本川芎根茎提取物无遗传毒性之后，再利用 QSAR 预测除水、常量营养物质（纤维、粗蛋白等）和微量营养物质以外的其他 16 种组成成分的遗传毒性，结果均为阴性。用 Toxtree 软件对该 16 种组成成分进行 Cramer 分类，并将对应类别的 TTC 阈值与计算出的每日 SED 进行比较。结果表明日本川芎根茎提取物的所有组成成分的暴露量均低于对应的 TTC 值。除了基于表征植物提取物组分的评估外，还有对植物提取物整体开展安全评估的研究探索。以上的案例研究为 TTC 方法在一定程度上可表征组成成分的化妆品植物提取物原料中的应用提供了参考。

3. 整体解读

《TTC 指南》介绍了 TTC 在化妆品安全评估中的应用，明确了 TTC 方法的适用范围、术语和释义、物质分类、评估程序以及混合物的使用要求，应用步骤主要包括：

（1）判断待评估物质是否符合 TTC 方法的适用范围

如果符合，可采用 TTC 方法对该物质开展评估。如果不符合，需要按照《安评导则》要求进行安全评估。

（2）计算全身暴露量（SED）

化妆品的暴露由多个因素决定，包括：产品类型、原料浓度、使用量、持续时间（驻留类，淋洗类）、使用频率、使用部位、暴露途径、暴露对象、透皮吸收率等，暴露途径主要为经皮肤吸收，少数情况下还可能考虑经口和吸入暴露。我国《安评导则》提供了化妆品原料 SED 的评估方法。

①如果暴露是以每次使用经皮吸收 μg/cm² 时，根据使用面积，按以下公式计算：

$$SED = \frac{DA_\alpha \times SSA \times F}{BW} \times 10^{-3}$$

其中：

SED：全身暴露量［mg/(kg·d)］

DAa：经皮吸收量（μg/cm²），每平方厘米所吸收的原料或风险物质的量，测试条件应该和产品的实际使用条件一致。

SSA：暴露于化妆品的皮肤表面积（cm²）

F：产品的日使用次数（d⁻¹）

BW：默认的人体体重（60kg）

②如果经皮吸收率是以百分比形式给予时，根据使用量，按以下公式计算：

$$SED = A \times C \times DA_p$$

其中：

SED：全身暴露量［mg/(kg·d)］

A：以单位体重计的化妆品每天使用量［mg/（kg·d）］

C：在产品中的浓度（%）

DAp：经皮吸收率（%）

暴露量计算时还应考虑其他暴露途径的可能性（如吸入、吞入等）；必要时应考虑除化妆品外其他可能来源（如：食品和环境等）的暴露情况。按照《安评导则》中4.3规定的方法计算待评估物质的SED。

（3）待评估物质是否为DNA反应性致突变物/致癌物

除通过遗传毒性/DNA反应性终点试验（如细菌回复突变试验、基因突变试验）测试外，还可采用（定量）构效关系预测方法学进行预测。

在采用（定量）构效关系预测方法学进行预测时，应至少采用两种互补的国际公认的预测方法，一种方法应基于专家知识规则，另一种方法应基于统计学，这些预测方法均应遵循经合组织/OECD制定的一般验证原则，可根据具体需要选择合适的方法组合。可公开获取基于专家知识规则的预测方法有：QSAR Toolbox（OECD）、Toxtree（JRC）、OncoLogic™（美国EPA和OECD）等。可公开获取基于统计学的预测方法有：The US-EPA's Toxicity Estimation Software Tool（T.E.S.T.，EPA）、Lazar（BfR）等。有些预测方法可能包含多个子模型，如VEGA（意大利科学健康研究所IRCCS）致突变模型。此外，还有一些商业模型的预测方法也可以选择使用。

（4）待评估物质是DNA反应性致突变物/致癌物

与相应的阈值［0.0025μg/（kg·d）］进行比较。

如SED > 0.0025μg/（kg·d），该物质引起癌症的风险性较高。

如SED ≤ 0.0025μg/（kg·d），则待评估物质在当前使用条件下的风险在可接受范围之内。

（5）待评估物质是非DNA反应性致突变物/致癌物

在TTC评估中，根据化学物质的分子结构和毒性将非DNA反应性致突变物/致癌物分为三类，分别为Cramer Ⅰ类、Cramer Ⅱ类和Cramer Ⅲ类。根据物质分类，将人体暴露水平与相应TTC阈值比较，评估物质的暴露量是否超过其对应的TTC阈值，进而得出在当前使用条件下的风险在可接受范围之内或需进一步开展安全评估的判断结果。

Cramer分类是根据物质化学结构和（或）代谢物安全性相关的问题进行判断。除人工判断分类之外，也可通过欧洲化学品局联合研究中心开发的Toxtree、经合组织/OECD开发的QSAR Toolbox也可用于Cramer分类。

如待评估物质属于Cramer Ⅰ类物质，SED > 46μg/（kg·d），该物质需要按照《安评导则》进一步开展安全评估；SED ≤ 46μg/（kg·d），则待评估物质在当前使用条件下的风险在可接受范围之内。如待评估物质属于Cramer Ⅱ或Cramer Ⅲ类物质，SED > 2.3μg/（kg·d），该物质需要按照《安评导则》进一步开展安全评估；SED ≤ 2.3μg/（kg·d），则待评估物质在当前使用条件下的风险在可接受范围之内。

（6）混合物

对于混合物如植物提取物，需确定待评估物质是否为 DNA 反应性致突变物 / 致癌物，可通过试验室数据或参考文献，尽可能多地识别出单一或大类成分，除生产过程中添加的必要溶剂或稳定剂、防腐剂、抗氧化剂等外，需确定成分含量不低于 50%。对于已知成分，分别采用适宜的评估方法进行安全评估，以确保使用安全，若含有结构类似的成分，应进行剂量叠加评估。对于属于非 DNA 反应性致突变物 / 致癌物的未知成分，若无法确定 Cramer 类别，其整体的 Cramer 类别按 Cramer Ⅲ 类进行评估。对不能排除 DNA 反应性致突变物 / 致癌物的未知成分，采用 DNA 反应性致突变物 / 致癌物的 TTC 阈值进行评估。

（三）重点内容解读

1. 关于方法的适用性

TTC 法应仅限于评估在推导 TTC 阈值的数据库中所涵盖的化学物质结构类型及其系统毒性的试验数据库得出，而数据库不包含的结构类型及未涵盖的毒理学终点则不适用，因此 TTC 阈值是基于系统毒性的试验数据库得出，因此该方法仅适用于系统毒性的评估，如重复剂量毒性、生殖发育毒性和致癌性等。

2. 关于构效关系预测方法应符合的原则

在应用 TTC 方法时，用于评估 DNA 反应性致突变性或致癌性时，可采用实验数据或采用（定量）构效关系预测方法学进行预测，进行预测时应至少采用两种互补的国际公认的预测方法，一种方法应基于专家知识规则，另一种方法应基于统计学。这些预测方法均应满足以下基本条件：①明确的预测终点（a defined endpoint）。②明确的算法（an unambiguous algorithm）。③确定的适用性域范围（a defined domain ofapplicability）。④对于拟合度、稳健性和预测力有合适的尺度（appropriate measures of goodness-of-fit, robustness and predictivity）。⑤如可能，能够进行机理解释（算法透明度）（a mechanistic interpretation, if possible）。对自行研究的软件或者非常用的软件，一定要符合《TTC 指南》中对于两类互补软件的要求，并要进行系统的验证。

3. 关于混合物应用技术要求

同一化合物类别指含有相同骨架和活性官能团且作用模式或代谢机制相同的一类化学物质，通常具有相似的毒理学性质。当使用 TTC 法进行安全评估时，可保守地将这些来源于同一原料的、具有相似结构特征的物质视为同一类别的化合物进行整体评估。植物提取物由于组分复杂且批次间存在变化，鉴定和分析技术上存在困难，因此在满足一定条件下，可通过实验室检测或文献检索，收集植物的来源、制备过程、化学成分、特征性成分、理化特性、质量规格、杂质等信息，尽可能多地识别出单一或大类成分，尤其是主要化学成分和特征性成分等，对原料中的部分未知成分可以使用 TTC 方法进行评估。

4. 关于不确定性分析

由于 TTC 方法是基于数据库和概率研发的筛选工具，因此该方法得出的结果本身就存在着不确定性。该不确定性在于：其一，经典的 TTC 阈值来源于对 TTC 数据库中经口动物毒性实验数据的计算和推导，毒性数据的质量和完整程度、人类与实验动物之间的物种差异、暴露方式的外推方法都在一定程度上影响着 TTC 阈值；其二，作为化合物毒性分类基础的 Cramer 规则基于 20 世纪 80 年代的毒理学水平发展而来，决策树中的一些问题与当今新化学物质的配度存在不确定性，对于 Cramer 分类的结果可能产生影响；其三，对于化妆品在人体的暴露评估本身就存在一定的理想化，化妆品的使用量、使用频率因人而异，部分产品的暴露方式不仅限于经皮吸收，可能是经皮、吸入、经口多途径联合暴露，对于暴露量的评估与实际情况可能存有偏差。

5. 其他

此外，《TTC 指南》为技术指导性文件，不适用于豁免法规要求的毒理学测试，如对于化妆品新原料申报所规定的毒理学试验项目，应当根据《化妆品新原料注册备案资料管理规定》的要求，选择适当的毒理学试验项目，进行毒理学安全性评价，并提供相应的毒理学安全性评价资料。结合新原料开展的毒理学试验项目，在逐项对每个毒理学试验的方法、试验过程、毒理学终点等进行总结的基础上，对新原料的毒理学安全性评价进行综述，并得出安全性评价结果。

二、交叉参照（Read-across）方法应用技术指南

（一）背景介绍

交叉参照（Read-across）是一种科学的非测试性安全评估方法，基于化学物质之间的化学结构相似性或生物学活性的相似性，来预测目标化学物质的毒理学特性。具体来说，交叉参照通过参考已知类似化学物质的毒理学数据，来推断目标化学物质相同毒理学终点可能具有的毒理学特性，从而填补数据缺口。

在缺乏毒理学数据的情况下，交叉参照能够有效地填补特定化学物质的毒理学数据空白，在风险管理中的优先性识别和筛选方面发挥了重要作用。随着科学研究的不断深入，交叉参照方法也在不断地得到改进和完善，目前已经被广泛应用于食品、药品、化妆品等多个领域，为这些领域的产品安全评估和风险管理提供了重要的科学依据。

1. 起草目的和背景

在毒理学研究领域，传统的动物实验方法虽然发挥了重要作用，但其在动物伦理、时间与经济成本等方面存在明显的局限性，促使国际社会对动物实验提出了严格的规范要求，例如欧盟对化妆品动物测试的禁令。因此，化妆品行业也在不断开发新技术，减少对动物实验的依赖，提高化妆品安全评估的精确度和效率。同时随着完整版化妆品安全评估的推行，化妆品行业反馈实施完整版安全评估压力较大，存在安全评估能力不足、部分原料安全信息尤其是植物提取物的系统毒性信息不足以及国际化妆品动物禁令

等困难。为应对这些挑战，解决行业困境，提高化妆品安全评估的效率和水平，促进我国化妆品行业规范、可持续发展，需要制订发布更为全面、翔实的安全评估技术应用指南。

交叉参照提供了一种非测试的替代方法，能够有效地填补特定化学物质的毒理学数据缺口，是一种在化学物质安全评估中常用的替代方法。2024 年 4 月 30 日，中检院依据《条例》《化妆品注册备案管理办法》以及《安评导则》等现行法律法规和标准文件起草了《交叉参照（Read-across）方法应用技术指南》（以下简称《交叉参照指南》），细化交叉参照安全评估技术要求，明确交叉参照方法的适用范围和评估程序，并给出应用示例。旨在引导化妆品行业提升化妆品安全评估能力和水平，规范和系统开展化妆品安全评估工作，提升化妆品安全评估的整体效能与标准，推进化妆品安全评估制度平稳实施。

2. 创新性和意义

《交叉参照指南》的制定与发布，在中国化妆品领域创新性地提供了一套标准化且详细的评估流程，包括对类似物的识别与适用性判断、数据收集、数据矩阵构建、数据缺口分析及填补、不确定性评估等步骤，使得评估过程更加透明和可重复。通过提供应用示例，帮助理解和实施交叉参照方法。

《交叉参照指南》的制定与发布具有显著的现实意义，为化妆品安全评估中交叉参照方法的应用提供了标准化的参考框架，弥补了我国在化妆品领域对交叉参照方法监管可接受的标准化的缺失。这一举措有助于企业利用已知类似化学品的毒理学数据，通过交叉参照方法来预测新或未经测试化妆品成分的安全性，从而填补数据空白，加速化妆品成分的安全评估过程，并提高评估的效率和准确性。交叉参照通过使用现有数据可以减少对动物实验的依赖，符合伦理和可持续性的发展趋势，符合国际上对化妆品安全评估的非动物测试趋势，有助于企业更好地适应国际市场的法规要求，减少因不符合规定而导致的产品召回或退出市场的风险。通过标准化的交叉参照应用框架，有助于企业更有效地管理化妆品成分的安全性风险，确保整个化妆品行业的安全评估一致性和可靠性。同时，《交叉参照指南》的发布和实施，将推动行业健康和可持续发展，通过增加交叉参照方法的实际应用量，有助于发现交叉参照方法的局限性，促进交叉参照方法的科学研究，推动化妆品安全评估行业的技术创新发展，为化妆品安全评估提供更多的科学依据和技术支持。对于监管方来说，《交叉参照指南》的制定与发布，也为监管部门提供了评估和审批的参考依据，确保了审评的执行效率和公正性，有助于形成更加统一和科学的化妆品安全评估标准和流程。

《交叉参照指南》的制定，展现了化妆品行业在安全评估方面的创新和技术进步。展望未来，交叉参照方法的进一步发展可能会集中在以下几个方面。

（1）技术工具和模型的开发：随着计算毒理学的进步，预计会有更多先进的工具和模型被开发出来，以支持交叉参照方法的应用。例如，美国 EPA 的 CompTox Chemicals Dashboard 和 OECD QSAR Toolbox 等工具将继续更新和扩展其功能，以帮助决策者和科学家更有效地评估化学物质。同时开发更多用户友好、功能强大的技术工具和模型，辅助进行有效的交叉参照分析。

（2）数据集成和共享：未来可能会有更多的国际合作和数据共享，以建立更全面的化学物质数据库。通过建立更广泛的数据共享平台，整合来自不同来源的化学物质数据，提高交叉参照方法的适用范围和效率，将有助于提高交叉参照方法的准确性和适用性。

（3）方法的标准化和国际化：随着对交叉参照方法的进一步研究和应用，交叉参照方法愈发完善，会有更多的标准化和规范化工作，以确保评估结果的一致性和可靠性。同时化妆品行业的法规和标准趋向国际化，交叉参照方法的应用也需要与国际标准和指南保持一致，以促进全球化妆品市场的贸易和技术交流。

（4）《交叉参照指南》的动态更新与持续改进：交叉参照是一个不断发展的领域，指南应当保持动态更新和持续改进，以适应科学技术的进步和新的认知。

（二）主要内容

1. 框架和主要内容

《交叉参照指南》共5部分，分别对交叉参照技术进行概述、明确其适用范围、术语和释义、基本原则、评估程序及步骤。同时，附录中提供了评估流程图和应用示例报告。

交叉参照的定义明确了该方法是通过利用已知类似化学物质的毒理学数据，来填补目标化学物质数据的缺口。交叉参照使用的核心要点在于：①结构相似性：通过化学物质的化学结构、官能团、分子描述符等特征进行相似性评估。②理化性质相似性。③生物学活性相似性：考虑化学物质的代谢途径的相似性，必要时也可考虑作用模式、AO通路等方面的相似性。④反应相似性。

交叉参照在用于化妆品安全评估时，适用于结构明确、缺乏系统毒理学数据的非功效成分或风险物质，不适用具有防腐、防晒、着色、染发和祛斑美白功能的原料。判断化合物是否可以使用交叉参照可以通过以下两点：①适用条件：化学物质缺乏系统毒理学数据，需有足够的结构信息和/或生物学活性信息，以支持类似性评估。②排除情况：对于具有特殊功能或效果的化学物质，如上述提到的几类，不适用交叉参照方法。

《交叉参照指南》中的主要内容围绕交叉参照的框架展开，满足适用范围的待评估物质（即目标化学物质）使用交叉参照进行评估，交叉参照的使用框架依据指南主要分为7步：①目标化学物质信息整理：首先收集并整理结构信息、理化性质、毒理学数据、代谢途径和代谢产物、反应活性等数据，确定数据缺口和毒理学终点。②识别与确定潜在的类似物：根据目标化学物质的化学结构或特定属性，搜集与待评估物质具有相似性的潜在类似物。③收集源化学物质数据：收集并整理类似物的理化性质和毒理学数据等，从化学结构、反应性、代谢和理化性质相似性判断等角度，对类似物进行进一步筛选判断，剔除不合适的物质，得到源化学物质，如果数量较多，进行化学物分组。④构建数据矩阵：将所有数据信息汇总得到数据矩阵，判断源化学物质数据的可靠性和相关性，对目标化学物质数据缺口进行评估。⑤验证交叉参照合理性和不确定性分析：通过专家判断和科学证据验证交叉参照的合理性，包括类似物的识别、物理化学性质、毒代/毒效动力学、作用模式/机制等。⑥填补数据缺口：对不一致或有冲突的数据进行取舍分析，如果交叉参照具有合理性，且能填补数据缺口，则使用源化学物质的数据来填补目标化学物质的数据空白。⑦得出结论并形成报告：基于以上步骤，形成详细的评估报告，包括交叉参照的合理性论述、不确定性评估和最终结论。

交叉参照评估的整个过程循环往复，会进行不断的专家判断和迭代自检，因此不同的步骤存在交叉重复的操作，整个过程应耐心且认真对待。

2. 技术要求

（1）了解待评估物质的分子结构，熟练快速查询该化学物质的物理化学性质、毒理学数据等信息，判断待评估物质的数据缺口。

（2）根据相似性原则熟练寻找待评估物质的类似化学物，进行初步筛选确定源化学物质。

（3）了解多学科交叉信息，能准确查询并理解化学物质的理化性质、毒物动力学、化学/生物相互作用等多种信息。

（4）正确判断源化学物质的物理化学和毒理学数据是否真实可靠且充分；毒理学数据是否满足毒理学终点预测，是否能够填补目标化学物质的数据缺口。

（5）熟练掌握不确定性评估的方法，合理筛选不确定性来源和因素，判断交叉参照是否具有合理性。

使用交叉参照进行化妆品安全评估对多学科知识的掌握有一定的要求，操作相对难度较高，因此需要注重人才的培养，尤其交叉参照需要专家判断，其中可以用到多种多样适合的方法。以识别目标化合物的类似物为例，搜索类似物的具体方法不限于以下几种：通过化学数据库如 PubChem、ChemSpider、SciFinder 等，输入化合物的名称或 CAS 号，这些数据库通常会提供化合物的结构信息和相关化合物的链接，利用这些数据库的高级搜索功能，根据化合物的特定属性（如分子量、化学性质、结构特征等）来筛选类似物；使用化学结构编辑器软件（如 ChemDraw、MolView 等）绘制化合物的结构，然后利用软件的搜索功能查找结构相似的化合物；利用化学信息学工具（如 RDKit、Open Babel 等）分析化合物的结构，并使用分子指纹或相似性搜索算法来找到结构相似的化合物；访问专利数据库，如美国专利商标局（USPTO）、欧洲专利局（EPO）等，搜索相关的专利，专利中可能包含化合物的类似物及其合成方法等。

在使用交叉参照方法的过程中，还可以使用多种成熟工具和模型来辅助识别类似物和评估。目前，有多种免费公开的模型和工具，如 OECD QSAR Toolbox、EPA CompToxChemicals Dashboard 中的 GenRA 模型等可以帮助识别和评估类似物，分析数据缺口，并填补这些缺口。

3. 整体解读

《交叉参照指南》提供了一套标准化的评估流程，包括目标化学物质信息整理、识别与确定潜在的类似物、收集源化学物质数据、构建数据矩阵、数据缺口分析及填补、不确定性评估等步骤。强调了在评估过程中结合化学结构和生物响应数据的重要性，提高了预测的准确性和可靠性。

《交叉参照指南》阐述了交叉参照的定义，指出交叉参照本质是基于化学结构或生物学活性的相似性，通过已知化学物质的毒理学终点数据，预测具有相似特性或化学特征的其他化学物质相同的毒性终点，常用于填补特定化学物质的毒理学数据缺口。明确指出交叉参照用于化妆品安全评估时的适用范围和限制：适用于结构明确、缺乏系统毒理学数据的化妆品非功效成分或风险物质。不适用于具有防腐、防晒、着色、染发和祛斑美白功能的原料。

交叉参照方法的科学基础在于：①工具和模型，其科学基础主要依赖于一系列工具和模型来识别和评估化学物质的相似性。常用的工具包括 OECD QSAR Toolbox、EPA CompToxChemicals Dashboard 中的 GenRA 模型等，这些工具能够通过化学物质的结构信息（如 SMILES 字符串、CAS 号或化学名）来识别类似物，并提供毒理学数据的预测。常用的模型包括 AIM、Toxmatch、AMBIT 等，这些模型在识别化学物质的结构相似性、代谢途径和生物学活性方面发挥重要作用。②类似物识别与评估，类似物的识别与评估是交叉参照方法的核心步骤，其科学性体现在对化学物质结构、理化性质、代谢途径和毒理学特性的综合分析。结构相似性可以通过化学结构的对比，识别具有相同官能团、相似化学类别或规律性结构变化等类似化学物质。代谢和毒理学特性可以通过评估化学物质的代谢途径和毒理学终点，如 ADME 特性，以及潜在的遗传毒性、生殖毒性和致癌性。③数据缺口分析与填补，数据缺口分析与填补是确保交叉参照方法科学性和预测准确性的关键环节。利用已有的毒理学数据，结合化学物质的 SAR 分析，采用统计学方法或机器学习模型来预测目标化学物质的未知毒理学特性。例如，通过构建数据矩阵，分析化学物质的理化性质、代谢途径和毒理学终点之间的相关性，以填补数据缺口。④不确定性评估，验证交叉参照的合理性是确保评估结果科学性的重要环节。

在执行《交叉参照指南》的整个评估流程时，需重点关注的事项如下。

（1）判断待评估物质是否满足交叉参照的适用条件。待评估物质应该为结构明确，缺乏系统毒理学数据的非功效成分或风险物质；同时不能具有防腐、防晒、着色、染发和祛斑美白功能。

（2）判断待评估物质的数据缺口。明确待评估物质的系统毒理学数据缺口，比如缺乏重复剂量毒性数据，需要使用交叉参照预测评估重复剂量毒性。

（3）选择合适的类似物，并确定源化学物质。如果没有找到合适的类似物，可以重新以别的特殊属性为出发点，重新识别类似物。

（4）判断是否能填补待评估物质的数据缺口。如果源化学物质的毒性数据缺乏可靠性或者关联性，或不足以用来填补目标化学物质的数据缺口，则需要使用其他方法填补数据缺口。

（5）交叉参照的不确定性评估，验证其合理性。不确定性评估的途径与相似性识别类似，可以通过但不限于化学物质识别和组成、理化性质、毒物动力学、化学/生物相互作用等途径。

（6）通过专家判断和不断迭代自检，提高交叉参照的准确性。需要重复迭代，反复评估，确保结果的准确性与可靠性，整个评估过程应当有具备较高的专业知识/技术和分析能力的人员参与。

（7）报告内容应当严谨、可信、准确、清晰明了。应记录整个评估过程，源化学物质/数据的筛选情况及取舍理由，还应记录不确定性评估，包括不确定性因素，评估和结论，证实交叉参照具有有效性。

（三）重点内容解读

1. 关于开展交叉参照的工具和模型

在运用交叉参照技术过程中，可以使用工具辅助得出类似物，以提高交叉参照的结果可靠性。用于帮助进行交叉参照的模型很多，可以根据不同的需要选择合适的免费公开模型和工具（表6-2）。

表6-2　交叉参照工具和模型

工具应用	AIMM	Toxmatch	AMBIT	OECDToolbox	CBRA	ToxRead	GenRA
类似物识别	√	√	√	√	√	√	√
类似物评估	NA	√	√	√	√	√	√
数据缺口分析	NA	√	√	√	NA	NA	√
数据缺口填补	NA	√	√	√	√	√	√
不确定性评估	NA	NA	NA	√	NA	NA	√
可用性	免费公开	免费公开	免费公开	免费公开	免费公开	免费公开	免费公开

比较常用的是 OECD QSARToolbox 和 EPA CompToxChemicals Dashboard 中的 GenRA 模型。也有一些商业模型可以用于支持交叉参照。

一般情况下，使用这些工具需要提供化学物质的结构（如 SMILES）、CAS 号或化学名等信息，再选择需要查询的毒理学终点和设置查询条件，可获得结果近似化学物质的清单和毒理学数据等。

2. 关于非功效成分的范围

《交叉参照指南》中原文："本指南适用于结构明确，缺乏系统毒理学数据的非功效成分或风险物质。本指南不适用于具有防腐、防晒、着色、染发和祛斑美白功能的原料。"

《交叉参照指南》中非功效成分是指具有防腐、防晒、着色、染发和祛斑美白功能的原料，不适用于交叉参照方法。

3. 关于类似物和源化学物质

判断识别的类似物是否能作为合适的源化学物质可以从以下几方面：化学结构和组成，比较类似物与目标化学物的化学结构和组成，确保它们在分子结构上相似，具有相似的官能团或基团；检查类似物和目标化学物的理化性质和毒性数据，包括毒代动力学数据等，以确保类似物在毒性上与目标化学物相似等。

评估源化学物质的数据质量可以从以下几方面：比较待评估物质与目标化合物的结构相似性；评估数据与所研究问题的相关性，确保数据与要评估的系统毒理学终点有相关性；考察数据的可靠性，包括数据的来源、数据的采集方法、数据所归属实验设计的可靠性等；检查数据的充分性，确保数据的量足够支撑相关毒理学评估，以免因数据采集不足而导致评估的结果存在失真结果；识别数据源的收集情况，尤其识别出低质量的数据，必要时需要收集更可靠的数据替换，例如重新采集、更新、验证等；需要对新数据进行相关评估，尤其是新数据的可靠性与相关性等。

4. 关于目标化学物质和源化学物质的理化性质

目标化学物质和源化学物质需要提供的理化性质没有强制性要求，这些需要根据交叉参照评估中的评估证据进行选择。比如化合物直接具有规律性的碳链递增性质，就会带来分子结构［–CH$_2$–］的递增，从而分子质量也呈现递增，需要列出分子量；比如化合物随着碳链的增长而挥发性降低、溶解性降低、脂溶性增强、熔点增加，这些性质也呈现规律性变化，那么这些性质数据就应该提供。

三、皮肤致敏性整合测试与评估策略应用技术指南

（一）背景介绍

1. 起草目的和背景

随着科学技术的进步和动物福利的提高，化妆品安全性评价正逐步从依赖传统的开展终产品动物试验的方式转变为基于原料毒理学数据和安全评估，采用 HTS 预测工具和体外测试方法，结合暴露评估的安全性评价模式。由于单一的体外替代检测方法不能完全取代整体动物试验，科学上已普遍认可皮肤过敏是以蛋白质共价结合为起始事件，经过细胞、组织器官等一系列生物学应答，最终导致过敏性接触性皮炎这一 AO。皮肤致敏性整合测试与评估策略基于皮肤致敏 AOP 以及针对其中一系列有因果关联的 KEs 研发的替代毒理学试验，整合待评估原料相关数据信息综合 WoE 分析，对化妆品原料潜在的皮肤致敏性风险进行评价（图 6–1）。

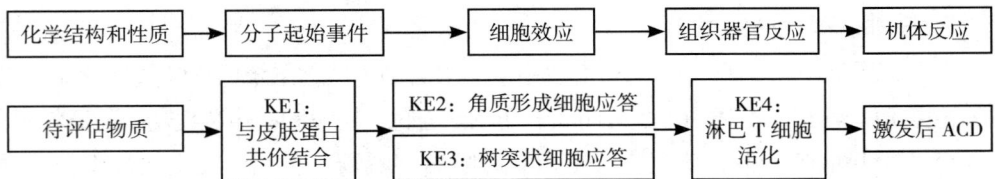

图 6–1　皮肤致敏 AOP 示意图

我国鼓励在保障消费者健康和用妆安全的前提下，采取符合 3R（Reduction，Replacement，Refinement）原则的动物替代方法和评估策略开展化妆品及其原料的安全性评价。近年来，国家药监局也组织了一系列替代毒理学试验方法的标准化研究，部分成熟的 NAMs 经过验证转化后纳入了《技术规范》。为配合优化化妆品安全评估措施，进一步提升和促进我国安全评估相关技术的应用能力，2024 年 7 月 8 日，中检院研究并发布《皮肤致敏性整合测试与评估策略应用技术指南》（以下简称《应用指南》），明确可用的整合策略方案及可选择的替代方法和工具，形成具有可操作性的评估程序，同时提供评估示例，起到规范指导和示范性作用，以满足《条例》及其配套技术法规文件提出的监管要求，促进行业高质量发展。

《应用指南》的要求和规定逐步与国际接轨，对于比较成熟的、已经被国际权威组织认可并应用的方法，原则上予以接受。相关技术要求结合我国化妆品毒理学试验标准制修订和行业实际应用情况进行具体化、明确化，在尽量提高操作性的同时，兼顾了技术发展的前瞻性。《应用指南》制定过程中还遵循了科学性和合理性、协调性和有效性、通俗性和规范性之间的关系。

2. 历史沿革和国内外研究现状

（1）传统研究方法

在化妆品安全评估中，皮肤致敏性是一项重要的毒理学终点。我国《技术规范》中收录了采用豚鼠等动物开展的皮肤变态反应试验方法，用来评价化妆品的皮肤致敏性，包括局部封闭涂皮试验（buehler test，BT）、豚鼠最大值试验（guinea pig maximisation test，GPMT）。除动物试验外，还有人体斑贴试验，如 HRIPT，也是对皮肤致敏性非常有价值的评价数据。

（2）动物替代方法

传统的动物试验目前受到越来越多的挑战和争议，因此替代方法的研究需求日益增长。但由于皮肤过敏是局部暴露、涉及免疫系统性的反应，单一的体外测试方法很难完整地再现皮肤致敏这一 AO 产生的完整过程，科学上基于皮肤致敏性 AOP 原理，研发出丰富的动物试验替代方法及整合测试与评估策略。

①我国化妆品标准收录的方法　《技术规范》中先后收录了采用小鼠开展的皮肤变态反应：局部淋巴结试验：DA（LLNA：DA）和皮肤变态反应：局部淋巴结试验：BrdU–ELISA（LLNA：BrdU–ELISA），这两种方法是用于检测皮肤致敏性 AOP 中 KE4 淋巴 T 细胞活化反应的替代方法，与传统的皮肤变态反应试验类似，这些试验的结果能得出受试物致敏能力和强度，结果可在有限范围内外推到人类。

此外，《技术规范》还收录了非动物试验的体外测试方法，包括化妆品用化学原料体外皮肤变态反应：直接多肽反应试验（DPRA）、体外皮肤变态反应氨基酸衍生化反应试验方法（ADRA）、体外皮肤变态反应人细胞系活化试验（h–CLAT）和体外皮肤变态反应 U937 细胞激活试验方法（USENS）等。其中，DPRA 和 ADRA 方法是针对 AOP 中关键事件 KE1 的检测方法，h–CLAT 和 USENS 是针对 AOP 中关键事件 KE3 的检测方法。

值得注意的是，KE1、KE2 和 KE3，分别是针对 MIE、角质形成细胞应答、树突状细胞应答的过程，这些独立的 KEs 发生，并不必然导致皮肤过敏这一 AO，该过程是需要多个 KEs 有序发生，才会最终引起人体系统性的反应。因此，与针对 KE4 的替代检测方法不同，针对关键事件 KE1-3 的体外检测方法，均聚焦于致敏过程中某一个片段，无法独立地替代传统动物试验方法预测皮肤致敏性的整个过程，在识别致敏物质时存在一定的方法局限性。

②《技术规范》以外的其他替代方法 目前，国际上针对皮肤致敏性 AOP 的各 KEs 持续研发相应的体外测试方法，这些方法经国际相关权威机构验证认可之后可纳入，例如 OECD 化学品安全评价指南等国际通行的标准体系，获得广泛认可。部分 OECD 指南中的方法，尚未完成标准转化工作纳入我国的《技术规范》，部分 NAMs 也尚未纳入 OECD 指南。基于皮肤致敏性 AOP 各 KEs 研发的部分替代方法总结如表 6-3。

表 6-3 基于皮肤致敏性 AOP 各 KEs 研发的部分替代方法汇总表

KEs	方法名称	验证物质数量	对比	准确性 %	灵敏性 %	特异性 %	OECD TG
KE1	mDPRA	21	LLNA/Human	—	—	—	—
	qDPRA	36/32	LLNA	81/81	75/93	85/71	—
	ADRA-FL	47	—	—	—	—	—
	PPRA	67	LLNA	88	98	72	—
KE2	KeratinoSens	155/145	LLNA	77/77	78/79	76/72	442D
	SENS-IS	150/130	LLNA/Human	96.6/96	97.7/95.8	95.2/96.5	—
	EndoSens	35	Human	90	94.7	81.8	—
KE2	HaCaSens	30/26	LLNA/Human	86.7/84.6	90.9/90.5	75/60	—
	α-Sens	28	LLNA	96.4	95	100	—
KE3	IL-8 Luc assay	113/71	LLNA/Human	89/86	96/93	53/54	442E
	GARD	127	LLNA/Human	86	92	70	442E
	BMDCs assay	20	LLNA	75	69		

注：—.没有相关内容。

KE1 指具有亲电作用的致敏物质与表皮蛋白质的亲核位点共价结合，形成半抗原蛋白复合物，通过量化受试物对半胱氨酸和赖氨酸合成肽或衍生物的反应性，结合色谱分析来预测受试物致敏性。除《技术规范》中已收录的 DPRA 和 ADRA 方法外，还以这些方法为基础研发了多种优化的衍生方法。例如，微型 DPRA（mDPRA）通过减少反应体积优化实验条件，从而降低了试验成本和有机废物。定量 DPRA（qDPRA）通过使用在一个反应时间的三种受试物浓度分析高效液相色谱浓度响应性，改善了致敏预测性能，但当受试物数据集较小时，结果准确性明显下降。动力学 DPRA（kDPRA）通过使用几种受试物浓度和反应时间获得速率常数，仅基于半胱氨酸肽预测模型鉴定强皮肤致敏物质，实现了对致敏能力的细化评级，该方法已收录于 OECD TG 442C 中。ADRA-荧光检测法（ADRA-FL）采用高效液相色谱 - 荧光法可选择性地检测亲核试剂，对植物提取物溶液的分析结果显示了预测多组分物质致敏风险的可能性。此外，还有其他方法，例如过氧化物酶肽反应性测定法（Peroxidase Peptide Reactivity Assay，PPRA）通过将辣根过氧化物酶和过氧化氢氧化体系（HRP/P）纳入检测系统并定量肽反应性评估祖 /前半抗原的皮肤致敏性，明显降低了假阴性率。通过优化测试浓度及赖氨酸肽反应条件等进一步改善了 PPRA 中某些受试物不与赖氨酸氨基反应导致的假阳性结果等问题。

　　KE2 指半抗原蛋白复合物与角质形成细胞作用，导致炎症反应及与特定细胞信号通路相关的基因表达变化。几种角质细胞的细胞系已经应用于皮肤致敏预测，如 NCTC-2544. HaCaT 和 HEL-30。其中 HaCaT 细胞系应用尤为广泛，包括基于 Keap1-Nrf2-ARE 通道的 Keratinosens、LuSens 等方法和基于炎症细胞因子产生的 HaCaSens 以及一些 3D 模型等。KeratinoSens 和 LuSens 方法的最大差异之处为 LuSens 控制荧光素酶报告基因的抗氧化元件来自大鼠 NQO1 基因，而 KeratinoSens 的抗氧化元件来自人 AKR1C2 基因，这两种方法也已收录于 OECD TG 442D 中。除此之外，还有基于 3D 模型的 SENS-IS 方法，该方法使用重建人类表皮模型（Episkin）作为测试系统，通过实时荧光定量聚合酶链式反应（qRT-PCR）来测量与皮肤致敏生物过程相关基因组的表达。其中对 24 个 ARE 基因组（与 Keap1-Nrf2-ARE 依赖途径有关）和 41 个 SENS-IS 基因组（与导致树突细胞激活的信号有关）的过量表达模式的分析表明，与受试物致敏性最相关的是被调节基因的数量，而非某些基因上调的强度。目前该方法已克服溶解度问题，并使用第三组专用基因区分具有刺激性的物质与致敏物质。相较于大多数基于细胞悬液和一组有限生物标志物的体外试验，SENS-IS 更接近人体皮肤的真实情况且具有较高的重现性及预测活性，且适用于混合物的检测。EndoSens 方法通过测量 KI HaCaT 报告细胞系中内源性 HMOX1 基因的表达水平来预测受试物致敏性，其准确性、灵敏性和特异性均高于 80% 且适用于弱致敏物质。HaCaSens 方法通过量化受试物诱导的炎症细胞因子水平来预测皮肤致敏性，将 IL-1α 和 IL-6 两种细胞因子组合为参数，引入基于 ROC 分析的临界值方法获得了最佳 SI 临界值。α-Sens 方法为双荧光素酶系统改良法，即使用萤火虫荧光素酶评估 ARE-Nrf2 介导的转录活性，同时使用肾素荧光素酶评估细胞毒性，能更准确地反映细胞活性并且缩短测试时间。此外，α-Sens 使用无血清培养基，有助于正确评估高活性化学物质。

　　KE3 指半抗原蛋白复合物作用于未成熟树状突细胞，细胞表面标志物上调，同时释放细胞因子，迁移至淋巴组织，通过主要组织相容性复合物分子将半抗原复合物呈递给 T 细胞。基于 KE3 的替代方法研究较为活跃，除已纳入《技术规范》的 h–CLAT 和 USENS 外，OECD TG 442E 中还收录了白介素 –8 检测试验（IL–8 Luc assay）和基因组过敏原快速检测（GARD）。IL–8 Luc assay 定量测量细胞因子 IL–8 的表达，对祖 / 前半抗原的正确预测率较高，但对酸酐等物质的检测受限。GARD 是包括一系列基因组生物标记物检测的服务，通过诱导所选基因组生物标记转录变化的差异调控分为 GARDskin、GARDpotency、GARD tiered approach 等方法均可用于皮肤致敏性预测。研究表明，与中等和弱致敏物质相比，强和极端致敏物质倾向于诱导更多的通路调控，因此通过数据驱动选定包含只有在致敏效力足够强时才被特异性调控的基因组作为预测工具对致敏效力进行亚分类。GARDskin、GARDpotency 已分别经过验证，得到了较高的可转移性和预测准确性，其中溶解度问题、自体荧光干扰和细胞毒性作用是造成预测错误的主要原因。GARD tiered approach 提出在初始层中使用 GARDskin 对受试物进行分类，在被归为致敏物的在第二层中使用 GARDpotency 进行亚分类。该分级预测方法是单一途径体外替代方法的一大进步，也为 ITS 提供更具完整价值性的信息。此外，还有小鼠骨髓来源树突状细胞模型（BMDCs assay）。由于树突状细胞样本匮乏且难以分离获取，因此如何选择合适的细胞系是至关重要的一点。目前大多数试验使用人类单核细胞系（THP–1 或 MUTZ–3 等），而本实验使用了小鼠骨髓来源的树突状细胞（BMDCs），不易产生变异或异常表达。BMDCs assay 通过与受试物作用后测定表面标记物的表达和细胞因子的释放来评估受试物致敏性，与 LLNA 相比，准确率较高且显示了对致敏物质效力分级的可能性。此外，研究者还研究了 BMDCs 和 T 细胞的体外共培养模型，以评价树突状细胞诱导 T 细胞的能力，进一步证明骨髓来源树突状细胞模型是一种易于使用的可靠的体外模型。

KE4 作为皮肤致敏 AOP 的最后一步，致敏反应已达组织水平，树突状细胞迁移至淋巴结，将半抗原复合物加工、提呈至 T 淋巴细胞，最终导致 T 细胞的增殖和分化。小鼠局部淋巴结试验（LLNA）通过评估 T 细胞增殖作为检测终点完成了对传统豚鼠试验的优化，践行 3R（reduction、refinement、replacement）原则，为后来大量的体外替代试验标准奠定了基础。人 T 细胞启动试验（hTCPA）利用含有饲养细胞、幼稚 T 细胞和来源于外周血的原代 MoDC 细胞的共培养体系模拟抗原提呈细胞激活 T 细胞反应，通过再刺激法检测产生干扰素 –γ 和肿瘤坏死因子 –α 的 T 细胞。其主要局限性在于 T 细胞激活和再刺激检测的灵敏性及供体之间的高度可变性。一种人体体外皮肤外植体试验通过测量人体皮肤损伤，诱导 T 细胞增殖和干扰素 –γ 产生的高低来判定阳性或阴性，成功检测了前 / 后半抗原、呼吸致敏物质等以往易错误分类的化学物质。另外还有 T 细胞扩增实验、T 细胞与角质细胞共培养模型、T 细胞表位体外功能性分析等，其关键的抗原特异性为替代方法的研发提供了思路，但仍待优化和完善以满足致敏安全性评价的可用性。

（3）整合测试与评估策略（IATA）

为了弥补单一体外测试方法的局限性，提高评估结论的准确性和可靠性，OECD

于 2016 年发布了《关于皮肤致敏整合测试与评估方法（IATA）中使用的定义的方法报告和各信息源的指导文件》（Guidance document on the reporting of defined approaches and individual information sources to be used within Integrated Approaches to Testing and AssessmentIATA）for skin sensitization），该指导文件中提出了 IATA 的原则和框架，以此来评价皮肤致敏性。IATA 是一种基于科学和实用性的危害特征评价方法，依据现有的化学物质结构特征、毒理学数据、结合计算机模型预测结果和体外测试试验结果等信息进行综合分析判断，形成预测某一个化学物质皮肤致敏性和 / 或风险等级的整合测试与评估策略。OECD 的指导文件中列举了 12 种皮肤致敏整合测试与评估策略的应用示例。

① "3 选 2" 整合测试策略（2 out of 3 Integrated testing strategy，2/3 ITS） 该策略由巴斯夫公司开发，整合了 DPRA、荧光素酶检测试验（KeratinoSens）/LuSens 和 h-CLAT/USENS 等体外测试方法，涵盖了皮肤致敏性 AOP 中 KE1、KE2 和 KE3 至少任意两个 KEs。当任意两个 KEs 的测试方法结论一致，则根据一致的结论进行判定；否则检测第三个 KEs，并以其中两个一致的测试结论进行判定。与人类数据相比，该策略对 213 种物质的致敏性预测准确率为 88%~91%，优于 LLNA（准确率 82%）。"3 选 2" 整合测试模型的局限性在于单个分析方法对阳性结果的判断存在不确定性，在形成整合策略时，该不确定性会被放大。

② RIVM 顺序测试策略（RIVM sequential testing strategy，RIVM STS） 该荷兰国家公共卫生及环境研究院（RIVM）提出的顺序测试策略涵盖了皮肤致敏性 AOP 中 KE1-3（DPRA、KeratinoSens 和 h-CLAT 试验），并将 KE1、2、3 分别指定为测试的第一层、第二层、第三层，按此顺序开展测试，若一二层结果一致可直接得出结论，否则需进行第三层测试。此外，策略还结合了计算机模型进行预测（四个 QSAR 模型）。与人类数据相比，RIVM STS 对 41 种受试物皮肤致敏危害识别的准确率为 95.1%。这种策略的适用范围受到所需体外方法本身适用范围的限制，比如对于易代谢产生半抗原的测试物质需要采用其他方法进行检测。

③整合测试与评估方法（IATA-SS） 该策略提出了一种评估皮肤致敏性和效力的概念路线图，使用 WoE 的有序决策和整合过程来预测受试物的皮肤致敏性。该策略需要专家知识经验来整合现有的体内数据和非动物试验数据、蛋白质结合信息、现有的诱变和基因毒性数据、皮肤腐蚀 / 刺激性数据、可能的代谢产物和理化性质信息等。与 LLNA 数据相比，IATA-SS 对 100 种物质的预测准确率为 87.6%，灵敏度和特异度分别为 89% 和 86.4%。该策略的缺点是概念路线涵盖信息多，施行繁琐。

④堆叠元模型（Stacking Meta-model） 该策略结合 TIME-SS 和 Toxtree 两种计算毒理学预测工具、涵盖皮肤致敏性 AOP 中 KE1-3 测试方法（DPRA、KeratinoSens 和 USENS）、待评估物质的理化性质（如 pH 值和挥发性等）及五种不同统计方法的堆叠元模型，根据定义的阈值提出待评估物质为致敏剂或非致敏剂的概率。与 LLNA 数据相比，该策略对 165 种物质的致敏性预测准确率达到 93%。堆叠元模型可以容忍个别数据信息来源的缺失，缺点是无法对皮肤致敏效力进行预测。

⑤支持向量机模型（Support vector machine，ICCVAM SVM） 该策略基于多种机器学习方法和特征整合建立了54个开源模型来预测皮肤致敏的危害。该方法收集了120种物质在QSAR工具箱及KE1-3（DPRA、h-CLAT和KeratinoSens）中检测的数据以及可能影响皮肤渗透的六种物理化学性质数据。将各试验阴性结果定义为0，阳性结果为1，借助开源软件R进行致敏性预测。使用不同预测变量整合的SVM方法预测LLNA结果的准确率最高的7个模型其测试的准确率为92%~97%。缺点是模型不能预测皮肤致敏的效力且仅限于结构明确的物质。

⑥分类树共识模型（Classification trees consensus，CCT） 该策略是基于结构特征或蛋白反应性描述符的分类树共识模型，模型采用了皮肤致敏性AOP的KE1-3（DPRA、KeratinoSens和h-CLAT）和两种计算毒理学预测软件TIMES-SS和DRAGON等。分类树每个节点由计算毒理学预测软件生成的描述符表示，其基础数据库包括269种已有体外数据和化学分析数据的有机物质。与LLNA结果相比，其预测准确率为93%，与人类数据相比，其准确率为81%。该策略的缺点是适用范围仅限于具有明确化学结构的有机物质，而混合物、无机物和天然产物无法预测。

⑦整合测试策略-1（Integrated Testing Strategy-1，ITS-1） 该策略是一种通过多元回归模型预测皮肤致敏效力的ITS，该策略的数据集包括312种化学物质，数据信息涵盖以下几个部分：皮肤致敏性AOP中的KE1（DPRA）和KE2（KeratinoSens）、肽反应速率常数、计算毒理学预测软件TIMES-SS、测试物质的log P、蒸汽压、反应性和关键代谢产物等。将上述信息源整理为相关参数输入建立多元回归模型。与LLNA数据相比，ITS-1预测皮肤致敏性的准确率为79%。该策略不适用于log P大于5，或没有明确结构，或不溶于标准溶剂的物质。

⑧人工神经网络策略-3（Artificial neural network，ANN-EC3） 该策略是一个非线性统计模型，整合了皮肤致敏性AOP的KE1-3（DPRA或SH蛋白反应性测试、h-CLAT、角质细胞ARE测试或KeratinoSens），受试物的理化性质和定量构效关系预测数据等。模型包括输入层、隐藏层和输出层三部分，通过输入KEs对应的体外测试数据的对数结果和其他参数，将LLNA阈值EC3的结果与输出层结合，可对待评估物质进行致敏效力分级。其中KEs检测方法可采取如下几种组合方式：h-CLAT和DPRA、h-CLAT和DPRA和ARE、h-CLAT和SH和ARE，上述几种组合的性能优于DPRA和ARE、SH和ARE这两种仅含2个测试结果的组合。该策略的准确率最高可达到83.6%，其缺点是受到所需体外方法适用性的限制，例如组合中采用了h-CLAT方法的不适用于水溶性差的物质。

⑨贝叶斯网络整合测试策略-3（The Bayesian network integrated testing strategy，BN-ITS 3） 该策略是将细胞毒性和pEC3（LLNA的阈值）数据连接起来作为致敏性判定标准，用于对皮肤致敏性危害识别和致敏效力的预测。该策略覆盖了皮肤致敏性AOP的KE1-3（DPRA、KeratinoSens和h-CLAT）、基于结构的计算毒理学预测软件TIMES-SS、生物利用度等数据信息。数据库包括207种化学物质的体内和体外试验数据，对预测

外部测试集（60 个物质）LLNA 结果危害识别（对皮肤致敏性定性判定）的预测准确率为 100%，致敏效力分级（4 个等级）的预测准确率为 89%。该策略优点为通过定量的 WoS，利用概率分布来量化预测的不准确性。

⑩顺序测试策略（Sequential testing strategy，STS） 该策略仅采用 DPRA（KE1）和 h-CLAT（KE3）两个体外试验数据来进行皮肤致敏性的危害识别和致敏效力预测。该策略参照 LLNA 对致敏效力等级的分类，对待评估物质的致敏性预测结果分为强、弱和非致敏三类。首先，进行 h-CLAT 试验：如果反应结果为阳性，则根据导致阳性反应的最低浓度将受试物分类为"强"或"弱"，无需进一步试验；如果 h-CLAT 结果为阴性，则进行 DPRA 试验。如果 DPRA 结果为阳性，则该物质被归类为"弱"物质；如果 DPRA 结果为阴性，则该物质被归类为"非致敏"物质。与 LLNA 数据相比，该策略对 139 种化学物质（102 种致敏剂和 37 种非致敏剂）的危害识别和效力分级的预测准确率分别为 81% 和 69%。该策略的局限性同时受 DPRA 和 h-CLAT 两个测试方法的局限性影响，如对水溶性物质的预测准确性较低。

⑪ 整合测试策略 -2（integrated testing strategy-2，ITS-2） ITS-2 策略是在 STS 策略的基础上，增加了计算毒理学预测软件 Derek Nexus，对其预测结果赋分，按得分进行致敏效力分级。ITS-2 同样将皮肤致敏效力分为强、弱和非致敏三类。根据两项体外试验结果，综合得出体外试验分数为 0~3（如两个阴性结果分数为 0），DEREK Nexus 预警结果分数分为 0（无预警结构）或 1（有预警结构）。计算最终的总分并得出预测结果（0~1 为非增敏剂；2~6 为弱致敏性；7 为强致敏性）。与 LLNA 数据相比，该策略对 139 种化学物质的危害识别和效力分级的预测准确率分别为 84% 和 71%，当在分析中考虑待评估物质的 log P 时，可以将预测准确率分别提高到 89% 和 74%。该策略的局限性同样同时受 DPRA、h-CLAT 和 DEREK Nexus 的局限性影响，如对水溶性差的物质的预测性准确性降低。

⑫ 皮肤过敏风险评估数据解释程序策略（DIP for Skin Allergy Risk Assessment，SARA） 该策略使用常微分方程建立诱导 T 细胞增殖毒性动力学模型，将抗原特异性记忆 CD8+T 细胞的数量作为确定不良反应阈值的指标。SARA 模型覆盖了皮肤致敏性中 AOP 的 KE1、KE3 和 KE4，可用于评估具有皮肤致敏性的物质在人体皮肤内的扩散和分布。该模型通过输入皮肤渗透试验方法的特定化学参数对模型准确性进行修正，生成皮肤生物利用度动力学和蛋白质结合数据，从而预测皮肤致敏性。该策略适用于无需预先氧化或代谢而直接与皮肤蛋白结合的受试物。

整体结果比较可知，整合策略中覆盖的皮肤致敏性 AOP 中 KEs 越多，数据信息越全面，其预测准确率也越高，但试验成本同时也提高。整合测试与评估策略的局限性受组成策略的各单个方法检测（或预测）能力、方法局限性等影响，如待评估物质的溶解性问题将影响某些体外试验是否可以开展，是否有明确的化学结构会影响是否可以采用计算毒理学预测软件等。

OECD 在指导文件中说明上述实例研究仅提供如何应用 IATA 的模式，实际应用时需根据化学物的结构特点、方法或工具的可操作性、不同的监管需求及不同的预测目的等情况，选择开展合适的整合测试与评估策略。12 种皮肤致敏性整合测试与评估策略信息汇总如表 6-4。

表 6-4　12 种皮肤致敏性整合测试与评估策略信息汇总表

序号	策略名称	评估目的	采用的数据源信息	验证物质数量	危害识别准确率（%）	效力分级准确率（%）
1	2 out of 3	危害识别	DPRA、KeratinoSens™/ LuSens 和 h-CLAT/USENS	213	88~91	—
2	RIVM STS	危害识别	DPRA、KeratinoSens™、h-CLAT、MultiCASE、CAESAR、DEREK Nexus、OECD QSAR toolbox	41	95.1	—
3	IATA-SS	危害识别	体内和非动物试验数据、蛋白质结合信息、诱变和基因毒性数据、皮肤腐蚀 / 刺激数据、可能的代谢产物和理化性质信息	100	87.6	—
4	Stacking Meta-model	危害识别	DPRA、KeratinoSens™、USENS™、TIMES-SS、ToxTree、待评估物质的理化性质（如 pH 值和挥发性）、五种不同的统计方法（boost、Naive Bayes、SVM、Sparse PLS-DA 和 Expert scores）	165	93	—
5	ICCVAM SVM	危害识别	DPRA、h-CLAT、KeratinoSens™、OECD QSAR、理化性质（如 lg P）	120	—	—
6	CCT	危害识别	DPRA、KeratinoSens™ 和 h-CLAT 以及计算毒理学预测软件（例如 TIMES-SS、ADMET Predictor、Derek Nexus、OECD Toolbox、Vega 和 Dragon）	269	81	—
7	ITS-1	危害识别及效力分级	KeratinoSens™、肽反应速率常数、TIMES-SS、带评估物质的 lg P、蒸汽压、反应性和关键代谢产物	312	79	71
8	ANN-EC3	危害识别及效力分级	DPRA、h-CLAT、KeratinoSens™ 以及待评估物质的理化性质和 QSAR 预测数据	139	79.7~83.6	69.1~75.3
9	BN-ITS 3	危害识别及效力分级	DPRA、h-CLAT、KeratinoSens™、TIMES-SS、生物利用度（pH 7 时的溶解度、pH 7 时的对数密度、血浆蛋白结合、电离度）	207	100	96
10	STS	危害识别及效力分级	DPRA、h-CLAT	139	81	69

序号	策略名称	评估目的	采用的数据源信息	验证物质数量	危害识别准确率（%）	效力分级准确率（%）
11	ITS-2	危害识别及效力分级	DPRA、h-CLAT、DEREK Nexus	139	84	71
12	SARA	危害识别及效力分级	生物利用度、皮肤蛋白动力学、常微分方程模型	—	—	—

注：—. 没有相关内容。

（4）皮肤致敏性策略确定的方法（DA）

由于 IATA 依赖专家经验对收集的信息源进行 WoE 分析，因此对于有特定监管目的的评估来说，IATA 存在评估程序不固定、不确定分析常常是具体情况具体分析（case by case）等局限性，可作为推荐性的评估工具，但难以成为具有统一尺度的标准。基于此，OECD 于 2021 年又发布了《皮肤致敏性确定的方法指南》（Guideline No.497 Guideline on Defined Approaches for Skin Sensitisation），该指南文件提出了 3 种带有固定评估过程和数据解释程序，明确了不确定性，可用于评价皮肤致敏性的确定的方法（Defined Approach，DA）。

第一种为"3 选 2 试验"策略，可用于化学物质皮肤致敏性危害识别。该策略从 KE1–KE3 中任意选择两个 KEs，分别选择对应的一项试验方法进行检测，如两个 KEs 检测结论一致且试验结果均不在阈值边界范围内，则根据一致的结论判定化妆品原料是否具有皮肤致敏性；否则开展第三个 KEs 的检测，根据三个 KEs 检测结论中一致的两项结论判定化妆品原料是否具有皮肤致敏性；若三个 KEs 检测结论存在矛盾（一项为阳性结果、一项为阴性结果、一项结果在阈值边界范围内）或其中两项以上检测结果均在阈值边界范围内，则判定无法确定皮肤致敏性风险。

第二种和第三种均为"整合评估策略"（ITS），可用于对皮肤致敏性风险等级进行评估。通过整合 2 类不同信息来源的数据，2 项 KEs 检测方法（DPRA 和 h-CLAT）的试验结果和 1 项计算毒理学预测软件（QSAR Toolbox 或 Nexus Derek）的预测结果，通过统计分析，将来自不同信息源的数据整合形成策略。

3. 创新性和意义

《应用指南》在参考国际相关技术指南的基础上，结合《技术规范》标准制修订情况，充分考虑行业需求、方法认可情况和可操作、可推广等多方面因素推荐可用的替代毒理学方法，以 DPRA、LuSens 和 h-CLAT 试验作为"3 选 2 试验"策略示例，如选用尚未收录于我国《技术规范》的其他国际权威替代方法验证机构发布的方法时，应说明方法适用性、检测 KEs、结果判定及不确定性分析（如阈值边界范围等）。随着替代方法等技术逐步发展，国内外标准不断更新等情况，将继续研究相关评估工具，进一步完善和丰富整合策略。

《应用指南》基本覆盖 OECD No.497 中"3 选 2"试验策略的内容和原则，结合《技术规范》制修订计划，仅将 OECD 指南中 KE2 检测方法由 KeratinoSens 替换为 LuSens，LuSens 与 KeratinoSens 同为 OECD TG 442D 中认可的 KE2 检测方法，形成策略时 LuSens 的阈值边界范围参考欧盟动物替代方法验证机构 ECVAM 2022 年更新发布的 LuSens 方法操作标准（DB-ALM Protocol No.184 Annex 5）。

无论是对致敏物质本身的识别、评估和限值管理，还是对化妆品的安全评估、皮肤致敏性评价方法都是非常重要的技术手段。目前，《技术规范》收录了多种试验方法，包括多种动物替代方法。但由于过敏反应的复杂性，单一替代方法无法准确预测受试物致敏性，需考虑整合测试评估策略等应用层面的方法路径。

在已有安全评估框架体系之外，近年来发展出一套以暴露为导向、以假设为驱动的 NGRA，将更多新方法纳入考虑。2017 年、2018 年，ICCR 先后发布《化妆品原料安全性评价组合策略》，开始关注 NGRA，较为系统地介绍了 NGRA 的原则、框架以及可利用的评价工具等。2020 年起，ICCR 安全评价策略工作组围绕 NGRA 的实际应用展开讨论。目前，在间苯二酚、尼泊金酯等的皮肤致敏性评价中，已有 NGRA 的应用案例探讨，有望在未来带来新的评估思路。随着替代方法等技术逐步发展，以及国内外标准不断更新完善，相信皮肤致敏性整合测试与评估策略等相关评估工具也将进一步完善和丰富。

（二）主要内容

1. 框架和主要内容

《应用指南》分为概述、适用范围、基本原则、可用的替代方法、注意事项和附录，系统地介绍了皮肤致敏性 AOP 的机制过程、KEs、整合测试与评估策略等概念。同时，介绍了"3 选 2 试验"策略的流程、覆盖了 AOP 中哪些 KEs、试验方法的选择顺序、对已知不确定性的考虑（如所选试验方法局限性、阳性结果判定的阈值边界范围等）内容。在附录中，以化妆品用化学原料体外皮肤变态反应：直接多肽反应试验（DPRA）、体外皮肤变态反应 角质细胞荧光素报告基因测试 LuSens 方法（LuSens）和体外皮肤变态反应 人细胞系活化试验（h-CLAT）为例，分别列举了 DPRA、LuSens 和 h-CLAT 方法在组成"3 选 2 试验"策略时结果判定要求的策略图，最后提供了策略应用示例。

2. 技术要求

"3 选 2 试验"策略的可靠性受组成策略的试验方法的适用性和局限性、原料理化性质等多种因素综合影响，预测结果存在一定的不确定性，需在评估过程中予以说明。例如，采用 h-CLAT 方法时，要求受试物具有可溶性，对正辛醇 - 水分配系数 LogKow > 3.5 的原料，易出现假阴性的结果，可采用其他检测该 KEs 的试验方法组成策略或选择其他皮肤致敏性评价方法，如皮肤变态反应试验或局部淋巴结试验等。虽然每一项试验方法具有明确的阳性结果判定阈值，但接近阈值的检测结果在组成策略时，会降低结论的可信度，通过统计试验方法验证数据可获得阳性判定的阈值边界范围（borderline range），检测结果在阈值边界范围内的可采用其他检测该 KEs 的试验方法组成策略或选择其他皮肤致敏性评价方法。

目前，《技术规范》或 OECD 指南中认可的可用于"3 选 2 试验"策略的替代方法仅有 4 项：DPRA、LuSens/KeratinoSens、h-CLAT，主要原因是组成策略时，需要明确固定的策略流程图和各试验阳性判定的阈值边界范围（即不确定性分析），而目前国内外已被标准体系认可的具有策略流程图和阳性阈值边界范围的方法仅上述 4 种。其中，KeratinoSens 尚未收录于《技术规范》中，如采用该方法组成策略时，需满足《安评导则》《化妆品新原料注册备案资料规定》等相关要求。

3. 整体解读

皮肤致敏性整合测试与评估策略是化妆品原料皮肤致敏性评价的工具之一，根据评估目的、整合的信息源、覆盖了哪些 KEs、评估程序、结果判定要求等因素的不同，可组成不同的"整合测试与评估策略"。基于我国化妆品行业现状，本次发布的《技术指南》为"3 选 2 试验"策略，策略基于皮肤致敏 AOP，整合 DPRA、LuSens、h-CLAT，覆盖关键事件 KE1 至 KE3，不确定分析主要为各试验方法的阳性阈值边界范围。

（三）重点内容解读

1. 关于开展皮肤致敏性评估的方法

根据化妆品原料的特点，可选择如下三种方案的任意一种开展试验或文献检索获取试验结果，开展致敏性评估：①《技术规范》皮肤变态反应试验，包括局部封闭涂皮试验或豚鼠最大值试验。②《技术规范》皮肤变态反应：局部淋巴结试验，包括 DA 或 BrdU-ELISA。③按照《皮肤致敏性整合测试与评估策略应用技术指南》的要求，选择相应的体外试验，根据"3 选 2 试验"策略的原则得出结论。如无法判定原料致敏性风险，可选择①或②的方法进行评价。

2. 关于采用《技术规范》以外的替代方法

如选用尚未收录于我国《技术规范》的其他国际权威替代方法验证机构发布的方法时，应说明方法适用性、检测 KEs、结果判定及不确定性分析（如阈值边界范围等）。此外，在形成安全评估报告时，应符合《安评导则》要求，在评估报告中载明方法的来源、识别毒理学危害的原理，并分析结果的科学性、准确性和可靠性。用于化妆品新原料注册备案时，应符合《化妆品新原料注册备案资料管理规定》要求，同时提交该方法能准确预测该毒理学终点的证明资料。证明资料应当包括该项替代试验方法研究过程简述和不少于 10 种已知毒性受试物的研究数据、结果分析、研究结论等内容。

四、化妆品稳定性测试评估技术指南

（一）背景介绍

1. 起草目的和背景

化妆品的稳定性是评价化妆品质量与安全性的重要因素，也是保证化妆品使用性与功效性的基础。化妆品稳定性测试评估是通过设计试验获得产品的感官、物理、化学、生物等特性在温度、湿度、光照等多种环境因素的影响下随时间变化的规律，并据此为化妆品产品的研发、生产、包装、贮存、运输条件和保质期的确定等提供支持性信息，是化妆品安全评估工作的重要组成部分。为规范开展化妆品安全评估工作，推进化妆品安全评估制度有序实施，制定该技术指南，为化妆品企业开展相关测试提供参考。

2. 历史沿革和国内外研究现状

《化妆品注册备案资料管理规定》第三十条要求，贮存条件和使用期限应当根据产品包装及产品自身稳定性或者相关实验结果等特点设定产品贮存条件和使用期限；《安评导则》在化妆品产品的安全评估中指出，应结合产品的具体情况评价相关理化指标以确定产品的稳定性，但未对产品稳定性试验提供相关要求。

国际上，化妆品稳定性测试主要参考以下文件：1992年国际化妆品化学家学会联盟发布《稳定性试验原理》，2004年欧洲化妆品协会发布《化妆品稳定性测试指南》，2004年巴西发布《化妆品稳定性指南》，2011年韩国发布《化妆品稳定性测试指南》，2017年日本发布《化妆品医药部外品制造销售指南》，2018年国际标准化组织（International Organization for Standardization，ISO）发布《化妆品产品稳定性研究指南》。

其中欧洲化妆品协会发布的《化妆品稳定性测试指南》中明确了化妆品稳定性测试的目的是确保产品在适当的条件下储存时符合预期的感官、物理、化学和微生物质量标准以及功能。由于化妆品种类繁多，企业应考虑生产工艺、包装材料、储存条件等因素，根据产品特性及经验开展稳定性试验。加速试验测试通常在37℃、40℃或45℃下进行，持续时间为1、2、3……个月，使用的温度和持续时间取决于产品类型，并应设置合理的取样频率。需要检查的变化类型多样性，包括物理、化学、微生物、功能和感官变化等，如颜色、气味和外观、pH值、黏度、重量变化、微生物试验证明等。同时也可开展温度循环试验、机械物理测试、光稳定性等测试。稳定性测试应选择与拟上市产品完全相同的材料制成的包装，并在所有其他方面尽可能与产品销售的包装相似。如果产品将以几种不同的包装类型销售，建议研究每种包装类型，确定产品应储存的包装，以便尽可能地模拟实际销售的产品，使该产品可代表商业生产。

国际标准化组织发布的《化妆品产品稳定性研究指南》中明确稳定性研究旨在评估产品在适当条件下储存和使用时保持所需物理、化学和微生物特性以及功能性和感官特性的能力。化妆品的稳定性测试是必需的，获得关于产品配方和适当包装材料的指导、优化产品配方和生产工艺，确定产品运输、储存、展示和使用方式的条件，估计和确认保质期，以及确保客户安全。考虑到化妆品种类、储存和使用条件的多样性，不可能定义一种单一的方法来评估产品的稳定性，可由生产商来指定和论证稳定性方案，以涵盖产品稳定性测试的测试方法、质量标准和试验条件。研发阶段开展的试验，产品配方、生产工艺、包装材料应与拟上市产品相同，商品化后通过对代表性配方进行长期稳定性试验来确认其保质期。加速试验可选择温度如 30℃、37±2℃、40℃、45±2℃、50±2℃等，持续时间 1~3 个月。相对湿度可以是环境湿度或控制湿度，如 37℃ 至 40℃，相对湿度 75% 至 80%；30±2℃、相对湿度 65% 等试验条件。可开展感官试验、温度循环试验、机械物理测试、光稳定性等，如 pH 值，黏度、微生物试验等。稳定性试验应形成总结报告，包括产品的标识、包装材料、试验方法和试验条件、试验结果（可以表格形式记录，说明试验的贮存条件、持续时间和试验周期）、检验结论（关于结果评估、产品批准建议的保质期估计）、负责人的签名和测试日期等信息。

3. 创新性和意义

为了《化妆品稳定性测试评估技术指南》更具科学性、规范性、可行性、适用性，文件制订过程中参考了欧盟、ISO、日韩等国家已有的关于化妆品稳定性测试的相关标准法规，并在企业开展调研，征求企业、行业协会和专家的意见，该指南充分考虑了化妆品行业的现状，赋予了化妆品注册人、备案人较大的灵活性和自由度。企业可以根据自身需求，依据国家标准、技术规范、行业标准、国际标准、本技术指南或企业自建方法开展相关研究。鼓励企业在合规的基础上开展创新，从而促进化妆品行业的技术进步和发展。

（二）主要内容

1. 框架和主要内容

《化妆品稳定性测试评估技术指南》包括 6 个部分，分别是范围、术语和释义、试验要求、试验方法、结果评价和说明。

范围明确了该指南规定了化妆品稳定性评价的试验要求、试验方法和结果评价。

术语和释义部分明确了各试验的基本概念。影响因素试验是在较极端的条件下进行，以了解影响化妆品质量稳定性的主要因素及可能发生的质量变化情况，为加速试验和长期试验条件提供参考。加速试验是在不同于长期贮存温度和湿度条件下，考察化妆品的稳定性，初步预测化妆品在规定的贮存条件下的质量保持趋势。长期试验是在设定贮存条件下考察在运输、保存过程中的化妆品稳定性，为确认贮存条件及保质期等提供依据。

2. 技术要求

化妆品稳定性试验可结合原料的理化性质、产品形态、产品配方、工艺条件及包装材料等合理设计，基于各试验的定义和目的的不同，试验要求也有所不同。其中试验样品，基于目前化妆品行业的现状，文件中规定了影响因素试验、加速试验和长期试验至少采用一批样品进行。影响因素试验、加速试验用样品所用的产品配方、生产工艺、直接接触包装材料等原则上应与上市后的化妆品保持一致。长期试验用样品应与上市后的化妆品保持一致。

实验项目可以根据化妆品的特点和质量控制要求，选择在保存期间易于变化、并可能影响化妆品质量稳定的项目，因为化妆品的种类剂型比较复杂，如乳剂、膏、霜、粉末、气雾剂、凝胶等多种剂型，可依据产品形态、使用方式及贮存过程中存在的主要风险等增加试验项目，文件列出可考察的试验项目，如外观、颜色、气味、pH 值、菌落总数、霉菌和酵母菌总数等，并可结合化妆品特点进行离心考验、黏度、气密性能试验、跌落试验等。具体实验项目的设置要能够全面地反映化妆品稳定性。

试验测试方法是要结合试验项目选择相对应的专属性强、灵敏、准确的分析方法，并由注册人、备案人评估在必要时需开展方法学验证，以保证稳定性检测结果的可靠性。试验频率也根据试验项目确定，同时需提供具体的检测频率及检测频率确定的依据。企业历史数据、相关文献数据、已有的国内外标准等均可作为确定依据，注册备案人可提供用来充分证明相关试验设计合理性的依据即可。

试验方法是分影响因素试验，加速试验和长期试验。影响因素试验一般可开展高温试验、高湿试验、光照试验、冻融试验。注册人、备案人根据化妆品特性、包装材料、贮存条件及不同的气候条件等因素综合决定是否开展及开展的影响因素试验种类，确定试验条件，并提供相应的实验条件设置的依据和具体的考察时间的依据，企业历史数据、相关文献数据、已有的国内外标准等均可作为确定依据。

加速试验和长期试验的试验条件根据化妆品的特性和包装材料等因素来自行确定。文件中给出了可供参考选择的温湿度的条件。注册人、备案人自行设定的试验条件，应提供相应的实验条件设置的依据和具体的考察时间的依据，如加速试验或长期实验的时间周期的设定、时间间隔和实验的温湿度条件的设定的合理性。

注册人、备案人应对化妆品稳定性研究结果进行系统分析，并结合化妆品的理化性质、产品形态、产品配方、工艺条件、包装材料等以及化妆品在生产、流通过程中可能遇到的情况，进行综合研判，提供评价依据及结论，形成稳定性评价报告。

3. 整体解读

化妆品稳定性研究应结合原料的理化性质、产品形态、产品配方、工艺条件及包装材料等进行合理设计，可开展影响因素试验、加速试验和长期试验。

影响因素试验、加速试验和长期试验至少采用一批样品进行。影响因素试验、加速试验用样品所用的产品配方、生产工艺、直接接触包装材料等原则上应与上市后的化妆品保持一致，长期试验用样品应与上市后的化妆品保持一致。

稳定性研究可根据化妆品特点和质量控制要求，选择在保存期间易于变化、并可能影响化妆品质量稳定的项目，以及依据产品形态、使用方式及贮存过程中存在的主要风险等增加试验项目，以便客观、全面地反映化妆品的稳定性。试验频率可根据试验项目确定，但需提供具体的检测频率及检测频率确定的依据。

根据化妆品特性、包装材料、贮存条件及不同的气候条件等因素综合决定是否开展及开展的影响因素试验种类，确定试验条件；加速试验、长期试验条件根据化妆品特性、包装材料等因素确定，应当提供上述试验条件设置依据、考察时间确定依据及相关数据材料。需设置多个试验时间点研究化妆品的质量变化，时间点可根据化妆品特性及试验结果科学设计。

对化妆品稳定性研究结果进行系统分析，并结合化妆品的理化性质、产品形态、产品配方、工艺条件、包装材料等以及化妆品在生产、流通过程中可能遇到的情况，进行综合研判，提供评价依据及结论，形成稳定性评价报告。

（三）重点内容解读

1. 关于是否长期试验结束后才可提交注册备案申请的问题

化妆品注册人、备案人可在加速试验结束后提交注册备案申请，长期试验报告企业存档。

2. 关于影响因素试验、加速试验、长期试验时间及不同时间点的设置

化妆品稳定性评价目的是考察化妆品在一定温度、湿度等条件下随时间变化的规律，影响因素试验、加速试验、长期试验时间由化妆品注册人、备案人根据化妆品特性、包装材料等因素确定。需设置多个试验时间点研究化妆品的质量变化，时间点的设置应依据产品形态特点及稳定性趋势评价要求等而设置。如加速试验可设计 0、1、2、3 月等，也可增加半月中间时间点设置；长期试验可设计 0、3、6、9、12、18、24 月等中间时间点设置，并提供上述试验条件设置依据、考察时间确定依据及相关数据材料。

3. 关于配方体系近似、包装材质相同的化妆品评估问题

可根据已有的资料和实验数据对稳定性开展评估工作，但需阐明理由，说明情况。

4. 关于化妆品注册人、备案人可否选择其他方法开展化妆品稳定性测试评估的问题

《化妆品稳定性测试评估技术指南》作为非强制性参考文件，其主要目的是为化妆品注册人、备案人在开展相关测试时提供指导和建议。化妆品注册人、备案人可以根据自身的实际需求和情况，选择国家标准、技术规范、行业标准、国际标准、技术指南或者企业自建方法开展相关研究，并在安全评估报告中提交相关测试或者评估结论。

5. 关于如何开展化妆品稳定性试验

具体示例如下。

影响因素试验条件：

高温试验：温度 $50 \pm 2℃$ 条件下放置 30 天分别于第 5 天、第 10 天、第 20 天和第 30 天取样检测。

光照试验：照度 $4500 \pm 500 \, lx$ 条件下放置 10 天分别于第 5 天和第 10 天取样检测。

冻融试验：$40 \pm 2℃$ 条件下放置 24 小时，$-5 \pm 2℃$ 的条件下放置 24 小时，循环 6 次，恢复室温后取样检测。

加速试验条件：可选择温度 40±2℃、湿度 RH75%±5% 的试验条件，分别在 0、1、2、3 个月取样测试。

长期试验条件：如保质期 18 个月的产品，可选择温度 25±2℃、湿度 RH60%±10% 的试验条件，分别在 0、1、3、6、9、12、18 个月取样测试。

试验项目：外观、颜色、气味、pH 值、菌落总数、霉菌和酵母菌总数等。

五、化妆品与包材相容性测试评估技术指南

（一）背景介绍

1. 起草目的和背景

化妆品与其包装材料的相容性评价，是保障化妆品安全性的重要环节。该评价的目的是研究化妆品与包装材料之间的相互作用，并基于安全评估来确保产品的安全性。由于包装材料的种类繁多，形状和材质各异，且化妆品种类多样，为方便、有效地进行相容性研究，支持化妆品完整版评估实施要求，2024 年 7 月 8 日，中检院制定发布《化妆品与包材相容性测试评估技术指南》（以下简称《化妆品相容性指南》）。

2. 历史沿革和国内外研究现状

相比食品和药品领域，化妆品领域的相容性研究起步较晚，相关标准或指南较少，在开展相容性研究时，化妆品行业可以借鉴参考食品和药品领域的同类标准和指导原则。

（1）药品领域相关标准与指导原则

我国早在 2002 年就在《国家药包材标准》中出台了《药品包装材料与药物相容性试验指导原则》，为考察药品包装材料与药物之间是否发生迁移或吸附等现象，进而影响药物质量而进行的试验进行了指导，主要内容包括相容性试验测试方法的建立、相容性试验的条件、包装材料与药品相容性的重点考察项目。其中第三部分分别从玻璃、金属、塑料、橡胶等不同材质，以及原料药、片剂、胶囊剂、注射剂、栓剂、软膏剂、眼膏剂等不同药物制剂形式，介绍了相容性研究时应注意的重点考察项目，从包材与药品两个方面考察相互作用的影响。

自 2015 年开始，《中国药典》四部中发布了药包材的部分标准，其中在药包材的指导原则中要求，药物制剂在选择药包材时必须进行药包材与药物的相容性研究，并提出了开展相容性研究的基础要求。

自 2012 年开始，国家药监局根据国内药物和包装材料相容性研究的现状，陆续发布了《化学药品注射剂与塑料包装材料相容性研究技术指导原则（试行）》《化学药品注射剂与药用玻璃包装容器相容性研究技术指导原则（试行）》《化学药品与弹性体密封件相容性研究技术指导原则（试行）》《化学药品注射剂生产所用的塑料组件系统相容性研究技术指南（试行）》，以化学药品为例，对药品与不同类别包装材料的相容性提出了相应的要求。

《化学药品注射剂与塑料包装材料相容性研究技术指导原则（试行）》是2012年基于《直接接触药品的包装材料和容器管理办法》（局令第13号），借鉴国外相关指导原则及有关专著，同时根据我国药物研发的实际情况制定的，其内容包括相容性研究的基本思路、相容性研究的主要内容、相容性试验内容与分析方法，以及试验结果分析与安全性评价等，旨在指导药品研发及生产企业系统、规范地进行药品与包装材料的相容性研究，在药品研发初期对包装材料进行选择，并在整个研发过程中对包装系统适用性进行确认，以有效避免包装材料可能引入的安全性风险，从而选择使用与药品具有良好相容性的包装材料。

随后，在2015年，国家药监局又发布了《化学药品注射剂与药用玻璃包装容器相容性研究技术指导原则（试行）》，其主要内容与塑料药包材的相容性指导原则类似，并增加了相容性研究的考虑要点，从包材的分类、生产工艺等角度出发，从原理上介绍了玻璃类包材与药物可能发生不相容的原理，更清晰地引出开展相关研究时的注意要点。在相容性的主要内容方面，相比于塑料包材需要开展的提取试验，由于玻璃属于无机材料，因此在开展相互作用的研究之前，一般会进行模拟试验，预测玻璃容器发生脱片的可能性。

橡胶类药包材成分复杂，在借鉴了前两类包材的相容性指导原则的基础上，《化学药品与弹性体密封件相容性研究技术指导原则（试行）》于2018年发布。指导原则中介绍了不同种类的橡胶类密封件和热塑性弹性体密封件的配方与加工工艺、制备流程等，通过对配方体系的深入了解，在设计研究方案、开展提取与浸出研究时更加有的放矢。

在2020年，考虑到药物制剂在生产过程使用的塑料组件系统，可能与液体接触并发生相互作用，导致相关浸出物的产生和积累，并最终传递至终产品中，可能影响产品质量和/或患者安全。为科学选择药物制剂生产过程中使用的塑料组件系统，确保塑料组件系统符合其预期用途，以化药注射剂为例，发布了《化学药品注射剂生产所用的塑料组件系统相容性研究技术指南（试行）》，指导注射剂生产过程中使用的塑料组件系统的相容性研究。这一指导原则是从科学和风险管理的角度出发，考虑到了全流程中可能来源于包材并累积在最终产品中的安全风险，要求第一责任人进行相关的评估，综合考虑接触材料或组件系统的化学和物理性质、接触液体的化学性质、接触条件以及浸出物被制剂工艺消除或稀释的能力等，设计相应的研究方案，对包材与制剂进行相容性研究。

（2）食品领域相关标准与指导原则

食品接触材料的安全性是食品安全的重要组成部分。2015-2017年，我国颁布了一系列食品接触材料国家标准，形成了较为完整的标准体系，包括GB 4806.X系列的产品标准、GB 9685-2016《食品安全国家标准 食品接触材料及制品用添加剂使用标准》、GB 31603—2015《食品安全国家标准 食品接触材料及制品生产通用卫生规范》以及GB 31604.X系列的检测方法标准等，为食品包装安全提供了保障。

GB 4806.1-2016《食品安全国家标准 食品接触材料及制品通用安全要求》作为框

架性标准，规定了食品接触材料的基本要求、限量要求、检验方法等内容。GB 9685–2016《食品安全国家标准　食品接触材料及制品用添加剂使用标准》取代了 GB 9685–2008《食品容器、包装材料用添加剂使用卫生标准》，扩大了适用范围，修订了适用范围以及术语与定义，明确了添加剂的使用原则和使用规定，给出了塑料、涂料、橡胶、油墨、黏合剂、纸和纸板、硅橡胶等各类材料中允许使用的添加剂，以及最大使用量、特定迁移量等要求，对聚丙烯、聚乙烯等不同的塑料制品制定了统一的总迁移量指标。

GB 31604 系列标准规范了食品接触材料的研究方法，并对食品与包材的相互影响进行了详尽的规定。该系列中，GB 31604.1 是接触材料及制品迁移试验的通则，对食品接触材料有总体的要求，GB 31604.59 是化学分析方法验证的通则，其余均为具体测试方法。如 GB 31604.2 高锰酸钾消耗量、GB 31604.3 干燥失重、GB 31604.4 挥发物等对食品接触材料及制品进行质量控制时的测试方法，以及 GB 31604.18 丙烯酰胺、GB 31604.23 二氨基甲苯、GB 31604.27 环氧丙烷、GB 31604.47 荧光物质等添加剂的检测方法。

（3）化妆品领域相关标准与指导原则

目前，化妆品领域的风险管理主要集中在原料的安全性上，而针对包装材料的研究相对较少。现行的国家标准和指导原则也较为有限。化妆品中的部分标准，如 GB/T 33308–2016《化妆品中游离甲醇的测定　气相色谱法》、GB/T 34822–2017《化妆品中甲醛含量的测定　高效液相色谱法》、GB/T 30939–2014《化妆品中污染物双酚 A 的测定　高效液相色谱 – 串联质谱法》等方法，虽然主要针对化妆品内容物，但其中的检测方法也可应用于包材的相关研究。

化妆品与其包材的相容性研究，可以参考食品、药品领域已有的研究思路与方法，结合自身特点，制定符合化妆品自身特点与需求的研究策略。

3. 创新性和意义

《化妆品相容性指南》首次明确提出了化妆品需要对所使用的包材进行相容性研究的概念，并给出了评估方法与主要研究内容。指南特别关注了可能由包装材料引入的安全风险，填补了化妆品安全性研究中的空白，为化妆品的安全评估提供了更全面的视角，进一步强化了产品的安全保障。

本指南的编制，充分借鉴了食品和药品领域的相关标准和指导原则，同时结合化妆品的独特特点，制定了适用于化妆品相容性研究的策略。这种跨领域的经验借鉴，使得化妆品相容性研究在深度和广度上都有了显著提升，推动了行业研究水平的提升。

在指南发布之前，部分化妆品企业已经意识到相容性研究的重要性，并逐步开展了相关研究。然而，由于缺乏统一的标准，不同产品的研究内容和程度存在较大差异。《化妆品相容性指南》的出台，充分考虑了化妆品行业的现状，赋予了化妆品注册人和备案人较大的灵活性和自由度。企业可以根据自身需求，依据国家标准、行业标准、国际标准、技术规范，或通过自建方法开展相容性研究。不仅为企业选择最合适的研究方法提供了支持，也鼓励持续的创新，推动相容性研究技术的不断进步和完善，从而促进了整个行业的技术进步和发展。

（二）主要内容

1. 框架和主要内容

《化妆品相容性指南》由6个部分组成，分别是范围、术语与释义、要求、试验方法、结果评价、说明。《化妆品相容性指南》核心内容主要围绕以下几个方面展开。① 研究范围：相容性研究仅适用于与化妆品直接接触的包装材料，不包含外包装或非长期接触的组件。通过明确研究的适用范围，指南确保了研究的针对性和有效性。② 术语释义：对相容性、稳定性、浸出物、可提取物等关键术语进行了详细解释，确保研究者在操作中能准确理解和应用相关概念。③ 要求：指南要求企业在开展相容性研究时，确保所选包材与化妆品间不发生化学反应，且不会迁移或释放有毒有害物质。同时，指南强调应建立灵敏、专属且经验证的测试方法，选择具有代表性的样品进行评价，确保研究结果的科学性和可靠性。④ 试验方法：包括提取试验和迁移试验等。提取试验旨在通过溶剂模拟包装材料可能释放的化学物质，而迁移试验则通过加速试验或长期稳定性试验，评估包材中的成分在实际接触条件下进入化妆品的可能性。⑤ 结果评价：基于试验结果，评估包装材料的安全性。对于迁移或释放出的化学成分，应进行毒理学评估，以确定其对人体健康的潜在影响。

在《化妆品相容性指南》中，包含了对于化妆品包材多个层级的要求。首先直接接触化妆品的包装材料应当安全，不得与化妆品发生化学反应，不得迁移或释放对人体产生危害的有毒有害物质。这是来源于《技术规范》，对于化妆品包材的最低要求。其次，从相容性的角度出发，为化妆品选择合适的包材时，除自身质量应符合相关标准，包材不应与化妆品发生反应，不应导致化妆品产生安全性风险。在相容性评估中，应建立专属且经验证的测试方法，并选择具有代表性的样品，以确保研究结果的科学性和有效性。

为更好地推进化妆品相容性的评价，《化妆品相容性指南》赋予了化妆品注册人、备案人较大的灵活度，化妆品注册人、备案人可以依据国家标准、技术规范、行业标准、国际标准、本技术指南或自建方法开展相关研究，并在安全评估报告中提交相关测试或者评估结论。

需要说明的是，在导则的7.2.3条款中，针对包材分别提出了稳定性和相容性两方面的要求。导则中明确，参考包装或载体供应商的安全资料或安全声明等资料，进行的评估适用于稳定性的评估。包材的自身稳定性主要指的是包材在包装化妆品之前，在一定的温度、湿度、光照条件下，其自身的化学、物理稳定性。由于供应商最了解包材的配方和加工工艺，此类评估可以通过供应商提供的安全资料或安全声明进行，并能提供有关添加剂和材料成分的相关信息。稳定性实验结果不能替代相容性研究结果，使用前者评估包材可能引发的潜在风险是不可取的。相容性研究则是针对具体化妆品与特定包装材料之间相互作用的研究。这是一个更加复杂且产品专属的过程，必须根据不同的化妆品类型和包装材料开展定制化的评估。虽然供应商能够提供某些普适性的提取或模拟

169

提取试验结果，但这些结果仅适用于参考，并不能完全代表化妆品与包材在实际应用中的相互作用。化妆品与包材的相容性必须通过具体的研究来确认，以确保安全性和产品质量。

2. 技术要求

（1）相容性研究基本思路

相容性研究通常按照指南中的 6 个步骤进行。首先，应明确直接接触化妆品的包装容器及材料。其次，分析包材的组成、与化妆品的接触方式和条件，以及化妆品的生产工艺，收集包材相关配方信息、加工助剂信息、清洗剂与清洗方式等，这些分析为后续的提取与迁移条件设置提供了依据，在此基础上，初步拟定相容性的研究方案。第三步是对包材进行提取试验，以获得可提取物信息，对可提取物的检测方法进行方法学研究，并预测潜在的浸出物。随后，通过迁移和吸附研究，考察包材成分在加速试验和长期稳定性试验条件下的迁移情况和反应程度，对浸出物的检测方法进行充分的方法学研究，确认检测方法能专属、准确、灵敏、稳定地检出待测的浸出物，观察浸出物的变化趋势，对试验数据进行必要的统计分析和总结。通过逐一对浸出物水平进行安全评估后，得出包材整体的适用性结论。

（2）提取研究

提取试验是指采用适宜的溶剂，对空白包材进行的试验研究；目的是获得包材中的可提取物信息以明确迁移试验的目标浸出物，依据提取试验研究中获得的可提取物种类和水平信息，建立灵敏的、专属的分析方法，以指导后续的浸出物研究（迁移试验）。

在提取部分，通常应选择具有与化妆品相容或相似的理化性质的溶剂作为浸提液，重点考虑溶剂的 pH、极性和离子强度等。例如，对于内容物 pH 为偏酸偏碱的产品，应使用酸碱度更高的溶剂作为浸提液；对于内容物中含有醇类的产品，应使用含有不同浓度的醇溶液作为浸提液；对于气雾、喷雾等化妆品，应使用具有相对应推进剂的溶剂作为浸提液。

化妆品应关注包材与浸提液的比例和提取方式，尤其是对于可提取物含量较低的物质，在提取的时候可以适当增加包材的比例，或通过将包材切割、粉碎等方式，增加可提取物溶出的比例。在提取条件方面，一般应参考化妆品的工艺条件，通过适当提高加热温度和延长加热时间的方式尽可能多地提取出包材中的可提取物。也可以考虑多次浸提后合并浸提液，浓缩后测定的可提取物的含量。如果待测物的分析方法足够灵敏，可直接采用浸提液进行测定，无需富集处理；若此时分析方法的灵敏度达不到检测要求时，可考虑通过减压浓缩富集、液相/固相萃取、衍生化等方式，提高检测灵敏度。通过上述方式，可以提高对可提取物检测的准确度，获得更多的可提取物信息。

对于玻璃、陶瓷等无机包材，应选择合适的模拟溶剂、模拟条件进行模拟实验，以预测无机的容器内部脱片的可能性。应对容器内表面进行检查，并对侵蚀后的模拟溶液进行检测分析。通过观察容器表面的侵蚀痕迹进行初步判断，并综合模拟溶剂中 Si 元素浓度、Si/B 或 Si/Al 比值、可见和不可见微粒数，pH 值变化结果等，预测容器内表面腐蚀情况。

对于无机类的可提取物质，一般选用电感耦合等离子体原子发射光谱法（ICP-OES）、电感耦合等离子体－质谱法（ICP-MS）、原子吸收分光光度法（AAS）等。对于有机类的可提取物质，主要检测方法有：高效液相色谱－二极管阵列检测法（HPLC-DAD）、高效液相色谱－质谱法（HPLC-MS）、离子色谱法（IC）、气相色谱－氢火焰离子化检测法（GC-FID）、气相色谱－火焰光度检测法（GC-FPD）、气相色谱－热能检测法（GC-TEA）、气相色谱－质谱法（GC-MS）和傅里叶变换红外光谱法（FTIR-ART）等。一般可提取物的分析方法，应进行全面的方法学验证，包括准确度或回收率、精密度（重复性、中间精密度）、专属性、检测限、定量限，线性和范围等。

对于检测结果超过安全阈值的可提取物需要进行必要的鉴定，如使用对照品或者谱图解析等方法确认结构，以便后续浸出物的研究。对经鉴定确认结构的可提取物进行定量/半定量测定。

（3）相互作用研究

相互作用研究包括迁移研究与吸附研究等，在开展相互作用研究时应采用实际样品，在加速试验和长期稳定性试验的条件下进行试验，具体的试验条件以及放置时间等可以参考《化妆品稳定性测试评估技术指南》，化妆品的放置方法应保证化妆品与包材充分接触。在开展研究时，可以同时设置空白干扰试验，排除供试品的本地干扰，避免假阳性的发生。

迁移试验是根据预测的目标浸出物而开展的研究，包括包材中的可提取物及其降解产物、包材与化妆品反应产生的产物等。迁移试验所用的分析方法，与可提取物检测基本一致，可以优先采用可提取物的测定方法进行浸出物研究，如果浸出物与可提取物的种类不一致，如新生成的产物或降解产物等，则应针对浸出物的实际情况，建立相应的检测方法，并对该方法进行全面的方法学验证，包括准确度（回收率）、精密度（重复性、中间精密度）、专属性、检测限、定量限，线性和范围等，以确保所建方法可准确、稳定地检出药品中的浸出物。

如果包装材料由不同的材料分层组成，则不仅需要评估最内层成分迁移至药品中的可能性，还应考虑中层、外层成分迁移至药品中的可能性；由于塑料膜属于半透性材料，多层材料外层的油墨或黏合剂也可能会渗透至产品中，因此在进行迁移研究时也应对外层油墨、黏合剂等进行考察。

吸附研究是为考察化妆品中的主要成分或功能性成分是否会被吸附或迁移至包材中，进而导致的产品质量和功效改变所进行的研究。吸附研究通常是与稳定性试验同时进行；样品的放置要求与迁移试验相同。通常可选择加速及长期稳定性试验的考察时间点，对产品中的主要成分或功能性成分进行含量测定或功效考察，关注其变化趋势，必要时应进行平行对照，以扣除产品本身降解的影响。

相互作用研究应关注包材对化妆品产品本身的影响，应设置相关的检验项目评价产品本身受包材影响的变化，如 pH 值、可见异物、重金属、不溶性微粒、功效检查等。

一般情况下，在开展化妆品与包材相容性研究时，也会同步进行化妆品稳定性的研究，如化妆品的感官考察、理化性质考察以及功能考察等均已在稳定性研究时同步开展，包材对化妆品成分及功效的影响中的相同项目无需重复开展。

此外，在开展相互作用研究时，还应关注长期或加速情况下，化妆品对包材的实际影响，如内表面是否有脱片等情况的出现，对于内部有涂层或者具膜的包材，还应关注涂层与膜的完整性。需注意的是，由于玻璃容器颈部和底部成型加工处的侵蚀程度与产品对玻璃壁的侵蚀程度不同，对玻璃容器与产品接触处与非接触处的侵蚀程度也不同，在对玻璃容器内表面脱片的趋势和程度进行考察时，需对玻璃容器不同部位进行考察。

（4）安全性研究

根据提取试验获得的可提取物信息及迁移试验获得的浸出物信息进行结果判定。可通过文献及毒性数据库查询相关的毒性资料，或开展安全性评价试验，得到相应的毒理数据，评估浸出物是否存在安全风险。如有必要，可结合稳定性试验结果综合评估化妆品与包材的相互作用，分析包材和化妆品的相容性是否会影响化妆品的质量和安全。若通过综合评价，结果显示包装材料对化妆品的质量和安全产生了显著影响，建议更换包装材料。

3. 整体解读

《化妆品相容性指南》是为了规范化妆品与其包装材料在相容性方面的安全评估而制定的一份重要文件。该指南的出台填补了国内化妆品相容性研究领域的空白，标志着化妆品安全评估体系向更加科学、全面的方向迈出了重要一步。

化妆品与包装材料的相容性研究是为了确保产品在储存和使用过程中不会因包装材料与化妆品的相互作用而影响产品的安全性和质量。指南明确了化妆品相容性研究的必要性，旨在通过规范研究流程，减少由包装材料引入的安全风险，进一步保障化妆品的质量与安全。

《化妆品相容性指南》首次在化妆品领域提出了对包装材料进行相容性研究的要求，关注来自包装材料的安全风险。这不仅提升了化妆品安全评估的全面性，也促使化妆品行业逐步建立更为完整的安全评估体系。同时考虑到相容性研究仍处于发展阶段，《化妆品相容性指南》给予了企业在研究方法上的自由度，鼓励行业在相容性研究方面进行不断探索和完善。

《化妆品相容性指南》的发布，标志着我国化妆品行业在安全评价领域的一个重要进展。通过规范相容性研究，企业能够更好地控制由包装材料带来的潜在风险，确保化妆品的稳定性和安全性。未来，随着相容性研究的深入开展，化妆品安全评价的维度将更加全面，技术手段将更加成熟，对于整体风险的评估也会更加准确。通过不断完善和升级相容性研究体系，我国化妆品行业的安全评价标准将逐步与国际接轨，推动行业实现更高质量的发展。

（三）重点内容解读

1. 关于制定《化妆品相容性指南》目的和意义

化妆品与其包材相容性试验是为考察化妆品与包材相互作用而开展的技术研究。由于包材的材质众多、形状各异以及被包装化妆品种类繁多，基于风险管理的原则，在参考药品和食品相关标准的基础上，结合化妆品行业现状制定《化妆品相容性指南》，化妆品注册人、备案人在对产品包材评估后，可参考本指南开展相容性测试，从而加强化妆品的监督管理，进一步提高化妆品使用安全性，指导行业关注化妆品中源于包装材料的潜在风险。

2. 关于开展化妆品与包材的相容性评估

为化妆品选择包材时，化妆品注册人、备案人可根据化妆品的成分、风险等级等实际情况对化妆品与包材的相容性进行评估，包括但不限于选择合适的模拟液对包材开展的浸出物研究报告，化妆品产品历史安全性数据或报告，根据食品、药品或自建的方法对化妆品的包材已开展的相容性研究报告，基于供应商提供的数据或声明或质量控制报告，以及化妆品稳定性实验结果综合评估化妆品安全性报告等。化妆品注册人、备案人可以采用其中一种方法或多种方式，评估化妆品与包材的相容性。

若化妆品注册人、备案人无法提供上述安全评估资料或发现化妆品与其包材发生相互作用并对化妆品质量、安全产生影响时，应参考《化妆品相容性指南》开展相关研究。

3. 关于配方体系近似的化妆品"一品一研究"的问题

对化妆品配方体系近似、与内容物直接接触的容器或载体包装材质相同且来源一致时，化妆品注册人、备案人可根据已有的资料和实验数据对相容性开展评估工作，但需阐明理由，说明情况。

六、化妆品防腐挑战测试评估技术指南

（一）背景介绍

1. 起草目的和背景

化妆品在生产和使用过程中极易受到微生物的污染。为防止化妆品中微生物的过量增殖，添加防腐剂是比较简单经济的解决方法。验证防腐剂在化妆品中能否有效抗菌的常用方法是进行防腐挑战实验。这一实验的设计原理是将特定数量的微生物人为地添加到化妆品中，模拟产品在实际使用中可能遭遇的污染情况。随后，通过定期检测化妆品中的活菌数量，观察其随时间的变化趋势，从而评估化妆品防腐体系的效能。ISO、化妆品和香料香精协会（CTFA）和美国分析化学家协会（AOAC）都已为化妆品的防腐效能测试制定了详细的标准和指南。然而，我国的化妆品防腐挑战试验并没有统一的试验方法和标准，给行业内的产品评价和质量监管带来了挑战。

为响应《化妆品注册备案管理办法》《安评导则》和《优化化妆品安全评估管理若干措施》的要求，制定《化妆品防腐挑战测试评估技术指南》，旨在为化妆品的安全评估提供技术支撑，促进行业内检验方法的统一，更好地规范行业内的产品评价和质量监管。

2. 历史沿革和国内外研究现状

目前我国用于化妆品防腐效能评价的标准包括《中华人民共和国药典》（2020年版）通则1121抑菌效力检查法，以及团体标准T/SHRH 017-2019《化妆品防腐挑战试验》和T/GDCDC 010-2019《化妆品防腐挑战性测试方法》。

国际上，化妆品防腐效能评估主要依据以下标准：Cosmetics-Microbiology-Evaluation of the antimicrobial protection of a cosmetic product（ISO11930：2019），CTFA microbiology guidelines（2007），AOAC Officaial Method 998. 10-2009 Efficacy of Preservation of Non-Eye Area Water-Miscible Cosmetic and Toiletry Formulations 以及 USP 43-NF 38<51> ANTIMICROBIAL EFFECTIVENESS TESTING。

3. 创新性和意义

（1）紧跟国际趋势。积极参考和采纳国际通用的标准和方法（如ISO 11930：2019），这不仅有助于提升我国化妆品在国际市场上的竞争力和认可度，还能确保我们的防腐挑战测试评估技术保持与国际前沿同步。

（2）简化流程与降低成本。鉴于《中华人民共和国生物安全法》对生物资源进口、使用和管理的严格规定，本指南推荐使用来源于中国医学细菌保藏管理中心（CMCC）的菌株作为测试菌株。这一选择主要基于其购买流程的简便性和菌株的易得性，相较于其他菌株（如ATCC菌株），CMCC菌株作为国内标准菌株，价格相对便宜且易于获得，购买流程也相对简单，能够为化妆品注册人、备案人节省大量时间和成本，更适合用于国内的防腐挑战试验。

（3）灵活性与实用性。本技术指南虽然提供了标准化的测试方法和建议，但同时也充分考虑不同企业的实际需求和情况，鼓励化妆品注册人、备案人选择适合自身情况的行业标准、国际标准或自建方法等，更好地满足不同企业的个性化需求。

（4）科学性与严谨性。在选择测试菌株时，要求包括革兰阳性、革兰阴性细菌、酵母菌和霉菌等具有代表性的菌种；在中和剂效果验证时，考虑产品的微生物含量对结果判定的影响；在防腐挑战测试时，需要在规定的时间点检测产品的微生物数量，以评判化妆品防腐剂的防腐效能。这些要求为测试结果的准确性和可靠性提供了有力保障。

综上所述，《防腐挑战测试评估技术指南》在紧跟国际趋势、简化流程与降低成本、提高灵活性与实用性以及强调科学性和严谨性等方面展现出了其创新性。这些创新不仅有助于提升我国化妆品的安全性和质量水平，还有助于推动整个行业的健康发展。

（二）主要内容

1. 框架和主要内容

化妆品防腐挑战测试评估技术指南内容涵盖了范围、术语和定义、设备和材料、培养基和试剂、测试菌株、测试方法及说明，为实际操作提供详尽指导。

依据《安评导则》，如果产品属于不易受微生物污染的产品，即非含水产品、有机溶剂为主的产品、含水产品中如水活度＜ 0.7、乙醇含量＞ 20%（体积）、高 / 低 pH 值（≥ 10 或≤ 3）、灌装温度高于 65℃的产品、一次性或包装不能开启等类型的产品等，可不进行防腐效能评价，但化妆品安全评估人员应就相关情况予以说明。

在术语和定义部分，清晰阐述了防腐效能评价试验和中和剂两个核心概念，为化妆品防腐效能的评价提供了明确的方向和方法。防腐效能评价试验是将一定量的微生物人工污染到化妆品中，模拟化妆品可能出现的污染情况，每隔一定时间检测其中的存活菌量，根据存活菌量的变化评价化妆品防腐体系效能的试验方法。而中和剂是指可添加至化妆品和微生物混合物中，消除化妆品中抑菌或杀菌成分对微生物抑制或杀灭作用的试剂。

设备和材料包括 A2 型生物安全柜、高压蒸汽灭菌器、天平、恒温培养箱、均质器、无菌吸管或微量移液器及吸头、显微镜、酸度计、涡旋混匀器、灭菌平皿和无菌玻璃棉等，以确保测试评估的顺利进行。

在培养基和试剂部分，主要包括以下几类：用于化妆品微生物检测的卵磷脂吐温 80 营养琼脂培养基和虎红（孟加拉红）培养基；用于测试菌株培养的胰酪大豆胨琼脂培养基（TSA）和沙氏葡萄糖琼脂培养基（SDA）；用于微生物悬液制备的 0.85% 生理盐水和含 0.05%（v/v）聚山梨酯 80 的生理盐水；以及用于中和剂验证的 SCDLP 液体培养基、Eugon LT 100 肉汤、D/E 中和肉汤和改良 Letheen 肉汤。

此外，本指南在说明部分明确提示，注册人及备案人可以依据国家标准、技术规范、行业标准、国际标准、本技术指南或自建的科学方法开展相关研究，并需在安全评估报告中提交相应的测试或评估结论。

2. 技术要求

（1）测试菌株的选择。在测试菌株选用上，本指南基于化妆品实际使用中可能遭遇的微生物污染状况，至少涵盖革兰阴性菌、革兰阳性菌、霉菌和酵母菌各一种，同时可根据化妆品性质及其生产、使用环境等增加特定菌株，以确保评价的全面性和准确性。在此原则下，选用金黄色葡萄球菌、大肠埃希菌、铜绿假单胞菌、黑曲霉和白色念珠菌作为测试菌株。尽管国际标准中推荐采用 ATCC 菌种，但由于《中华人民共和国生物安全法》的实施，我国对生物资源的进口、使用和管理提出更为严格的要求，增加了合法获取进口菌种的难度。参考《中华人民共和国药典》（2020 年版）通则 1121 抑菌效力检查法，本指南推荐来源于中国医学细菌保藏管理中心（CMCC）的菌株。培养基、培养温度和培养时间的选择参照《技术规范》。

（2）供试品的微生物检测。按照《技术规范》中规定的菌落总数、霉菌和酵母菌的检验方法对供试品进行检测，得到的结果记作 Nf。这一步是为了确保化妆品在防腐挑战测试前就符合微生物安全标准，同时为后续的中和剂验证减少背景菌的影响。

（3）微生物悬液制备。在微生物悬液制备中，细菌菌液浓度应控制在 10^7~10^8CFU/ml，白色念珠菌和黑曲霉低于细菌一个数量级，浓度应控制在 10^6~10^7CFU/ml。细菌和白色念珠菌的稀释液为 0.85% 生理盐水，黑曲霉的稀释液为 0.05% 聚山梨酯 80 生理盐水。制备好的细菌和白色念珠菌悬液若在室温下放置，尽量在 2 小时内使用；若在 2~8℃进行保存的话，应在 24 小时内使用。黑曲霉的孢子悬液可在室温下放置 1 天，若保存在 2~8℃，则不应超过 7 天。在此期间，应在显微镜下观察孢子悬液中是否有孢子出芽，若有孢子出芽，则弃之不用。需要注意的是，工作菌株培养物传代不可超过 5 次。因为传代次数越多，发生自发突变的概率越高，可能改变测试菌株的生物学特性，影响试验结果。

（4）中和剂效果验证。中和剂效果验证是保证后续防腐挑战测试准确性的重要步骤。该步骤要求每种测试菌株单独进行验证。将稀释至浓度为 10^3CFU/ml 的微生物悬液，作为工作菌悬液。将试验分为 3 组：取 1g（ml）的供试品，加入 9ml 的中和剂和 1ml 的菌悬液，作为实验组，计数结果记作 Nvf；将供试品替换为等量的稀释液，作为中和剂对照组，计数结果记作 Nvn；取 10ml 的稀释液，加入 1ml 的菌悬液，作为菌液对照组，计数结果记作 Nv。当 0.5 ≤ Nvn/Nv ≤ 2，并且（Nvf–Nf）/Nvn ≥ 0.5 时，判定中和剂有良好的中和效果，通过中和效果验证。如果中和剂未能通过效果验证，可以更换中和剂或增加中和剂用量。本指南推荐了 SCDLP 液体培养基、Eugon LT 100 肉汤、D/E 中和肉汤、改良 Letheen 肉汤 4 种中和剂。在实际应用中，化妆品注册人、备案人可根据产品的特性自行选择适宜的中和剂。在增加中和剂用量时，应逐步提高用量，并观察其对中和效果的影响。需要注意的是，中和剂用量并非无限制增加，其比例应严格控制在 1：100 以内，以防过高的中和比例干扰后续防腐挑战测试的准确判定。

（5）防腐挑战测试。采用单一菌种染菌的方式，在 ≥ 20g（ml）的供试品中，人工污染不超过供试品体积 1% 的菌液。根据前面制备的微生物悬液浓度，染菌过程相当于对制备的微生物悬液进行百倍稀释，使得最终的细菌浓度控制在 10^5~10^6CFU/g（ml），真菌浓度控制在 10^4~10^5CFU/g（ml）范围内。将人工污染的供试品置于恒温培养箱中，并将温度严格控制在 25℃ ±1℃，以模拟化妆品在实际使用过程中可能遭遇的微生物污染条件。分别在人工染菌后的第 7、14 和 28 天检测 1g（ml）供试品中的存活菌量，结果计作 Nx。根据公式 Rx=lgN0–lgNx，即初始染菌量和不同检测时间的存活菌量 lg 值差值，评价化妆品防腐效能。

根据是否采取了经安全评估验证的其他有效控制措施（如保护性包装），判定原则分为判定标准 A 和判定标准 B。

在判断标准 A 中，对细菌类进行防腐挑战测试，第 7 天供试品中存活菌量常用对数减少值应 ≥ 3；第 14 天和第 28 天，供试品中存活菌量常用对数减少值应 ≥ 3，且无增加（NI）。对于白色念珠菌，第 7 天供试品中存活菌量常用对数减少值应≥ 1；第 14 天和第 28 天，供试品中存活菌量常用对数减少值均≥ 1，且无增加（NI）。对于黑曲霉，第 14 天，供试品中存活菌量常用对数减少值应≥ 0；第 28 天，供试品中存活菌量常用对数减少值应≥ 1，且无增加（NI）。满足以上全部要求，则判定符合标准 A。

在判断标准 B 中，对细菌类进行防腐挑战测试，第 14 天供试品中存活菌量常用对数减少值应≥ 3；第 28 天，供试品中存活菌量常用对数减少值应≥ 3，且无增加（NI）。对于白色念珠菌，第 14 天供试品中存活菌量常用对数减少值应≥ 1；第 28 天，供试品中存活菌量常用对数减少值均≥ 1，且无增加（NI）。对于黑曲霉，第 14 天，供试品中存活菌量常用对数减少值应≥ 0；第 28 天，供试品中存活菌量常用对数减少值应≥ 0，且无增加（NI）。满足以上全部要求，则判定符合标准 B。

综上所述，化妆品防腐挑战结果的判定有以下几种结论：①该产品按《安评导则》评估，属于不易受微生物污染产品，无需进行防腐效能评价。②按《化妆品防腐挑战测试评估技术指南》测试，结果符合判断标准 A，符合防腐要求。③按《化妆品防腐挑战测试评估技术指南》测试，结果符合判断标准 B，采取特定控制方式后符合防腐要求。④该产品按《化妆品防腐挑战测试评估技术指南》进行测试，部分结果不符合判定标准 A 或 B，不符合防腐挑战测试要求。

（三）重点内容解读

1. 关于推荐使用 CMCC 菌株

主要基于购买流程的简便性和菌株的易得性。ATCC 菌株源自美国典型菌种保藏中心，价格高昂，购买流程复杂。用户在购买 ATCC 菌株时，需要提供包括承诺书、申请表、单位简介、生物安全证书、产品转让协议和营业执照等多项材料，并接受中国海关的监管查验。这些要求对于国内大部分化妆品注册人、备案人来说，无疑增加了很大的难度，导致许多化妆品注册人、备案人难以从正规的合法渠道获得。此外，ATCC 菌株的运输周期长，可能给试验带来不确定性。相比之下，CMCC 菌株作为国内的标准菌株，在价格上相对便宜且易于获得，同时其购买流程也相对简单，为化妆品注册人、备案人节省了大量时间和成本，更适合用于防腐挑战试验。

2. 关于化妆品注册人、备案人可否选择其他方法进行防腐挑战试验评价

需要说明的是，本技术指南作为非强制性参考文件，其主要目的是为化妆品注册人、备案人在开展相关测试时提供指导和建议。化妆品注册人、备案人可以根据自身的实际需求和情况，选择行业标准、国际标准（如 ISO 11930）或者自建方法，对产品防腐体系的有效性进行全面评价。

3. 关于选用推荐的 4 种中和剂，对某些菌株仍无法有效中和的解决方式

化妆品注册人、备案人可根据实际产品配方自行选择适宜的中和剂以及中和进行中和。

4. 关于是否可以增加混合染菌接种的方式

由于混合菌接种可能导致试验结果与单一菌接种存在差异，增加结果评判的复杂

性和不确定性。考虑到试验结果的一致性和可重复性，以及遵循国际标准的推荐做法，《技术指南》中未采用混合染菌接种的方式。

5. 关于防腐体系相同产品的防腐挑战试验评价要求

对于防腐体系相同且配方近似的产品，可参考已有的资料和实验数据对产品防腐体系的有效性进行评估，形成防腐挑战评价报告，并提交其防腐体系和配方体系的说明材料。除此之外的产品，为了确保产品安全性的准确评估，需要重新开展防腐挑战试验，包括中和剂效果验证试验。

6. 关于中和剂效果验证过程中是否应扣除产品的微生物含量

行业内普遍倾向于在评估中和剂效果时，不扣除化妆品产品自身的微生物检测结果，这一做法尤其适用于那些微生物负载较低，即菌落总数、霉菌和酵母总数维持在10CFU/g（ml）以下的产品。在此情况下，产品自身的微生物含量几乎不会对中和剂的效果判定构成显著影响。然而，不容忽视的是，尽管大多数产品符合这一标准，但仍存在少数特例，其微生物总数虽未超出规定的限值范围，但若不采取适当措施加以校正，其内含的微生物仍有可能微妙却显著地影响中和剂效果的精确判定。因此，应确保在评估过程中充分考虑并扣除样品原有的微生物含量，以保障中和剂效果验证结果的准确性和可靠性。

第四节　化妆品风险物质识别与评估技术指导原则

一、背景介绍

（一）起草目的和背景

化妆品风险物质的识别与评估是产品安全评估报告的重要内容。对化妆品中可能存在的安全性风险物质进行全面危害识别与评估能有效评价化妆品的潜在风险。为规范和指导化妆品安全评估工作，按照《优化措施》要求，2024年4月30日，中检院组织起草了《化妆品风险物质识别与评估技术指导原则》（以下简称《风险物质导则》）。

中检院通过充分调研我国化妆品行业现状，参考国内外监管法规以及相关评估结论，并结合审评实践，基于风险管理的原则，明确化妆品中不同类别风险物质的评估要求，从而指导行业评价化妆品的潜在风险，促进行业提高化妆品原料风险识别、风险分析和风险防控水平。

（二）历史沿革和国内外研究现状

我国和欧盟、韩国、日本等国家通常根据本国的行业现状，在化妆品相关法规中对化妆品禁用组分如铅、砷、汞、砷、镉、二噁烷、甲醇等制定相关管理限值，并制定安全评估相关指南指导行业按照安全评估程序对风险物质开展评估。

我国根据安全评估原则和程序，并结合化妆品行业发展态势，已制定部分禁用组分的管理限值，如汞限值 1mg/kg；铅限值为 10mg/kg；砷限值为 2mg/kg；镉限值为 5mg/kg；二噁烷限值为 30mg/kg；甲醇限值为 2000mg/kg；苯限值为 2mg/kg 等。

（三）创新性和意义

《风险物质导则》对接国际法规，落实最新要求。其中列出的需要识别与评估的风险物质主要为《技术规范》中的禁用组分，在评估中如果《技术规范》有限量要求的如二噁烷、甲醇等，应符合《技术规范》的相关要求；如果《技术规范》没有限量要求的如二甘醇、苯酚等，可参照权威机构的评估结论，指导企业对风险物质进行更好防控。2023 年 8 月 22 日，《技术规范》新增化妆品禁用组分苯的管理限值（2mg/kg)，《风险物质导则》落实最新法规要求，明确需要对可能带入苯的原料进行识别与评估，进一步强化企业对产品中风险物质的评估能力，提升产品质量安全保障水平。

二、主要内容

（一）框架和主要内容

《风险物质导则》主要内容包括制定背景、适用范围、一般原则、不同情形风险物质识别与评估的相关要求等。

（二）技术要求

《风险物质导则》细化风险物质类别，明确评估要求。梳理分析风险物质相关的法规要求、来源、评估依据等相关内容，基于风险管理原则，对风险物质进行细化分类，分别明确相关评估要求，指导企业贯彻法规要求，有效控制产品安全风险。按照《化妆品注册和备案检验工作规范》要求，化妆品风险物质被列为产品检验项目的如汞、铅、砷、镉等，需提供注册和备案检验机构出具的检验报告或者符合相关要求的自检报告。

对于《技术规范》中有限制使用要求的原料的风险物质评估要求如下：《技术规范》对收录在化妆品限用组分和准用组分表中的原料存在风险物质的限制和要求主要有两种情形，一种情形是针对原料本身进行限制，另一种情形是针对使用上述原料的产品进行限制。

情形一：针对原料本身中的风险物质进行限制的原料如 2，6- 二羟乙基氨甲苯、HC 黄 2 号等，可通过该原料的原料质量规格或原料安全信息文件对风险物质（如亚硝胺）进行评估；也可通过原料中的风险物质（如亚硝胺）含量的检验报告配合相应质量管理措施的方式进行评估，以确保原料的相关控制指标（包括风险物质含量等）符合《技术规范》要求。

情形二：针对使用上述原料的产品中存在的风险物质进行限制的原料如聚丙烯酰胺、聚季铵盐 -7 等，可通过该原料的原料质量规格或原料安全信息文件对风险物质

（如丙烯酰胺）进行评估；也可通过原料或者产品中的风险物质（如丙烯酰胺）含量的检验报告配合相应质量管理措施的方式进行评估，以确保产品符合《技术规范》要求。

除上述两种主要情形外，还有一些原料中的风险物质是同时针对原料本身及其应用的产品进行限制的，如三乙醇胺，其中的风险物质仲链烷胺的限制要求是针对原料本身的，而其中的风险物质亚硝胺的限制要求是针对其应用的产品的，对于此类情形中的风险物质应参照情形一进行评估。

如为某些原料带入的风险物质如二甘醇、苯酚等，可提供该产品中风险物质含量的检验报告、原料中该风险物质含量的检验报告或原料安全信息文件。

三、重点内容解读

（一）关于化妆品风险物质的识别与评估依据

《风险物质导则》列出的需要识别与评估的风险物质主要为《技术规范》中《化妆品禁用原料目录》的禁用组分，在评估中如果《技术规范》有限量规定的如二噁烷、甲醇等，应符合《技术规范》的相关要求；如果《技术规范》没有限量要求的如二甘醇、苯酚等，可参照权威机构的评估结论。

（二）关于企业自行发现的未在《风险物质导则》中列出的风险物质评估要求

原文：根据《技术规范》规定、参考国内外权威机构安全评估结论等方法对化妆品中可能存在的风险物质进行识别与评估，包括但不限于以下情形。

解读：《风险物质导则》仅是在现有技术水平和认知下对化妆品中常见的风险物质提出了相应的评估要求。鼓励企业根据原料的来源、组成、生产工艺、包装材料等方面对产品中的风险物质进行全面识别，若发现未在《风险物质导则》中列出风险物质，按照《安评导则》要求开展评估，评估结论安全的原料方可使用。

（三）关于苯的评估

原文：5. 苯：对可能带入苯的原料如卡波姆等，需识别并评估风险物质苯，其在产品中的残留量应 ≤ 2mg/kg。

解读：2023 年 8 月，国家药监局发布《关于将油包水类化妆品的 pH 值测定方法等 21 项制修订项目纳入化妆品安全技术规范（2015 年版）的通告（2023 年第 41 号）》，新增化妆品禁用组分苯的管理限值（2mg/kg），因此《风险物质导则》明确需要对可能带入苯的原料进行识别与评估。在对"卡波姆"进行识别与评估时，需要注意的是，根据原料生产商提供的该原料的生产工艺，明确在生产时是否需要添加溶剂苯，如生产工艺中已明确使用乙酸乙酯和环己烷作为溶剂，则该原料不需要识别和评估苯。

（四）关于氢醌的评估

原文： 6. 氢醌：对可能带入氢醌的原料如 α- 熊果苷、β- 熊果苷等，需要识别与评估风险物质氢醌，其限值可参考权威机构的评估结论。

解读：《化妆品卫生规范》（2007 版）中，氢醌为限用物质，仅供专业使用，适用范围为人造指甲系统，且化妆品中最大允许使用浓度不得超过 0.02%；在用于化妆品组分中暂时允许使用的染发剂时，化妆品中最大允许使用浓度不得超过 0.3%，并且标签上必须标印使用条件和注意事项。而在新修订的《技术规范》中，氢醌被收录为禁用组分。

α- 熊果苷为 β- 熊果苷的异构体，两者均可作为美白成分用于化妆品中。有报道发现，α- 熊果苷和 β- 熊果苷在高温、强酸或者强碱等条件下可水解产生氢醌。SCCS 对 α- 熊果苷和 β- 熊果苷的评估报告中指出，氢醌残留量在低于检出限 1ppm，定量限 3ppm 时，7% 的 β- 熊果苷、2% α- 熊果苷（面霜）和 0.5%（体乳）中是安全的。

国家药监局关于将油包水类化妆品的 pH 值测定方法等 21 项制修订项目纳入化妆品安全技术规范（2015 年版）的通告（2023 年第 41 号）中明确，"《化妆品中 α- 熊果苷等 4 种原料的检验方法》为修订的检验方法，替换《技术规范》中原有检验方法，自 2024 年 3 月 1 日起，化妆品注册、备案及抽样检验相关检验应当采用本通告发布的检验方法"。新发布的《化妆品中 α- 熊果苷等 4 种原料的检验方法》中，氢醌的检出浓度为 0.2μg/g。因此，可按照该方法对原料 α- 熊果苷或者 β- 熊果苷，或者对含有该原料的产品进行检测，或者根据原料生产商提供的含有氢醌控制指标的原料质量规格，参照 SCCS 关于 α- 熊果苷和 β- 熊果苷的评估结论对其中可能含有的氢醌进行评估。

参考文献

［1］Scientific Committee on Consumer Safety. SCCS Notes of Guidance for the Testing of Cosmetic Ingredients and their Safety Evaluation 12th revision［Z/OL］.（2023–12–22）SCCS/1647/22. https://health.ec.europa.eu/publications/sccs-notes-guidance-testing-cosmetic-ingredients-and-their-safety-evaluation-12th-revision_en.

［2］中华人民共和国卫生部 .《化妆品安全性评价程序和方法》: GB 7919–87［S］. 北京：中国标准出版社，1987：1–3.

［3］中华人民共和国卫生部 . 化妆品卫生规范［S］. 卫监督发〔2007〕177 号，2007.

［4］国家食品药品监督管理总局 . 化妆品中可能存在的安全性风险物质风险评估指南［S］. 国食药监许〔2010〕339 号，2010.

［5］国家食品药品监督管理总局 . 关于调整化妆品注册备案管理有关事宜的通告［S］. 国家食品药品监督管理总局公告 2013 年第 10 号，2013.

［6］国家食品药品监督管理总局 . 化妆品安全技术规范［S］. 国家食品药品监督管理

总局公告 2015 年第 268 号, 2015.

［7］国家食品药品监督管理局. 化妆品安全评估技术导则（2021 年版）［S］. 国家食品药品监督管理总局公告 2021 年第 51 号, 2021.

［8］国家食品药品监督管理局. 优化化妆品安全评估管理若干措施的公告［S］. 国家食品药品监督管理总局公告 2024 年第 50 号, 2024.

［9］European Commission Health & Consumers. Opinion on the Use of the Threshold of Toxicological Concern（TTC）Approach for Human Safety Assessment of Chemical Substances with focus on Cosmetics and Consumer Products［R］. 2008, SCCP/1171/08.

［10］Kroes R, Renwick A G, Feron V, et al. Application of the threshold of toxicological concern（TTC）to the safety evaluation of cosmetic ingredients［J］. Food and Chemical Toxicology, 2007, 45（12）: 2533–2562.

［11］EFSA Scientific Committee, More S J, Bampidis V, et al. Guidance on the use of the Threshold of Toxicological Concern approach in food safety assessment［J］. EFSA Journal, 2019, 17（6）.

［12］European Chemicals Agency.Guidance on information requirements and chemical safety assessment Chapter R.6: QSARs and grouping of chemicals［R］. Helsinki, Finland, 2008.

［13］European Food Safety Authority and World Health Organization. Review of the Threshold of Toxicological Concern（TTC）approach and development of new TTC decision tree［J］. EFSA Supporting Publications, 2016, 13（3）: 1006E.

［14］Munro I C, Ford R A, Kennepohl E, et al. Correlation of structural class with no–observed–effect levels: A proposal for establishing a threshold of concern［J］. Food and chemical toxicology, 1996, 34（9）: 829–867.

［15］Yang C, Barlow S M, Muldoon Jacobs K L, et al. Thresholds of Toxicological Concern for cosmetics–related substances: New database, thresholds, and enrichment of chemical space［J］. Food and Chemical Toxicology, 2017, 109: 170–193.

［16］Dimitrov S, Dimitrova G, Pavlov T, et al. A Stepwise Approach for Defining the Applicability Domain of SAR and QSAR Models［J］. Journal of Chemical Information and Modeling, 2005, 45（4）: 839–849.

［17］Bury D, Head J, Keller D, et al. The Threshold of Toxicological Concern（TTC）is a pragmatic tool for the safety assessment: Case studies of cosmetic ingredients with low consumer exposure［J］. Regulatory Toxicology Pharmacology, 2021, 123: 104964.

［18］OECD. The Adverse Outcome Pathway for Skin Sensitization Initiated by Covalent Binding to Proteins. Part 2: Use of the AOP to Develop Chemical Categories and Integrated Assessment and Testing Approaches［S］. Series on Testing and Assessment NO.168. Paris, 2012.

［19］ OECD. Guidance document on the reporting of defined approaches to be used within integrated approaches to testing and assessment（IATA）for skin sensitisation［S］. Series on Testing and Assessment No. 256. Paris，2016.

［20］ OECD. Guideline No. 497：Guideline on Defined Approaches for Skin Sensitisation. Organisation for Economic Cooperation and Development［S］. OECD Guidelines for Chemical Testing, Section 4, Paris：OECD Publishing, 2023.

［21］ Schultz T W，Amcoff P，Berggren E，et al. A strategy for structuring and reporting a read-across prediction of toxicity［J］. Regulatory Toxicology and Pharmacology，2015，72（3）：586-601.

［22］ Kovarich S，Ceriani L，Fuart Gatnik M，et al. Filling data gaps by read - across：A mini review on its application，developments and challenges［J］. Molecular Informatics，2019，38（8-9）：1800121.

［23］ Rovida C，Barton-Maclaren T，Benfenati E，et al. Internationalization of read-across as a validated new approach method（NAM）for regulatory toxicology［J］. Altex，2020，37（4）：579.

［24］国家药典委员会. 中华人民共和国药典［M］. 北京：中国医药科技出版社，2004.

［25］上海日用化学品行业协会. 化妆品防腐挑战试验：T/SHRH 017-2019［S］. 上海：上海日用化学品行业协会，2019.

［26］广东省日化商会. 化妆品防腐挑战性测试方法：T/GDCDC 010-2019［S］. 广州：广东省日化商会，2019.

［27］International Organization for Standardization. Cosmetics - Microbiology -Evaluation of the antimicrobial protection of a cosmetic product：ISO 11930-2019［S］. Geneva：International Organization for Standardization，2019.

［28］AOAC International. Official Method 998.10-2009：Efficacy of Preservation of Non-Eye Area Water-Miscible Cosmetic and Toiletry Formulations［S］. USA：AOAC International，2009.

［29］The United States Pharmacopeial Convention. USP 43-NF 38<51>：ANTIMICROBIAL EFFECTIVENESS TESTING［S］. Rockville：The United States Pharmacopeial Convention，2019.

［30］国家药典委员会. 中华人民共和国药典［S］. 北京：中国医药科技出版社，2020：四部 547-548.

［31］中国食品药品检定研究院. 国家药包材标准［S］. 北京：中国医药科技出版社，2015：381-382.

［32］国家药品监督管理局药品审评中心. 化学药品注射剂与塑料包装材料相容性研究技术指导原则（试行）［EB/OL］. 2012. https://www.cde.org.cn/zdyz/domesticinfopage?zdyzIdCODE=fbc01fac96fd70010b5d5002f544cc01.

［33］国家药品监督管理局药品审评中心. 化学药品注射剂与药用玻璃包装容器相容性研究技术指导原则（试行）［EB/OL］.（2015）［2025-01-10］. https://www.cde.org.cn/zdyz/domesticinfopage?zdyzIdCODE=e821b8271ff9f2f205ed425c36f9bd0b.

［34］国家药品监督管理局药品审评中心. 化学药品与弹性体密封件相容性研究技术指导原则（试行）［EB/OL］.（2018）［2025-01-10］. https://www.cde.org.cn/zdyz/domesticinfopage?zdyzIdCODE=a38135dfe72524a15d357e060f2b82d4.

［35］国家药品监督管理局药品审评中心. 化学药品注射剂生产所用的塑料组件系统相容性研究技术指南（试行）［EB/OL］.（2020）［2025-01-10］. https://www.cde.org.cn/zdyz/domesticinfopage?zdyzIdCODE=4a0976f697130b65077f3b1380502997.

［36］中华人民共和国国家卫生和计划生育委员会. 食品安全国家标准食品接触材料及制品通用安全要求：GB 4806.1-2016［S］.

［37］中华人民共和国国家卫生和计划生育委员会. 食品安全国家标准 食品接触材料及制品用添加剂使用标准：GB 9685-2016［S］.

［38］中华人民共和国国家卫生健康委员会、国家市场监督管理总局. 食品安全国家标准 食品接触材料及制品迁移试验通则：GB 31604.1-2023［S］.

［39］Colipa/CTFA Cosmetics Europe：Guidelines on Stability Testing of Cosmetic Products［EB］. 2004.

［40］International Organization for Standardization. Cosmetics. Guidelines on the stability testing of cosmetic product：ISO/TR 18811-2018［S］. Geneva：International Organization for Standardization，2018.

第七章
安全评估资料相关要求

〜〜〜

随着化妆品行业的迅猛发展以及消费者需求的持续上升,化妆品安全问题已成为社会公众关注的热点议题。为保障化妆品的安全性和有效性,各国相继颁布了相应的法律法规和标准,强制化妆品制造商在产品上市前进行安全评估。化妆品安全评估是确保化妆品品质和安全性不可或缺的环节。通过科学、全面、系统的评估手段,可以揭示潜在的安全风险,制定相应的风险控制策略,从而维护消费者的健康权益。此外,安全评估亦是化妆品上市的必要条件,有助于增强化妆品的市场竞争力。

本章节首先概述了我国化妆品安全评估体系的现状。一方面,本章节介绍了我国化妆品监管机构针对特殊化妆品的技术审评和普通化妆品技术核查的法规要求、操作流程以及安全评估的总体框架,和涉及的其他化妆品安全评估相关体系。另一方面,企业内部安全评估体系的自查亦构成我国化妆品安全评估体系的关键组成部分。企业通过建立安全评估责任制度,设立专职安全评估岗位和审核机制,并实施动态管理,构建了企业质量安全主体责任的安全评估体系和审查制度。本章节还明确了我国化妆品安全评估资料的重要性、要求、格式和内容。最后,系统性梳理、解释和分析了化妆品安全评估报告自查的技术要点,包括报告的基本格式要求、不同评估证据类型的理解与应用方法、各毒理学终点的综合评估分析原则与思路、风险物质的识别与评估、产品整体风险控制措施、产品稳定性和微生物学评估分析的关键点,以及《安全评估基本结论》和《化妆品安全评估报告小结》自查的基本原则和要求等重要内容。

第一节　化妆品安全评估体系

近年来,我国化妆品监管法规体系不断完善,有效推动化妆品行业规范发展,并对化妆品安全评估提出明确要求。根据《条例》规定,化妆品分为特殊化妆品和普通化妆品。注册申请人首次申请特殊化妆品注册或者备案人首次进行普通化妆品备案的,应当自行或者委托专业机构开展安全评估,提交产品安全评估资料。我国化妆品安全评估体系的构建,不仅体现在产品的全生命周期的各个环节,而且包含了特殊化妆品注册技术审评、普通化妆品备案技术审查,以及企业落实主体责任开展安全评估自查和再评估等的各个阶段,需要政府、企业等多方的共同努力。

一、特殊化妆品技术审评

我国化妆品根据其用途和风险程度，分为特殊化妆品和普通化妆品。国家对特殊化妆品实行注册管理，对普通化妆品实行备案管理。

（一）技术审评法规要求

化妆品注册，是指注册申请人依照法定程序和要求提出注册申请，药品监督管理部门对申请注册的化妆品的安全性和质量可控性进行审查，决定是否同意其申请的活动。根据《化妆品注册备案管理办法》，国家药监局负责特殊化妆品、进口普通化妆品、化妆品新原料的注册和备案管理，可以委托具备相应能力的省、自治区、直辖市药品监督管理部门实施进口普通化妆品备案管理工作。国家药监局化妆品技术审评机构（即中检院）负责特殊化妆品、化妆品新原料注册的技术审评工作，进口普通化妆品、化妆品新原料备案后的资料技术核查工作，以及化妆品新原料使用和安全情况报告的评估工作。

（二）技术审评工作程序

根据《条例》《办法》规定，国家药监局受理中心自受理化妆品注册申请之日起3个工作日内将申请资料转交中检院化妆品安全技术评价中心。中检院化妆品安全技术评价中心自收到申请资料之日起90个工作日内完成技术审评，向国家药监局提交审评意见。国家药监局自收到审评意见之日起20个工作日内作出决定。对符合要求的，准予注册并发给化妆品注册证；对不符合要求的，不予注册并书面说明理由。国家药监局受理中心自国家药监局作出行政审批决定之日起10个工作日内，向申请人发出化妆品注册证或者不予注册决定书。

中检院化妆品安全技术评价中心在注册技术审评过程中，如发现申报资料涉嫌真实性问题或者认为申报品种的实际生产过程或质量控制体系存在较高风险等情形时可启动现场核查。国家药监局审核查验中心应当在45个工作日内完成，并将核查报告反馈到中检院；境外现场核查应当按照境外核查相关规定执行。中检院根据核查报告结果在90工作日内完成技术审评。现场核查所用时间不计算在审评时限之内。

在完成现场核查后，中检院化妆品安全技术评价中心将依据现场核查报告对申报资料进行详细分析。如果现场核查结果表明申报资料真实可靠，且生产过程和质量控制体系符合相关法规要求，中检院将结合申报资料其他内容的审评意见，完成申报品种的最终审评。反之，如果现场核查结果显示申报资料内容与实际生产研发情况严重不符、生产过程存在质量安全风险并有实质性证据等情形的，中检院将作"建议不批准"处理。

在技术审评阶段，中检院将依据我国《条例》及相关配套法规和技术标准对申报品种的配方、标签样稿、产品执行的标准、检验报告、安全评估资料等内容开展审评。必要时，中检院组织审评咨询专家会议，对专业技术疑难问题或者争议较大问题进行深入研讨。

完成技术审评后，中检院将审评结论上报国家药监局。国家药监局对技术审评程序和结论的合法性、规范性以及完整性进行审查，并作出是否准予注册的决定。整个注册过程旨在确保化妆品的安全性和质量可控性，保护消费者健康，同时促进化妆品行业的健康发展。

化妆品注册证的有效期为五年，自批准之日起计算。注册人应当在注册证有效期届满前 90 个工作日至 30 个工作日期间提出延续注册申请。国家药监局受理中心在收到延续注册申请后，将按照规定的程序进行形式审查，符合要求的予以受理，并在规定的时间内向申请人发出新的注册证。

对于涉及安全性的事项发生变化的，以及生产工艺、功效宣称等方面发生实质性变化的，注册人应当向国家药监局提出注册变更申请，并按照规定要求提交相关资料，对于符合要求的，获得变更后的注册证。变更事项包括生产场地、生产工艺简述、使用方法、标签样稿等。

中检院建立化妆品智慧申报审评系统，用于特殊化妆品注册、化妆品新原料的注册备案等，完成注册备案的公示信息移交到国家药监局信息中心进行公示。

（三）安全评估的总体要求

为充分落实化妆品企业的质量安全主体责任，化妆品注册人在申请注册前，应当按照《安评导则》及相关技术指导文件的原则和要求自行或委托专业机构开展安全评估，形成化妆品安全评估报告。

二、普通化妆品技术核查

（一）备案审查法规要求

化妆品备案，是指备案人依照法定程序和要求，提交表明化妆品安全性和质量可控性的资料，药品监督管理部门对提交的资料存档备查的活动。根据《办法》，国家药监局负责指导监督省、自治区、直辖市药品监督管理部门承担的化妆品备案相关工作。国家药监局可以委托具备相应能力的省、自治区、直辖市药品监督管理部门实施进口普通化妆品备案管理工作。省、自治区、直辖市药品监督管理部门负责本行政区域内国产普通化妆品备案管理工作，在委托范围内以国家药监局的名义实施进口普通化妆品备案管理工作。

（二）备案审查工作程序

国家药监局信息中心建立普通化妆品备案系统，该系统用于全国各省局的普通化妆品备案。普通化妆品上市或者进口前，备案人按照相关规定要求通过信息服务平台提交备案资料后即完成备案。药品监督管理部门应当自化妆品完成备案之日起 5 个工作日内，向社会公布化妆品备案管理有关信息，供社会公众查询；已进行备案但备案信息尚未向社会公布的化妆品，承担备案管理工作的药品监督管理部门发现备案资料不符合要求的，可以责令备案人限期改正并在符合要求后向社会公布备案信息。药品监督管理部门对备案产品应加强事中事后监管，对备案资料开展技术核查，对资料存在规范性或者证明资料不足等情形的要求备案人限期责令改正；安全再评估结果表明化妆品不能保证安全的，由原备案部门取消备案。

化妆品备案人应当在国务院药品监督管理部门规定的专门网站公布功效宣称所依据的文献资料、研究数据或者产品功效评价资料的摘要，接受社会监督。

普通化妆品实施年度报告制度，备案人应当每年向承担备案管理工作的药品监督管理部门报告生产、进口情况，以及符合法律法规、强制性国家标准、技术规范的情况。于每年1月1日至3月31日期间，普通化妆品备案系统，提交备案时间满一年普通化妆品的年度报告。

化妆品备案人应当按照备案的配方和生产工艺生产化妆品，并确保产品质量安全。化妆品生产企业应当建立并执行质量管理体系，确保生产过程符合相关法规和标准的要求。化妆品生产企业应当对生产的产品进行质量检验，确保产品符合法律法规、国家标准和行业标准的要求。

（三）安全评估的总体要求

我国普通化妆品占全国化妆品市场份额98%以上，为推进化妆品安全评估制度有序实施，强化企业质量安全主体责任意识，提高监管效能，结合我国行业发展现状，国家药监局创新普通化妆品安全评估管理模式，围绕原料、功效和使用方式等特点，把普通化妆品分为两类两情形管理，将有限的监管资源集中在风险程度较高的产品上。

符合情形二的普通化妆品占普通化妆品品类半数以上。需注意的是化妆品安全评估报告存档备查作为一项落实企业主体责任、减少企业在化妆品注册备案过程中资料提交工作量的创新性举措，并不是减免企业编制化妆品安全评估报告，更不是对产品安全评估要求的降低。企业应当在进行备案前完成产品的安全评估，形成安全评估报告，可参考《自查要点》对安全评估报告完成自查，按照《提交指南》要求仅提交安全评估基本结论，安全评估报告留存在企业备查。

药品监督管理部门应依照法律法规规定，对备案人的备案相关活动进行监督检查，必要时可以对备案活动涉及的单位进行延伸检查，如对企业开展检查发现问题时，将依法予以处置。

三、其他化妆品安全评估相关体系

根据科学研究的发展，对化妆品的安全性认识发生改变的，或者有证据表明化妆品可能存在缺陷的，承担注册、备案管理工作的药品监督管理部门可以责令化妆品注册人、备案人开展安全再评估，或者直接组织相关化妆品企业开展安全再评估。再评估结果表明化妆品、化妆品原料不能保证安全的，由原注册部门撤销注册、备案部门取消备案，由国务院药品监督管理部门将该化妆品原料纳入禁止用于化妆品生产的原料目录，并向社会公布。

国家药监局及其授权的检验机构将对化妆品进行抽样检验，以确保产品质量安全。对于检验不合格的产品，国家药监局将依法采取相应的监管措施，包括但不限于责令召回、停止销售、没收违法所得、罚款等。化妆品注册人应当积极配合国家药监局的监管工作，确保产品质量安全。

国家药监局不良反应中心负责化妆品不良反应信息的收集、分析和评价，并向国家药监局提出处理建议。

根据《条例》规定，国务院药品监督管理部门即国家药监局负责全国化妆品监督管理工作。国家药监局于2024年4月成立"化妆品标准化技术委员会"组织化妆品强制性国家标准的项目提出、组织起草、征求意见和技术审查，该技术委员会下设立8个分技术委员会，其中通用技术要求、原料和包装材料、安全评价3个分技术委员会秘书处以及该技术委员会的总秘书处均设在中检院。该技术委员会成立之前，一直由国家药监局化妆品标准专家委员会秘书处中检院组织化妆品标准的制修订，包括《技术规范》《安评导则》等。标准化技术委员会将追踪国家化妆品标准动态，结合我国化妆品行业的特点和实际情况，提出适合我国的化妆品标准制修订建议，并组织专家对标准化方法草案进行审查和评估，确保标准的科学性和适用性，以促进行业标准化水平不断提升，为化妆品监管提供决策参考，保障人民用妆安全。

四、企业安全评估体系自查

根据《化妆品监督管理条例》以及《企业落实化妆品质量安全主体责任监督管理规定》等国家规章制度，企业为化妆品质量安全主体责任人。化妆品注册人、备案人对化妆品的质量安全和功效宣称负责，应对其注册或者备案的化妆品从研发、生产、经营全过程质量安全进行管理。企业应当建立化妆品质量安全责任制，明确化妆品质量安全相关岗位的职责，各岗位人员应当按照岗位职责要求，逐级履行相应的化妆品质量安全义务，落实化妆品质量安全主体责任。企业应当设质量安全负责人，质量安全负责人应当按照质量安全责任制的要求，协助法定代表人组织企业质量安全管理相关人员依法履行质量安全管理职责。因此，为体现企业在安全评估中的主体责任，化妆品企业需从多个方面入手建立安全评估体系以及审核制度，确保安全评估工作的全面性、系统性和有效性。

（一）建立安全评估责任制度

企业应在质量体系文件中制定明确的安全评估责任工作制度和机制，确保各岗位人员在安全评估中的职责和任务得到明确。责任制度应涵盖从原料入库、配方开发、检测到产品上市后的不良反应监测管理等多个环节，确保每一项工作都有明确的责任人。同时，企业应定期对责任制度进行审查和评估，以适应不断变化的安全评估需求。在产品注册或者备案（含首次申请注册或者提交备案、注册备案变更、注册延续）前，质量安全负责人或其授权的安全评估负责人应当对产品安全评估等注册或者备案资料的合法性、真实性、科学性、完整性等进行审核和自查；发现问题的，应当立即组织整改，在整改完成前不得提交产品注册申请或者进行备案。安全评估人员应当参与有因自查制度，当发生产品抽样检验结果不符合规定、产品可能引发较大社会影响的化妆品不良反应或者引发严重化妆品不良反应等涉及产品质量安全情形时，在质量安全负责人的组织下，安全评估人员应当参与风险控制等措施制定，开展安全评估自查工作，查找产品存在质量安全风险的原因，消除风险隐患，并参与形成产品质量安全风险有因启动自查报告。

（二）设置专门的安全评估岗位

化妆品企业应按照《企业落实化妆品质量安全主体责任监督管理规定》的相关要求设立化妆品质量安全相关岗位，其中包括专门的安全评估岗位，负责产品的安全风险评估及参与不良反应监测。安全评估岗位应配备具有相关专业背景和工作经验的人员，能够独立完成或参与产品的安全评估工作。人员应定期接受培训，以掌握最新的安全评估技术和法规要求。安全评估人员应负责具体的安全评估工作，对产品的安全性进行全面、系统地分析和评估。他们应参与企业的原料筛选和产品的开发过程，在研发阶段确保原料和产品的安全性。同时，评估过程需符合相关法规和标准的要求。化妆品企业在委托第三方机构完成安全评估报告时，对安全评估报告的质量的主体责任没有发生改变，应选择高质量和可靠的第三方机构。化妆品企业不仅需要核实第三方机构的安全评估人员资质、专业技能和实践经验，也需要核查第三方机构对客户保密信息的管理措施。安全评估人员应参与不良反应分析工作以及产品安全再评估，特别是对于导致不良反应可能的原因进行调查。必要时企业应根据再评估结果对产品进行持续改进和优化。同时，企业还应积极回应消费者的反馈和投诉，确保产品的安全性和用户满意度。

（三）执行动态管理和审核机制

化妆品企业应建立动态管理机制，质量安全负责人或其授权的安全评估负责人对安全评估工作进行持续的跟踪和评估，建立定期自查制度，审查安全评估体系的有效性。如，确认安全评估人员的资质符合相关规定要求，安全评估人员是否参与产品研发过程，其他相关部门是否履行配合安全评估人员提供评估所需相关数据和资料义务等。同时，安全评估人员应当持续跟踪安全评估专业领域的技术发展以及国家法规制度和标准的更新，在评估过程引入新的科学评估方法和策略。通过动态管理机制，企业可以及时发现和解决潜在的安全问题，更好地保证产品的安全性和可靠性。

产品的安全评估报告是企业安全评估体系实施的最终呈现形式，但保证产品的安全性应当通过企业整个安全评估体系实现。化妆品企业在体现安全评估的主体责任方面需要从多个方面入手。通过明确安全评估责任制度、设立专门的安全评估岗位以及执行动态管理机制等措施，保证产品的安全性，保障消费者的权益和安全。化妆品行业协会在强化行业自律的同时，也能够加强对化妆品生产与经营者的监督和引导。通过举办更多行业培训、组织相关技术研究、发布行业共识等措施，可以提高化妆品企业安全评估的专业技能和水平，从而促进化妆品市场的健康进步和行业诚信的建设。

第二节　化妆品安全评估资料要求

一、化妆品安全评估资料的意义

化妆品作为人们日常生活中不可或缺的一部分，其安全性直接关系到消费者的健康。随着消费者认知的提高，对化妆品安全性要求也越来越高，但近年来，由于化妆品市场的快速发展，涌现出大量的化妆品品牌和产品，由于部分化妆品存在安全隐患，给消费者的健康带来了潜在威胁，化妆品安全评估资料的重要性也日益凸显。化妆品安全评估资料是对化妆品原料、产品等进行全面评估的重要文件，它能够为消费者提供准确的产品安全性信息，帮助消费者做出明智的购买决策。同时，化妆品安全评估资料也是化妆品企业符合法律法规要求的重要证明之一，有助于企业合法经营和进行市场销售。因此，对化妆品进行安全评估，编制化妆品安全评估资料显得尤为重要。

（一）落实《条例》要求

《条例》第十九条明确"申请特殊化妆品注册或者进行普通化妆品备案，应当提交产品安全评估资料"，注册人、备案人应当在注册、备案前自行或者委托专业机构开展安全评估，形成安全评估报告等相关资料。

（二）保障消费者健康

化妆品安全评估资料的主要目的是确保化妆品的安全性，保障消费者的健康。通过对化妆品进行安全评估，可以全面了解化妆品的成分、功效、安全性等信息，可以及时发现并预防潜在的安全风险。

（三）促进化妆品行业健康发展

化妆品安全评估资料的制定和实施，有助于规范化妆品行业的市场秩序，促进行业的健康发展。通过强制性的安全评估，可以推动化妆品生产企业提高产品质量和安全性，淘汰质量低劣、存在安全隐患的产品。

（四）提高企业自律和产品质量及竞争力

化妆品安全评估资料对企业自律具有重要意义，有助于企业树立良好的品牌形象，提高消费者的信任度和忠诚度。

化妆品安全评估资料对市场竞争具有重要意义。化妆品安全评估资料可以为企业提供市场竞争优势。通过安全评估，企业可以了解自身产品在市场中的定位和竞争优势，制定更加精准的市场营销策略，提高产品的市场竞争力。

（五）促进国际贸易和技术交流

随着全球化的发展，化妆品行业的国际贸易和技术交流日益频繁。化妆品安全评估资料作为化妆品安全性和质量的重要证明文件，在国际贸易和技术交流中发挥着重要作用。拥有完善的化妆品安全评估资料的企业，更容易获得国际市场的认可和信任，从而拓展海外市场。

（六）增强监管机构监管效能

化妆品安全评估资料的制定和实施，有助于增强监管机构的监管效能。化妆品安全评估资料是法规监管的重要依据，通过要求化妆品企业提供详细的安全评估资料，监管机构可以更加全面地了解化妆品的安全性和质量状况，了解化妆品市场的安全状况，及时发现并处理存在的安全隐患。

综上所述，化妆品安全评估资料在确保化妆品安全性、促进化妆品行业健康发展、提高产品质量和竞争力、促进国际贸易和技术交流以及增强监管机构监管效能等方面具有重要意义。因此，我们应该高度重视化妆品安全评估资料的制定和实施工作，加大监管力度，提高化妆品行业的整体水平。同时，化妆品企业也应该积极履行安全评估的主体责任，确保产品的安全性和质量，为消费者提供更加安全、可靠的化妆品产品。

二、化妆品安全评估资料的相关要求

（一）目的和意义

为引导化妆品行业提升化妆品安全评估能力和水平，推进化妆品安全评估制度有序实施，2024 年 4 月 22 日国家药监局发布了《公告》，其中参照欧盟对安全评估资料管理等国际经验，结合我国行业发展实际情况，基于风险管理原则明确了"对化妆品安全评估资料实施分类管理""建立安全评估报告分类提交制度"，从而加强落实企业主体责任，引导企业构建安全评估体系，同时提高监管效能，促进产品上市提速增效。

为贯彻落实《公告》要求，中检院研究院组织起草了《化妆品安全评估资料提交指南》（以下简称《提交指南》），细化了化妆品安全评估资料提交要求，其附件《化妆品安全评估报告自查要点》（以下简称《自查要点》）为企业准确规范提交安全评估资料提供指引。

（二）遵循原则

1. 依法依规原则

《提交指南》遵循依法依规原则，贯彻落实《条例》和配套法规文件中关于化妆品安全评估的相关法规要求，以及《公告》中关于创新安全评估报告管理机制要求，促进企业主体责任落实，保障产品质量安全。

2. 风险管理原则

《提交指南》基于风险管理的原则，从使用人群、功效宣称、是否含有较高风险的原料等不同维度对现有产品类别进行细化，依托产品分类，结合企业的质量管理运行等情况，明确安全评估资料分类提交要求。

3. 科学导向原则

《提交指南》充分考虑了化妆品安全评估领域的科学研究进展以及我国化妆品行业发展现状，明确了第二类化妆品中需重点关注的较高风险原料等的评估，以及在《自查要点》中明确特定类型原料和特殊情形化妆品的安全评估技术要点，为企业准确规范提交安全评估资料提供指引。

4. 公开透明原则

《提交指南》起草过程中，坚持"公开透明、广泛参与"原则，充分调研我国化妆品行业质量管理和安全评估管理体系建设情况，公开征求社会各方意见，积极听取监管部门、专家、行业协会、企业建议，同时根据意见建议反馈情况，科学合理地进行修改完善。

（三）《提交指南》主要内容

《提交指南》正文包括制定背景、适用范围、基于风险管理原则对化妆品的细化分类以及提交安全评估资料要求等内容；附件包括《自查要点》和《化妆品安全评估基本结论示例》。

《自查要点》主要包括安全评估报告中要求的原料安全评估、化妆品终产品安全性测试、特殊情形产品的安全评估、可能存在的风险物质的评估、产品稳定性和微生物学评估、安全评估结论等内容的技术要点。

《化妆品安全评估基本结论示例》的附件1为经质量安全负责人自查后形成的化妆品安全评估报告小结模板，为质量安全负责人列明安全评估报告自查的主要内容。

（四）化妆品细化分类原则

《提交指南》参照《化妆品分类规则和分类目录》（以下简称《分类规则》），基于风险管理原则，综合考虑不同类型化妆品的风险以及化妆品安全评估资料中的重点关注内容，将化妆品从功效宣称、使用人群、产品剂型、是否使用监测期内新原料或纳米原料、是否必须配合仪器或者工具使用等分类维度分为两类。将风险较高的特殊化妆品、婴幼儿和儿童化妆品、使用监测期内新原料的化妆品归类为第一类化妆品（表7-1）。

表7-1　第一类化妆品

分类	功效宣称	使用人群	是否使用监测期内新原料
化妆品	染发、烫发、祛斑美白、防晒、防脱发及新功效	婴幼儿和儿童化妆品	使用监测期内新原料的化妆品

第二类化妆品根据是否使用较高风险的原料或者是否必须配合仪器、工具使用细分为两种情形。第二类化妆品中情形一重点关注较高风险原料等的评估内容，在提交化妆品安全评估基本结论时需提交对应的评估资料，分类的基本原则如下。

（1）由于纳米原料粒径较小，具有表面效应、体积效应、量子尺寸效应等，导致其经皮吸收后产生毒理学效应的机制不同于常规原料，具有较高的潜在安全风险，因此使用纳米原料的普通化妆品需提交纳米原料的安全评估资料。

（2）按照《技术规范》要求，非防晒类化妆品中使用《化妆品安全技术规范》表5未收载的防晒剂作为光稳定剂的，需要对表外防晒剂的使用量进行评估，因此，该类化妆品需要提交光稳定剂的安全评估资料。

（3）功效宣称为祛痘、抗皱（物理性抗皱除外）、除臭、去屑、脱毛、去角质（物理方式去角质除外）的化妆品使用的相应功效原料具有较高的安全风险，在国外通常作为医药部外品、OTC药品或者机能化妆品进行严格管理，因此该类化妆品需要提交功效宣称中的功效原料的安全评估资料。

（4）产品剂型为贴、膜、含基材（贴、膜、基材中含有功效原料或着色剂等）的化妆品需重点关注其中含有的功效原料或着色剂等的安全评估；气雾剂型化妆品中的推进剂存在人体吸入的可能，需提交包括吸入暴露途径的安全评估资料。

（5）必须配合仪器或者工具（仅辅助涂擦的毛刷、气垫、烫发工具等除外）使用的化妆品，某些仪器或者工具可能改变化妆品与皮肤的作用方式和作用机理，因此需要提交仪器或者工具对化妆品的作用机理以及对其安全性影响的评估资料。

需要说明的是，对于理化检验结果 pH ≤ 3.5 或产品执行的标准中设定 pH ≤ 3.5 的驻留类普通化妆品，由于其在备案时已经进行人体试用试验，基本能确保产品安全，因此在《提交指南》征求意见后，将其调整到第二类化妆品中情形二。

（五）安全评估资料分类提交要求和意义

基于风险管理原则，对于风险较高的第一类化妆品要求企业提交化妆品安全评估报告；对于风险较低的第二类化妆品情形二，在质量管理体系运行良好时，可仅提交安全评估基本结论，安全评估报告存档备查；对于第二类化妆品中情形一，相较于情形二，在提交安全评估基本结论的同时还需要提交较高风险的原料等的评估资料（表7-2、表7-3）。通过对安全评估资料的分类管理，进一步促进企业主体责任的落实，有效优化企业提交安全评估资料的程序，同时提高监管效能，有利于产品上市的提速增效。

表 7-2　第二类化妆品中的情形一

分类	化妆品	重点关注内容
是否使用纳米原料	使用纳米原料的化妆品	纳米原料的安全评估资料
是否使用表外防晒剂作为光稳定剂	使用《技术规范》表5未收载的防晒剂作为光稳定剂的化妆品	光稳定剂的安全评估资料
功效宣称	祛痘	祛痘功效原料的安全评估资料
	抗皱（物理性抗皱除外）	抗皱功效原料的安全评估资料
	除臭	除臭功效原料的安全评估资料
	去屑	去屑功效原料的安全评估资料
	脱毛	脱毛功效原料的安全评估资料
	去角质（物理方式去角质除外）	去角质功效原料的安全评估资料
产品剂型	贴、膜、含基材（贴、膜、基材中含有功效原料或着色剂等）	贴、膜、基材中所含的功效原料或着色剂等的安全评估资料
	气雾剂	推进剂的安全评估资料
是否必须配合仪器或者工具	必须配合仪器或者工具（仅辅助涂擦的毛刷、气垫、烫发工具等除外）使用	仪器或者工具对化妆品的作用机理以及对其安全性影响的评估资料

表 7-3　安全评估资料提交要求

分类	第一类化妆品	第二类化妆品	
		情形一	情形二
提交资料要求	化妆品安全评估报告	提交化妆品评估基本结论和较高风险原料等的评估资料，化妆品安全评估报告存档备查	提交化妆品评估基本结论，化妆品安全评估报告存档备查
		或者提交化妆品安全评估报告	或者提交化妆品安全评估报告

（六）安全评估报告存档备查的含义

化妆品安全评估报告存档备查作为一项落实企业主体责任、减少企业在化妆品注册备案过程中资料提交工作量的创新性举措，并不是减免企业编制化妆品安全评估报告，更不是对产品安全评估要求的降低。企业应当在申请注册或进行备案前完成产品的安全评估，形成安全评估报告，可参考《自查要点》对安全评估报告完成自查，按照《提交指南》要求仅提交安全评估基本结论，安全评估报告留存在企业备查。监管部门如对企业开展检查发现问题时，将依法予以处置。

（七）开展安全评估报告自查的意义

鉴于目前国内行业发展现状，部分企业在开展化妆品安全评估时对法规理解不深入、评估要求不清晰，《自查要点》为企业准确规范提交安全评估资料提供指引，助力企业提升安全评估能力。

《化妆品生产质量管理规范》规定，质量安全负责人应当协助法定代表人承担产品安全评估报告的审核；质量安全负责人对安全评估资料实施自查，有助于引导企业构建完善的安全评估体系，落实企业承担产品安全的主体责任，同时也可以优化安全评估资料提交程序，助力产品研发提速增效。

第三节　化妆品安全评估报告格式和内容

《安评导则》中提供了化妆品产品的安全评估报告式样，可根据产品的特点、配方原料组成以及应用的评估依据的实际情况，在报告式样的基础上形成各具特点的安全评估报告。

一、化妆品安全评估报告的格式

化妆品产品的安全评估报告通常包括摘要、产品简介、产品配方、配方设计原则（仅针对儿童化妆品）、配方中各成分的安全评估、可能存在的风险物质评估、风险控制措施或建议、安全评估结论、安全评估人员签名及简历、参考文献和附录等内容，可根据产品特点、使用的评估依据类型等增加相应内容。

通常使用国际标准 A4 型规格纸张，内容完整、清晰、不得涂改，使用规范汉字和我国法定计量单位，准确引用参考文献，标明出处，并规范使用标点符号、图表、术语等。

二、化妆品安全评估报告的主要内容

（一）产品基本信息

1. 产品名称与分类

首先，需明确产品的名称和分类，如护肤品、彩妆、洗护用品等。这有助于确定产品的适用法规和评估标准。安全评估资料中的产品名称应与拟备案或注册的产品名称一致。

2. 产品用途与宣称

详细阐述产品的用途和功效宣称，如保湿、美白、防晒等。这有助于评估产品是否满足消费者的需求，并判断其宣称是否真实可信。详细说明产品的使用目的、使用方法及适用人群等信息。

3. 目标人群

明确产品的目标人群，如成人、儿童、孕妇等。不同人群的皮肤特点和安全需求不同，因此需要针对不同人群进行专项评估。

（二）原料安全评估

原料的评估是化妆品评估的基础，原料的评估通常需考虑如下因素并遵循相应的评估程序：

1. 原料的基本信息

包括标准中文名称、通用名称、商品名称、化学名称、INCI 名称、CAS 号、EINCES 号、物理状态等，以确保原料的准确识别。

2. 理化性质

分子结构式和相对分子量、化学特性和纯度、杂质 / 残留物、溶解度等。

3. 评估程序

（1）危害识别

重点基于毒理学各毒性终点对原料的潜在危害进行识别。

① 急性毒性、刺激性 / 腐蚀性、致敏性　评估原料对人体可能产生的急性或长期影响。

② 光毒性、光变态反应　评估原料在光照条件下可能引起的皮肤反应。

③ 遗传毒性、重复剂量毒性、生殖发育毒性、慢性毒性 / 致癌性　评估原料对人体遗传物质、生殖系统、长期健康等可能产生的影响。

（2）剂量反应关系评估

一般采用原料的系统毒性动物试验如重复剂量毒性试验、生殖发育毒性试验、慢性毒性 / 致癌试验等测试，获得未观察到有害作用的剂量（NOAEL）或基准剂量（BMD）数据。如果采用 28 天重复剂量毒性试验的 NOAEL 值，应增加不确定因子 3 倍。如果无法获得 NOAEL 值或 BMD 值，可采用观察到有害作用的最低剂量（LOAEL）计算安全边际（MoS）值，也应增加不确定因子 3 倍。

（3）暴露量的评估

应根据评估需要选取合适的暴露计算公式。一般产品使用成人体重（60kg），特定人群使用的产品，应使用相应体重进行暴露计算。

有吸入暴露可能的产品，计算暴露量时应同时考虑经呼吸道暴露量和经皮暴露量。可采用二室模型计算经呼吸道的暴露量。

（4）风险特征描述

根据公式计算原料的安全边际值。当 MoS ≥ 100 时，一般可以判定原料是安全的，但如果毒理学数据质量存在缺陷，MoS 值应适当增加。当 MoS < 100，则认为原料具有一定的风险。

根据公式计算潜在致敏物质的可接受暴露水平（AEL）。当 AEL 高于消费者暴露水平（CEL）时，认为该原料引起致敏性的风险在可接受范围内。

（三）特定类型化妆品原料的安全评估

1. 香精香料

应明确产品所用香精符合 IFRA 实践法规要求或符合我国相关（香精）国家标准。并有相应资料作为评估支持材料。

儿童化妆品中还需对香精、植物精油或香料成分中的致敏成分进行识别并评估。

2. 纳米原料

产品配方中含有纳米原料，应明确包括纯度、晶型、初始粒径分布、表面涂层物质等信息的原料质量规格，并基于该原料的质量规格，对配方使用量下的纳米原料进行安全评估，同时应对评估所用的毒理学试验方法是否适用于纳米原料检测进行说明。

3. 未填入配方的成分

在对原料进行评估时，同时应对不作为配方成分填报的极其微量成分逐一进行说明并进行充分的安全评估，确保该类成分不会影响原料的质量安全。

4. 安全监测期内新原料

对照新原料的技术要求，评估该原料的使用目的、使用或适用范围、使用浓度、使用限制和要求等是否符合要求。

（四）特殊情形产品的安全评估

1. 气雾剂型化妆品的安全评估

对含有气雾剂的产品评估时，应当将推进剂与其他原料分开评估，其他原料的评估浓度应为扣除推进剂后配方（以 100% 计）中各组分的浓度；而推进剂可单独评估或按照其在配方中的使用浓度进行评估。

2. 两剂或两剂以上必须配合使用的产品的安全评估

两剂或两剂以上必须配合使用的产品，应根据产品的使用方法对混合后的原料含量进行评估。

3. 必须配合仪器或者工具使用的产品的安全评估

除辅助涂擦的毛刷、气垫、烫发工具以外的，当化妆品配合仪器或者工具使用，应当明确配合使用的仪器或者工具发挥作用的机理，评估配合仪器或者工具使用条件下的产品安全性。如果仪器影响透皮吸收，评估时需要对原料的皮肤吸收率进行调整，应选用更为保守的经皮吸收率。

4. 儿童化妆品的安全评估

儿童化妆品评估时的评估原则应符合《儿童化妆品监督管理规定》和《儿童化妆品技术指导原则》的要求。

（五）产品稳定性和微生物学评估

化妆品的安全评估还应包括产品稳定性、防腐体系、包材相容性等相关内容，并在安全评估报告中提交相关测试或者评估结论。

此外，注册备案信息系统中的安全评估信息应填报完整，包括评估单位、评估时间、评估摘要等。还应有评估人简介及签名、日期、地址等。

总之，提交化妆品安全评估资料是确保化妆品质量和安全性的重要环节。通过提供产品基本信息、原料安全评估、产品稳定性和微生物学评估等方面的资料，可以全面、系统地评估化妆品的安全性和有效性。

第四节　化妆品安全评估报告自查技术要点

一、评估报告自查总体要求

化妆品安全评估报告的总体自查要求主要包括以下几个方面。

1. 合法性、真实性、准确性、完整性和可追溯性

注册人、备案人应当对提交的安全评估资料以及评估结论负责，并承担相应的法律责任。

2. 评估报告格式

安全评估报告应使用国际标准 A4 型规格纸张，内容完整、清晰、不得涂改，使用规范汉字和我国法定计量单位，准确引用参考文献，标明出处，并规范使用标点符号、图表、术语等。

3. 信息准确

安全评估报告中的产品名称、注册人或备案人名称和地址信息与产品备案时提供的名称、地址信息相符。

4. 盖章和签字

除特定文件外，安全评估报告应由备案人或境内责任人逐页加盖公章或骑缝章，且应由安全评估人员签字。使用带有电子加密证书的公章和安全评估人员签名的，可直接在电子资料上加盖电子公章和安全评估人员签名。

5. 评估内容

评估报告应包括产品简介、产品配方表、各成分的安全评估、可能存在的风险物质评估、风险控制措施或建议、产品稳定性和微生物学评估、安全评估结论等。儿童产品还应当包括配方设计原则。

6. 一致性

安全评估报告同一项目内容应当与其他备案资料一致，有相关证明文件的，证明文件中所载明的内容应与评估内容、附录一致。

二、安全评估人员资质要求

根据《安评导则》，化妆品安全评估人员应符合以下要求：

具有医学、药学、生物学、化学或毒理学等化妆品质量安全相关专业知识，了解化妆品成品或原料生产过程和质量安全控制要求，并具有5年以上相关专业从业经历。能查阅和分析化学、毒理学等相关文献信息，分析、评估和解释相关数据。能公平、客观地分析化妆品的安全性，在全面分析所有可获得的数据和暴露条件的基础上，开展安全评估工作，并对评估报告的科学性、准确性、真实性和可靠性负责。能通过定期接受相应的专业培训等方式，学习安全评估的相关知识，了解和掌握新的安全评估理论、技术和方法，并用于实践。

三、配方中各成分评估的自查

应基于风险评估程序常规流程，对原料开展危害识别、剂量反应关系评估、暴露评估和风险特征描述，通过原料的毒理学评估资料、评估过程、结果及结论或产品毒理学试验报告证明产品安全性。推进剂和变性剂可单独评估，也可以一并在"配方中各成分的安全评估"部分中进行评估。

在开展安全评估时可采用的主要原料数据类型包括：

（1）《技术规范》中的限用组分、准用防腐剂、准用防晒剂、准用着色剂和准用染发剂。

（2）国际权威化妆品安全评估机构公布的评估结论。

（3）WHO、FAO等权威机构已公布的安全限量或结论。

（4）监管部门公布的已上市产品原料使用信息。

（5）原料3年使用历史。

（6）安全食用历史。

（7）结构和性质稳定的高分子聚合物（具有较高生物活性的原料除外）。

以上7种证据类型，除《技术规范》中的限用组分、准用防腐剂、准用防晒剂、准用着色剂和准用染发剂外，其余数据类型应基于数据的科学性和合理性，遵循科学、公正、透明和个案分析的原则，选用最相关和可靠的数据类型开展评估。

（一）《技术规范》

使用《技术规范》中的限用组分、准用防腐剂、准用防晒剂、准用着色剂列表中的原料，应明确《技术规范》中的具体列表名称，并评估是否符合《技术规范》列表中的限制要求。当原料的使用目的与《技术规范》列表不一致时，应当提供其他证据作为其安全使用的评估依据。

（二）国内外权威机构评估结论

国内外权威机构，如 CIR、SCCS 等有化妆品使用相关评估结论的，对相关评估资料进行分析后，在符合我国化妆品相关法规要求的情况下，可直接采用相关评估结论用于原料评估，无需再进行该原料每个毒理学终点的评估。在当前评估的使用或者暴露情况不在 SCCS 或者 CIR 评估范畴内时，可以使用 SCCS 或 CIR 报告中的毒理学终点数据，进行该原料各个毒理学终点的评估。CIR 有使用限制的原料，如：CIR 报告对某个原料的评估结论为"当原料在配方中无刺激性时，该原料用于化妆品是安全的"，通常可使用含有该原料的产品的毒理学试验数据、人体皮肤斑贴试验或人体试用试验数据来作为满足"当原料在配方中无刺激性"限制使用条件的依据。

WHO、FAO、EFSA、EMA、FDA 以及我国食药部门等已公布的安全限量或结论如化妆品安全使用结论、每日允许摄入量、每日耐受剂量、参考剂量、一般认为安全物质（GRAS）等，IFRA 已发布的香料原料标准等，对相关资料进行分析，在符合我国化妆品相关法规规定的情况下均可作为证明原料安全性的评估依据。不同权威机构发布的结果不一致时，根据数据的可靠性和相关性，科学合理地采用相关结论。如缺少局部毒性资料，应结合产品使用部位和使用方式等，对局部毒性开展评估。

注册或备案产品安全评估资料中，应明确安全评估机构和评估结论，相关资料留档备查。

（三）监管部门公布的已上市产品原料使用信息

监管部门公布的已上市产品原料使用信息可为评估提供参考。2025 年 2 月发布的《已上市产品原料使用信息》（以下简称《原料信息》）是对我国注册备案有效化妆品中已使用，且未收录在《技术规范》、无国际权威化妆品安全评估机构评估报告的原料使用量的客观收录，并进行动态更新，未组织对所列原料进行系统评价，化妆品注册人、备案人在使用相关原料信息时，应当符合国家有关法律法规、标准、规范的相关要求，开展化妆品安全评估。化妆品注册人、备案人在进行产品生产时，若原料超出《原料信息》中的使用量，应按照《安评导则》开展安全评估，或按照《化妆品原料数据使用指南》使用其他原料数据类型。

参照使用原则一：相同作用部位的同一原料，若只有驻留类产品的原料使用量，淋洗类产品可参照驻留类使用。

参照使用原则二：相同使用方法的同一原料，可按照全身、躯干部位、面部（含颈部）、手足、头部、头发、口唇、眼部、指（趾）甲的顺序，后面作用部位可参照前面作用部位的原料使用量，但产品作用部位为眼部且参考其他部位使用量时，需另外评估眼刺激性。其中，口唇、眼部不可参照手足、头部、头发的原料使用量；体毛仅可参照全身或躯干部位的原料使用量；作用部位同时为头部和头发，可参照头部的原料使用量；作用部位同时为面部（含颈部）、眼部和 / 或口唇，可参照面部（含颈部）的原料

201

使用量，作用部位包括眼部时，需另外评估眼刺激性；对于其他同时用于多个作用部位产品的原料使用量，选择使用相同使用方法的上一级作用部位的使用量。

例如，用于头发的淋洗类产品中原料使用量，可使用《原料信息》中的用于头发的淋洗类产品中该原料使用量；若无，可根据使用原则一，使用用于头发的驻留类产品中；若无，可根据使用原则二，使用用于全身、躯干部位、面部（含颈部）、手足、头部的该原料使用量的。用于眼部的驻留类产品中原料使用量，可使用《原料信息》中的用于眼部的驻留类产品中该原料使用量，无需评估眼刺激性；若无，根据使用原则二，可使用用于全身、躯干部位、面部（含颈部）、口唇的该原料使用量，需另外评估眼刺激性。

同时用于多个作用部位（含两个）产品的原料使用量，可参照使用原则二，选择使用相同使用方法的上一级作用部位的使用量。如：同时用于躯干部位和面部的驻留类产品的原料使用量，可使用用于全身的驻留类产品中的原料使用量。若无可选择的使用量，应按照《安评导则》开展安全评估或按照《化妆品原料数据使用指南》使用其他原料数据类型。

（四）原料三年使用历史

采用企业三年使用历史浓度的，可以免于对毒理学终点进行评估。产品注册或备案时应提供本企业或经授权的非本企业同一原料的 3 年使用历史证明材料。包括：① 同一原料的证明材料。② 注册产品应提交产品注册证书、注册配方（须与申报时提交配方一致）；备案产品和国外上市产品应提交带原料含量或可计算原料含量的生产投料记录，备案凭证（仅在国外上市无需提交）。③ 不良反应监测情况说明。④ 上市销售数据证明。化妆品注册人、备案人应对销售情况进行分析，结果能反映原料在人群中的使用安全性。例如，采用终端零售化妆品的销售量或化妆品生产企业的出厂量等产品上市销售数据，且需提供客观证明材料。同一集团公司使用相同原料的产品销售数据可叠加，同时对暴露量和接触时间进行说明相关，产品上市销售或出厂量数据证明应当由注册备案企业签字盖章并承诺数量的真实性。⑤ 如使用非本企业上市产品证明材料，还应提供原料生产企业或使用同一原料的化妆品生产企业出具的授权书。⑥ 其他相关材料。

原料历史使用浓度可相互参考，暴露量高和接触时间长的产品，可用于暴露量低和接触时间短的产品评估，但需要从目标人群、使用部位和使用方式等方面充分分析说明其合理性。

（五）原料安全食用历史

有安全食用历史类原料，应对其食用历史、生产工艺等进行全面充分研究，确保原料或制备该原料的原材料有可安全食用的特性。此类原料在安全评估时可豁免系统毒性，结合产品使用部位和使用方式等，对局部毒性进行评估。

安全食用历史的证明材料，应来源于食品、农业、卫生等相关领域的省级（含省级）以上监督管理部门，或具有食品安全风险评估相关职能的技术机构，应是公开发布的数据信息，且具有一定权威性，如相关部门发布的公告、通知、技术标准等；国外监督管理部门应是国家级，技术机构应是国际公认的权威机构或组织。常见的证明资料来源包括我国相关监管部门发布的可安全食用原料，如粮食、瓜果蔬菜、肉类等常见食物原料，普通食品原料，新食品原料，药食同源物质，保健食品原料目录，地方特色食品原料等；国外监管部门或技术机构发布的可安全食用原料。

如原料本身具有安全食用历史可以豁免系统毒性评估。如生产原料的起始原材料具有安全食用历史，但提取工艺不涉及生物化学或化学反应、原有食物成分结构未发生改变，可豁免系统毒性评估。采用原料安全食用历史前，应当对原料的相关毒理学信息进行数据和文献检索，确认原料本身是否有相关毒理学数据以及原料是否可能含有毒性危害较大杂质。含有毒性危害较大杂质的，需将这些杂质作为风险物质进行识别和评估。

（六）结构和性质稳定的高分子聚合物（具有较高生物活性的原料除外）

化学合成的由一种或一种以上结构单元，通过共价键连接，平均相对分子质量大于1000道尔顿，且相对分子质量小于1000道尔顿的低聚体含量少于10%，结构和性质稳定的聚合物（具有较高生物活性的原料除外），安全评估时可不考虑透皮吸收，结合产品使用部位和使用方式等，对局部毒性如皮肤腐蚀性／刺激性、眼腐蚀性／刺激性、皮肤光毒性（原料具有紫外线吸收特性时）进行评估。

化妆品注册人、备案人应提供相关证明材料，包括结构单元、平均分子量、相对分子质量小于1000道尔顿的低聚体含量等，还应提供原料不具备生物活性的说明。

（七）毒理学终点评估

已使用原料得毒理学终点评估，包括以下毒理学终点。

（1）急性毒性。

（2）皮肤和眼刺激性／腐蚀性。

（3）皮肤致敏性。

（4）皮肤光毒性。

（5）皮肤光致敏。

（6）遗传毒性。

（7）重复剂量毒性。

（8）生殖发育毒性。

（9）致癌性。

（10）吸入毒性（产品有潜在吸入暴露风险时）。

注册人／备案人需按照《安评导则》要求，根据产品的使用方法、暴露途径等，确认原料可能存在的健康危害效应；并根据原料理化特性、定量构效关系、毒理学资料、使用历史、临床研究、人群流行病学调查以及类似化合物的毒性等资料情况，可增加或减免毒理学终点的评估。

对特定剂型及特殊使用方式导致具有潜在吸入暴露风险的产品，如头面部使用的气雾剂，需提交推进剂吸入毒性评估。

需要对特定毒理学终点进行评估时，具体要求如下。

1. 急性毒性

急性毒性研究的是高剂量下受试动物发生半数死亡的浓度，试验结果通常作为化妆品原料和／或风险物质毒性分级以及确定重复剂量毒性试验和其他毒理学试验剂量的依据，因此在化妆品原料安全评估时，可酌情考虑多种证据类型进行权重评估。

毒理学试验优先采用按照《技术规范》规定的急性经口毒性或急性经皮毒性试验方案开展的测试，也可以采用按照其他国家标准或国际通行方法开展的测试。

急性毒性作为一种系统毒性，还可结合其他资料进行综合评估：如证明具有安全食用历史的原料可免于提交相关急性经口毒性数据；在配方中含量极低的物质，可结合其暴露水平，采用毒理学关注阈值法进行安全评估；原料的重复剂量毒性数据也可作为证据类型之一用于急性毒性评估。

2. 皮肤腐蚀性／刺激性

毒理学试验优先采用按照《技术规范》规定的皮肤刺激性／腐蚀性试验、皮肤腐蚀性大鼠经皮电阻试验方案开展的测试，也可以采用按照其他国家标准或国际通行方法开展的测试。

3. 眼腐蚀性／刺激性

毒理学试验优先采用按照《技术规范》规定的急性眼刺激性／腐蚀性、体外兔角膜上皮细胞短时暴露、化妆品用化学原料荧光素渗漏试验方案开展的测试，也可以采用按照其他国家标准或国际通行方法开展的测试。

不接触眼周的产品（如眉笔、护手霜、指甲油、唇膏等），可通过产品实际暴露来综合考量眼刺激性风险，但需要从使用部位和使用方式等方面充分分析说明其合理性。

4. 皮肤致敏性

毒理学试验优先采用按照《技术规范》规定的皮肤变态反应、局部淋巴结、直接多肽反应、人细胞系活化、U937 细胞激活、氨基酸衍生化反应试验方法方案开展的测试，也可以采用按照其他国家标准或国际通行方法开展的测试。当使用体外测试结果评价皮肤致敏性时，可选择皮肤致敏有害结局路径（AOP）框架下至少两项用以预测关键事件（KE1-KE3）结果的测试方法。两项测试结论一致时，可直接判定其皮肤致敏性时，若两者结论不一致，则需结合第三项 KE 的测试结果，根据其中两项一致的结果进行判定，也可选择其他经过验证的致敏性整合测试与策略。

对于具有致敏风险的原料和／或风险物质，还需通过预期无诱导致敏剂量（NESIL）推导可接受暴露水平（AEL），通过与产品的实际暴露量（CEL）比较来评估其致敏性。当 AEL ≥ CEL 时，皮肤致敏的风险在可接受范围内。

5. 皮肤光毒性／光致敏性

可结合原料自身特性和物理化学性质，或通过开展体外替代测试，基于整合测试和评估方法（Integrated Approaches to Testing and Assessment，IATA）对该原料的紫外光吸收特性进行综合评估分析，以判断原料诱发潜在皮肤光毒性或光致敏性风险的可能性。例如，可从以下一个或多个角度对原料诱发潜在皮肤光毒性或光致敏性风险的可能性及其程度进行评估：① 无机盐类。② 在 290~700nm 波长范围内的摩尔消光系数（MEC）小于 1000l·mol^{-1}·cm^{-1}，或明确测试浓度下（如 1%）的吸收峰吸光值 OD < 1；［备注：多肽 / 蛋白质类物质因结构中通常含有带芳环的氨基酸残基（如苯丙氨酸、酪氨酸、色氨酸等）将导致 280~290nm 波长范围出现吸收峰，因此不适用于本项］。③ 体外 3T3 中性红摄取光毒性试验方法结果呈阴性。④ 体外光反应性活性氧（ROS）测定试验结果呈阴性。

如选用尚未收录于我国《技术规范》的其他国际权威替代方法验证机构发布的方法时，应说明方法适用性、检测的关键事件、结果判定及不确定分析（如阈值边界范围等）。此外，在形成安全评估报告时，应符合《安评导则》要求，在评估报告中载明方法的来源、识别毒理学危害的原理，并分析结果的科学性、准确性和可靠性。

此外，可基于产品类型和使用方法、原料光吸收特性等，对皮肤光毒性或光致敏性的评估过程及结果进行说明，如通过查阅公开发表的文献和检索数据库等方式所获得的原料光致敏结果、原料诱发皮肤光致敏性的发生率，以及产品在实际应用场景下发生潜在皮肤光致敏性的风险是否在可接受范围内等。例如，① 淋洗类产品和夜间使用的产品，无接触户外强紫外线照射可能。② 人体临床皮肤光毒性试验结果为阴性等。

6. 遗传毒性

完整的遗传毒性评估至少应包括一项基因突变试验和一项染色体畸变试验。基因突变试验优先采用按照《技术规范》规定的细菌回复突变、体外哺乳动物细胞基因突变、体内彗星试验方案开展的测试，也可以采用按照其他国家标准或国际通行方法开展的测试。染色体畸变试验优先采用按照《技术规范》规定的体外哺乳类细胞微核、体外哺乳动物细胞染色体畸变、哺乳动物骨髓细胞染色体畸变、体内哺乳动物细胞微核、睾丸生殖细胞染色体畸变试验方案开展的测试，也可以采用按照其他国家标准或国际通行方法开展的测试，计算机模拟方法可作为辅助判断证据用于证据权重。

7. 重复剂量毒性

常规的重复剂量毒性试验包括 28 天经口和 / 或经皮毒性试验、亚慢性经口和 / 或经皮毒性试验、重复剂量毒性合并生殖 / 发育毒性筛选试验等。毒理学试验优先采用按照《技术规范》规定的亚慢性经口毒性、亚慢性经皮毒性试验、慢性毒性 / 致癌性结合试验方法方案开展的测试，也可以采用按照其他国家标准或国际通行方法开展的测试。上述试验获得的 NOAEL 或 BMD 可作为计算安全边际（MoS）值的起点。

具有长期食用历史的原料、全身暴露量低于相应毒性毒理学关注阈值（TTC）的原料，符合使用 TTC 方法使用限定条件时，可免于开展重复剂量毒性评估和 MoS 值计算。

8. 生殖发育毒性

生殖发育毒性试验通常采用动物接触化妆品原料和 / 或风险物质后，检测引起生殖功能、胚胎的初期发育（如致畸敏感期）、出生前后发育、母体机能以及胚胎和胎儿发育障碍的可能性。毒理学试验优先采用按照《化妆品安全技术规范》规定的方法开展，也可以采用按照其他国家标准或国际通行方法开展测试。

具有长期安全食用历史的原料、全身暴露量低于相应毒性毒理学关注阈值（TTC）的原料，符合使用 TTC 方法使用限定条件时，可免于开展生殖发育毒性评估和 MoS 值计算。

9. 致癌性

当某种化学物质经短期筛选试验（如遗传毒性试验）预测具有潜在致癌性，或其化学结构与某种已知致癌剂相近时，需用致癌性试验进一步验证。毒理学试验优先采用按照《化妆品安全技术规范》规定的慢性毒性 / 致癌性结合试验开展，也可以采用按照其他国家标准或国际通行方法开展的致癌试验。

原料经基因水平和染色体水平的毒理学试验结果均未显示具有遗传毒性，且 90 天重复剂量毒性试验未发现致癌性相关指标异常，也无其他已有证据显示有相关危害，经对上述相关资料进行充分分析，确认无潜在的致癌风险，可具体分析豁免其致癌性毒理学试验数据的评估。

10. 透皮吸收

在缺乏数据的情况下，默认透皮吸收率为 100%。如体外透皮吸收试验显示不具有透皮吸收，只需评估原料的皮肤腐蚀性 / 刺激性、眼腐蚀性 / 刺激性以及皮肤光毒性。若满足以下部分条件：分子量 > 500 道尔顿，高度电离，脂水分配系数 Log Pow ≤ −1 或 ≥ 4，拓扑极性表面积 > 120Å2，熔点 > 200℃，吸收率以 10% 计；如，当原料分子量 > 500 道尔顿且脂水分配系数 Log Pow ≤ −1 或 ≥ 4 时，可以使用 10% 作为其透皮吸收率。化学合成的由一种或一种以上结构单元，通过共价键连接，平均相对分子质量大于 1000 道尔顿，且相对分子质量小于 1000 道尔顿的低聚体含量少于 10%，结构和性质稳定的聚合物（具有较高生物活性的原料除外），可不考虑透皮吸收，不需要考虑系统毒性，需结合产品使用部位和使用方式等，对局部毒性进行评估。

11. MoS 值的计算和评估

未观察到有害作用的剂量（NOAEL）或基准剂量（BMD）一般采用原料的系统毒性动物试验如重复剂量毒性试验、生殖发育毒性试验、慢性毒性 / 致癌试验等的数据。如果采用 28 天重复剂量毒性试验的 NOAEL 值，应增加不确定因子 3 倍。如果无法获得 NOAEL 值或 BMD 值，可采用观察到有害作用的最低剂量（LOAEL）计算安全边际（MoS）值，但应增加不确定因子 3 倍。

如有多个 NOAEL 值或 BMD 值可供选择时，在遵循证据权重、相对保守的原则下，根据数据的可靠性和相关性选择合理的 NOAEL 值或 BMD 值以计算安全边际（MoS）值。

在进行毒性评估时，检索到的已开展的毒理学试验采用的受试物可能是成分本身或含有该成分的复配原料，在排除复配原料内各成分之间可能相互干扰时，根据具体情况不同进行综合分析，可采用相关数据进行评估。

四、可能存在的风险物质评估的自查

参考《化妆品风险物质识别与评估技术指导原则》，基于原料的来源、理化特性、制备工艺对原料带入的，和产品生产过程产生或带入风险物质的情况分析，对化妆品中每一个原料进行风险物质识别，对于识别出的风险物质，应当依照《技术规范》、权威机构的评估结论、其他相关法规要求的参考限值或安评导则方法进行评估可能含有的风险物质。按照《安评导则》中的评估原则和程序等相关要求结合现有毒理学试验数据、临床研究、人群流行病学调查等资料，对风险物质进行安全评估（表7-4）。

表7-4　化妆品风险物质识别与评估表

风险物质类别	识别条件	需识别的风险物质	评估要求	证据类型
《技术规范》规定的有害物质	所有注册或备案产品	汞、铅、砷、镉	汞限值 1mg/kg；铅限值为 10mg/kg；砷限值为 2mg/kg；镉限值为 5mg/kg	产品检验报告
	配方中含有乙氧基结构的原料	二噁烷	产品中二噁烷限值为 30mg/kg	产品检验报告
	配方中含有滑石粉原料时	石棉	产品中不得检出石棉	产品检验报告
	配方中含有甲醛缓释体类的原料时	游离甲醛	根据检测结果进行评估	产品检验报告
	当配方中乙醇、异丙醇含量之和 ≥ 10%（w/w）	甲醇	产品中甲醇限值为 2000mg/kg	产品检验报告
《技术规范》针对原料本身中的风险物质	配方中含有染发剂如 2,6- 二羟乙基氨甲苯、2- 氨基 -4- 羟乙氨基茴香醚、2- 甲基 -5- 羟乙氨基苯酚、HC 黄 2 号、N，N- 双（2- 羟乙基）对苯二胺硫酸盐等原料时	亚硝胺	原料中亚硝胺最大含量 50μg/kg；存放于无亚硝酸盐的容器内	原料质量规格或原料安全信息文件，或者原料中的风险物质含量的检验报告配合相应质量管理措施
	配方中含有三链烷胺、三链烷醇胺及它们的盐类如三乙醇胺等，或含有单链烷胺、单链烷醇胺及它们的盐类如氨丁三醇、氨甲基丙醇、吡罗克酮乙醇胺盐、乙醇胺等原料时	仲链烷胺、亚硝胺	原料中仲链烷胺最大含量 0.5%；产品中亚硝胺最大含量 50μg/kg；存放于无亚硝酸盐的容器内	原料质量规格或原料安全信息文件，或者原料中的风险物质含量的检验报告配合相应质量管理措施

风险物质类别	识别条件	需识别的风险物质	评估要求	证据类型
《技术规范》针对原料本身中的风险物质	脂肪酸双链烷酰胺及脂肪酸双链烷醇酰胺如椰油酰胺 DEA、棕榈仁油酰胺 DEA、鲸蜡基 –PG– 羟乙基棕榈酰胺等原料时	仲链烷胺、亚硝胺	原料中仲链烷胺最大含量 0.5%；产品中亚硝胺最大含量 50μg/kg；存放于无亚硝酸盐的容器内	原料质量规格或原料安全信息文件，或者原料中的风险物质含量的检验报告配合相应质量管理措施
《技术规范》针对产品中的风险物质	配方中含有以丙烯酰胺为起始原料合成的聚合物如丙烯酰胺/丙烯酸钠共聚物、聚丙烯酰胺、聚丙烯酸酯 –13、聚季铵盐 –7 等原料时	丙烯酰胺	驻留类体用产品中丙烯酰胺单体最大残留量 0.1mg/kg，其他产品中丙烯酰胺单体最大残留量 0.5mg/kg	原料质量规格或原料安全信息文件，或者原料或产品中的风险物质含量的检验报告相应质量管理措施
经危害识别，产品中可能存在以下风险物质	配方中含有以下原料如甘油、丙二醇、乙二醇，乙氧基二甘醇、聚乙二醇（PEG）类及其衍生物、聚山梨醇酯类及其衍生物、脂肪醇聚醚类及其衍生物等	二甘醇	限值可参考权威机构的评估结论	原料或产品中的风险物质含量的检验报告，或者包括该风险物质的控制要求的原料质量规格或原料安全信息文件
	对可能带入苯酚的原料，如苯氧乙醇由苯酚和环氧乙烷进行加成反应制得时	苯酚	限值可参考权威机构的评估结论	原料或产品中的风险物质含量的检验报告，或者包括该风险物质的控制要求的原料质量规格或原料安全信息文件
	配方中含有乙醇、变性乙醇、异丙醇等原料时（乙醇、异丙醇含量之和＜10%w/w））	甲醇	产品中甲醇限值为 2000mg/kg	原料或产品中的风险物质含量的检验报告，或者包括该风险物质的控制要求的原料质量规格或原料安全信息文件
	植物来源原料应了解其制备工艺，仅经机械加工后直接使用的植物原料如植物油、植物叶汁等	农药残留	限值可参考我国及国际相关要求	原料或产品中的风险物质含量的检验报告，或者包括该风险物质的控制要求的原料质量规格或原料安全信息文件

风险物质类别	识别条件	需识别的风险物质	评估要求	证据类型
经危害识别，产品中可能存在以下风险物质时	对可能带入氢醌的原料如α-熊果苷、β-熊果苷等	氢醌	限值可参考权威机构的评估结论	原料或产品中的风险物质含量的检验报告，或者包括该风险物质的控制要求的原料质量规格或原料安全信息文件
	对可能带入苯的原料如卡波姆等	苯	在产品中的残留量应≤2mg/kg	原料或产品中的风险物质含量的检验报告，或者包括该风险物质的控制要求的原料质量规格或原料安全信息文件

参考《化妆品风险物质识别与评估技术指导原则》对需提供原料生产商出具的证明资料或原料安全信息，确认其不属于《技术规范》禁用原料目录中的原料开展风险评估，并对儿童化妆品需要关注的风险物质进行评估。

五、风险控制措施

应针对产品特点和风险评估结果，制定必要的风险控制措施或建议。风险控制措施一般包括产品的使用方法、使用频次、使用人群、警示用语和注意事项等。对于无需特殊警示的产品可标注为"无特殊安全警示语，详情请参阅产品包装上的使用说明"。

六、产品稳定性和微生物学评估

按照《安评导则》要求，应对产品中微生物进行评估，确定其微生物学指标要求符合《技术规范》的要求；可以依据国家标准、技术规范、行业标准、国际标准、技术指南或者企业自建方法对产品稳定性、防腐体系、包材相容性等开展相关研究，并在安全评估报告中提交相关测试或者评估结论。对配方体系近似、包装材质相同的化妆品，可根据已有的资料和实验数据对理化稳定性开展评估工作，但需阐明理由，说明情况。对于防腐体系相同且配方近似的产品，可参考已有的资料和实验数据进行产品安全性评价。根据产品特性，属于不易受微生物污染的产品，即非含水产品、有机溶剂为主的产品、含水产品中如水活度＜0.7、乙醇含量＞20%（体积）、高/低 pH 值（≥10或≤3）、灌装温度高于65℃的产品、一次性或包装不能开启等类型的产品等，可不进行防腐效能评价，但化妆品安全评估人员应就相关情况予以说明。

产品稳定性、防腐体系或包材相容性研究可参考《化妆品稳定性测试评估技术指南》《化妆品防腐剂挑战测试评估技术指南》或《化妆品与包材相容性测试评估技术指南》进行研究时，可提交相关测试报告，并结合化妆品的特点（如理化性质、产品配方、包装材料等）对三项测试研究的项目、条件选择的合理性及相关数据、结果等进行充分评估分析；或仅提交以上三项试验研究的评估分析结论，测试报告存档备查。例如，开展产品稳定性研究时，需结合化妆品的理化性质、产品形态、产品配方、工艺条件、包装材料等以及化妆品在生产、流通过程中可能遇到的情况，对产品稳定性测试依据、条件、项目等进行综合分析研判等，并能推导出明确的结论。

七、《安全评估基本结论》自查

《安全评估基本结论》一般应包括：资料提交情形说明、化妆品安全评估摘要，以及化妆品安全评估结论三部分内容，具体内容可参考《提交指南》附件 2 中的示例。资料提交情形说明需明确所评估产品属于《提交指南》中的哪一类情形，除安全评估基本结论外，是否需要提交其他资料。化妆品安全评估摘要应符合《化妆品安全评估技术导则》中对产品安全评估报告摘要要求。《安全评估基本结论》应当包含安全评估报告自查结果以及需重点关注并需要提交的安全评估内容。《化妆品安全评估报告小结》以及重点关注并需要提交的安全评估内容可以以附件形式进行提交。安全评估结论应当为"该化妆品在正常、合理的及可预见的使用条件下不会对人体健康产生危害"，方能通过自查。

八、《化妆品安全评估报告小结》自查

化妆品安全评估报告小结应按照《化妆品安全评估资料提交指南》附件 1 中的内容进行自查。各自查项目结果包括符合、不符合和不适用三种情况，自查结果应当符合自查要求。对含有不适用选项的自查项目，在产品安全评估报告内容不包含相应项目时可选择不适用。其他自查项目出现不适用情况的，应当说明原因，并确认是否影响产品安全评估结论。

参考文献

［1］国家食品药品监督管理总局. 化妆品新原料注册备案资料管理规定［S］. 北京，2021.

［2］SCCS/1647/22. The SCCS Notes of guidance for the testing of cosmetic ingredients and their safety evaluation 12th revision［Z/OL］.（2023）. https://health.ec.europa.eu/publications/sccs-notes-guidance-testing-cosmetic-ingredients-and-their-safety-evaluation-12th-revision_en.

［3］PCPC, Safety Evaluation Guidelines［M］. Washington, D.C: The Personal Care Products Council, 2014.

［4］金惠玉. 现代仪器分析［M］. 哈尔滨：哈尔滨工业大学出版社，2012.

［5］Turro N J, Ramammurthy C, Scaiano J. 现代分子光化学［M］. 吴骊珠，佟振合，译.

北京：化学工业出版社, 2015.

［6］ICH Guideline S10, Guidance on photosafety evaluation of pharmaceuticals（2020）［S］.

［7］Harris D C. Quantitative chemical analysis 8th edition［M］. New York：W. H. Freeman and Company, 2010.

［8］叶宪曾, 张新祥, 等. 仪器分析教程（第2版）［M］. 北京：北京大学出版社, 2007.

［9］Jones P A, King A V, Earl L K, et al. An assessment of the phototoxic hazard of a personal product ingredient using in vitro assays［J］. Toxicol In Vitro. 2003, 17（4）：471–480.

［10］EMA/CHMP/ICH. Questions and answers on the 'note for guidance of photosafety testing'：EMA/CHMP/SWP/336670/2010［Z/OL］. 2011. https://www.ema.europa.eu/en/documents/other/questions–and–answers–note–guidance–photosafety–testing_en.pdf.

［11］CIR. Safety assessment of α–amino acids as used in cosmetics. International Journal of Toxicology, 2013, 32（6）：41–64.

［12］化妆品安全技术规范（2015年版）［S］.

［13］OECD TG 432. In vitro 3T3 NRU phototoxicity test（2019）［S］.

［14］OECD TG 495. ROS（Reactive Oxygen Species）Assay for Photoreactivity（2019）［S］.

［15］化妆品安全评估技术导则（2021年版）［S］.

［16］SCHER, SCCS, SCENIHR. Opinion on the Toxicity and Assessment of Chemical Mixtures［Z/OL］. 2012. https://ec.europa.eu/health/scientific_committees/environmental_risks/docs/scher_o_155.pdf.

第三篇　经验与案例分享

第八章
化妆品产品安全评估报告编写原则

化妆品产品安全评估报告作为产品注册备案资料，不仅是产品上市前的必要步骤，也是企业履行社会责任和维护消费者权益的重要手段之一。本章节旨在深入探讨化妆品产品安全评估的核心理念与实际操作，系统性地阐述报告编写原则、内容与模板。第一节通过解析化妆品安全评估中的四个重要理论原则，包括证据权重、个案分析、暴露导向和分层推进，并结合实际案例进行辅助说明。安全评估报告是化妆品产品安全性的书面证明，其内容与结构十分重要。第二节细致阐述安全评估报告的十二项核心内容与编制要求，特别举例和介绍了安全评估报告编写过程中需要掌握的知识点和注意事项，从而最终形成科学、可靠和完整的安全评估报告。第三节提供了一份安全评估报告模板，该模板不仅涵盖了上述所有核心内容，还通过清晰的章节划分确保了报告的可读性与专业性。报告模板可为化妆品企业实现安全评估工作的标准化、流程化提供参考。

综上所述，本章节旨在通过理论阐述与实践指导相结合的方式，为化妆品企业安全评估人员编写安全评估报告提供一个相对全面、规范的参考框架。

第一节　化妆品产品安全评估的基本原则

半个世纪以来，人体健康风险评估多基于动物测试来确定有害作用的剂量反应关系。该方法被广泛用于药品、农药、消费产品、食品添加剂等产品的评估，为保护人体安全起到了重要作用。考虑到新技术和科学的进展，美国国家科学院（NAS）、加拿大科学委员会和欧盟发布了推动暴露评估、毒性测试和人体健康风险评估重大改革的报告。其中，NAS 于 2007 年发布了《21 世纪毒性测试：愿景与策略》，2009 年发布了《科学与决策：改进风险评估》，2012 年发布了《21 世纪暴露科学：远景与策略》，描述了如何整合新技术更为省时、经济、与人类健康和暴露更相关的测试策略，如何对现有风险评估技术进行改进，从而推动新技术在风险评估中的应用。在这些报告中提到了证据权重、个案分析、暴露导向和分层推进等进行风险评估的一些基本原则，这些原则也被 SCCS 等化妆品评估的权威机构采纳和使用。

一、证据权重

"证据权重"（Weight of Evidence，WoE）是化妆品风险评估的基本原则。风险评估通常按四步法进行表征：危害识别、剂量反应关系评估、暴露评估和风险特征描述。危害识别对剂量反应关系和化合物风险特征描述有着重要的影响。很多评估和监管机构都开始重视过去不同评估机构对同一化合物的评估结论上存在差异，并提出在分析毒理学数据时需要有更大的一致性，来减少这种差异。

使用证据权重原则，应收集化合物的所有相关可用信息，如化合物的物理化学性质、环境毒性、人体健康毒性以及使用场景和暴露水平等，主要包括：关于该化合物现有测试或者发表数据；该化合物的生产和使用信息；人类和环境暴露水平以及任何相关的风险管理措施；使用分组／交叉参照的方法时，类似化合物的数据；合适模型下定量构效关系［（Q）SAR］预测结果；适当且可以支持证据权重方法以填补特定终点数据空白的任何其他可用信息等。

实践中，在收集和评估所有现有信息之后，评估人员必须选择相关、充分和可靠的信息。尽可能将可用的所有信息，应用于评估化合物的使用安全。其中，相关性指的是数据和测试适合特定危害识别或风险表征的程度。可靠性指的是测试报告或出版物的质量是否可靠。数据的可靠性与用于生成数据的测试方法的可靠性密切相关，因此可通过评估报告所描述的实验程序和结果来确认数据的可靠性。充分性指的是数据是否足够用于评估，而达到危害／风险评估的目标。如果每个终点有多个研究，则最相关和最可靠的研究在评估中权重的最大。

Klimisch 等人对信息的可靠性分类给出了标准，具体见第一章第三节。

根据国内和国际公认的测试指南，如《化妆品安全技术规范》、OECD、欧盟、美国 EPA 和 FDA 等发布的测试指南和标准并符合中国合格评定国家认可委员会（China National Accreditation Service for Conformity Assessment，CNAS）、检验检测机构资质认定（China Inspection Body and Laboratory Mandatory Approval，CMA）或良好实验室规范（Good Laboratory Practice，GLP）的原则进行的测试和数据应评为高等级的可靠性。

二、个案分析

由于化妆品成分的复杂性、产品使用方法和暴露场景的多样性，化妆品安全评估要遵循个案分析（case-by-case）原则。化妆品成分可能是结构明确的化学成分，也可能是未知或可变组分、复杂反应产物和生物物质（Substances of Unknown or Variable Composition, Complex Reaction Products, or Biological Materials，UVCB）；相同化学组成的成分的物理形态可能不同，如不同粒径分布：纳米材料和非纳米材料。这些不同化学结构、不同化学组成、不同物理状态决定了他们的危害特性不同，在危害评估时应根据不同化妆品成分的具体情况，进行具体分析。

风险表征需要根据化妆品中每种成分的暴露和危害评估结果进行。例如某成分危害表征是有皮肤致敏性，那么在风险表征时就需要对皮肤致敏性风险进行定量表征。某成分在评估时，明确没有透皮吸收，那么在风险表征时就不需要对皮肤暴露引起的系统风险进行定量表征。

三、暴露导向

化妆品安全风险是基于暴露量和毒性之间的关系。2012 年欧盟《关于应对风险评估新挑战的报告》中指出："可能需要做理念上的转变，从危害驱使的程序向暴露驱使转变。"从暴露评估开始，意味着评估开始时就需要聚焦最让人关切的暴露场景。根据化妆品的暴露途径，一般包括经皮暴露途径，如护肤霜、洗发露、护发素和沐浴露；经口暴露途径，如口红和润唇膏；吸入暴露途径，如气溶胶喷雾。不同的暴露场景就需要在暴露评估时采用不同的暴露参数、场景假设来进行评估。这就需要先对相关人群的潜在暴露进行估算，包括对预期中的敏感人群，如儿童。根据估算的暴露量，进一步决定需要什么样的毒理学数据。例如，当某个物质的暴露量低于 TTC 阈值时，造成健康风险的可能性极低，一般无需进一步对其进行评估或进行毒理学测试。

总之，建议化妆品先进行暴露评估，然后再进行所需的危害评估。

四、分层推进

分层推进（Tiered Approach）广泛用于各种化学品的风险评估中。国际生命科学学会（International Life Sciences Institute，ILSI）发布的人体健康风险评估框架——RISK21（Risk Assessment in the 21st Century，21 世纪的风险评估），作为一种科学、透明和有效的化学品风险评估框架方法，得到国际权威机构的广泛认可和关注。RISK21 使用了层进式方法进行暴露和危害评估。这也和 ICCR 发布的用于化妆品安评的下一代风险评估一致。分层推进策略可以优化资源利用，并建立一套用于决策的有价值的信息系统。在进行化妆品安全评估决策前，获得最大可能多的精确信息（如危害和暴露）是最理想的。但是这可能导致大量资源的浪费和决策时机的延误，以及产品上市的推迟。

一个比较合理的策略是，只在必要的情况下且额外的数据确实能增加价值的前提下，才要求进行额外的实验或数据收集。根据评估需要解决的主要问题和现有数据，获得的基本或初步的危害评估和暴露评估结果可以足以做出安全的决策时，不需要进行额外实验。如果不足以做出安全的决策时，则可能需要更多的资源和时间以获得评估所需的额外数据和信息。

暴露评估可根据评估需要，按照理化性质推测与最坏情况假设、确定性评估、概率分布评估、生物监测逐步推进。危害评估可根据评估需要，按照计算毒理模型、毒理学关注阈值（TTC）、体外测试数据与体外到体内外推（IVIVE）、体内试验、作用模式和人体相关性分析逐步推进。

另外，这种分层推进方法可以根据实际情况，在不同评估中采用不同的层级，精细化的具体数据属于高层级，而粗略的信息属于低层级，或者说高层级是指更接近实际暴露量的数据，低层级是指保守估计的数据。对毒理数据而言，计算毒理是低层级，然后到体外，再到整体动物，最后到作用机制，就是从低级逐渐到高层级的过程。具体来说，可以在暴露评估中用高阶或高层级的数据，而同时在危害评估中使用低阶或低层级的数据，如暴露评估可以采用实际产品使用量的调研结果（高阶），而危害评估只是基于结构和 QSAR 结果的 TTC 值（低阶）。

第二节　安全评估报告内容与编制

一、安全评估报告摘要

化妆品安全评估报告摘要是对于化妆品评估报告的总结和介绍，包括产品名称、产品类型、原料（成分）、有害物质、风险物质、微生物、稳定性等，以及产品最终的评估结论，即产品在正常、合理及可预见的使用情况下，是否会对人体健康产生危害。

二、产品暴露

（一）常见的化妆品产品类型

化妆品有多种分类方法，如按照产品功能分类、产品的使用部位分类、产品的使用人群、产品的剂型分类等。本部分讨论的产品类型仅为暴露评估和安全评估服务，产品的不同类型对应不同的暴露情况。

根据化妆品的使用方法和其在皮肤上的接触情况，分为驻留类化妆品和淋洗类化妆品，评估中两者使用的驻留因子不同。根据化妆品的暴露途径，一般包括经皮暴露途径、经口暴露途径和吸入暴露途径。根据化妆品的暴露方式，又可分为系统暴露和局部暴露。局部暴露主要影响接触部位，而系统暴露涉及整个机体。

（二）影响产品暴露的因素

产品暴露是指个人接触化妆品产品的情况，影响产品暴露的因素有很多，主要包括以下几个方面：产品类型、原料浓度、使用量、持续时间、使用频率、使用部位、暴露途径、暴露对象、透皮吸收率等。

安全评估人员评估化妆品，特别是一个新的产品类型时，需要真正了解消费者的使用和消费习惯，这些才是暴露评估的基础，而并不是简单的数学计算和文献引用。

（三）暴露参数的数据来源和选择

暴露参数的数据可以来自于多种信息源，暴露参数和选择也不是固定不变的，即使一些消费者暴露的定量信息，如 SCCS 指南中的数据被广泛使用，也仍存在着精细化的空间，可以在必要的时候，利用更加恰当的模型（如透皮吸收）、概率方法、实际测量或其他手段进行暴露参数精细化或完善，使暴露量更加接近于消费者真实的使用情况。反之，在某些情况下，过于精细化的暴露评估是没有必要的，粗略保守的估计只要能满足安全评估的需要，即可得出评估结论。比如：在基于保守的前提下，淋洗产品可以直接使用驻留产品的暴露参数，暴露量小的产品可以使用暴露量更大的参数直接评估。

因此，暴露评估最关键的是暴露参数的选择，需要和待评估产品消费者具体的使用情况相对应，并由具有资质的合格的安全评估人员根据数据的可靠性和相关性，基于实际情况进行恰当的选择，估算得到最适合的暴露量。

（四）暴露量估算

暴露量的估算涉及多个因素的综合考虑，首先应尽可能使用可靠的数据和科学研究结果，进行恰当的暴露参数的选择，并结合实际情况进行合理估计。实际评估过程中，权重分析和个案分析起到了关键的作用。

举例来说，产品注册备案时需要勾选作用部位，由于部分面霜产品使用部位包括面部和颈部，通常勾选的作用部位是面部和躯干。实际评估时无需再增加躯干的暴露量。安全评估人员应根据产品的具体情况，在基于保守的前提下，估算适当和合理的暴露量。

化妆品一般在使用之后会留在皮肤上，一些成分可能通过皮肤被吸收，所以需要开展系统暴露评估。一般默认的保守透皮吸收率为100%，如有需要，可基于透皮吸收率信息或相关数据进行系统暴露量的精细评估。

一些成分透皮吸收（又叫经皮渗透）的可能性低，所以不需要开展系统暴露评估。比如：化学合成的由一种或一种以上结构单元，通过共价键链接，平均相对分子质量大于1000道尔顿，且相对分子质量小于1000道尔顿的低聚体含量少于10%，结构和性质稳定的聚合物（具有较高生物活性的原料除外）。此外，化妆品中常用的一类物质，比如某些不活泼的金属或来自天然的溶解度很低的粉末或者颗粒类物质，经过评估被认为在化妆品使用条件下具有化学惰性，其经皮暴露被机体吸收所导致的系统毒性风险很低，不会造成健康风险，也可以部分豁免毒理学终点数据的要求。例如：CIR评估过的氟金云母、硅酸盐类、高岭土、椰子（COCOS NUCIFERA）壳粉、具距石枝藻（LITHOTHAMNION CALCAREUM）粉；《已上市产品原料使用信息》收录的金刚粉、牡蛎壳粉；以及云母、金和用于摩擦剂的各种果壳粉等均属于这类物质。它们在经皮接触时，可结合理化性质等信息进行综合评估，豁免部分毒理学终点数据（如系统毒性）要求。

三、产品配方

化妆品的产品配方填写内容一般包括：原料的序号、标准中文名称，INCI名称/英文名称、使用目的、成分实际含量、备注等。这些信息属于化妆品安全评估所需内容，企业也可根据具体自身评估需求和流程，增加其他与安全评估有关的信息，如原料含量、复配百分比、实际成分含量等。

化妆品原料复配形式较为普遍，不同的复配原料中可能含有同一个成分，如甘油等。化妆品成分的定量评估（如 SED）是基于该成分在终配方中的含量，因此安全评估人员需要对这些相同成分进行整合，然后再开展暴露评估。

企业可以参考《化妆品配方填报技术指导原则》中配方表填报形式，即配方中可不填写非配方成分或非配方成分一并填写两种情况。不填写非配方成分情况，实际成分含量可能不为 100%。非配方成分在配方表中填写的情形下，实际成分含量一般为 100%。

配方含有与产品内容物直接接触的推进剂时，推进剂组成和含量应进行单独填报，推进剂含量合计为 100%，同时标注推进剂和料体的灌装比例。特殊类型化妆品，如两剂或两剂以上必须配合使用的产品、多色号等产品配方填写情形不同。变性剂，以及贴、膜、基材中含有功效原料或着色剂等情况，需要进行标注和说明。

四、配方设计原则（儿童化妆品）

儿童化妆品应当满足《儿童化妆品监督管理规定》和《儿童化妆品技术指导原则》要求，配方设计应按照《儿童化妆品技术指导原则》，遵循安全优先、功效必需、配方极简的原则，结合儿童生理特点，从原料的安全、稳定、功能、配伍等方面评估所用原料的科学性和必要性，特别是香精香料、着色剂、防腐剂以及表面活性剂等原料。

五、配方中各成分的安全评估

化妆品成分应按照《化妆品安全评估技术导则（2021 年版）》、《化妆品原料数据使用指南》、《毒理学关注阈值（TTC）方法应用技术指南》、《交叉参照（Read-across）方法应用技术指南》、《化妆品安全评估资料提交指南》和《皮肤致敏性整合测试与评估策略应用技术指南》等指南和要求开展评估，其中《化妆品原料数据使用指南》包括的主要数据类型：

（1）《化妆品安全技术规范》中的限用组分、准用防腐剂、准用防晒剂、准用着色剂和准用染发剂。

（2）国际权威化妆品安全评估机构公布的评估结论。

（3）世界卫生组织（WHO）、联合国粮农组织（FAO）等权威机构已公布的安全限量或结论。

（4）监管部门公布的已上市产品原料使用信息。

（5）原料 3 年使用历史。

（6）安全食用历史。

（7）结构和性质稳定的高分子聚合物（具有较高生物活性的原料除外）。

对于国际权威化妆品安全评估机构公布的评估结论有限制性时，如要求配方无刺激，可以考虑原料 3 年使用历史；原料和配方毒理学皮肤刺激性试验；原料和配方人体临床测试结果，如人体单次斑贴测试、人体安全性试用试验、多次累积皮肤刺激试验等；也可以是该成分的使用浓度不超过《已上市产品原料使用信息》对应浓度。采用人体测试时，需注意方法的科学合理性，如受试者数量，测试条件等。

两剂或两剂以上必须配合使用的产品，推进剂，变性剂，以及贴、膜、基材中含有功效原料或着色剂等情况，需要按照相关要求开展评估。

《化妆品配方填报技术指导原则》和《化妆品安全评估资料提交指南》要求，不作为配方成分填报的成分，在产品安全评估报告中仍应对此类成分进行分析和评估，确保产品安全和质量可控。

配方添加量在一定范围内波动、对终产品起调节作用的 pH 调节剂、黏度调节剂等，如配方表中填写此类原料的添加量典型值，根据典型值进行安全评估。如果填写添加量的范围值，以最大添加量进行安全评估，确保在添加量范围内产品安全且质量可控。

《化妆品安全评估资料提交指南》（四）化妆品终产品安全性测试规定，满足相应条件时，可以参照《化妆品注册和备案检验工作规范》设置的毒理学试验项目和／或人体试验项目开展产品的安全性测试，对终产品的安全性进行综合评价分析。

化妆品安全评估人员应遵循证据权重原则，以现有科学数据和相关信息为基础对产品进行安全评估。化妆品的成分如果无法按照以上证据类型进行评估时，可参考《化妆品安全评估技术导则（2021 年版）》对成分进行完整风险评估，或者除《化妆品安全技术规范》规定的成分外，也可对其他成分直接开展完整评估。

六、可能存在的风险物质评估

对可能由化妆品原料带入、生产过程中产生或带入的风险物质，按照《化妆品安全评估技术导则（2015）》和《化妆品风险物质识别与评估技术指导原则》的要求进行评估。

《化妆品安全技术规范（2015）》发布后，禁用和限用物质规定持续修订，安全评估人员需要依据最新颁布的要求开展有害物质和风险物质的评估。

《化妆品风险物质识别与评估技术指导原则》对于儿童产品的风险物质有特别规定，需根据要求开展评估。

《化妆品注册备案资料管理规定》附件 14 原料安全相关信息包含了风险评估所需的信息，同样可视为原料质量规格，用于证明原料的合规性和进一步风险评估。

七、风险控制措施和建议

化妆品应基于产品特点和风险评估结果，制定相应的风险控制措施和建议，比如明确产品的使用方法、使用频次、使用人群、警示用语和注意事项等。消费者从产品名称等信息可以了解到如何使用产品的情况下（如：洗发水、体乳等），通常不需要进一步说明使用方法。

警示语和注意事项一般包括两种类型，《化妆品安全技术规范（2015）》标签上必须标印使用条件和注意事项，以及安全评估人员经过评估后认为产品需要标识的警示语等，特别是暴露评估中，在可预见的使用情况下，认为需要增加的警示语，如避免眼部接触等。

儿童化妆品应当按照《儿童化妆品监督管理规定》的要求以"注意"或者"警告"作为警示语和注意事项的引导语，在销售包装可视面标注"应当在成人监护下使用"等警示用语。

八、安全评估结论

化妆品安全评估结论是对评估中涉及的项目进行总结，并给出明确的评估结论，即产品是否安全。

评估内容一般包括产品类型、使用方法、作用部位、暴露途径等总体信息，也包括了评估过程中考虑到的各方面的信息的综合评估。

产品的稳定性测试和评估，产品防腐效能测试和评估，以及产品的包装相容性测试和评估是新增的内容和要求。这些测试一般由企业研发部门、质量管理部门或包材部门等负责，安全评估人员需要对测试和评估结果进行确认，从而确保产品的质量安全。

化妆品和原料如果进行了毒理学测试或人体临床测试，安全评估人员也应当对测试结论进行评估，这些安全性测试包括：

（1）特殊化妆品的毒理学和临床测试。

（2）原料"含量较低"情形进行化妆品终产品安全性测试。

（3）其他有助于安全评估的测试，如满足 CIR 限制条件。

九、安全评估人员签字与简历

安全评估报告应有评估人签名、日期、地址等信息，安全评估报告应由安全评估人员签字，签字应符合国家相关规定，具有法律效力。

安全评估人员签名可以是电子签名或手写签名。评估日期应为最终出具安全评估报告的时间，也是对报告内各项测试和评估结果的确认，因此签字日期不得早于相关证明性资料的出具时间。

安全评估人员应当具有医学、药学、生物学、化学或毒理学等化妆品质量安全相关专业知识。安全评估人员应当了解化妆品成品或原料生产工程和质量安全控制要求，并具有五年以上相关专业从业经历。安全评估人员需要持续接受化妆品法规和安全评估教育，具有化妆品安全评估培训记录。

这些要求可通过安全评估人员姓名、学位、专业、工作单位、个人简历、从事工作简介和培训记录等进行说明。

十、参考文献

参考文献按照标准格式编写，能够与评估内容进行对应。参考文献应为公开发表的技术报告、通告、专业书籍或学术论文以及国际权威机构发布的数据或风险评估资料等。参考文献引用和参考的发表文章存档待查。

十一、附录

化妆品安全评估不仅仅包括成分和安全风险物质的评估，还包括了毒理学测试报告、香精的安全证书或声明、原料质量规格、有害物质检测报告、风险物质的检测报告、微生物检测报告、原料 3 年使用史证明材料、产品理化稳定性、包材相容性和防腐效能测试与评估报告（结论）等。这些资料部分在产品检验报告项下已经提交的，不需要在安全评估报告中重复提交（如有害物质检测报告、微生物检测报告等），其他项目文件需要在安全评估报告中作为附件提交（如：香精的安全证书或声明等），或者根据要求进行存档备查（如：产品理化稳定性、包材相容性和防腐效能测试与评估报告等）。

十二、产品上市后的安全监测与报告变更

对于已经上市的化妆品，安全评估人员需要积极与原料部门、质量部门、客服部门、不良反应处置等相关部门沟通和交流，了解产品上市后发现和收集的质量安全投诉等内容，并对可能涉及产品安全的不良反应进行分析和评估。上市产品正常使用引起的不良反应率呈明显增加趋势，或正常使用产品导致严重不良反应的，需重新评估产品的安全性，必要时与各个部门合作，自查产品原料、配方、生产工艺、生产质量管理、贮存运输等方面可能引发不良反应的原因。

上市产品所用原料在毒理学上有新的发现，且会影响现有评估结果的，如发现原料存在致癌风险等情况，需重新评估产品的安全性。

对于已经完成注册和备案的产品，凡涉及所使用原料的生产商的变更、原料质量规格增加或者改变、产品使用方法变更等，导致产品安全评估资料发生变化的，还应当进行产品安全评估资料变更，具体可以是重新出具安全评估报告，也可以在原报告的基础上针对变化或变更内容开展相应评估。

第三节　安全评估报告模板

化妆品产品安全评估需按照《导则》以及其他相关安全评估指导文件和科学指南进行评估，并形成一份具有真实性、准确性、完整性和可追溯性的产品安全评估报告。产品安全评估报告的具体格式并无严格要求。在产品安全评估要求开始实施时，为更好地指导行业开展评估，在《导则》附录 2 中给出产品安全评估报告需要具备的一些核心要素，且附录 3 中也给出一份供参考使用的完整版产品安全评估报告示例。这些指导文件，很好地帮助了行业理解什么是一份产品安全评估报告，以及一份合格的安全评估报告应该要具备什么样的条件。

随着 2024 年《公告》以及配套的相关指导文件出台，完整版安全评估报告的要求也更加的清晰。为了能更好的贯彻相关要求，更便利的使用新证据类型，更清晰的呈现评估结果，本章节提供了一份新的报告模板。需要强调的是，报告模板仅用于参考，行业在准备安全评估报告时，并无任何强制格式要求，可以根据企业具体情况以及产品不同而调整，以信息准确和易于阅读为主。一份好的产品安全评估报告，不仅具有科学的评估过程和明确的评估结论，清晰和具有逻辑性的呈现形式也非常重要，可以减少在自查或者评审阶段因表达不清楚而产生不必要的错误解读，从而避免耽搁产品的上市进程。

化妆品产品安全评估报告

注：本报告格式仅供参考

产品名称：_____

注册人 / 备案人名称：_____

注册人 / 备案人地址：_____

评估单位：_____

评 估 人：_____

评估日期：_____ 年 _____ 月 _____ 日

目　录

一、摘要

××产品为××类化妆品，适用于××部位，参考《化妆品安全评估技术导则》有关规定，对产品的微生物、有害物质和稳定性等进行了检测和评估，并对配方所用的×××、×××、×××（具体原料名称），以及可能存在的风险物质×××（具体物质名称）开展了安全评估。结果显示，该产品在正常、合理及可预见的使用情况下，不会对人体健康产生危害。

二、产品简介

1. 产品名称

2. 产品使用方法

3. 日均使用量（g/d）（标注参考出处和具体来源）

4. 驻留因子

5. 其他

三、产品配方

表 1　产品配方表（方式一）

序号	中文名称	INCI 名称 / 英文名称	使用目的	在《已使用原料目录》中的序号	备注

表 1　产品配方表（方式二）

序号	标准中文名称	INCI 名称 / 英文名称	原料含量（%）	复配百分比（%）	实际成分含量（%）	使用目的	备注

表 2　产品实际成分含量表

标准中文名称	INCI 名	实际成分含量（%）

（注意：气雾剂，变性剂，贴、膜、基材中含有功效原料或着色剂等，未填入配方的成分，两剂配合使用等情况需要单独列表或备注说明。）

四、配方设计原则

（注：仅针对儿童化妆品）

五、配方中各成分的安全评估

方式一：

中文名称	
含量（%）	
《化妆品安全技术规范》要求	
权威机构评估结论	
原料 3 年使用历史（%）	
已上市产品原料使用信息（%）	
毒理学终点评估	
评估结论	
参考文献	

方式二：

中文名称	含量（%）	《化妆品安全技术规范》要求	权威机构评估结论	原料3年使用历史（%）	已上市产品原料使用信息（%）	毒理学终点评估	评估结论	参考文献
						如内容较多，可作为附件放在表后		

六、可能存在的风险物质评估

本产品按照《化妆品安全评估技术导则》和《化妆品风险物质识别与评估技术指导原则》的要求，基于当前科学认知水平，对可能由化妆品原料带入、生产过程中产生或带入的风险物质进行评估，结果表明：

本产品的生产符合国家相关法律法规，对生产过程和产品包装材料进行严格的管理和控制。

产品中可能存在的安全性风险物质是技术上无法避免、由原料带入的杂质。残留的微量杂质在正常合理使用条件下不会对人体健康造成危害。产品安全性风险物质危害识别见表3。

表3　化妆品中安全性风险物质危害识别表

序号	中文名称	INCI名称/英文名称	可能存在的安全性风险物质	备注

此外，该产品终产品检验报告显示其铅、汞、砷、镉等检验结果符合《化妆品安全技术规范（2015年版）》"表2 化妆品中有害物质限值"与其对应的指标要求。

七、风险控制措施或建议

（如：警示用语、使用方法、使用人群等）

八、安全评估结论

本产品为××类化妆品，适用于××部位，产品使用方法为××，主要暴露方式为××。根据产品的特性，对本产品的暴露评估考虑××途径。

通过对产品以下各方面的综合评估：

1. 各成分的安全评估结果显示，所有成分在本产品浓度下不会对人体健康产生危害；

2. 可能存在的安全性风险物质检测及评估结果显示，不会对人体健康产生危害；

3. 该产品微生物情况符合《化妆品安全技术规范》（2015 年版）和《化妆品注册和备案检验工作规范》（2019 年第 72 号）有关要求；

4. 有害物质检测结果显示，该产品有害物质含量符合《化妆品安全技术规范》（2015 年版）有关要求；

5. 产品的稳定性评估或测试结论；〔评估结论（模板）见后〕

6. 产品防腐效能评估或测试结论；〔评估结论（模板）见后〕

7. 产品包装相容性评估或测试结论；〔评估结论（模板）见后〕

8. 配方中各成分之间未预见发生有害的相互作用。

综上，认为该产品在正常及合理、可预见的使用条件下，不会对人体健康产生危害。

本企业履行相应产品质量安全义务，对产品安全性负主体责任，承诺遵循科学、公正、透明和个案分析的原则对产品安全性进行评估，对报告的科学性、准确性、真实性和可靠性负责。本报告是基于当前认知水平下，以现有科学数据和相关信息为基础进行的安全评估；当毒理学新发现或者上市后不良反应数据导致当前评估结果改变时，本报告会根据相关内容进行更新。

九、安全评估人员签名

评估人：

日期：　　　年　　月　　日

地址：

十、安全评估人员简历

姓名		性别	
学位		专业	
单位			
个人简历			
从事工作简介			
培训记录			

十一、参考文献

（说明：参考文献按照格式要求列出明确的出处及来源，原文留档备查，无需提交。）

十二、附录

包括香精安全证明材料、检测报告（系统中如果检测报告与上传资料有重复的，可不必重复上传，仅需要指向说明具体位置）、涉及的原料质量规格证明等。

产品稳定性评估结论（模板）

注：本模板内容和格式仅供参考

产品名称：

评估依据：（注：根据实际情况进行勾选，可多选）

☐ 根据国家标准、技术规范、行业标准或国际标准开展的相关研究（企业提供具体参考标准名称和编号）；

☐ 自建测试或评估方法对化妆品的稳定性开展的研究报告；方法经过企业长期实践，已形成标准操作规程（企业提供内部标准操作规程编号）；

☐ 基于供应商提供的数据或报告；

☐ 其他：（请举出）。

评估/测试简述：（对评估所采用的依据或测试方法及相应理由进行简要说明和阐述）

评估/测试结果：（简要列出测试或者评估结果，测试项目和指标等根据产品实际情况进行设置。）

评估结论：经对化妆品稳定性研究结果进行系统分析，结合产品特性和产品配方等进行综合研判，在标签标识的存储条件下，本产品在××个月内保持稳定。本企业对评估过程和结论的科学性、准确性和真实性负责，具体评估原始数据和报告存档备查。

技术负责人（签/章）

年　　月　　日

产品防腐效能评估结论（模板）

注：本模板内容和格式仅供参考

产品名称：

评估依据：（注：根据实际情况进行勾选，可多选）

☐ 根据国家标准、技术规范、行业标准或国际标准开展的相关研究（企业提供具体参考标准名称和编号）；

☐ 自建测试或评估方法对化妆品的防腐效能开展的研究报告；方法经过企业长期实践，已形成标准操作规程（企业提供内部标准操作规程编号）；

☐ 基于供应商提供的数据或报告；

☐ 其他：（请举出）。

评估 / 测试简述：（对评估所采用的依据或测试方法及相应理由进行简要说明和阐述）

评估 / 测试结果：（简要列出测试或者评估结果，测试项目和指标等根据产品实际情况进行设置。）

评估结论：

☐ 经对化妆品防腐效能研究结果进行系统分析，结合产品特性、产品配方及产品包装等，进行综合研判。在正常使用条件下，本产品防腐效能有效，未预见对消费者构成潜在的微生物安全风险。

☐ 经对产品特性、产品配方及产品包装等进行综合研判，认为在正常使用条件下，本产品为低微生物风险产品，未预见对消费者构成潜在的微生物安全风险，无需进行测试。

本企业对评估过程和结论的科学性、准确性和真实性负责，具体评估原始数据和报告存档备查。

技术负责人（签 / 章）

年　　月　　日

产品包材相容性评估结论（模板）

注：本模板内容和格式仅供参考

产品名称：

评估依据：（注：根据实际情况进行勾选，可多选）

☐ 对包材开展的浸出物研究报告；

☐ 化妆品产品历史安全性数据或报告；

☐ 根据食品、药品或其他方法对化妆品的包材开展的相容性研究报告（企业提供具体参考标准名称和编号）；

☐ 根据自建的方法对化妆品的包材开展的相容性研究报告（企业提供内部标准操作规程编号）；

☐ 基于供应商提供的数据或声明或质量控制报告；

☐ 化妆品稳定性实验结果；

☐ 其他：（请举出）。

评估／测试简述：（对本产品包材相容性评估所采用的评估依据进行简要说明）

评估／测试结果：（简要列出测试或者评估结果，测试项目和指标等根据产品实际情况进行设置。）

评估结论：经对已有产品包材相容性依据资料开展评估，在正常使用条件下，本产品与其直接接触包材之间相容性风险可控，未预见导致化妆品产生人体健康安全性风险。

本企业对评估过程和结论的科学性、准确性和真实性负责，具体评估原始数据和报告存档备查。

技术负责人（签／章）

年　　月　　日

参考文献

［1］Dent, M.P., Amaral, R.T., Da Silva, P.A., et. al. Principles underpinning the use of new methodologies in the risk assessment of cosmetic ingredients［J］. Computational Toxicology, 2018, 7：20–26.

［2］Embry MR, Bachman AN, Bell DR, et al. Risk Assessment in the 21st Century：Roadmap and Matrix［J］. Critical Reviews in Toxicology, 2014, 44：6–16.

［3］OECD. Guiding Principles and Key Elements for Establishing a Weight of Evidence for Chemical Assessment［S］. Series on Testing and Assessment No. 311, 2019.

［4］Pastoor TP, Bachman AN, Bell DR, et al. A 21st century roadmap for human health risk assessment［J］. Critical Reviews in Toxicology, 2014, 44: 1-5.

［5］EFSA: European Food Safety Authority EFSA Scientific Committee, Guidance on the use of the weight of evidence approach in scientific assessments［J］. EFSA Journal, 2017, 15(8): 4971.

［6］Klimisch H., Andreae M. and Tillmann U. A systematic approach for evaluating the quality of experimental toxicological and ecotoxicological data［J］. Regulatory Toxicology and Pharmacology, 1997, 25: 1-5.

［7］National Research Council. Risk assessment in the federal government: managing the process［Z］. Washington(DC): National Academy Press; 1983.

［8］National Academy of Science. Toxicity testing in the 21st century: a vision and a strategy［Z］. Washington, DC: The National Academies Press, 2007.

［9］National Research Council. Science and decisions: advancing risk assessment［Z］. Washington, DC: The National Academy Press, 2009.

［10］National Academies of Sciences . Exposure science in the 21st cen-tury. A vision and a strategy［Z］. Washington, DC: The National Academies Press, 2012.

［11］National Academy of Science. Using 21st Century Science to Improved Risk-Related Evaluations［Z］. Washington, DC: The National Academies Press, 2017.

［12］SCCS/1647/22. The SCCS Notes of guidance for the testing of cosmetic ingredients and their safety evaluation 12th revision［Z/OL］. (2023-05-15) https://health.ec.europa. eu/publications/sccs-notes-guidance-testing-cosmetic-ingredients-and-their-safety-evaluation-12th-revision_en.

［13］SCHER (Scientific Committee on Health and Environmental Risks), SCENIHR (Scientific Committee on Emerging and Newly Identified Health Risks), SCCS (Scientific Committee on Consumer Safety). Addressing the New Challenges for Risk Assessment［Z/OL］. (2013-03) https://health.ec.europa.eu/document/download/f67bec6a-9f2e-4c2c-aed4-4771551d8ef3_en?filename=sccs_o_131.pdf.

［14］Woodruff TJ, Sutton P. The Navigation Guide systematic review methodology: a rigorous and transparent method for translating environmental health science into better health outcomes［J］. Environmental Health Perspectives, 2014, 122(10): 1007-1014.

第九章
安全评估报告的案例分享

随着科技的不断进步与消费者需求的日益多元化，化妆品产品类型日趋繁多，从基础的护肤保养到彩妆修饰，再到个人清洁与护理，每一类产品都有其独特的安全评估需求与挑战。针对不同产品类型准备相应安全评估报告在安全评估工作中扮演着重要角色。

本章节精心挑选了10种有一定代表性的化妆品产品类型对安全评估报告内容进行案例展示，从面部精华液到洗发液，覆盖了护肤、彩妆、个人护理等多个领域，力求全面展现化妆品安全评估的复杂性和细致性，如面部精华液的原料包括了各种数据类型的具体应用，驻留型面膜暴露量评估特点。面部精华液较为全面地展示了原料评估中各种数据类型的应用，也举例说明了采用自建方法如何撰写产品稳定性、防腐效能和包材相容性评估结论，以供参考。其他案例也都各有特点，如驻留型面膜暴露量评估，口红作为唇部使用产品需要考虑经口暴露，睫毛膏则是眼部使用产品的代表，香水产品的防腐剂挑战测试豁免评估和自查报告编写，防晒霜作为特殊用途化妆品的代表，儿童防晒霜体现了儿童产品暴露量与成人的不同，气雾剂对于助推剂的评估，氧化型染发剂有着比较特殊的使用方式和警示语也是两剂混合的典型代表，洗发液是淋洗类产品的代表也体现了表面活性剂在配方中的评估。

这些案例报告是连接理论与实践、指导实际操作的重要桥梁。通过详细记录各类化妆品产品的安全评估过程、方法与结果，为行业内外提供了直观、可借鉴的安全评估范例，有效提升安全评估工作的科学性与规范性。同时，各个案例报告在满足法规要求，保持主体结构和内容一致性的情况下，还体现了不同化妆品公司在对不同类型产品进行实际评估时，安全评估报告具体格式和数据内容差异化。尽管案例报告格式存在一定的差异化，但同样遵循科学严谨的评估原则，并力求准确传达产品安全性的核心信息，同时也重视报告的可读性和易用性。

这些结合了产品特点的案例报告，能够更好地帮助行业聚焦于特定产品的安全问题和关注点，提升报告的科学性和可靠度，有助于形成对产品安全性的统一认识和促进各项安全评估优化措施的落地和实施。

本章报告内容仅为案例，报告中所采用评估数据以及附件内容并非完全真实，重在介绍不同情形下的评估理念和方式。实际进行产品评估时，需按照《化妆品安全评估技术导则》及相关技术指导原则结合产品的具体情况进行评估，请勿直接引用案例中的数据用于评估。

第一节　面部精华液

一、摘要

×××精华液为驻留类化妆品，适用于面部肌肤，可每日使用，参考《化妆品安全评估技术导则》有关规定，对产品的微生物、有害物质和稳定性等进行了检测和评估，并对配方所用的亚洲白桦（BETULA PLATYPHYLLA）树汁、PEG-40氢化蓖麻油、己基癸醇、苯氧乙醇、丙烯酸（酯）类/C10-30烷醇丙烯酸酯交联聚合物、（日用）香精、姜（ZINGIBER OFFICINALE）根提取物、苦油树（CARAPA GUAIANENSIS）籽油、甘油、氨丁三醇、牡丹（PAEONIA SUFFRUTICOSA）花/叶/根提取物、白柳（SALIX ALBA）树皮提取物、生育酚（维生素E）、玫瑰（ROSA RUGOSA）花蕾粉，可能存在的二甘醇、苯酚、二噁烷、农药残留、亚硝胺、仲链烷胺等风险物质开展了安全评估。结果显示，该产品在正常、合理及可预见的使用情况下，不会对人体健康产生危害。

二、产品简介

1. 产品名称：×××精华液

2. 产品使用方法：均匀涂抹于面部，轻柔按摩至吸收。

3. 日均使用量（g/d）：1.54*

4. 驻留因子：1.00

5. 全身暴露量（SED）：

SED= 日均使用量 × 驻留因子 × 成分在配方中百分比 × 经皮吸收率 ÷ 体重#

注：* 日均使用量参考《THE SCCS NOTES OF GUIDANCE FOR THE TESTING OF COSMETIC INGREDIENTS AND THEIR SAFETY EVALUATION（12TH REVISION）》[1]。

体重一般为默认的成人体重（60 kg）；经皮吸收率以100%计。

三、产品配方

本配方中所使用的原料均已列入《已使用化妆品原料目录》[2]或《化妆品安全技术规范（2015年版）》[3]。产品配方见表1，产品实际成分含量见表2。

表1　产品配方表

序号	中文名称	INCI 名称/英文名称	使用目的	在《已使用原料目录》中的序号	备注
1	亚洲白桦（BETULA PLATYPHYLLA）树汁	BETULA PLATYPHYLLA JAPONICA JUICE	皮肤保护剂	07349	—

序号	中文名称	INCI 名称 / 英文名称	使用目的	在《已使用原料目录》中的序号	备注
2	PEG-40 氢化蓖麻油	PEG-40 HYDROGENATED CASTOR OIL	增溶剂	00681	—
3	己基癸醇	HEXYLDECANOL	皮肤保护剂	03202	—
4	苯氧乙醇	PHENOXYETHANOL	防腐剂	01294	《化妆品安全技术规范》准用防腐剂（表4）序号 37
5	丙烯酸（酯）类 / C10-30 烷醇丙烯酸酯交联聚合物	ACRYLATES/C10-30 ALKYL ACRYLATE CROSSPOLYMER	增稠剂	01423	—
6	（日用）香精	FRAGRANCE	芳香剂	08782	—
7	姜（ZINGIBER OFFICINALE）根提取物	ZINGIBER OFFICINALE （GINGER）ROOT EXTRACT	皮肤保护剂	03388	—
8	苦油树（CARAPA GUAIANENSIS）籽油	CARAPA GUAIANENSIS SEED OIL	润肤剂	04163	—
	生育酚（维生素 E）	TOCOPHEROL		06029	—
9	甘油	GLYCERIN	皮肤保护剂	02421	—
	牡丹（PAEONIA SUFFRUTICOSA）花 / 叶 / 根提取物	PAEONIA SUFFRUTICOSA FLOWER/LEAF/ROOT EXTRACT		04748	提取部位：花
10	氨丁三醇	TROMETHAMINE	pH 调节剂	01041	《化妆品安全技术规范》限用组分（表3）序号 44
11	白柳（SALIX ALBA）树皮提取物	SALIX ALBA （WILLOW）BARK EXTRACT	皮肤保护剂	01159	—
12	玫瑰（ROSA RUGOSA）花蕾粉	ROSA RUGOSA BUD POWDER	皮肤保护剂	04633	—

注：—.没有相关内容。

表 2 产品实际成分含量表

标准中文名称	INCI 名	实际成分含量（%）
亚洲白桦（BETULA PLATYPHYLLA）树汁	BETULA PLATYPHYLLA JAPONICA JUICE	97.019975
PEG-40 氢化蓖麻油	PEG-40 HYDROGENATED CASTOR OIL	0.8
己基癸醇	HEXYLDECANOL	0.5
苯氧乙醇	PHENOXYETHANOL	0.5
丙烯酸（酯）类 /C10-30 烷醇丙烯酸酯交联聚合物	ACRYLATES/C10-30 ALKYL ACRYLATE CROSSPOLYMER	0.4
（日用）香精	FRAGRANCE	0.3
姜（ZINGIBER OFFICINALE）根提取物	ZINGIBER OFFICINALE（GINGER）ROOT EXTRACT	0.22
苦油树（CARAPA GUAIANENSIS）籽油	CARAPA GUAIANENSIS SEED OIL	0.09995
甘油	GLYCERIN	0.08
氨丁三醇	TROMETHAMINE	0.05
牡丹（PAEONIA SUFFRUTICOSA）花 /叶 /根提取物	PAEONIA SUFFRUTICOSA FLOWER/LEAF/ROOT EXTRACT	0.02
白柳（SALIX ALBA）树皮提取物	SALIX ALBA（WILLOW）BARK EXTRACT	0.01
生育酚（维生素 E）	TOCOPHEROL	0.00005
玫瑰（ROSA RUGOSA）花蕾粉	ROSA RUGOSA BUD POWDER	0.000025

四、配方中各成分的安全评估

1 号原料：亚洲白桦（BETULA PLATYPHYLLA）树汁（BETULA PLATYPHYLLA JAPONICA JUICE）（注：安全食用史证据评估案例）

根据黑龙江省卫生健康委员会发布的黑龙江省地方标准（DBS 23/003-2018）《食品安全地方标准白桦树汁》[4] 以及文件编制说明，桦树为桦木科、桦木属，落叶乔木，白桦树汁在黑龙江省至少有四十年的食用历史。该标准中提到，白桦树汁为每年的冬末春初，按相关要求，在白桦（Betula platyphylla Suk.）树干钻孔后，收集其自然流出的汁液，经过滤、杀菌或除菌等工艺加工制成的液体；本原料的工艺流程与其保持一致，且其种属、拉丁名与标准中提及的白桦的拉丁名保持一致，故认为本原料与标准中所描述的白桦树汁一致，有充分可食用历史，豁免系统毒性测试，只需对其局部毒性进行评估，包括皮肤刺激性、眼刺激性、皮肤致敏性、皮肤光毒性及皮肤光变态反应性，具体情况如下。

皮肤刺激性：该成分无皮肤刺激性数据。但本产品开展了多次皮肤刺激性试验（试验依据:《化妆品安全技术规范（2015 年版）》），结果显示本产品未见皮肤刺激性，故在本产品的使用浓度下，该成分预计不会引起皮肤刺激性。

眼刺激性：该成分无眼刺激性数据，但本产品开展了急性眼刺激性［试验试验依据:《化妆品安全技术规范（2015 年版）》］，在不冲洗条件下，本产品未见眼刺激性反应。

皮肤致敏性：该成分无皮肤致敏性数据。本产品开展了豚鼠皮肤变态反应试验（BT 法）［试验依据:《化妆品安全技术规范（2015 年版）》］中，未观察到皮肤变态反应未见皮肤致敏性。

皮肤光毒性和光变态反应（光致敏性）：该成分无皮肤光毒性数据。本产品开展了豚鼠皮肤光毒性试验［试验依据:《化妆品安全技术规范（2015 年版）》］，结果显示本产品未见皮肤光毒性。通过查阅公开发表的文献和检索数据库，未发现该成分有光毒和光致敏的报道，且原料在在 290~700nm 波长范围内进行了光吸收测试，吸收峰吸光值 OD ＜ 1，综合分析判断认为该成分造成皮肤光致敏的风险低，在接受范围之内。

综上所述，1 号原料在本产品中的应用风险在可接受范围内。

2 号原料：PEG–40 氢化蓖麻油（PEG-40 HYDROGENATED CASTOR OIL）（注：CIR 评估结论有限制性条件要求的情形）

美国化妆品原料评价委员会（CIR）评估结果显示，当成分在配方中无刺激时，该成分用于化妆品是安全的。报告驻留类产品最大使用浓度为 22%[5]，本配方中添加量在报道用量以内，且在 EpiSkin 三维重建细胞模型进行体外皮肤刺激性试验（OECD 439），采用 1% 该成分进行试验，平均组织存活率＞ 50% 且 IL-1α 释放量＜ 50pg/ml，结果显示该成分在浓度为 1% 时无皮肤刺激性，符合 CIR 对于该成分的限制性要求。

（注：对于满足 CIR 无刺激性要求，除了该项测试，还可以考虑原料本身或含有该原料产品的刺激性毒理测试、人体测试、企业三年使用史、已上市产品原料使用信息等。其中人体测试可以是人体单次斑贴测试、人体安全性试用试验、多次累积皮肤刺激试验等。）

综上所述，2 号原料在本产品中的应用风险在可接受范围内。

3 号原料：己基癸醇（HEXYLDECANOL）（注：原料进行完整评估）

原料毒理学终点评估如下。

急性毒性：ECHA 卷宗报道[6]，大鼠急性经口毒性试验中 LD50 ＞ 40ml/kg（相当于 33600mg/kg）表明该成分经口毒性为实际无毒。

皮肤刺激性：ECHA 卷宗报道，家兔急性皮肤刺激试验中，采用未经稀释的受试物进行试验，并对一侧皮肤进行磨损处理。试验分为高剂量组 2ml/kg 和低剂量组 1ml/kg，并在 24h、48h 和 72h 进行观察，分别得出各组平均原发皮肤刺激指数（PDII）值。磨损皮肤高剂量组 PDII 值为 3.17，完整皮肤高剂量组 PDII 值为 3.06，磨损皮肤和完整皮肤低剂量组 PDII 值均为 1.89。本产品开展了多次皮肤刺激性试验［试验依据：《化妆品安全技术规范（2015 年版）》］，结果显示本产品未见皮肤刺激性。

眼刺激性：ECHA 卷宗报道，家兔急性眼刺激试验中，采用未经稀释的该成分进行试验，所有动物 24、48、72 小时打分时间点结膜充血平均分为 0.89，并在第 4 天完全恢复；结膜水肿平均分为 0.17，并在 48 小时完全恢复；角膜混浊和虹膜评分均为 0 分，显示该成分在 100% 时具有轻微眼刺激性。本产品开展了急性眼刺激性试验试验依据：《化妆品安全技术规范（2015 年版）》，在不冲洗条件下，本产品未见眼刺激性反应，故在本产品的使用浓度下，该成分不具有眼刺激性。

皮肤致敏性：该成分无皮肤致敏性数据。本产品开展了豚鼠皮肤变态反应试验（BT 法）［试验依据：《化妆品安全技术规范（2015 年版）》］，未观察到皮肤变态反应未见皮肤致敏性。

皮肤光毒性和光变态反应（光致敏性）：经文献检索未发现该成分有皮肤光毒性和光致敏性报道，其结构符合"仅含有 C，H，O，N，Si 且不含有共轭结构"特征，不具有明显紫外光吸收特性，因此出现皮肤光毒性和光变态反应性的可能性较低。

遗传毒性：供应商数据显示[7]，按照细菌回复突变试验（OECD 471）方法检测，试验菌株为鼠沙门菌 S. typhimurium TA98、TA100、TA1535、TA1537 和 TA1538，受试物试验剂量为 8、40、200、1000、5000μg/皿，在加和不加代谢活化系统 S9 情况下结果均为阴性，结果表明该成分不具有基因突变性；ECHA 卷宗报道，体外染色体畸变试验（OECD 473）中，在不加代谢活化系统 S9 的试验剂量为 9、15 和 17μg/ml，加代谢活化系统 S9 的试验剂量为 120、130 和 150μg/ml，在加和不加代谢活化系统 S9 情况下结果均为阴性，因此受试物不具有染色体畸变性。综上，该成分未见遗传毒性。

重复剂量毒性：该成分无重复剂量毒性数据，己基癸醇为支链烷基醇，ECHA 卷宗中对该成分的评估使用了交叉参照，具体参考的结构类似物为辛基十二醇，两者主要区别为主链的碳链长度不同。ECHA 卷宗报道，辛基十二醇在大鼠 90 天经口重复剂量试验中，染毒剂量为 1ml/（kg·d）（相当于 840mg/（kg·d）。试验期间无动物死亡，无明显临床症状，在大体解剖学、组织病理学等相关检查中无异常。根据以上结果，90 天经口重复剂量试验未观测到有害作用的剂量水平（NOAEL）为 840mg/（kg·d），选用该 NOAEL 用于安全边际的计算。

本配方该成分的添加量为 0.5%，全身暴露量（SED）＝日均使用量 × 驻留因子 × 成分在配方中百分比 × 经皮吸收率 ÷ 体重 = 1.54g/d × 1.00 × 0.5% × 100%/60kg=0.1283mg/（kg·d），安全边际（MoS）=NOAEL/SED=840mg/kg（kg·d）/0.1283mg/kg（kg·d）=6547 > 100

综上所述，3 号原料在本产品中的应用风险在可接受范围内。

4 号原料：苯氧乙醇（PHENOXYETHANOL）

《化妆品安全技术规范（2015 年版）》准用防腐剂（表4）序号 37[3]，具体使用要求：苯氧乙醇的最大允许使用量为 1%。本配方中添加量低于其最高限量。

综上所述，4 号原料在本产品中的应用风险在可接受范围内。

5 号原料：丙烯酸（酯）类 /C10–30 烷醇丙烯酸酯交联聚合物（ACRYLATES/C10–30 ALKYL ACRYLATE CROSSPOLYMER）（注：存在多个 CIR 报告情形，如果使用则需要提供相关报告内容）

美国化妆品原料评价委员会（CIR）评估结果显示，当成分在配方中无刺激时，该成分用于化妆品是安全的，在驻留类产品中报道的最大使用浓度为 3%[8]，本配方中添加量在报道用量以内，且本产品开展了多次皮肤刺激性试验［试验依据:《化妆品安全技术规范（2015 年版）》］，结果显示本产品未见皮肤刺激性，符合 CIR 对于该成分的限制性要求。

综上所述，5 号原料在本产品中的应用风险在可接受范围内。

6 号原料:（日用）香精（FRAGRANCE）。

该香精使用符合 IFRA（国际香精香料协会）的实践法规要求，香精添加量在安全用量范围内（见附录 1）。

综上所述，6 号原料在本产品中的应用风险在可接受范围内。

7 号原料：姜（ZINGIBER OFFICINALE）根提取物 ZINGIBER OFFICINALE GINGER ROOT EXTRACT）。（注：权威机构评估结论 GRAS 案例）

姜是姜科姜属多年生草本植物，在我国广泛种植，是一种常见的食物原料[9]。姜（Ginger）被美国食品药品管理局（FDA）收录至 "Title 21 食品和药品中 Subchapter B 供人类食用的食品目录 Part 182 一般认为安全的物质（GRAS）—— §182.20 精油、油树脂（无溶剂）和天然提取物（包括馏出物）类"[10]，作为食品食用无限制条件。本原料的提取工艺为水提，加工方式与食品食用加工方式基本一致。综上，原料预期不会产生系统毒性风险。对其局部毒性进行评估，包括皮肤刺激性、眼刺激性、皮肤致敏性、皮肤光毒性和光变态反应（光致敏性），具体情况如下。

皮肤刺激性：该成分无皮肤刺激性数据。但本产品开展了多次皮肤刺激性试验［试验依据:《化妆品安全技术规范（2015 年版）》］，结果显示本产品未见皮肤刺激性。

眼刺激性：该成分无眼刺激性数据，但本产品开展了急性眼刺激性试验［试验依据:《化妆品安全技术规范（2015 年版）》］，在不冲洗条件下，本产品未见眼刺激性反应。

皮肤致敏性：该成分无皮肤致敏性数据。本产品开展了豚鼠皮肤变态反应试验（BT 法）［试验依据:《化妆品安全技术规范（2015 年版）》］，未观察到皮肤变态反应。

皮肤光毒性和光变态反应（光致敏性）：该成分无皮肤光毒性数据。本产品开展了豚鼠皮肤光毒性试验［试验依据:《化妆品安全技术规范（2015 年版）》］，结果显示本产品未见皮肤光毒性。通过查阅公开发表的文献和检索数据库，未发现该成分有光毒和光致敏的报道，且原料在 0.22% 浓度下在 290~700nm 波长范围内进行了光吸收测试，才见明显光吸收，综合分析判断认为该成分在本产品中造成皮肤光致敏的风险较低，在接受范围之内。

综上所述，7 号原料在本产品中的应用风险在可接受范围内。

8 号原料：由苦油树（CARAPA GUAIANENSIS）籽油（CARAPA GUAIANENSIS SEED OIL）和生育酚（维生素 E）（TOCOPHEROL）组成。（注：3 年使用史案例）

苦油树（CARAPA GUAIANENSIS）籽油在《已使用化妆品原料目录（2021 年版）》（以下简称《已使用目录》）中序号为 4163，该成分在备案号为沪 G 妆网备字 2019×××× 的 ××× 面霜中使用，与拟评估的原料为同一原料（序号为 4163），其配方中添加量为 0.09995%。××× 面霜为驻留类产品，适用于面部肌肤。该面霜于 2019-04-×× 备案，约 4 年间上市销售量远高于 10000 件，根据本企业不良反应监测制度记录，至目前为止未有该产品不良反应反馈（注：采用终端零售化妆品的销售量或化妆品生产企业的出厂量等产品上市销售数据，且需提供客观证明材料）。本产品为面部精华液，与 ××× 面霜具有相同的使用部位及使用方法，且目标人群一致（普通成人），该成分在配方中浓度不超过历史使用浓度。因此，该成分在本配方中的使用满足《化妆品原料数据使用指南》对于原料 3 年使用历史证据类型的要求，具体 3 年使用史证明材料见附件，包括行政许可批件，产品上市证明和不良反应监测情况说明等。

生育酚（维生素 E），美国化妆品原料评价委员会（CIR）评估结果显示，当其符合报告中描述的使用方法和浓度时，其用于化妆品中是安全的，在驻留类产品中报道的最大浓度为 5.4%[11]，本配方中添加量在报道用量以内。

综上所述，8 号原料在本产品中的应用风险在可接受范围内。

9 号原料：由甘油（GLYCERIN）和牡丹（PAEONIA SUFFRUTICOSA）花 / 叶 / 根提取物（PAEONIA SUFFRUTICOSA FLOWER/LEAF/ROOT EXTRACT）组成。[注：《化妆品安全评估资料提交指南》（四）案例]

甘油，美国化妆品原料评价委员会（CIR）评估结果显示，当其符合报告中描述的使用方法和浓度时，其用于化妆品中是安全的，在驻留类产品中报道的最大使用浓度为 79.2%[12]。本配方中添加量在报道用量以内，无安全风险。

牡丹（PAEONIA SUFFRUTICOSA）花 / 叶 / 根提取物，供应商数据显示[13]，在细菌回复突变试验（OECD 471）中，试验菌株为鼠沙门菌 S. typhimurium TA97a、TA98、TA100、TA1535 和大肠埃希菌 E. coli WP2uvrA，受试物试验剂量为 0.625、1.25、2.5、5μl/ 皿，在加和不加代谢活化系统 S9 情况下结果均为阴性，结果表明该成分未见基因突变性。该成分提取物是对新鲜植物花朵进行机械压榨和过滤，以获得天然植物汁液，再进行物理机械分馏取澄清液部分，最后用甘油提取清澄部分的油溶活性物；该成分在配方中的含量为 0.02%，在本产品中的暴露量 = 产品日均使用量 × 驻留因子 × 成分在配方中百分比 × 经皮吸收率 =1.54g/d×1.00×0.02%×100%=0.000308g/d，可见经皮暴露较低，本产品为驻留类产品，产品作用部位为面部，成分使用目的是皮肤保护剂，非特殊功效原料，符合《化妆品安全评估资料提交指南》（四）化妆品终产品安全性测试要求情形（不超过配方总成分个数的 10%），故参照《化妆品注册和备案检验工作规范》设置的毒理学试验项目或者人体试验项目（在满足伦理的前提下）开展产品的安全性测试。本产品开展了多次皮肤刺激性试验（或人体皮肤斑贴试验）［试验依据:《化妆品安全技术规范（2015 年版）》］，结果显示本产品无皮肤刺激性。

综上所述，9 号原料在本产品中的应用风险在可接受范围内。

10 号原料：氨丁三醇（TROMETHAMINE）

《化妆品安全技术规范（2015 年版）》限用组分（表 3）序号 44[3]，本配方中使用符合其要求。

综上所述，10 号原料在本产品中的应用风险在可接受范围内。

11 号原料：白柳（SALIX ALBA）树皮提取物 SALIX ALBA WILLOW BARK EXTRACT）（注：评估使用 OECD TG 422 测试数据用于 MoS 计算）

原料毒理学终点评估如下。

急性毒性：ECHA 卷宗报道[14] 大鼠急性经口毒性试验（OECD 423）$LD_{50} >$ 2000mg/kg，表明该成分急性经口毒性为低毒性。

皮肤刺激性：该成分无皮肤刺激性数据。本产品开展了多次皮肤刺激性试验［试验依据:《化妆品安全技术规范（2015 年版）》］，结果显示本产品未见皮肤刺激性。

眼刺激性：该成分无眼刺激性数据。本产品开展了急性眼刺激性试验［试验依据:《化妆品安全技术规范（2015 年版）》］，在不冲洗条件下，本产品未见眼刺激性反应。

皮肤致敏性：该成分无皮肤致敏性数据。本产品开展了豚鼠皮肤变态反应试验（BT 法）［试验依据:《化妆品安全技术规范（2015 年版）》］，未观察到皮肤变态反应。

皮肤光毒性和光变态反应（光致敏性）：本产品开展了豚鼠皮肤光毒性试验［试验依据:《化妆品安全技术规范（2015 年版）》］中，未观察到皮肤光毒性，结果显示本产品未见皮肤光毒性。通过查阅公开发表的文献和检索数据库，未发现该成分有光毒和光致敏的报道，且原料在 0.01 浓度下在 290~700nm 波长范围内进行了光吸收测试，未见明显光吸收，综合分析判断认为该成分在本产品中造成皮肤光致敏的风险较低，在接受范围之内。

遗传毒性：根据供应商数据[15]，该成分在细菌回复突变试验中，试验菌株为鼠沙门菌 S. Typhimurium TA98，TA100，TA1537，TA1535 和大肠埃希菌 E. coli WP2uvrA，试验剂量为 1.5、5.0、15、50、150、1500、5000μg/ 皿，在加和不加代谢活化系统 S9 情况下结果均为阴性，因此受试物未见基因突变性；ECHA 卷宗报道，体外哺乳动物细胞微核试验（OECD 487）中，使用小鼠淋巴瘤细胞 L5178Y 进行试验，不加代谢活化系统 S9 的试验剂量为 250、500 和 1000μg/ml，加代谢活化系统 S9 的试验剂量为 500、750 和 1000μg/ml，在加和不加代谢活化系统 S9 情况下，与溶剂对照组相比，各剂量组微核频率均无显著增加，表明该受试物未见染色体畸变性。综上所述，该成分未见遗传毒性。

重复剂量毒性：ECHA 卷宗报道，大鼠重复剂量毒性合并生殖 / 发育毒性筛选试验（OECD TG 422）中，低、中、高三个剂量组大鼠的染毒剂量分别为 100、300 和 1000mg/（kg·d），雄鼠和雌鼠染毒时间均大于 28 天，结果显示子代和亲代均未观察到与染毒相关变化。根据以上结果，重复染毒试验（大于 28 天）的未观测到有害作用的剂量水平（NOAEL）=1000mg/（kg·d）。

风险特征描述：

按照《化妆品安全评估技术导则（2021 年版）》4.2.1 章节要求，增加相应不确定因子 3，矫正后的 NOAEL 值为 333.33mg/（kg·d）用于安全边际的计算。

具体计算如下：全身暴露量（SED）=1.54g/d×1×0.01%×100 %/60kg=0.002567mg/（kg·d），安全边际（MoS）=NOAEL÷SED=333.33mg/（kg·d）/0.002567mg/（kg·d）=129852＞100。

综上所述，11 号原料在本产品中的应用风险在可接受范围内。

12 号原料：玫瑰（ROSA RUGOSA）花蕾粉（ROSA RUGOSA BUD POWDER）。（注：使用《已上市产品原料使用信息》评估案例）

该原料收录于《已上市产品原料使用信息》[16]，序号 1017，对于作用部位为躯干部位的驻留类产品使用量为 0.000025%。按照《已上市产品原料使用信息》使用规则说明，相同使用方法的同一原料，可按照：全身皮肤、躯干部位、面部、口唇、眼部的顺序，后面作用部位可参照前面作用部位的原料使用量；该成分在本产品浓度为 0.000025%，不超过躯干部位使用量。

综上所述，12 号原料在本产品中的应用风险在可接受范围内。

五、可能存在的风险物质评估

本产品按照《化妆品安全评估技术导则》和《化妆品风险物质识别与评估技术指导原则》的要求，基于当前科学认知水平，对可能由化妆品原料带入、生产过程中产生或带入的风险物质进行了评估，结果表明：

本产品的生产符合国家相关法律法规，对生产过程和产品包装材料进行严格的管理和控制。

产品中可能存在的安全性风险物质是技术上无法避免、由原料带入的杂质，残留的微量杂质在正常合理使用条件下不会对人体健康造成危害。产品安全性风险物质危害识别见表 3。

表 3　安全性风险物质危害识别表

标准中文名称	可能含有的风险物质	备注	参考文献
亚洲白桦（BETULA PLATYPHYLLA）树汁	农药残留	农药残留：本原料由直接物理加工而来，根据终产品提供的农残检测报告，检测结果为未检出（详见附录报告）。因此，本原料不具有安全性风险，不会对人体健康造成潜在的危害	—

续表

标准中文名称	可能含有的风险物质	备注	参考文献
PEG-40 氢化蓖麻油	二甘醇、二噁烷	二甘醇：欧洲消费者安全科学委员会（SCCS）关于二甘醇杂质的意见中指出，浓度不超过0.1% 时，其在化妆品中的存在是安全的。化妆品终产品中二甘醇残留浓度的检测结果表明符合相关要求（详见附录检测报告）。因此，本原料不具有安全性风险，不会对人体健康造成潜在的危害 二噁烷：化妆品终产品中二噁烷的残留浓度符合《化妆品安全技术规范》第一章《概述》中表2"化妆品中有害物质限值"的要求，即二噁烷的残留浓度应小于 30mg/kg。本产品中二噁烷的残留浓度符合该要求	［17］、［3］
己基癸醇	—	—	—
苯氧乙醇	二甘醇、二噁烷、苯酚	二甘醇：欧洲消费者安全科学委员会（SCCS）关于二甘醇杂质的意见中指出，浓度不超过0.1% 时，其在化妆品中的存在是安全的。化妆品终产品中二甘醇残留浓度的检测结果表明符合相关要求（详见附录检测报告）。因此，本原料不具有安全性风险，不会对人体健康造成潜在的危害 二噁烷：化妆品终产品中二噁烷的残留浓度符合《化妆品安全技术规范》第一章《概述》中表2"化妆品中有害物质限值"的要求，即二噁烷的残留浓度应小于 30mg/kg。本产品中二噁烷的残留浓度符合该要求 苯酚：根据日本化妆品标准允许使用的防腐剂中，苯酚在化妆品中的限量为 0.1g/100g；化妆品终产品中苯酚残留浓度的检测结果表明符合相关要求（详见附录检测报告）。因此，本原料不具有安全性风险，不会对人体健康造成潜在的危害	［17］、［3］、［18］
丙烯酸（酯）类 /C10-30 烷醇丙烯酸酯交联聚合物	—	—	—
（日用）香精	—	—	—
姜（ZINGIBER OFFICINALE）根提取物	—	—	—
苦油树（CARAPA GUAIANENSIS）籽油	农药残留	农药残留：本原料由直接物理加工而来，根据终产品提供的农残检测报告，检测结果为未检出（详见附录报告）。因此，本原料不具有安全性风险，不会对人体健康造成潜在的危害	—

标准中文名称	可能含有的风险物质	备注	参考文献
甘油	二甘醇	二甘醇：欧洲消费者安全科学委员会（SCCS）关于二甘醇杂质的意见中指出，浓度不超过0.1% 时，其在化妆品中的存在是安全的。化妆品终产品中二甘醇残留浓度的检测结果表明符合相关要求（详见附录检测报告）。因此，本原料不具有安全性风险，不会对人体健康造成潜在的危害	[17]
氨丁三醇	亚硝胺，仲链烷胺	亚硝胺，仲链烷胺：原料供应商声明（详见附录资料），本原料中主成分含量大于99%，仲链烷胺最大含量 0.5%，亚硝胺最大含量 50μg/kg，符合《化妆品安全技术规范》限用组分（表3）序号44原料的使用限制要求，即不和亚硝基化体系一起使用；原料最低纯度：99%；原料中仲链烷胺最大含量 0.5%；产品中亚硝胺最大含量 50μg/kg；存放于无亚硝酸盐的容器内。因此，本原料不具有安全性风险，不会对人体健康造成潜在的危害	[3]
牡丹（PAEONIA SUFFRUTICOSA）花/叶/根提取物	—	—	—
白柳（SALIX ALBA）树皮提取物	—	—	—
生育酚（维生素 E）	—	—	—
玫瑰（ROSA RUGOSA）花蕾粉	农药残留	农药残留：本原料由直接物理加工而来，根据终产品提供的农残检测报告，检测结果为未检出（详见附录报告）。因此，本原料不具有安全性风险，不会对人体健康造成潜在的危害	—

注：—. 没有相关内容。

此外，该产品终产品的检验报告显示其铅、汞、砷、镉、二噁烷检验结果符合《化妆品安全技术规范（2015 年版）》"表 2 化妆品中有害物质限量"的限值要求。

六、风险控制措施或建议

本产品为精华液（驻留类化妆品），适用于涂抹于面部，可每日使用。
本产品无需标注警示用语。

七、安全评估结论

本产品为精华液（驻留类化妆品），可每日使用，涂抹于面部。主要暴露方式为经皮吸收，根据产品的特性，对本产品的暴露评估仅考虑经皮途径。

通过对产品以下各方面的综合评估：

1.各成分的安全评估结果显示，所有成分在本产品浓度下不会对人体健康产生危害；

2.可能存在的安全性风险物质检测及评估结果显示，不会对人体健康产生危害；

3.有害物质检测结果显示，该产品有害物质含量符合《化妆品安全技术规范（2015年版）》有关要求；

4.微生物检验结果显示该产品微生物符合《化妆品安全技术规范（2015年版）》有关要求；

5.产品稳定性评估或测试结论；

6.产品防腐效能评估或测试结论；

7.产品包装相容性评估或测试结论；

8.产品毒理学测试结果显示无刺激性、无致敏性和无光毒性；

9.配方中各成分之间未预见发生有害的相互作用。

综上，认为该产品在正常及合理、可预见的使用条件下，不会对人体健康产生危害。

本企业履行相应产品质量安全义务，对产品安全性负主体责任，承诺遵循科学、公正、透明和个案分析的原则对产品安全性进行评估，对报告的科学性、准确性、真实性和可靠性负责。本报告是基于当前认知水平下、以现有科学数据和相关信息为基础进行的安全评估；当毒理学新发现或者上市后不良反应数据导致当前评估结果改变时，本报告会根据相关内容进行更新。

八、安全评估人员签名

评估人：

日期：　　年　　月　　日

地址：

九、安全评估人员简历（略）

十、参考文献

［1］SCCS/1647/22. THE SCCS NOTES OF GUIDANCE FOR THE TESTING OF COSMETIC INGREDIENTS AND THEIR SAFETY EVALUATION 12TH REVISION. 2023.5.15

［2］国家药品监督管理局.关于发布《已使用化妆品原料目录（2021年版）》的公告。2021年第62号。

［3］国家食品药品监督管理总局.关于发布《化妆品安全技术规范（2015年版）》的公告。2015年第268号。

［4］黑龙江省地方标准.食品安全地方标准白桦树汁。DBS 23/003–2018。

［5］CIR. Safety Assessment of PEGylated Oils as Used in Cosmetics. IJT 33（Suppl 4）：13–39, 2014

［6］ECHA dossier on 2–hexyldecan–1–ol（UPDATED 29–Apr–2020）

［7］己基癸醇（HEXYLDECANOL）供应商资料

［8］CIR. Amended Safety Assessment of Acrylates Copolymers as Used in Cosmetics. 12/04/2018

［9］中华人民共和国国家质量监督检验检疫总局，中国国家标准化管理委员会．GB/T 30383–2013/ISO 1003：2008《生姜》

［10］Title 21– Food and Drugs. Code of Federal Regulations 2020，Vol. 3 Part 182（21CFR182.20）

［11］CIR. Safety Assessment of Tocopherols and Tocotrienols as Used in Cosmetics. IJT 37（Suppl. 2）：61–94, 2018

［12］CIR. Safety Assessment of Glycerin as Used in Cosmetics. IJT 38（Suppl. 3）：6–22, 2019

［13］牡丹（PAEONIA SUFFRUTICOSA）花/叶/根提取物（PAEONIA SUFFRUTICOSA FLOWER/LEAF/ROOT EXTRACT）供应商资料

［14］ECHA dossier on Willow, Salix alba, ext.（UPDATED 31–Dec–2019）

［15］白柳（SALIX ALBA）树皮提取物 SALIX ALBA WILLOW BARK EXTRACT）供应商资料

［16］中国食品药品检定研究院．关于发布《已上市产品原料使用信息》的通知。2024年4月30日

［17］SCCP Opinion on Diethylene Glycol（SCCP/1181/08）[18]日本厚生劳动省告示第331号．日本化妆品标准.2000.

十一、附录

1. 香精的 IFRA 证书

2. 产品中二甘醇、苯酚、农药残留检测报告（或原料质量规格）

3. 有害物质（二噁烷）检测报告（注册备案资料要求已经提交的，无需重复提交）

4. 原料供应商提供的氨丁三醇质量规格证明文件

5. 苦油树（CARAPA GUAIANENSIS）籽油提取物的原料 3 年使用历史证明材料（简述提交，其他资料存档备查）

6. 微生物检测报告（注册备案资料要求已经提交的，无需重复提交）

7. 产品防腐效能评估结论（见下）

8. 产品稳定性评估结论（见下）

9. 包装材料相容性评估结论（见下）

10. 产品毒理学测试报告（注册备案资料要求已经提交的，无需重复提交）

产品稳定性评估结论

产品名称：×××面部精华液

评估依据：（注：根据实际情况进行勾选，可多选）

☐ 根据国家标准、技术规范、行业标准或国际标准开展的相关研究；

■ 自建测试或评估方法对化妆品的稳定性开展的研究报告；方法经过企业长期实践，已形成标准操作规程（企业内部标准操作规程编号 SOP-×××）；

☐ 基于供应商提供的数据或报告；

☐ 其他：（请举出）。

评估/测试简述：依据企业自建测试方法（SOP-×××）进行产品稳定性测试。为确保评估的严谨性，稳定性测试的参数和条件是根据本公司内部长期实践验证的质量控制标准而设定的。该质量控制标准参考行业相关标准要求（ISO/TR 18811:2018 化妆品稳定性试验指南），采用加速测试方法，在 × 个月测试周期内经多个不同温度条件和环境参数下的储存（提供具体温度和环境参数），测试重点关注了对产品感官特性（如外观、气味、颜色）和关键理化指标（如 pH 值、黏度）的评估。

评估/测试结果：未发现产品有外观，气味和颜色上的明显改变。测试结果显示本产品满足稳定性要求。具体测试结果如下：

	测试初始值	温度1，× 个月	温度2，× 个月	温度3，× 个月
外观	通过	通过	通过	通过
颜色	通过	通过	通过	通过
气味	通过	通过	通过	通过
pH 值	5.7	5.7	5.7	5.6
黏度	38.6	39.1	40.4	37.7

注：测试项目和指标等根据产品实际情况进行设置。

评估结论：经对化妆品稳定性研究结果进行系统分析，结合产品特性和产品配方等进行综合研判，在标签标识的存储条件下，本产品在 36 个月内保持稳定。本企业对评估过程和结论的科学性、准确性和真实性负责，具体评估原始数据和报告存档备查。

技术负责人（签/章）

年　　月　　日

产品防腐效能评估结论

产品名称： ×××面部精华液

评估依据：（注：根据实际情况进行勾选，可多选）

☐ 根据国家标准、技术规范、行业标准或国际标准开展的相关研究；

■ 自建测试或评估方法对化妆品的防腐有效性开展的研究报告；方法经过企业长期实践，已形成标准操作规程（企业内部标准操作规程编号SOP-×××）；

☐ 基于供应商提供的数据或报告；

☐ 其他：（请举出）。

评估/测试简述： 依据公司化妆品防腐效能评价方案（SOP-×××），产品开展防腐剂挑战测试。该方案参考ISO 11930《化妆品－微生物－化妆品防腐有效性评价》要求，包含用已校准的各相关微生物菌液接种产品，并在28天内按规定的时间间隔监测它们的存活情况。在规定的时间间隔内计算每种微生物菌株的对数下降值。

评估/测试结果： 样品接种后7天、14天和28天，细菌、霉菌和酵母菌对数下降值均满足要求，判定通过防腐效能评价。具体测试结果如下：

取样时间	对数下降值		
	7天	14天	28天
大肠埃希菌	4,1	4,1	4,1
铜绿假单胞菌	4,0	4,0	4,0
金黄色葡萄球菌	4,0	4,0	4,0
白色念珠菌	3,8	3,8	3,8
黑曲霉/巴西曲霉	—	3,7	3,7

注：测试项目和指标等根据产品实际情况进行设置。

——. 没有相关内容。

评估结论：

■ 经对化妆品防腐效能研究结果进行系统分析，结合产品特性、产品配方及产品包装等，进行综合研判。在正常使用条件下，本产品防腐效能良好，未预见对消费者构成潜在的微生物安全风险。

☐ 经对产品特性、产品配方及产品包装等进行综合研判，认为在正常使用条件下，本产品为低微生物风险产品，未预见对消费者构成潜在的微生物安全风险，无需进行测试。

本企业对评估过程和结论的科学性、准确性和真实性负责，具体评估原始数据和报告存档备查。

技术负责人（签/章）

年　　月　　日

产品包材相容性评估结论

产品名称： ×××面部精华液

评估依据：（注：根据实际情况进行勾选，可多选）

□ 对包材开展的浸出物研究报告；

□ 化妆品产品历史安全性数据或报告；

□ 根据食品、药品或其它方法对化妆品的包材开展的相容性研究报告；

■ 根据自建的方法对化妆品的包材开展的相容性研究报告（企业内部标准操作规程编号 SOP-×××）；

■ 基于供应商提供的数据或声明或质量控制报告；

□ 化妆品稳定性实验结果；

□ 其他：近似配方评估。

评估/测试简述： ①配方在结合包装后，采用加速稳定性测试模拟产品在长期储存过程中可能发生的潜在变化。经 X 周的包材兼容性测试，在多个温湿度条件下（提供具体温度和环境参数），观测包装与产品是否有外观、颜色、气味和功能上的显著改变。同时也进行了光老化试验来预测产品在商店的人造光照射条件下的相容性（提供试验参数）。为确保评估的严谨性，本公司相容性测试的参数和条件是根据本公司内部长期实践验证的质量控制标准而设定的，基于对大量已上市产品的长期跟踪研究，数据表明，该方法能够可靠地预测产品在正常储存条件下的质量状况和各项性能指标。②直接接触配方的包装材料供应商的声明显示包装符合本公司内部文件×××××的要求。该文件的制订参考了适用于化妆品和食品包装等的法律法规，以确保与配方直接接触的包装材料在正常和合理可预见的使用条件下不会对消费者构成健康风险。③本产品包装材质不变（直接接触化妆品的包装容器及材料），产品与近似配方产品所使用的包装材料相同，配方间存在部分差异（配方中主要溶剂和含量未发生显著变化，其他变化成分包括香精、色素、pH 或黏度调节剂、个别微量成分不同等）。经评估认为该差异并不影响包相容性测试结果，近似配方相容性测试结果可用于本产品安全评估。

评估/测试结果： 包装主要材料（与配方接触）为塑料。相似配方经测试后，未预见产品有外观，气味和颜色上的明显改变。此外根据供应商提供的与配方接触的包装材料的文件和数据，在正常和可预见的使用条件下，可以确定包装材料和配方之间无显著的相容性风险。具体测试结果如下：

	热加速老化试验结果	光老化试验结果
配方外观	可接受	可接受
配方颜色	可接受	可接受

	热加速老化试验结果	光老化试验结果
配方气味	可接受	可接受
包装外观 / 颜色	可接受	可接受
使用 / 功能	可接受	可接受

注：测试项目和指标等根据产品实际情况进行设置。

评估结论： 经对已有产品包材相容性依据资料开展评估，在正常使用条件下，本产品与其直接接触包材之间相容性风险可控，未预见导致化妆品产生人体健康安全性风险。本企业对评估过程和结论的科学性、准确性和真实性负责，具体评估原始数据和报告存档备查。

技术负责人（签 / 章）

年　　月　　日

第二节　面膜

一、摘要

×× 面膜为驻留类化妆品，适用于面部，依据《化妆品安全评估技术导则》有关规定，对配方所用的水、丁二醇、烟酰胺、水合硅石、水杨酸钠、聚山梨酯 20、羟苯甲酯、白睡莲（NYMPHAEA ALBA）花提取物、太子参（PSEUDOSTELLARIA HETEROPHYLLA）提取物、水解透明质酸钠、菜蓟（CYNARA SCOLYMUS）叶提取物、（日用）香精等成分进行评估，对产品的有害物质和微生物等进行了检测，可能存在的二噁烷、二甘醇等风险物质进行评估。结果显示，该产品在正常、合理及可预见的使用情况下，不会对人体健康产生危害。

二、产品简介

1. 产品名称：×× 面膜
2. 产品使用方法：取出面膜并展开，可将面膜向两侧拉伸至均匀覆盖面部，用手指轻压面膜，使其很好地贴紧面部肌肤，享受 15 分钟左右的呵护，然后取下面膜。
3. 日均使用量（g/d）：1.6*
4. 产品驻留因子：1
5. 暴露剂量（SED）：

SED= 日均使用量 × 驻留因子 × 成分在配方中百分比 × 经皮吸收率 ÷ 体重[#]

6.安全边际（MoS）= NOAEL/ SED

注：* 日均使用量参考：文献发表数据中，面膜类产品的使用频率 90 百分位为 0.4 次每天，每次使用量根据具体产品不同，10th~99th 百分位范围为 2.57~12.08g（Actual consumption amount of personal care products reflecting Japanese cosmetic habits，J. Toxicol. Sci. Vol.42，No.6，797~814，2017.）。本产品参考了 0.4 次的每天使用频率，每次使用量参考企业内部数据 4g。日均使用量 =0.4×4g=1.6g。

经皮吸收率默认以 100% 计；体重一般为默认的成人体重（60 kg）。

三、产品配方

本配方中所使用的成分均已列入《已使用化妆品原料目录》或《化妆品安全技术规范》（2015 年版），产品配方见表 1。

表 1　产品配方表

原料序号	标准中文名称	INCI 名称	主要使用目的	在《已使用原料目录》中的序号	备注
1	水	WATER	溶剂	06260	—
2	丁二醇	BUTYLENE GLYCOL	溶剂	01946	—
3	烟酰胺	NIACINAMIDE	皮肤调理剂	07359	—
4	水合硅石	HYDRATED SILICA	皮肤调理剂	06271	—
5	水杨酸钠	SODIUM SALICYLATE	防腐剂	06411	—
6	聚山梨酯 20	POLYSORBATE 20	乳化剂	03978	—
7	羟苯甲酯	METHYLPARABEN	防腐剂	05214	—
8	白睡莲（NYMPHAEA ALBA）花提取物	NYMPHAEA ALBA FLOWER EXTRACT	皮肤调理剂	01176	—
9	太子参（PSEUDOSTELLARIA HETEROPHYLLA）提取物	PSEUDOSTELLARIA HETEROPHYLLA EXTRACT	皮肤调理剂	06561	—
10	水解透明质酸钠	HYDROLYZED SODIUM HYALURONATE	皮肤调理剂	06354	—
11	菜蓟（CYNARA SCOLYMUS）叶提取物	CYNARA SCOLYMUS（ARTICHOKE）LEAF EXTRACT	皮肤调理剂	01549	—
12	（日用）香精	FRAGRANCE	芳香剂	08782	—

注：—.没有相关内容。

四、配方中各成分的安全评估

表2　各成分的安全评估

序号	中文名称	含量（%）	评估结论	参考文献
1	水	87.529	本产品使用的水符合国家饮用水标准，无安全风险	—
2	丁二醇	8	CIR评估结论为：该原料在化妆品中的使用是安全的。CIR报告中最高使用浓度为 > 50%。本配方中添加量在安全用量以内	Final Report on the Safety Assessment of Butylene Glycol, Hexylene Glycol, Ethoxydiglycol, and Dipropylene Glycol. Journal of the American College of Toxicology 1985, Vol. 4（Number 5）223–248
3	烟酰胺	3	CIR评估结论为：该原料在化妆品中的使用是安全的。CIR报告中最高使用浓度为3%。本配方中添加量在安全用量以内	Final Report of the Safety Assessment of Niacinamide and Niacin. International Journal of Toxicology 2005, Vol. 24（Supplement 5）1–31 Title 21–Food and Drugs. Code of Federal Regulations 2020, Part 172 Section 510（21CFR172.510）OECD SIDS, 2002 SCF, 2002
4	水合硅石	0.5	CIR评估结论为：在不引起配方刺激性时，该原料在化妆品中的使用是安全的。CIR报告中最高使用浓度为10%。本配方中添加量在CIR评估的安全用量以内。由于CIR结论有局部刺激性的限制条件，具体分析CIR报告中的刺激性数据，在家兔皮肤刺激试验中，采用未稀释该成分进行试验，所有动物24h未出现皮肤刺激反应，显示该成分不具有皮肤刺激性。在家兔眼刺激试验中，采用未稀释该成分进行试验，未观察到刺激反应，显示该成分不具有眼刺激性。该原料预期不会在配方中产生刺激性。综上，原料在本产品中应用风险在可接受范围之内	Cosmetic Ingredient Review（CIR），Amended Safety Assessment of Synthetically–Manufactured Amorphous Silica and Hydrated Silica as Used in Cosmetics, September 17, 2019

续表

序号	中文名称	含量（%）	评估结论	参考文献
5	水杨酸钠	0.4	符合《化妆品安全技术规范》化妆品准用防腐剂（表4，序号42）规定	《化妆品安全技术规范》（2015年版）
6	聚山梨酯20	0.3	CIR评估结论为：在不引起配方刺激性时，该原料在化妆品中的使用是安全的。CIR报告中最高使用浓度为9.1%。本配方中添加量在CIR评估的安全用量以内。由于CIR结论有限制条件，评估了局部刺激性：该成分在本企业已有3年使用历史。相关产品为xx面霜（国妆网备进字xxxxx），上市时间超过3年，累计出厂量超过30000件。以上产品的使用部位和使用方法与本产品相似，均为用于面部的产品。该成分在以上产品中的浓度为1%。相关产品引起的不良反应经分析，不涉及该成分的使用安全。本产品添加量为0.3%，不超过历史使用浓度，预期不会产生刺激性。综上，原料在本产品中应用风险在可接受范围之内	Cosmetic Ingredient Review（CIR），Safety Assessment of Polysorbates as Used in Cosmetics, June 16, 2018 ××面霜（国妆网备进字××××）的行政许可批件、产品上市证明和不良反应监测情况说明
7	羟苯甲酯	0.15	符合《化妆品安全技术规范》化妆品准用防腐剂（表4，序号35）规定	《化妆品安全技术规范》（2015年版）
8	白睡莲（NYMPHAEA ALBA）花提取物	0.04	在××面霜（国妆网备进字××××）中，该成分历史使用浓度为0.04%，该成分在本企业已有3年使用历史。相关产品为××面霜（国妆网备进字××××），上市时间超过3年，累计出厂量超过30000件。以上产品的使用部位和使用方法与本产品相似，均为用于面部的产品。该成分在以上产品中的浓度为0.04%。相关产品引起的不良反应经分析，不涉及该成分的使用安全，故该成分在本产品中应用无安全风险。本产品添加量为0.04%，不超过历史使用浓度，故该成分在本产品中应用风险在可接受范围之内	××面霜（国妆网备进字××××）的行政许可批件、产品上市证明和不良反应监测情况说明

序号	中文名称	含量（%）	评估结论	参考文献
9	太子参（PSEUDOSTELLARIA HETEROPHYLLA）提取物	0.03	太子参为石竹科植物孩儿参（Pseudostellaria heterophylla）的干燥块根，在我国具有悠久的食用和药用历史。太子参被列于卫健委公布的可用于保健食品的中药名单上，具有安全食用历史。本原料的使用部位是根，提取方法为水提，与太子参的食用部位一致，且水提与常见食用方法相关。因此可参考太子参的食用历史，预期不会产生系统毒性风险。 100% 的该原料在 Epiderm 重组人表皮模型皮肤刺激性试验（OECD TG 439）中未见皮肤刺激性，在 EpiOcular 重组人角膜样上皮模型试验（OECD TG 492）中未见眼刺激性。文献检索未发现太子参提取物具有皮肤光毒性或光致敏性的报道，且原料在 1% 浓度下在 290~700nm 波长范围内进行了光吸收测试，吸收峰吸光值 OD < 1，预期不会产生皮肤光毒性和光变态反应。含有 0.03% 该成分的配方进行了人体重复激发斑贴测试（HRIPT），采用 100 位受试者和封闭斑贴条件，结果显示未见皮肤致敏性。综上，原料在本产品中应用风险在可接受范围之内	《卫健委公布的可用于保健食品的中药名单》原料供应商的毒理学数据
10	水解透明质酸钠	0.02	CIR 评估结论为：该原料在化妆品中的使用是安全的。CIR 报告中最高使用浓度为 0.15%。本配方中添加量在安全用量以内	Safety Assessment of Hyaluronates as Used in Cosmetics. Final Report（Released on July 7, 2023）available from CIR

续表

序号	中文名称	含量（％）	评估结论	参考文献
11	菜蓟（CYNARA SCOLYMUS）叶提取物	0.016	菜蓟又名食托菜蓟、洋蓟、朝鲜蓟等，是一种具有食用和药用历史的植物。在中华人民共和国农业行业标准 NY/T 1326–2023（绿色食品：多年生蔬菜）中，菜蓟被列为多年生蔬菜。综上，该原料预期不会产生系统毒性风险。本原料的使用部位是叶，提取方法为水提，与作为蔬菜食用的部位一致且作为蔬菜食用和水提物有相关性。因此可参考菜蓟的食用历史，预期不会产生系统毒性风险 根据供应商提供的原料数据，100% 的该原料在豚鼠急性皮肤刺激性试验中未见皮肤刺激性，在家兔眼刺激试验中未见眼刺激性。在豚鼠皮肤致敏试验中，原料未见致敏性。原料在 0.016% 浓度下在 290~700nm 波长范围内进行了光吸收测试，未见明显光吸收，且文献检索未发现菜蓟及其提取物有光毒性和光致敏性报道，预期不会产生皮肤光毒性和皮肤光变态反应。综上，原料在本配方中的使用预期不会产生局部毒性（刺激性、致敏性、光毒性和光变态反应（光致敏性））。综上，原料在本产品中应用风险在可接受范围之内	中华人民共和国农业部.绿色食品：多年生蔬菜.中国标准出版社.2023 原料供应商的毒理学数据
12	（日用）香精	0.015	其使用符合国际日用香料香精协会（IFRA）要求	—

注：—.没有相关内容。

五、可能存在的风险物质评估

本产品按照《化妆品安全评估技术导则》和《化妆品风险物质识别与评估技术指导原则》的要求，基于当前科学认知水平，对可能由化妆品原料带入、生产过程中产生或带入的风险物质进行评估，结果表明：

本产品的生产符合国家相关法律法规，对生产过程和产品包装材料进行严格的管理和控制。

产品中可能存在的安全性风险物质是技术上无法避免、由原料带入的杂质。残留的微量杂质在正常合理使用条件下不会对人体健康造成危害。产品安全性风险物质危害识别见表3。

表3　化妆品中安全性风险物质危害识别表

标准中文名称	可能含有的风险物质	备注
水	无	—
丁二醇	无	—
烟酰胺	无	—
水合硅石	无	—
水杨酸钠	无	—
聚山梨酯20	二噁烷、二甘醇	二噁烷：化妆品终产品中二噁烷的残留浓度应符合《化妆品安全技术规范》（2015年版）第一章《概述》中表2"化妆品中有害物质限值"的要求，即二噁烷的残留浓度应不得超过30mg/kg。本产品中二噁烷的残留浓度符合该要求。终产品二噁烷的检验报告见行政许可检测报告 二甘醇：2013年欧盟在其官方公报上发布法规（EC）No 344/2013，对化妆品法规（EC）No 1223/2009的附录进行修订。（EC）No 344/2013法规明确规定，二甘醇为化妆品禁用物质，浓度不超过0.1%时，其在化妆品中的存在是安全的。经检测，本产品中二甘醇的残留浓度符合要求。终产品二甘醇的检验报告附后
羟苯甲酯	无	—
白睡莲（NYMPHAEA ALBA）花提取物	无	—
太子参（PSEUDOSTELLARIA HETEROPHYLLA）提取物	无	—
水解透明质酸钠	无	—
菜蓟（CYNARA SCOLYMUS）叶提取物	无	—
（日用）香精	无	—

注：—.没有相关内容。

此外，该产品的检验报告显示其铅、汞、砷、镉检验结果符合《化妆品安全技术规范》（2015年版）"表2化妆品中有害物质限量"的限值要求。

六、风险控制措施或建议

本产品为面膜，适用于面部。

注意：避免接触眼睛。如不慎入眼，请用清水彻底冲洗。如有皮肤刺激，请停止使用。含水杨酸，三岁以下儿童勿用。

七、安全评估结论

本产品为面膜，适用于面部，主要暴露方式为经皮吸收，根据产品的特性，对本产品的暴露评估仅考虑经皮途径。

通过对产品以下各方面的综合评估：

1. 各成分的安全评估结果显示，所有成分在本产品浓度下不会对人体健康产生危害；

2. 可能存在的安全性风险物质检测及评估结果显示，不会对人体健康产生危害；

3. 该产品微生物情况符合《化妆品安全技术规范》（2015 年版）和《化妆品注册和备案检验工作规范》（2019 年 第 72 号）有关要求；

4. 有害物质检测结果显示，该产品有害物质含量符合《化妆品安全技术规范》（2015 年版）有关要求；

5. 产品稳定性评估或测试结论；

6. 产品防腐效能评估或测试结论；

7. 产品包装相容性评估或测试结论；

8. 配方中各成分之间未预见发生有害的相互作用。

综上，认为该产品在正常及合理、可预见的使用条件下，不会对人体健康产生危害。

八、安全评估人员签名

评估人：

日　期：　　年　　月　　日

地址：

九、安全评估人员简历（略）

十、附录（略）

第三节 口红

一、摘要

××××口红为驻留类化妆品，适用于口唇，使用频次为 2~6 次／天，参考《化妆品安全评估技术导则》有关规定，对产品的微生物和有害物质等进行了检测和（或）评估，并对××××口红（配方号：123456）所用的聚二甲基硅氧烷、双－二甘油多酰基己二酸酯－2、氢化聚异丁烯、异十六烷、石蜡、云母、高岭土、聚二甲基硅氧烷交联聚合物、微晶蜡、CI 77491、CI 15850、CI 77891、合成蜡、生育酚乙酸酯、（日用）香精、氢氧化铝、硅石、棕榈酸乙基己酯、突厥蔷薇（ROSA DAMASCENA）花油、生育酚（维生素 E）、三羟甲基丙烷三异硬脂酸酯、透明质酸钠、葡甘露聚糖共 23 种成分，可能存在的二甘醇、甲醇、农药残留共 3 种风险物质开展了安全评估。结果显示，该产品在正常、合理及可预见的使用情况下，不会对人体健康产生危害。

二、产品简介

1. 产品名称：××××口红

2. 产品使用方法：膏体旋出不超过 2mm，均匀涂抹于唇部。

3. 产品日均使用量（mg/d）：57*

4. 使用频次：2~6 次／天

5. 产品驻留因子：1

6. 全身暴露量（SED）：

SED= 日均使用量 × 驻留因子 × 成分在配方中百分比 × 经皮吸收率 ÷ 体重#

注：* 日均使用量参考《THE SCCS NOTES OF GUIDANCE FOR THE TESTING OF COSMETIC INGREDIENTS AND THEIR SAFETY EVALUATION（12TH REVISION）》。

体重一般为默认的成人体重（60 kg）经皮吸收率以 100% 计，如果有试验测试值或根据理化性质估算的经皮吸收率，报告中将使用其具体值或评估值计算。

三、产品配方

本配方中所使用的原料均已列入《已使用化妆品原料目录》或《化妆品安全技术规范》（2015 年版）或为已在国家药监局完成化妆品新原料备案、注册的成分。产品配方见表 1，产品实际成分含量见表 2。

××××口红

配方号：123456

表 1 产品配方表

序号	标准中文名称	INCI 名	使用目的	在《已使用原料目录》中的序号	备注
1	聚二甲基硅氧烷	DIMETHICONE	封闭剂	03732	—
	聚二甲基硅氧烷交联聚合物	DIMETHICONE CROSSPOLYMER	润肤剂	03765	—
2	双 – 二甘油多酰基己二酸酯 –2	BIS–DIGLYCERYL POLYACYLADIPATE–2	封闭剂	06231	—
3	聚二甲基硅氧烷	DIMETHICONE	封闭剂	03732	—
4	氢化聚异丁烯	HYDROGENATED POLYISOBUTENE	润肤剂	05375	—
	生育酚（维生素 E）	TOCOPHEROL	润肤剂	06029	—
5	异十六烷	ISOHEXADECANE	溶剂	07837	—
6	石蜡	PARAFFIN	增稠剂	06127	—
	微晶蜡	MICROCRYSTALLINE WAX	硬度调节剂	06784	—
	合成蜡	SYNTHETIC WAX	硬度调节剂	02771	—
7	云母	MICA	填充剂	08458	—
8	高岭土	KAOLIN	填充剂	02534	—
9	CI 15850	CI 15850	着色剂	02849	《化妆品安全技术规范》准用着色剂（表6）序号 27
10	CI 77891	CI 77891	着色剂	00375	《化妆品安全技术规范》准用着色剂（表6）序号 145
	氢氧化铝	ALUMINUM HYDROXIDE	着色剂	05433	—
	硅石	SILICA	着色剂	02648	—
11	CI 77491	CI 77491	着色剂	07472	《化妆品安全技术规范》准用着色剂（表6）序号 136
12	生育酚乙酸酯	TOCOPHERYL ACETATE	抗氧化剂	06043	—
13	（日用）香精	FRAGRANCE	芳香剂	08782	—

259

序号	标准中文名称	INCI 名	使用目的	在《已使用原料目录》中的序号	备注
14	棕榈酸乙基己酯	ETHYLHEXYL PALMITATE	润肤剂	08716	—
15	突厥蔷薇（ROSA DAMASCENA）花油	ROSA DAMASCENA FLOWER OIL	芳香剂	06728	—
16	三羟甲基丙烷三异硬脂酸酯	TRIMETHYLOLPROPANE TRIISOSTEARATE	润肤剂	05796	—
	透明质酸钠	SODIUM HYALURONATE	润肤剂	06722	—
	葡甘露聚糖	GLUCOMANNAN	润肤剂	05103	—

注：—.没有相关内容。

表 2　产品实际成分含量表

标准中文名称	INCI 名	实际成分含量（%）
聚二甲基硅氧烷	DIMETHICONE	34.35
双 – 二甘油多酰基己二酸酯 –2	BIS–DIGLYCERYL POLYACYLADIPATE–2	15
氢化聚异丁烯	HYDROGENATED POLYISOBUTENE	7.9996
异十六烷	ISOHEXADECANE	7.285
石蜡	PARAFFIN	6
云母	MICA	5.2
高岭土	KAOLIN	5
聚二甲基硅氧烷交联聚合物	DIMETHICONE CROSSPOLYMER	4.65
微晶蜡	MICROCRYSTALLINE WAX	4.2
CI 15850	CI 15850	3
CI 77891	CI 77891	2.45
CI 77491	CI 77491	2.3
合成蜡	SYNTHETIC WAX	1.8
生育酚乙酸酯	TOCOPHERYL ACETATE	0.5

标准中文名称	INCI 名	实际成分含量（%）
（日用）香精	FRAGRANCE	0.2
氢氧化铝	ALUMINUM HYDROXIDE	0.0375
硅石	SILICA	0.0125
棕榈酸乙基己酯	ETHYLHEXYL PALMITATE	0.00978
突厥蔷薇（ROSA DAMASCENA）花油	ROSA DAMASCENA FLOWER OIL	0.005
生育酚（维生素 E）	TOCOPHEROL	0.0004
三羟甲基丙烷三异硬脂酸酯	TRIMETHYLOLPROPANE TRIISOSTEARATE	0.0002
透明质酸钠	SODIUM HYALURONATE	0.00001951
葡甘露聚糖	GLUCOMANNAN	0.00000049

变性剂：无

推进剂：无

贴、膜、基材中含有功效原料或着色剂等：无

未填入配方的成分：无

四、配方中各成分安全评估

中文名：聚二甲基硅氧烷	
INCI 名：DIMETHICONE	
含量（%）	34.35
《化妆品安全技术规范》要求	—
权威机构评估结论	美国 CIR 认为现有数据不足以支持该成分在使用喷枪导致可能引起偶发性吸入的产品中的安全性，除此以外，当其用于配方中不引起刺激性时，其用于化妆品是安全的，在驻留类产品中报道的最大使用浓度为 85%，在淋洗类产品中报道的最大使用浓度为 23.4%
原料 3 年使用历史（%）	—
已上市产品原料使用信息（%）	—
毒理学终点评估	皮肤刺激性：根据欧洲化学品生态毒理学和毒理学中心（ECETOC）文献报道，该成分在多个家兔急性皮肤刺激试验（半封闭涂皮）中，所有时间点打分均为 0，试验结果均为无刺激性，该成分在 100% 浓度未发现具有皮肤刺激性。因此在当前使用下未预见引起配方刺激性

评估结论	该成分在本产品中应用无安全风险
参考文献	1. CIR Final Report（2022），Amended Safety Assessment of Dimethicone，Methicone，and Substituted-Methicone Polymers as Used in Cosmetics. 2. CIR（2003）.Final Report on the Safety Assessment of Stearoxy Dimethicone，Dimethicone，Methicone，Amino Bispropyl Dimethicone，Aminopropyl Dimethicone，Amodimethicone，Amodimethicone Hydroxystearate，Behenoxy Dimethicone，C24-28 Alkyl Methicone，C30-45 Alkyl Methicone，C30-45 Alkyl Dimethicone，Cetearyl Methicone，Cetyl Dimethicone，Dimethoxysilyl Ethylenediaminopropyl Dimethicone，Hexyl Methicone，Hydroxypropyldimethicone，Stearamidopropyl Dimethicone，Stearyl Dimethicone，Stearyl Methicone，and Vinyldimethicone. IJT 22(Suppl. 2)：11-35, 2003. 3. Linear Polydimethylsiloxanes CAS No.63148-62-9 (second edition). ECETOC JACC REPORT No.55.

中文名：双 - 二甘油多酰基己二酸酯 -2

INCI 名：BIS-DIGLYCERYL POLYACYLADIPATE-2

含量（%）	15
《化妆品安全技术规范》要求	—
权威机构评估结论	美国 CIR 报告认为其用于化妆品是安全的，在驻留类产品中报道的最大使用浓度为 36%，在淋洗类产品中报道的最大使用浓度为 21%
原料 3 年使用历史（%）	—
已上市产品原料使用信息（%）	—
毒理学终点评估	—
评估结论	该成分在本产品中应用无安全风险
参考文献	CIR（2013）. Safety Assessment of Bis-Diglyceryl Polyacyladipate-2 and Bis-Diglyceryl Polyacyladipate-1 as Used in Cosmetics. IJT 32（Suppl. 3）：56-64, 2013.

中文名：氢化聚异丁烯

INCI 名：HYDROGENATED POLYISOBUTENE

含量（%）	7.9996
《化妆品安全技术规范》要求	—
权威机构评估结论	美国 CIR 报告认为其用于化妆品是安全的，在驻留类产品中报道的最大使用浓度为 96%，在淋洗类产品中报道的最大使用浓度为 85%

续表

原料 3 年使用历史（%）	—
已上市产品原料使用信息（%）	—
毒理学终点评估	—
评估结论	该成分在本产品中应用无安全风险
参考文献	1. CIR（2020）. Safety Assessment of Polyene Group as Used in Cosmetics. IJT 39（Suppl. 2）: 59–90, 2020. 2. CIR（2008）. Final Report of the Cosmetic Ingredient Review Expert Panel on the Safety Assessment of Polyisobutene and Hydrogenated Polyisobutene as Used in Cosmetics. IJT 27（Suppl. 4）: 83–106, 2008.

中文名：异十六烷	
INCI 名：ISOHEXADECANE	
含量（%）	7.285
《化妆品安全技术规范》要求	—
权威机构评估结论	美国 CIR 报告认为其用于化妆品是安全的，在驻留类产品中报道的最大使用浓度为 42%，在淋洗类产品中报道的最大使用浓度为 41%
原料 3 年使用历史（%）	—
已上市产品原料使用信息（%）	—
毒理学终点评估	—
评估结论	该成分在本产品中应用无安全风险
参考文献	CIR（2012）. Safety Assessment of Isoparaffins as Used in Cosmetics. IJT 31（Suppl. 3）: 269–295, 2012.

中文名：石蜡	
INCI 名：PARAFFIN	
含量（%）	6
《化妆品安全技术规范》要求	—
权威机构评估结论	美国 CIR 报告认为其用于化妆品是安全的，但报告未区分驻留类和淋洗类产品各自的最大使用浓度。归纳 CIR 报告中所有品类［包括发用类、一般护肤产品、易触及眼睛的护肤产品、一般彩妆品、眼部彩妆品、护唇及唇部彩妆品、指（趾）类和芳香类等］使用浓度，驻留类产品的最大报道浓度为 99%，淋洗类产品的最大报道浓度为 50%
原料 3 年使用历史（%）	—

263

已上市产品原料使用信息（%）	—
毒理学终点评估	—
评估结论	该成分在本产品中应用无安全风险
参考文献	1. CIR（2005）. Annual Review of Cosmetic Ingredient Safety Assessments—2002/2003. IJT 24（Suppl. 1）: 1–102, 2005. 2. CIR（1984）. Final Report on the Safety Assessment of Fossil and Synthetic Waxes. JACT 3（3）: 43–99, 1984.

中文名：云母	
INCI 名：MICA	
含量（%）	5.2
《化妆品安全技术规范》要求	—
权威机构评估结论	—
原料 3 年使用历史（%）	—
已上市产品原料使用信息（%）	—
毒理学终点评估	急性毒性：供应商数据显示，在大鼠急性经口毒性试验中 LD50 > 2000mg/kg 且无动物死亡，表明该成分为低毒性； 皮肤刺激性：供应商数据显示，在家兔急性皮肤刺激试验（OECD TG 404）中，100% 该成分耐受性良好； 皮肤致敏性：内部测试显示人体重复激发斑贴试验中，含有 70% 该成分的化妆品制剂在 100 名受试者封闭斑贴测试中均未引起任何皮肤阳性反应，显示该成分在 70% 时不具有皮肤致敏性； 皮肤光毒性和光变态反应（光致敏性）：该物质不溶于水和有机溶剂，紫外光吸收试验不适用考虑到该成分主要由硅酸盐等简单无机物质组成，预计不具有紫外光吸收特征。其广泛存在于自然界，并与人体接触，未见相关皮肤光毒性和光致敏性报道，可认为其不具有光毒性和光致敏性； 遗传毒性：美国地质调查局（USGS）报道云母为惰性物质（chemically inert）。《A Step-by-Step Approach for Assessing Human Skin Irritation Without Animal Testing for Quasi-Drugs and Cosmetic Products》报道其皮肤渗透性极低，因此可不考虑透皮吸收，可认为其无潜在遗传毒性； 生殖发育毒性：美国地质调查局（USGS）报道云母为惰性物质（chemically inert）。《A Step-by-Step Approach for Assessing Human Skin Irritation Without Animal Testing for Quasi-Drugs and Cosmetic Products》报道其皮肤渗透性极低，因此可不考虑透皮吸收，可认为其无潜在生殖发育毒性； 重复剂量毒性：美国地质调查局（USGS）报道云母为惰性物质（chemically inert）。《A Step-by-Step Approach for Assessing Human Skin Irritation Without Animal Testing for Quasi-Drugs and Cosmetic Products》报道其皮肤渗透性极低，因此可不考虑透皮吸收，可忽略其透皮吸收和潜在重复剂量毒性 风险表征：MoS 无需计算

评估结论	该成分在本产品中应用无安全风险
参考文献	1. 供应商数据 2. NATIONAL MINERALS INFORMATION CENTER：Mica Statistics and Information. Available at https://www.usgs.gov/centers/national-minerals-information-center/mica-statistics-and-information 3. A Step-by-Step Approach for Assessing Human Skin Irritation Without Animal Testing for Quasi-Drugs and Cosmetic Products. Hajime Kojima et al. APPLIED IN VITRO TOXICOLOGY. Volume 7, Number 3, 2021. 4. 内部测试报告

中文名：高岭土	
INCI 名：KAOLIN	
含量（%）	5
《化妆品安全技术规范》要求	—
权威机构评估结论	美国 CIR 报告认为当其符合报告中描述的使用方法和浓度时，其在化妆品中是安全的，在驻留类产品中报道的最大使用浓度为 100%，在淋洗类产品中报道的最大使用浓度为 84%
原料 3 年使用历史（%）	—
已上市产品原料使用信息（%）	—
毒理学终点评估	—
评估结论	该成分在本产品中应用无安全风险
参考文献	1. CIR Final Report（2023）. Amended Safety Assessment of Naturally-Sourced Clays as Used in Cosmetics. 2. CIR（2003）. Final Report on the Safety Assessment of Aluminum Silicate, Calcium Silicate, Magnesium Aluminum Silicate, Magnesium Silicate, Magnesium Trisilicate, Sodium Magnesium Silicate, Zirconium Silicate, Attapulgite, Bentonite, Fuller's Earth, Hectorite, Kaolin, Lithium Magnesium Silicate, Lithium Magnesium Sodium Silicate, Montmorillonite, Pyrophyllite, and Zeolite. IJT 22（Suppl. 1）：37-102, 2003.

中文名：聚二甲基硅氧烷交联聚合物	
INCI 名：DIMETHICONE CROSSPOLYMER	
含量（%）	4.65
《化妆品安全技术规范》要求	—
权威机构评估结论	美国 CIR 报告认为在报告条件下，当其用于配方中不引起刺激性时，其用于化妆品是安全的，在驻留类产品中报道的最大使用浓度为 25%，在淋洗类产品中的最大使用浓度为 5%

原料 3 年使用历史（%）	—
已上市产品原料使用信息（%）	—
毒理学终点评估	皮肤刺激性：根据美国 CIR 报道，该成分在家兔急性皮肤刺激试验（半封闭涂皮）中，试验结果为无刺激性，该成分在 100% 浓度下无皮肤刺激性。因此在当前使用下未预见引起配方刺激性
评估结论	该成分在本产品中应用无安全风险
参考文献	1. CIR（2014）. Safety Assessment of Dimethicone Crosspolymers as Used in Cosmetics. IJT 33（Suppl. 2）: 65–115, 2014. 2. 供应商数据

中文名：微晶蜡	
INCI 名：MICROCRYSTALLINE WAX	
含量（%）	4.2
《化妆品安全技术规范》要求	—
权威机构评估结论	美国 CIR 报告认为其用于化妆品是安全的，但报告未区分驻留类和淋洗类产品各自的最大使用浓度。归纳 CIR 报告中所有品类［包括发用类、一般护肤产品、易触及眼睛的护肤产品、一般彩妆品、眼部彩妆品、护唇及唇部彩妆品、指（趾）类和芳香类等］使用浓度，驻留类产品的最大报道浓度为 50%，淋洗类产品的最大报道浓度为 10%
原料 3 年使用历史（%）	—
已上市产品原料使用信息（%）	—
毒理学终点评估	—
评估结论	该成分在本产品中应用无安全风险
参考文献	1. CIR（2005）. Annual Review of Cosmetic Ingredient Safety Assessments--2002/2003. IJT 24（Suppl. 1）: 1–102, 2005. 2. CIR（1984）. Final Report on the Safety Assessment of Fossil and Synthetic Waxes. JACT 3（3）: 43–99, 1984.

中文名：CI 15850	
INCI 名：CI 15850	
含量（%）	3
《化妆品安全技术规范》要求	符合《化妆品安全技术规范》（2015 版）表 6 化妆品准用着色剂要求：可用于各种化妆品。其他限制和要求：2- 氨基 -5- 甲基苯磺酸钙盐（2-Amino-5-methylbenzensulfonic acid, calcium salt）不超过 0.2%；3- 羟基 -2- 萘基羰酸钙盐（3-Hydroxy-2-naphthalene carboxylic acid, calcium salt）不超过 0.4%；未磺化芳香伯胺不超过 0.01%（以苯胺计）

权威机构评估结论	—		
原料 3 年使用历史（%）	—		
已上市产品原料使用信息（%）	—		
毒理学终点评估	—		
评估结论	该成分在本产品中应用无安全风险		
参考文献	国家食品药品监督管理总局，关于发布化妆品安全技术规范（2015 年版）的公告，2015 年第 268		

中文名：CI 77891			
INCI 名：CI 77891			
含量（%）	2.45		
《化妆品安全技术规范》要求	符合《化妆品安全技术规范》（2015 版）表 6 化妆品准用着色剂要求：可用于各种化妆品		
权威机构评估结论	—		
原料 3 年使用历史（%）	—		
最高历史使用量（%）	驻留：	—	淋洗：	—
毒理学终点评估	—		
评估结论	该成分在本产品中应用无安全风险		
参考文献	国家药品监督管理总局，关于发布化妆品安全技术规范（2015 年版）的公告，2015 年第 268 号		

中文名：CI 77891			
INCI 名：CI 77891			
含量（%）	2.3		
《化妆品安全技术规范》要求	符合《化妆品安全技术规范》（2015 版）表 6 化妆品准用着色剂要求：可用于各种化妆品		
权威机构评估结论	—		
原料 3 年使用历史（%）	—		
最高历史使用量（%）	驻留：	—	淋洗：	—
毒理学终点评估	—		
评估结论	该成分在本产品中应用无安全风险		
参考文献	国家药品监督管理总局，关于发布化妆品安全技术规范（2015 年版）的公告，2015 年第 268 号		

中文名：合成蜡	
INCI 名：SYNTHETIC WAX	
含量（%）	1.8
《化妆品安全技术规范》要求	—
权威机构评估结论	美国 CIR 报告认为其用于化妆品是安全的，但报告未区分驻留类和淋洗类产品各自的最大使用浓度。归纳 CIR 报告中所有品类［包括发用产品、护肤产品、彩妆品、（指趾）类、芳香类、个人清洁产品等］使用浓度，驻留类产品的最大报道浓度为 29%，淋洗类产品的最大报道浓度为 5%
原料 3 年使用历史（%）	—
已上市产品原料使用信息（%）	—
毒理学终点评估	—
评估结论	该成分在本产品中应用无安全风险
参考文献	1. CIR（2005）. Annual Review of Cosmetic Ingredient Safety Assessment–2002/2003. IJT 24（Suppl. 1）：1–102, 2005. 2. CIR（1984）. Final Report on the Safety Assessment of Fossil and Synthetic Waxes. JACT 3（3）：43–99, 1984.

中文名：生育酚乙酸酯	
INCI 名：TOCOPHERYL ACETATE	
含量（%）	0.5
《化妆品安全技术规范》要求	—
权威机构评估结论	美国 CIR 报告认为当其符合报告中描述的使用方法和浓度时，其在化妆品中是安全的，在驻留类产品中报道的最大使用浓度为 36%，在淋洗类产品中的最大使用浓度为 25%
原料 3 年使用历史（%）	—
已上市产品原料使用信息（%）	—
毒理学终点评估	—
评估结论	该成分在本产品中应用无安全风险
参考文献	1. CIR（2018）. Safety Assessment of Tocopherols and Tocotrienol as Used in Cosmetics. IJT 37（Suppl. 2）：61–94, 201. 2. CIR（2002）. Final Report on the Safety Assessment of Tocopherol, Tocopheryl Acetate, Tocopheryl Linoleate, Tocopheryl Linoleate/Oleate, Tocopheryl Nicotinate, Tocopheryl Succinate, Dioleyl Tocopheryl Methylsilanol, Potassium Ascorbyl Tocopheryl Phosphate, and Tocophersolan. IJT 21（Suppl. 3）：51–116, 2002.

中文名：（日用）香精	
INCI 名：FRAGRANCE	
含量（%）	0.2
《化妆品安全技术规范》要求	—
权威机构评估结论	—
原料 3 年使用历史（%）	—
已上市产品原料使用信息（%）	—
毒理学终点评估	—
评估结论	该成分在各产品品类中的最高使用限量详见附录 IFRA 证书部分，其使用符合国际日用香料香精协会（IFRA）实践法规要求
参考文献	国际日用香料香精协会（IFRA）实践法规
中文名：氢氧化铝	
INCI 名：ALUMINUM HYDROXIDE	
含量（%）	0.0375
《化妆品安全技术规范》要求	—
权威机构评估结论	美国 CIR 报告认为其用于化妆品是安全的，在驻留类产品中报道的最大使用浓度为 10.1%，在淋洗类产品中的最大使用浓度为 8.8%
原料 3 年使用历史（%）	—
已上市产品原料使用信息（%）	—
毒理学终点评估	—
评估结论	该成分在本产品中应用无安全风险
参考文献	CIR（2016）. Safety Assessment of Alumina and Aluminum Hydroxide as Used in Cosmetics. IJT 35（Suppl. 3）：16–33, 2016.
中文名：硅石	
INCI 名：SILICA	
含量（%）	0.0125
《化妆品安全技术规范》要求	—
权威机构评估结论	美国 CIR 报告认为在报告条件下，当其用于配方中不引起刺激性时，其用于化妆品是安全的，在驻留类产品中报道的最大使用浓度为 82%，在淋洗类产品中的最大使用浓度为 21%
原料 3 年使用历史（%）	—

已上市产品原料使用信息（%）	—
毒理学终点评估	皮肤刺激性：根据美国 CIR 报道，该成分在多个家兔急性皮肤刺激试验（封闭或半封闭涂皮）中，试验结果均为无刺激性，该成分在 100% 浓度下无皮肤刺激性
评估结论	该成分在本产品中应用无安全风险
参考文献	1. CIR Final Report（2019）. Amended Safety Assessment of Synthetically–Manufactured Amorphous Silica and Hydrated Silica as Used in Cosmetics. 2. CIR Final Report（2009）. Safety Assessment of Silica and Related Cosmetic Ingredients.

中文名：棕榈酸乙基己酯	
INCI 名：ETHYLHEXYL PALMITATE	
含量（%）	0.00978
《化妆品安全技术规范》要求	—
权威机构评估结论	美国 CIR 报告认为在报告条件下，当其用于配方中不引起刺激性时，其用于化妆品是安全的。在驻留类产品中报道的最大使用浓度为 78%，在淋洗类产品中的最大使用浓度为 50%
原料 3 年使用历史（%）	—
已上市产品原料使用信息（%）	—
毒理学终点评估	皮肤刺激性：供应商数据显示，对未稀释的棕榈酸乙基己酯进行的家兔急性皮肤刺激试验，结果显示该成分具有轻微皮肤刺激性
评估结论	该成分在本产品中应用无安全风险
参考文献	1. CIR（2015）. Safety Assessment of Alkyl Esters as Used in Cosmetics. IJT 34（Suppl.2）：5–69, 2015. 2. CIR（2005）. Annual Review of Cosmetic Ingredient Safety Assessments–2002/2003. IJT 24（Suppl. 1）：1–102, 2005. 3. CIR（1982）. Final Report on the Safety Assessment of Octyl Palmitate, Cetyl Palmitate and Isopropyl Palmitate. JACT 1（2）：13–35, 1982. 4. 供应商数据

中文名：突厥蔷薇（ROSA DAMASCENA）花油	
INCI 名：ROSA DAMASCENA FLOWER OIL	
含量（%）	0.005
《化妆品安全技术规范》要求	—
权威机构评估结论	美国 CIR 报告认为在报告条件下，当用于配方中不引起皮肤致敏时，用于化妆品是安全的，在驻留类产品中报道的最大使用浓度为 0.16%，在淋洗类产品中的最大使用浓度为 0.31%

续表

原料 3 年使用历史（%）	—
已上市产品原料使用信息（%）	—
毒理学终点评估	皮肤致敏性：含有 0.005% 该成分的配方进行了人体重复激发斑贴试验，在封闭斑贴条件下，100 名受试者中均未引起皮肤反应，因此在当前使用条件下未预见引起配方皮肤致敏性
评估结论	**该成分在本产品中应用无安全风险**
参考文献	1.CIR Final Report（2022）. Safety Assessment of Rosa damascena-Derived Ingredients as Used in Cosmetics. 2.Kligman 1974 Research Institute for Fragrance Materials 1974 Report on human maximization studies. Report to RIFM. Unpublished report 1779 from Kligman A.M.

中文名：生育酚（维生素 E）

INCI 名：TOCOPHEROL

含量（%）	0.0004
《化妆品安全技术规范》要求	—
权威机构评估结论	美国 CIR 报告认为当其符合报告中描述的使用方法和浓度时，其用于化妆品是安全的，在驻留类产品中报道的最大使用浓度为 5.4%，在淋洗类产品中的最大使用浓度为 3%
原料 3 年使用历史（%）	—
已上市产品原料使用信息（%）	—
毒理学终点评估	—
评估结论	**该成分在本产品中应用无安全风险**
参考文献	1. CIR（2018）. Safety Assessment of Tocopherols and Tocotrienol as Used in Cosmetics. IJT 37（Suppl. 2）：61–94, 2018. 2. CIR（2002）. Final Report on the Safety Assessment of Tocopherol, Tocopheryl Acetate, Tocopheryl Linoleate, Tocopheryl Linoleate/Oleate, Tocopheryl Nicotinate, Tocopheryl Succinate, Dioleyl Tocopheryl Methylsilanol, Potassium Ascorbyl Tocopheryl Phosphate, and Tocophersolan. IJT 21（Suppl. 3）：51–116, 2002.

中文名：三羟甲基丙烷三异硬脂酸酯

INCI 名：TRIMETHYLOLPROPANE TRIISOSTEARATE

含量（%）	0.0002
《化妆品安全技术规范》要求	—
权威机构评估结论	—
原料 3 年使用历史（%）	—

已上市产品原料使用信息（%）

作用部位	使用方法		
	驻留（%）	淋洗（%）	
全身皮肤	—		—
躯干部位	—		—
面部	7		—
口唇	27.091		—
眼部	—		—
手足	—		—
头部	—		—
头发	—	0.25	
毒理学终点评估	—		
评估结论	本产品为驻留类产品，使用部位为口唇。该成分的使用浓度小于《已上市产品原料使用信息》的报道使用量，应用无安全风险		
参考文献	中国食品药品检定研究院，中检院关于发布《国际权威化妆品安全评估数据索引》和《已上市产品原料使用信息》的通知		

中文名：透明质酸钠

INCI 名：SODIUM HYALURONATE

含量（%）	0.00001951
《化妆品安全技术规范》要求	—
权威机构评估结论	美国 CIR 报告认为当其符合报告中描述的使用方法和浓度时，其在化妆品中是安全的，在驻留类产品中报道的最大使用浓度为 7.5%，在淋洗类产品中报道的最大使用浓度为 0.5%
原料 3 年使用历史（%）	—
已上市产品原料使用信息（%）	—
毒理学终点评估	—
评估结论	该成分在本产品中应用无安全风险
参考文献	1. CIR Final Report（2023）. Safety Assessment of Hyaluronates as Used in Cosmetics. 2. CIR（2009）. Final Report of the Safety Assessment of Hyaluronic Acid, Potassium Hyaluronate, and Sodium Hyaluronate. IJT 28（Suppl. 1）: 5–67, 2009.

中文名：葡甘露聚糖	
INCI 名：GLUCOMANNAN	
含量（%）	0.00000049
《化妆品安全技术规范》要求	—
权威机构评估结论	美国 CIR 报告认为在报告条件下，其用于化妆品是安全的，但报告未报道其历史使用浓度
原料 3 年使用历史（%）	该成分在本企业已有 3 年使用历史。相关产品为 YYYY 口红和 ZZZZ 唇釉，产品上市历史均超过 3 年，累计出厂量超过 30000 件。以上产品的使用部位和使用方法与本产品相似，均为用于口唇部位的彩妆产品。该成分在以上产品中的浓度均为 0.02%。相关产品引起的不良反应经分析，不涉及该成分的使用安全 / 相关产品未引起不良反应，故该成分在本产品中应用无安全风险。相关产品行政许可批件，产品上市证明和不良反应监测情况说明见附件
已上市产品原料使用信息（%）	—
毒理学终点评估	—
评估结论	该成分在本产品中应用无安全风险
参考文献	CIR（2015）. Safety Assessment of Polysaccharide Gums as Used in Cosmetics.

注：—. 没有相关内容。

五、可能存在的风险物质评估

本产品按照《化妆品安全评估技术导则》和《化妆品风险物质识别与评估技术指导原则》的要求，基于当前科学认知水平，对可能由化妆品原料带入、生产过程中产生或带入的风险物质进行评估，结果表明：

本产品的生产符合国家相关法律法规，对生产过程和产品包装材料进行严格的管理和控制。

产品中可能存在的安全性风险物质是技术上无法避免、由原料带入的杂质。残留的微量杂质在正常合理使用条件下不会对人体健康造成危害。产品安全性风险物质危害识别见表 3。

表3　化妆品中安全性风险物质危害识别表

××××口红

配方号：123456

序号	原料标准中文名称	是否含有可能存在的安全性风险物质	备注
1	聚二甲基硅氧烷	无	—
	聚二甲基硅氧烷交联聚合物	无	—
2	双－二甘油多酰基己二酸酯－2	二甘醇	二甘醇：根据欧盟化妆品产品规范，当二甘醇作为化妆品成分中的杂质出现在化妆品终产品中时，其含量应不大于0.1%。欧洲消费者安全科学委员会（SCCS）颁布关于二甘醇杂质的意见中，充分论证从甘油和聚乙二醇类及其类似原料中引入不超过0.1%二甘醇杂质时，其在化妆品中的存在是安全的。终产品的二甘醇检验结果符合此项要求
3	聚二甲基硅氧烷	无	—
4	氢化聚异丁烯	无	—
	生育酚（维生素E）	无	—
5	异十六烷	无	—
6	石蜡	无	—
	微晶蜡	无	—
	合成蜡	无	—
7	云母	无	—
8	高岭土	无	—
9	CI 15850	有	符合《化妆品安全技术规范》（2015年版）的要求。原料规格证明附后
10	CI 77891	无	—
	氢氧化铝	无	—
	硅石	无	—
11	CI 77491	无	—
12	生育酚乙酸酯	无	—
13	（日用）香精	无	—
14	棕榈酸乙基己酯	无	—

序号	原料标准中文名称	是否含有可能存在的安全性风险物质	备注
15	突厥蔷薇（ROSA DAMASCENA）花油	农药残留	农药残留：终产品的农药残留检验结果为未检出
16	三羟甲基丙烷三异硬脂酸酯	无	—
	透明质酸钠	无	—
	葡甘露聚糖	无	—

注：—.没有相关内容。

此外，该产品终产品的检验报告显示其铅、汞、砷、镉检验结果符合《化妆品安全技术规范》（2015 年版）"表 2 化妆品中有害物质限值"与其对应的指标要求。

六、风险控制措施或建议

本产品为驻留类化妆品，适用于口唇，使用频率为 2~6 次／天，使用方法为：膏体旋出不超过 2 毫米，均匀涂抹于唇部。

产品安全警示语：无标准警示语。

七、安全评估结论

本产品为驻留类化妆品，适用于口唇，使用频率为 2~6 次／天。

主要暴露方式为经皮和／或经口吸收。根据产品的特性，对本产品的暴露评估考虑经皮和／或经口途径。

通过对产品以下各方面的综合评估：

1. 各成分的安全评估结果显示，所有成分在本产品浓度下不会对人体健康产生危害；

2. 可能存在的安全性风险物质检测及评估结果显示，不会对人体健康产生危害；

3. 该产品微生物情况符合《化妆品安全技术规范》（2015 年版）和《化妆品注册和备案检验工作规范》（2019 年第 72 号）有关要求；

4. 有害物质检测结果显示，该产品有害物质含量符合《化妆品安全技术规范》（2015 年版）有关要求；

5. 产品稳定性评估或测试结论；

6. 产品防腐效能评估或测试结论；

7. 产品包装相容性评估或测试结论；

8. 配方中各成分之间未预见发生有害的相互作用。

综上，认为该产品在正常及合理、可预见的使用条件下，不会对人体健康产生危害。

本企业履行相应产品质量安全义务，对产品安全性负主体责任，承诺遵循科学、公正、透明和个案分析的原则对产品安全性进行评估，对报告的科学性、准确性、真实性和可靠性负责。本报告是基于当前认知水平下，以现有科学数据和相关信息为基础进行的安全评估；当毒理学新发现或者上市后不良反应数据导致当前评估结果改变时，本报告会根据相关内容进行更新。

八、安全评估人员签名

评估人：

日期：　　年　　月　　日

地址：

九、安全评估人员简历（略）

十、附录（略）

第四节　睫毛膏

一、摘要

×××睫毛膏为驻留类化妆品，适用于睫毛，使用频次为1~2次/天，参考《化妆品安全评估技术导则》有关规定，对产品的微生物和有害物质等进行了检测和（或）评估，并对×××睫毛膏（配方号：×××××）所用的水、石蜡、鲸蜡醇磷酸酯钾、CI 77499、锦纶–611/聚二甲基硅氧烷共聚物、C12–13链烷醇聚醚–3、聚丁烯、苯氧乙醇、辛甘醇、EDTA二钠共10种成分，可能存在的苯酚、二噁烷、二甘醇共3种风险物质开展了安全评估。结果显示，该产品在正常、合理及可预见的使用情况下，不会对人体健康产生危害。

二、产品简介

1. 产品名称：×××睫毛膏

2. 产品使用方法：取适量本品轻涂睫毛。

3. 产品日均使用量（mg/d）：25*

4. 使用频次：1~2次/天

5. 产品驻留因子：1

6. 全身暴露量（SED）＝产品日均使用量 × 驻留因子 × 成分在配方中百分比 × 经皮吸收率 ÷ 体重 #

注：＊日均使用量参考《THE SCCS NOTES OF GUIDANCE FOR THE TESTING OF COSMETIC INGREDIENTS AND THEIR SAFETY EVALUATION（12TH REVISION）》。

＃体重一般为默认的成人体重（60 kg）；经皮吸收率以 100% 计，如果有试验测试值或根据理化性质估算的经皮吸收率，报告中将使用其具体值或评估值计算。

三、产品配方

本配方中所使用的原料均已列入《已使用化妆品原料目录》或《化妆品安全技术规范》（2015 年版）或为已在国家药监局完成化妆品新原料备案、注册的成分。产品配方见表 1，产品实际成分含量见表 2。

×××睫毛膏

配方号：×××××

表 1　产品配方表

序号	标准中文名称	INCI 名	使用目的	在《已使用原料目录》中的序号	备注
1	水	AQUA	溶剂	06259	——
2	石蜡	PARAFFIN	增稠剂	06127	——
3	鲸蜡醇磷酸酯钾	POTASSIUM CETYL PHOSPHATE	乳化剂	03556	——
4	CI 77499	CI 77499	着色剂	00369	《化妆品安全技术规范》准用着色剂（表 6）序号 138
5	C12-13 链烷醇聚醚 -3	C12-13 PARETH-3	成膜剂	00110	——
	锦纶 -611/ 聚二甲基硅氧烷共聚物	NYLON-611/ DIMETHICONE COPOLYMER		02220	——
6	聚丁烯	POLYBUTENE	成膜剂	03727	——
7	苯氧乙醇	PHENOXYETHANOL	防腐剂	01294	《化妆品安全技术规范》准用防腐剂（表 4）序号 37
8	辛甘醇	CAPRYLYL GLYCOL	睫毛膏调理剂	07160	——
9	EDTA 二钠	DISODIUM EDTA	pH 调节剂	00388	——

注：—.没有相关内容。

表 2　产品实际成分含量表

标准中文名称	INCI 名	实际成分含量（%）
水	AQUA	66.78
石蜡	PARAFFIN	11.5
鲸蜡醇磷酸酯钾	POTASSIUM CETYL PHOSPHATE	8
CI 77499	CI 77499	7
锦纶 –611/ 聚二甲基硅烷共聚物	NYLON–611/DIMETHICONE COPOLYMER	1.8
C12–13 链烷醇聚醚 –3	C12–13 PARETH–3	1.7
聚丁烯	POLYBUTENE	1.5
苯氧乙醇	PHENOXYETHANOL	0.84
辛甘醇	CAPRYLYL GLYCOL	0.58
EDTA 二钠	DISODIUM EDTA	0.3

四、配方中各成分安全评估

中文名：水		
INCI 名：AQUA		
含量（%）	66.78	
《化妆品安全技术规范》要求	—	
权威机构评估结论	—	
本企业原料 3 年使用历史（%）	—	
已上市产品原料使用信息（%）	面部	驻留	93.838
毒理学终点评估	—	
评估结论	本成分为化妆品中广泛使用的去离子水，安全风险可接受	
参考文献	无	
中文名：石蜡		
INCI 名：PARAFFIN		
含量（%）	11.5	
《化妆品安全技术规范》要求	—	

权威机构评估结论	美国 CIR 报告认为其用于化妆品是安全的，但报告未区分驻留类和淋洗类产品各自的最大使用浓度。归纳 CIR 报告中所有品类［包括发用类、一般护肤产品、易触及眼睛的护肤产品、一般彩妆品、眼部彩妆品、护唇及唇部彩妆品、指（趾）类和芳香类等］使用浓度，驻留类产品的最大报道浓度为 99%，淋洗类产品的最大报道浓度为 50%
本企业原料 3 年使用历史（%）	—
已上市产品原料使用信息（%）	—
毒理学终点评估	—
评估结论	该成分在本产品中应用安全风险可接受
参考文献	1. CIR（2005）. Annual Review of Cosmetic Ingredient Safety Assessments—2002/2003. IJT 24（Suppl. 1）：1–102, 2005. 2. CIR（1984）. Final Report on the Safety Assessment of Fossil and Synthetic Waxes. JACT 3（3）：43–99, 1984.

中文名：鲸蜡醇磷酸酯钾

INCI 名：POTASSIUM CETYL PHOSPHATE

含量（%）	8
《化妆品安全技术规范》要求	—
权威机构评估结论	美国 CIR 报告认为当其用于配方中不引起刺激性的情况下，其用于化妆品是安全的，在驻留类产品中报道的最大使用浓度为 8.3%，在淋洗类产品中的最大使用浓度为 1%
本企业原料 3 年使用历史（%）	—
已上市产品原料使用信息（%）	—
毒理学终点评估	皮肤刺激性：供应商数据显示，使用未稀释该成分进行人体单次皮肤斑贴试验（SPT），在 30 名受试者中均未引起任何皮肤阳性反应，未发现该成分具有皮肤刺激性；因此在当前使用下未预见引起配方刺激性 眼刺激性：供应商数据显示家兔急性眼刺激性试验中，采用未经稀释的受试物（含 32.5% 该成分）进行试验，24、48、72h 打分点结膜充血、角膜混浊、虹膜和结膜水肿评分均为 0 分，该成分在浓度为 32.5% 时未发现具有眼刺激性。因此在当前使用下未预见引起配方刺激性
评估结论	该成分在本产品中应用安全风险可接受
参考文献	1. CIR（2019）. Safety Assessment of Alkyl Phosphates as Used in Cosmetics. IJT 38（Suppl. 2）：12–32, 2019. 2. 供应商数据

中文名：CI 77499	
INCI 名：CI 77499	
含量（%）	7
《化妆品安全技术规范》要求	—
权威机构评估结论	符合《化妆品安全技术规范》（2015 版）表 6 化妆品准用着色剂要求：可用于各种化妆品
本企业原料 3 年使用历史（%）	—
已上市产品原料使用信息（%）	—
毒理学终点评估	
评估结论	该成分在本产品中应用安全风险可接受
参考文献	1. 国家药品监督管理总局，关于发布化妆品安全技术规范（2015 年版）的公告，2015 年第 268 号

中文名：锦纶 –611/ 聚二甲基硅氧烷共聚物	
INCI 名：NYLON–611/DIMETHICONE COPOLYMER	
含量（%）	1.8
《化妆品安全技术规范》要求	—
权威机构评估结论	—
本企业原料 3 年使用历史（%）	—
已上市产品原料使用信息（%）	—
毒理学终点评估	供应商声明显示该成分为聚合物，平均相对分子质量大于 1000 道尔顿，分子量小于 1000 道尔顿部分的含量小于 10%，结构和性质稳定且该成分属于不具有较高生物活性的聚合物。具体证明资料见附件。根据《化妆品原料数据使用指南》，安全评估时可不考虑透皮吸收，仅需对以下局部毒性进行评估： 皮肤刺激性：供应商数据显示，未经稀释的受试物（含该成分 100%）在家兔皮肤刺激性试验中，所有动物所有时间点红斑和水肿评分均为 0，显示成分在 100% 浓度下未发现具有皮肤刺激性； 眼刺激性：供应商数据显示在家兔眼刺激性试验（Draize test）中，未经稀释的该成分未引起受试动物出现任何眼刺激反应，所有打分时点结膜水肿、充血、虹膜和角膜混浊均为 0，故该成分未发现具有眼刺激性； 皮肤光毒性：该物质的化学结构中仅含有 C、H、O、N 或 Si 且不存在共轭双键，可以判断其不具有紫外光吸收特性，因此未预见具有皮肤光毒性

评估结论	该成分在本产品中应用安全风险可接受
参考文献	供应商数据

中文名：C12–13 链烷醇聚醚 –3	
INCI 名：C12–13 PARETH–3	
含量（%）	1.7
《化妆品安全技术规范》要求	美国 CIR 报告认为当其用于配方中不引起刺激性的情况下，其用于化妆品是安全的，在驻留类产品中报道的最大使用浓度为 25%，在淋洗类产品中的最大使用浓度为 32%
权威机构评估结论	—
本企业原料 3 年使用历史（%）	—
已上市产品原料使用信息（%）	—
毒理学终点评估	皮肤刺激性：供应商数据显示，未经稀释的受试物（含该成分 100%）在家兔皮肤刺激性试验中，所有动物所有时间点红斑和水肿评分均为 0，显示成分在 100% 浓度下未发现具有皮肤刺激性。因此在当前使用下未预见引起配方刺激性 眼刺激性：供应商数据显示家兔急性眼刺激试验中，未经稀释的受试物（含该成分 100%）使用 24 小时出现轻微充血（24 小时评分 8.6/110），48 小时症状消失，显示该成分耐受性良好；因此在当前使用下未预见引起配方刺激性
评估结论	该成分在本产品中应用安全风险可接受
参考文献	CIR（2012）. Safety Assessment of Alkyl PEG Ethers as Used in Cosmetics. IJT 31（Suppl. 2）：169–244，2012.

中文名：聚丁烯	
INCI 名：POLYBUTENE	
含量（%）	1.5
《化妆品安全技术规范》要求	—
权威机构评估结论	美国 CIR 报告认为其用于化妆品是安全的，在驻留类产品中报道的最大使用浓度为 82.4%，在淋洗类产品中的最大使用浓度为 20%
本企业原料 3 年使用历史（%）	—
已上市产品原料使用信息（%）	—
毒理学终点评估	—
评估结论	该成分在本产品中应用安全风险可接受

参考文献	1. CIR Final Report（2015）. Safety Assessment of Polyene Group as Used in Cosmetics. 2. CIR（2005）. Annual Review of Cosmetic Ingredient Safety Assessments—2002/2003.IJT 24（Suppl. 1）：1–102, 2005. 3. CIR（1982）. Final Report on the Safety Assessment of Polybutene. JACT 1（4）：103–118, 1982.
评估结论	该成分在本产品中应用无安全风险
参考文献	1. CIR Final Report（2019）. Safety Assessment of Fatty Acids & Fatty Acid Salts as Used in Cosmetics. 2. CIR（2006）. Annual Review of Cosmetic Ingredient Safety Assessments–2004/2005. IJT 25（Suppl. 2）：1–89, 2006. 3. CIR（1987）. Final Report on the Safety Assessment of Oleic Acid, Laurie Acid, Palmitic Acid, Myristic Acid, and Stearic Acid JACT 6（3）：321–401, 1987. 4. 内部测试报告

中文名：苯氧乙醇

INCI 名：PHENOXYETHANOL

含量（%）	0.84
《化妆品安全技术规范》要求	符合《化妆品安全技术规范》（2015 年版）表 4 化妆品准用防腐剂要求，苯氧乙醇的最大允许使用量为 1%
权威机构评估结论	—
本企业原料 3 年使用历史（%）	—
已上市产品原料使用信息（%）	—
毒理学终点评估	—
评估结论	该成分在本产品中应用安全风险可接受
参考文献	国家药品监督管理总局，关于发布化妆品安全技术规范（2015 年版）的公告，2015 年第 268 号

中文名：辛甘醇

INCI 名：CAPRYLYL GLYCOL

含量（%）	0.58
《化妆品安全技术规范》要求	—
权威机构评估结论	美国 CIR 报告认为其用于化妆品是安全的，在驻留类产品中报道的最大使用浓度为 5%，在淋洗类产品中的最大使用浓度为 2%
本企业原料 3 年使用历史（%）	—
已上市产品原料使用信息（%）	—

毒理学终点评估	—
评估结论	该成分在本产品中应用安全风险可接受
参考文献	CIR（2012）. Safety Assessment of 1,2-Glycols as Used in Cosmetics. IJT 31（Suppl. 2）: 147-168, 2012.
中文名：EDTA 二钠	
INCI 名：DISODIUM EDTA	
含量（%）	0.3
《化妆品安全技术规范》要求	—
权威机构评估结论	美国 CIR 报告认为其用于化妆品是安全的，但报告未区分驻留类和淋洗类产品各自的最大使用浓度。归纳 CIR 报告中所有品类［包括发用类、一般护肤产品、易触及眼睛的护肤产品、一般彩妆品、眼部彩妆品、护唇及唇部彩妆品、指（趾）类和芳香类等］使用浓度，驻留类产品的最大报道浓度为 0.6%，淋洗类产品的最大报道浓度为 0.8%
本企业原料 3 年使用历史（%）	—
已上市产品原料使用信息（%）	—
毒理学终点评估	—
评估结论	该成分在本产品中应用安全风险可接受
参考文献	CIR（2002）. Final Report on the Safety Assessment of EDTA, Calcium Disodium EDTA, Diammonium EDTA, Dipotassium EDTA, Disodium EDTA, TEA-EDTA, Tetrasodium EDTA, Tripotassium EDTA, Trisodium EDTA, HEDTA, and Trisodium HEDTA. IJT 21(Suppl.2): 95-142, 2002.

注：—.没有相关内容。

五、可能存在的风险物质评估

本产品按照《化妆品安全评估技术导则》和《化妆品风险物质识别与评估技术指导原则》的要求，基于当前科学认知水平，对可能由化妆品原料带入、生产过程中产生或带入的风险物质进行评估，结果表明：

本产品的生产符合国家相关法律法规，对生产过程和产品包装材料进行严格的管理和控制。

产品中可能存在的安全性风险物质是技术上无法避免、由原料带入的杂质。残留的微量杂质在正常合理使用条件下不会对人体健康造成危害。产品安全性风险物质危害识别见表 3。

表 3　化妆品中安全性风险物质危害识别表

×××睫毛膏

配方号：×××××

序号	标准中文名称	可能存在的安全性风险物质	备注
1	水	无	—
2	石蜡	无	—
3	鲸蜡醇磷酸酯钾	无	—
4	CI 77499	无	—
5	锦纶 -611/ 聚二甲基硅氧烷共聚物	无	—
6	C12–13 链烷醇聚醚 -3	无	—
	聚丁烯	无	—
7	苯氧乙醇	二噁烷、苯酚、二甘醇	二噁烷:《化妆品安全技术规范》（2015 年版）"化妆品中有害物质限值"中"二噁烷"限值为 30mg/kg。终产品的二噁烷检验结果符合此项要求 苯酚：根据日本厚生省告示第 331 号（2000 年 9 月 29 日）《化妆品标准》，苯酚的使用限量为 0.1%。终产品的苯酚检验结果符合此项要求 二甘醇：根据欧盟化妆品产品规范，当二甘醇作为化妆品成分中的杂质出现在化妆品终产品中时，其含量应不大于 0.1%。欧洲消费者安全科学委员会（SCCS）颁布关于二甘醇杂质的意见中，充分论证从甘油和聚乙二醇类及其类似原料中带入不超过 0.1% 二甘醇杂质时，其在化妆品中的存在是安全的。终产品的二甘醇检验结果符合此项要求
8	辛甘醇	二甘醇	二甘醇：根据欧盟化妆品产品规范，当二甘醇作为化妆品成分中的杂质出现在化妆品终产品中时，其含量应不大于 0.1%。欧洲消费者安全科学委员会（SCCS）颁布关于二甘醇杂质的意见中，充分论证从甘油和聚乙二醇类及其类似原料中引入不超过 0.1% 二甘醇杂质时，其在化妆品中的存在是安全的。终产品的二甘醇检验结果符合此项要求
9	EDTA 二钠	无	—

注：一.没有相关内容。

此外，该产品终产品的检验报告显示其铅、汞、砷、镉检验结果符合《化妆品安全技术规范》（2015 年版）"表 2 化妆品中有害物质限值"与其对应的指标要求。

六、风险控制措施或建议

本产品为驻留类化妆品，适用于睫毛，使用频率为 1~2 次 / 天，使用方法为：取适量本品轻涂睫毛。

产品安全警示语：如不慎入眼，应立即清洗。

七、安全评估结论

本产品为驻留类化妆品，适用于睫毛，使用频率为 1~2 次 / 天。

使用方法为：取适量本品轻涂睫毛。

主要暴露方式为经皮吸收。根据产品的特性，对本产品的暴露评估考虑经皮途径。

通过对产品以下各方面的综合评估：

1. 各成分的安全评估结果显示，所有成分在本产品浓度下不会对人体健康产生危害；

2. 可能存在的安全性风险物质检测及评估结果显示，不会对人体健康产生危害；

3. 该产品微生物情况符合《化妆品安全技术规范》（2015 年版）和《化妆品注册和备案检验工作规范》（2019 年 第 72 号）有关要求；

4. 有害物质检测结果显示，该产品有害物质含量符合《化妆品安全技术规范》（2015 年版）有关要求；

5. 产品稳定性评估或测试结论；

6. 产品防腐效能评估或测试结论；

7. 产品包装相容性评估或测试结论；

8. 配方中各成分之间未预见发生有害的相互作用。

综上，认为该产品在正常及合理、可预见的使用条件下，不会对人体健康产生危害。本企业履行相应产品质量安全义务，对产品安全性负主体责任，承诺遵循科学、公正、透明和个案分析的原则对产品安全性进行评估，对报告的科学性、准确性、真实性和可靠性负责。本报告是基于当前认知水平下，以现有科学数据和相关信息为基础进行的安全评估；当毒理学新发现或者上市后不良反应数据导致当前评估结果改变时，本报告会根据相关内容进行更新。

八、安全评估人员签名

评估人：

日期：　　年　　月　　日

地址：

九、安全评估人员简历（略）

十、附录（略）

第五节　香水

一、摘要

××蓝莓香水为驻留类产品，适用于躯干部位/手、足，使皮肤散发香气。依据《化妆品安全评估技术导则》有关规定，对产品的微生物、有害物质和稳定性等进行了检测和评估，对配方所用的变性乙醇、香精、水、甲氧基肉桂酸乙基己酯、水杨酸乙基己酯、丁基甲氧基二苯甲酰基甲烷、狭叶越桔（VACCINIUM ANGUSTIFOLIUM）果提取物、甘油、乙醇、三（四甲基羟基哌啶醇）柠檬酸盐、1,2-己二醇、对羟基苯乙酮、柠檬酸、三乙醇胺、CI 42090 和 CI 60730 共 16 种原料进行评估。对可能存在的甲醇、二甘醇、仲链烷胺、亚硝胺、2-、3- 和 4- 甲酰基苯磺酸钠、3-［乙基（4- 磺苯基）氨基］甲基苯磺酸、无色母体、未磺化芳香伯胺（以苯胺计）、1- 羟基 -9,10- 蒽二酮、1,4- 二羟基 -9,10- 蒽二酮、对甲苯胺、对甲苯胺磺酸钠等风险物质进行评估。结果显示，该产品在正常、合理及可预见的使用情况下，不会对人体健康产生危害。

（注：此处的风险物质可以不包含《安全技术规范》中对色素的要求，可无需必须列出）

二、产品简介

1. 产品名称：×× 蓝莓香水

2. 产品使用目的及使用方式：本产品适用于躯干部位/手、足，使皮肤散发香气。

3. 日均使用量（g/d）：1.77*

4. 使用频率：本产品每日可使用一次或多次。

5. 驻留因子：1

6. 全身暴露量（SED）：SED= 日均使用量 × 驻留因子 × 成分在配方中百分比 × 经皮吸收率 ÷ 体重 #

注：* 日均使用量参考 Loretz et al. Exposure data for personal care products：hairspray, spray perfume, liquid foundation, shampoo, body wash, and solid antiperspirant. Food Chem Toxicol. 2006 Dec；44（12）：2008-2018.

^驻留因子参考《THE SCCS NOTES OF GUIDANCE FOR THE TESTING OF COSMETIC INGREDIENTS AND THEIR SAFETY EVALUATION（12TH REVISION）》

体重一般为默认的成人体重（60 kg）；经皮吸收率以 100% 计。

三、产品配方

本配方中所使用的原料均已列入《已使用化妆品原料目录》或《化妆品安全技术规范》（2015 年版）。产品配方见表 1，产品实际成分含量见表 2。

表 1　产品配方表

序号	标准中文名称	INCI 名	原料含量（%）	复配百分比（%）	实际成分含量（%）	使用目的	备注
1	变性乙醇	Alcohol Denat.	78.7150000000	92.300000	72.6539450000	溶剂	变性剂为0.1200%的叔丁醇和0.0006%的苯甲地那铵
	水	Water		7.700000	6.0610550000		—
2	香精	Parfum	20.0000000000	100.000000	20.0000000000	芳香剂	—
3	水	Water		83.800000	0.4190000000		—
	狭叶越桔（VACCINIUM ANGUSTIFOLIUM）果提取物	Vaccinium Angustifolium (Blueberry) Fruit Extract	0.5000000000	10.000000	0.0500000000	皮肤调理剂	—
	甘油	Glycerin		5.000000	0.0250000000		—
	1,2-己二醇	1,2-Hexanediol		0.700000	0.0035000000		—
	对羟基苯乙酮	Hydroxyacetophenone		0.500000	0.0025000000		—
4	甲氧基肉桂酸乙基己酯	Ethylhexyl Methoxycinnamate	0.4500000000	68.000000	0.3060000000	光稳定剂	—
	水杨酸乙基己酯	Ethylhexyl Salicylate		17.000000	0.0765000000		—
	丁基甲氧基二苯甲酰基甲烷	Butyl Methoxydibenzoylmethane		15.000000	0.0675000000		—

序号	标准中文名称	INCI 名	原料含量（%）	复配百分比（%）	实际成分含量（%）	使用目的	备注
5	水	Water	0.2827170000	100.000000	0.2827170000	溶剂	—
6	水	Water	0.0500000000	70.000000	0.0350000000		—
	乙醇	Alcohol		20.000000	0.0100000000	光稳定剂	—
	三（四甲基羟基哌啶醇）柠檬酸盐	Tris（Tetramethylhydroxypiperidinol）Citrate		10.000000	0.0050000000		—
7	三乙醇胺	Triethanolamine	0.0010000000	100.000000	0.0010000000	pH 调节剂	—
8	柠檬酸	Citric Acid	0.0010000000	100.000000	0.0010000000	pH 调节剂	—
9	CI 42090	CI 42090	0.0001510000	100.000000	0.0001510000	着色剂	—
10	CI 60730	CI 60730	0.0001320000	100.000000	0.0001320000	着色剂	—

注：一.没有相关内容。

表 2　产品实际成分含量表

序号	标准中文名称	实际成分含量（%）
1	变性乙醇	72.653945
2	香精	20
3	水	6.797772
4	甲氧基肉桂酸乙基己酯	0.306
5	水杨酸乙基己酯	0.0765
6	丁基甲氧基二苯甲酰基甲烷	0.0675
7	狭叶越桔（VACCINIUM ANGUSTIFOLIUM）果提取物	0.05
8	甘油	0.025
9	乙醇	0.01
10	三（四甲基羟基哌啶醇）柠檬酸盐	0.005
11	1,2- 己二醇	0.0035
12	对羟基苯乙酮	0.0025
13	柠檬酸	0.001
14	三乙醇胺	0.001
15	CI 42090	0.000151
16	CI 60730	0.000132

四、配方中各成分的安全评估

第 1 号成分：变性乙醇。美国 CIR 认为，用叔丁醇和苯甲地那铵作为变性剂的变性乙醇用于化妆品是安全的。CIR 原文中已上市驻留类产品中该成分的历史最高使用浓度是 99%。[1] 该成分在本配方中的使用量在安全范围之内，可安全使用。

第 2 号成分：香精。本配方中香精的使用符合国际日用香料协会（IFRA）实践法规对第 4 类产品的要求。

第 3 号成分：水。化妆品使用的清洁用水无安全风险。

第 4 号成分：甲氧基肉桂酸乙基己酯。《化妆品安全技术规范》（2015 年版）[2] 表 5 化妆品准用防晒剂规定，甲氧基肉桂酸乙基己酯的限用量为 10%。本配方的添加量为 0.306%，符合要求。该成分在本产品中应用风险在可接受范围之内。

第 5 号成分：水杨酸乙基己酯。《化妆品安全技术规范》（2015 年版）表 5 化妆品准用防晒剂规定，水杨酸乙基己酯的限用量为 5%。本配方的添加量为 0.0765%，符合要求。该成分在本产品中应用风险在可接受范围之内。

第 6 号成分：丁基甲氧基二苯甲酰基甲烷。《化妆品安全技术规范》（2015 版）表 5 化妆品准用防晒剂规定，丁基甲氧基二苯甲酰基甲烷的限用量为 5%。本配方的添加量为 0.0675%，符合要求。该成分在本产品中应用风险在可接受范围之内。

第 7 号成分：狭叶越桔（VACCINIUM ANGUSTIFOLIUM）果提取物。美国农业部 USDA 下属的农业研究局国家植物种质资源系统显示，Vaccinium Angustifolium 的俗名为蓝莓，经济用途包括人类食物和药物等，[3] 证明狭叶越桔果具有安全食用历史。该成分的加工工艺为水提法，不会引入新的物质，因此狭叶越桔（VACCINIUM ANGUSTIFOLIUM）果提取物的系统毒性风险在可接受范围之内。眼刺激性：本产品的使用部位不包括眼周，且可预见合理的使用范围也不包括眼周，因此根据暴露豁免原则，产品导致眼刺激风险很低，无需评估。皮肤刺激性和皮肤致敏性：含有该成分的配方进行了人体重复激发斑贴测试（HRIPT），采用了 100 位受试者和早封闭斑贴条件，结果显示未见皮肤刺激性和致敏性。皮肤光毒性和光变态反应（光致敏性）：原料在 0.05% 浓度下在 290~700nm 波长范围内进行了光吸收测试，未见明显吸收。同时，通过查阅公开发表的文献和检索数据库，未发现该成分有光毒和光致敏的报道，综合分析判断认为该成分在本产品中造成皮肤光毒性和皮肤光致敏性的风险较低，在接受范围之内。

第 8 号成分：甘油。美国 CIR 认为，甘油用于化妆品是安全的。CIR 原文中已上市驻留类产品中该成分的历史最高使用浓度是 79.2%。[4] 该成分在本配方中的使用量在安全范围之内，可安全使用。

第 9 号成分：乙醇。在《已上市产品原料使用信息》表中，乙醇在作用部位为全身皮肤的驻留类产品中最高使用量为 65.9%，该成分在本配方中的使用量为 0.01%，在安全范围之内，可安全使用。

第 10 号成分：三（四甲基羟基哌啶醇）柠檬酸盐。美国 CIR 认为，三（四甲基羟基哌啶醇）柠檬酸盐用于化妆品是安全的。CIR 原文中已上市驻留类产品中该成分的历史最高使用浓度是 0.05%[5]。该成分在本配方中的使用量在安全范围之内，可安全使用。

第 11 号成分：1,2-己二醇。美国 CIR 认为，1,2-己二醇用于化妆品是安全的。CIR 原文中已上市驻留类产品中该成分的历史最高使用浓度是 10%[6]。该成分在本配方中的使用量在安全范围之内，可安全使用。

第 12 号成分：对羟基苯乙酮。美国 CIR 认为，对羟基苯乙酮用于化妆品是安全的。CIR 原文中已上市驻留类产品中该成分的历史最高使用浓度是 5%[7]。该成分在本配方中的使用量在安全范围之内，可安全使用。

第 13 号成分：柠檬酸。《化妆品安全技术规范》（2015 版）表 3 化妆品限用原料目录规定，α-羟基酸及其盐类和酯类的限用量为 6%。本配方的添加量为 0.001%，符合要求。该成分在本产品中应用风险在可接受范围之内。

第 14 号成分：三乙醇胺。《化妆品安全技术规范》（2015 版）表 3 化妆品限用原料目录规定，三链烷胺，三链烷醇胺及它们的盐类在驻留类产品中限用量为 2.5%。本配方的添加量为 0.001%，且符合其他限制和要求。该成分在本产品中应用风险在可接受范围之内。

第 15 号成分：CI 42090。该成分在本产品中的使用符合《化妆品安全技术规范》（2015 版）表 6 化妆品准用着色剂的规定。

第 16 号成分：CI 60730。该成分在本产品中的使用符合《化妆品安全技术规范》（2015 版）表 6 化妆品准用着色剂的规定。

五、可能存在的风险物质评估

本产品按照《化妆品安全评估技术导则》和《化妆品风险物质识别与评估技术指导原则》的要求，基于当前科学认知水平，对可能由化妆品原料带入、生产过程中产生或带入的风险物质进行了评估，结果表明：

本产品的生产符合国家相关法律法规，对生产过程和产品包装材料进行严格的管理和控制。

产品中可能存在的安全性风险物质是技术上无法避免、由原料带入的杂质，残留的微量杂质在正常合理使用条件下不会对人体健康造成危害。产品安全性风险物质危害识别见表 3。

表 3 安全性风险物质危害识别表

序号	标准中文名称	可能含有的风险物质	备注
1	变性乙醇	甲醇	根据《化妆品安全技术规范》（2015 版）第一章《概述》中表 2 "化妆品中有害物质限值"的要求，化妆品中甲醇不得超过 2000mg/kg。本产品中的甲醇含量符合该要求，故认为该成分不会对人体健康造成潜在的危害
	水	无	—
2	香精	无	—
3	水	无	—
	狭叶越桔（VACCINIUM ANGUSTIFOLIUM）果提取物	无	—
	甘油	二甘醇	该原料可能带入的二甘醇杂质，为技术上不可避免的痕量杂质。欧盟 SCCS 对二甘醇的进行安全性风险评估后认为，化妆品终产品中的二甘醇含量不高于 0.1% 时是安全的。本产品中二甘醇的含量符合该要求，故不会对人体健康造成潜在的危害

序号	标准中文名称	可能含有的风险物质	备注
	1,2-己二醇	无	—
3	对羟基苯乙酮	苯酚	根据日本化妆品标准允许使用的防腐剂［24］中，苯酚在化妆品中的限量为0.1g/100g；化妆品终产品中苯酚残留浓度的检测结果表明符合相关要求（详见附录检测报告）。因此，本原料不具有安全性风险，不会对人体健康造成潜在的危害
4	甲氧基肉桂酸乙基己酯	无	—
	水杨酸乙基己酯	无	—
	丁基甲氧基二苯甲酰基甲烷	无	—
5	水	无	—
6	水	无	—
	乙醇	甲醇	根据《化妆品安全技术规范》（2015版）第一章《概述》中表2"化妆品中有害物质限值"的要求，化妆品中甲醇不得超过2000mg/kg。本产品中的甲醇含量符合该要求，故认为该成分不会对人体健康造成潜在的危害
	三（四甲基羟基哌啶醇）柠檬酸盐	无	—
7	三乙醇胺	仲链烷胺、亚硝胺	该物质在《化妆品安全技术规范》（2015版）中对应的名称为：三链烷胺，三链烷醇胺及它们的盐类。《规范》要求：不和亚硝基化体系（Nitrosating system）一起使用；避免形成亚硝胺；最低纯度：99%；原料中仲链烷胺最大含量0.5%；产品中亚硝胺最大含量50μg/kg；存放于无亚硝酸盐的容器内。根据供应商提供的质量规格文件，该物质符合《规范》中的相关要求，故不会对人体健康造成潜在的危害
8	柠檬酸	无	—
9	CI 42090	2-、3-和4-甲酰基苯磺酸钠、3-（乙基（4-磺苯基）氨基）甲基苯磺酸、无色母体、未磺化芳香伯胺（以苯胺计）	《化妆品安全技术规范》（2015版）表6"化妆品准用着色剂"对该着色剂所含的风险物质已制定含量限值要求。根据原料供应商提供的质量规格，该着色剂符合《规范》中的相关要求。故认为该原料不会对人体健康造成潜在的危险

序号	标准中文名称	可能含有的风险物质	备注
10	CI 60730	1-羟基-9,10-蒽二酮、1,4-二羟基-9,10-蒽二酮、对甲苯胺、对甲苯胺磺酸钠	《化妆品安全技术规范》（2015 版）表 6 "化妆品准用着色剂"对该着色剂所含的风险物质已制定含量限值要求。根据原料供应商提供的质量规格，该着色剂符合《规范》中的相关要求。故认为该原料不会对人体健康造成潜在的危险

注：—.没有相关内容。

此外，该产品终产品的检验报告显示其铅、汞、砷、镉检验结果符合《化妆品安全技术规范》（2015 年版）"表 2 化妆品中有害物质限量"的限值要求。

六、风险控制措施或建议

注意事项：本品易燃，远离火焰或高温。避免接触眼睛，用后若感不适，请停止使用。

其他使用说明及注意事项详见本产品的产品包装。

七、安全评估结论

本产品类型为香水，可每日使用，喷洒于躯干部位/手、足。考虑到产品的施用部位不包含头面部，因此可以认为通过呼吸途径造成的暴露量可基本忽略不计。对本产品的暴露评估仅考虑经皮途径。

通过对产品以下各方面的综合评估：

1. 各成分的安全评估结果显示，所有成分在本产品浓度下不会对人体健康产生危害；

2. 可能存在的安全性风险物质检测及评估结果显示，不会对人体健康产生危害；

3. 微生物检验结果显示该产品微生物符合《化妆品安全技术规范》（2015 年版）有关要求；

4. 有害物质检测结果显示，该产品有害物质含量符合《化妆品安全技术规范》（2015 年版）有关要求；

5. 产品稳定性评估或测试结论；

6. 配方乙醇含量 > 20%，满足《安评导则》中不易受微生物污染的产品定义，不需要进行防腐效能评价；

7. 产品包装相容性评估或测试结论；

8. 配方中各成分之间未预见发生有害的相互作用。

综上，认为该产品在正常及合理、可预见的使用条件下，不会对人体健康产生危害。

八、安全评估人员签名

评估人：

日期： 年 月 日

地址：

九、安全评估人员简历（略）

十、参考文献

［1］CIR 2008. Final Report of the Safety Assessment of Alcohol Denat., Including SD Alcohol 3-A, SD Alcohol 30, SD Alcohol 39, SD Alcohol 39-B, SD Alcohol 39-C, SD Alcohol 40, SD Alcohol 40-B, and SD Alcohol 40-C, and the Denaturants, Quassin, Brucine Sulfate/Brucine, and Denatonium Benzoate

［2］国家食品药品监督管理总局，关于发布化妆品安全技术规范（2015 年版）的公告，2015 年第 268 号

［3］USDA，Agricultural Research Service，National Plant Germplasm System. 2024. Germplasm Resources Information Network（GRIN Taxonomy）. National Germplasm Resources Laboratory，Beltsville，Maryland.

［4］CIR 2019. Safety Assessment of Glycerin as Used in Cosmetics

［5］CIR Report for Tris（Tetramethylhydroxypiperidinol）Citrate. Final Report 4/2021 Available from CIR

［6］IJT 31（Suppl. 2）：147 - 168，2012

［7］CIR Report for Hydroxyacetophenone. Final Report 10/2022 Available from CIR

［8］CIR Resource Document – Respiratory Exposure to Cosmetic Ingredients. 09/2019

十一、附录（略）

化妆品安全评估基本结论

题　　目：×× 蓝莓香水 安全评估基本结论

注册人或备案人名称：＿＿＿＿＿＿＿＿＿＿＿＿＿＿＿＿

注册人或备案人地址：＿＿＿＿＿＿＿＿＿＿＿＿＿＿＿＿

评估单位：＿＿＿＿＿＿＿＿＿＿＿＿＿＿＿＿

评 估 人：＿＿＿＿＿＿＿＿＿＿＿＿＿＿＿＿

评估日期：＿＿＿＿年＿＿＿＿月＿＿＿＿日

质量安全负责人：＿＿＿＿＿＿＿＿＿＿＿＿＿＿＿＿

自查日期：＿＿＿＿年＿＿＿＿月＿＿＿＿日

一、资料提交情形说明

本产品为普通化妆品，配方中使用了《化妆品安全技术规范》表 5 未收载的防晒剂作为光稳定剂，属于《化妆品安全评估资料提交指南》中的第二类化妆品中第一种情形。本企业的质量管理体系运行良好，且能够提供光稳定剂的安全评估资料，因此，本次备案提交化妆品安全评估基本结论和《化妆品安全技术规范》表 5 未收载的光稳定剂的安全评估资料，安全评估报告存档备查。

二、化妆品安全评估摘要

本产品为驻留类化妆品，适用于躯干部位／手、足，可每日使用，参考《化妆品安全评估技术导则（2021 年版）》有关规定，对产品的微生物、有害物质和稳定性等进行了检测，并对配方所用的变性乙醇、香精、水、甲氧基肉桂酸乙基己酯、水杨酸乙基己酯、丁基甲氧基二苯甲酰基甲烷、狭叶越桔（VACCINIUM ANGUSTIFOLIUM）果提取物、甘油、乙醇、三（四甲基羟基哌啶醇）柠檬酸盐、1,2- 己二醇、对羟基苯乙酮、柠檬酸、三乙醇胺、CI 42090 和 CI 60730 共 16 种成分，以及可能存在的风险物质开展了安全评估。结果显示，该产品在正常、合理及可预见的使用情况下，不会对人体健康产生危害。

三、化妆品安全评估结论

按照《化妆品安全评估报告自查要点》原则和程序对化妆品中每种原料、可能存在的风险物质、化妆品稳定性、化妆品包装相容性、微生物学等内容的评估进行自查，形成安全评估报告小结（见附 1），并提交光稳定剂三（四甲基羟基哌啶醇）柠檬酸盐的安全评估资料（见附2）。

经自查，该化妆品在正常、合理的及可预见的使用条件下不会对人体健康产生危害。

附件：1. 化妆品安全评估报告小结
　　　2. 光稳定剂三（四甲基羟基哌啶醇）柠檬酸盐安全评估资料

质量安全负责人（签字）：　　　（授权人）
日期：　　年　　月　　日
地址：

附件 1

化妆品安全评估报告小结

序号	自查项目	自查要点	自查结果
1	质量管理体系运行情况	本企业的质量管理体系正常运行	符合☑ 不符合□
2	评估报告总体要求	注册备案信息系统中的安全评估信息应填报完整，包括评估单位、评估时间、评估摘要、产品简介、评估人员简介等	符合☑ 不符合□
3	封面	封面应明确产品名称、备案人名称、地址、评估单位、评估人和评估日期	符合☑ 不符合□
4	摘要	1. 摘要应包括产品简要介绍，并明确依据《化妆品安全评估技术导则（2021 年版）》（以下简称《安评导则》）对产品中的所有原料和风险物质进行了评估，获得正确的评估结论 2. 产品安全评估结论为安全	符合☑ 不符合□
5	产品简介	产品简介应包括产品名称、使用方法、日均使用量、产品驻留因子等内容，日均使用量、产品驻留因子应写明出处	符合☑ 不符合□
6	产品配方	所使用的成分均已列入《已使用化妆品原料目录》（以下简称《目录》）或《化妆品安全技术规范》（下称《技术规范》）；使用安全监测期内化妆品新原料的，应符合新原料的技术要求	符合☑ 不符合□
7.1	表 1 产品配方表	表 1 所列配方内容应与产品资料中"产品配方"一致	符合☑ 不符合□
7.2	未填入配方的成分	列出并说明未填入配方表的成分	符合☑ 不符合□ 不适用□
7.3	表 2 产品实际成分含量表	1. 表 2 产品实际成分含量表应按照各成分含量递减顺序排列 2. 两剂或两剂以上必须配合使用的产品，应根据产品的使用方法对混合后的原料含量进行评估	符合☑ 不符合□
8.1	配方中各成分的安全评估	应对表 2 产品实际成分含量表中所有成分逐个进行安全评估	符合☑ 不符合□
8.2	未填入配方的成分	对未填入配方的成分进行评估，确保该类成分不会影响原料的质量安全	符合☑ 不符合□ 不适用□
9.1	《化妆品安全技术规范》	使用《技术规范》中的限用组分、准用防腐剂、准用防晒剂、准用着色剂和准用染发剂列表中的原料，符合《技术规范》要求	符合☑ 不符合□ 不适用□

序号	自查项目	自查要点	自查结果
9.2	国内外权威机构评估结论	1. 欧盟消费者委员会（SCCS）、美国化妆品原料评价委员会（CIR）等权威机构的相关评估资料进行分析，在符合我国化妆品相关法规及使用条件下，采用相关评估结论 2. 对有限制使用条件的原料，满足限制条件的情况下采用其评估结论	符合☑ 不符合□ 不适用□
9.3	权威机构已公布的安全限量或结论	1. 对相关资料进行分析，在符合我国化妆品相关法规规定的情况下，采用相关结论 2. 不同的权威机构评估结果不一致时，根据数据的可靠性和相关性，科学合理地采用相关评估结论 3. 如缺少局部毒性资料，应结合产品使用部位和使用方式等，对局部毒性开展评估	符合□ 不符合□ 不适用☑
9.4	化妆品监管部门公布的原料使用信息	结合产品使用方法和作用部位，部分原料参考化妆品监管部门公布的原料使用信息进行评估	符合☑ 不符合□ 不适用□
9.5	原料3年使用历史	部分原料符合3年使用历史数据类型的要求，可以免于对毒理学终点进行评估，必要时评估其局部毒性	符合□ 不符合□ 不适用☑
9.6	安全食用历史	部分原料采用安全食用历史可以豁免系统毒性评估，结合产品使用部位和使用方式等，对局部毒性进行评估	符合☑ 不符合□ 不适用□
9.7	结构和性质稳定的高分子聚合物	部分原料符合结构和性质稳定的高分子聚合物判定要求，结合产品使用部位和使用方式等，对其局部毒性进行评估	符合□ 不符合□ 不适用☑
9.8	毒理学关注阈值（TTC）方法	符合《毒理学关注阈值（TTC）方法应用技术指南》适用条件，对部分原料进行评估	符合□ 不符合□ 不适用☑
9.9	交叉参照（Read-across）方法	符合《交叉参照（Read-across）方法应用技术指南》适用条件，对部分原料进行评估	符合□ 不符合□ 不适用☑
9.10	毒理学终点评估	对配方中部分原料毒理学终点的试验方法、结果、结论进行分析，确定每个原料的主要毒性特征及程度	符合☑ 不符合□ 不适用□
9.11	风险特征描述	可豁免系统毒性评估或计算 $MoS \geq 100$；不具有皮肤致敏性或者 AEL 高于全身暴露量	符合☑ 不符合□ 不适用□
9.12	纳米原料	产品配方中含有纳米原料，应对配方使用量下的纳米原料进行安全评估，同时应对评估所用的毒理学试验方法是否适用于纳米原料检测进行说明	符合□ 不符合□ 不适用☑

序号	自查项目	自查要点	自查结果
9.13	香精	1.产品配方表"标准中文名称"栏中仅填写"香精"原料的,应按照《安评导则》的原则和要求对香精进行评估,或明确产品所用香精符合国际日用香料协会(IFRA)实践法规要求或符合我国相关(香精)国家标准 2.产品配方表"标准中文名称"栏中同时填写"香精"及香精中的具体香料组分的,应对每种香料组分进行安全评估	符合☑ 不符合☐ 不适用☐
9.14	安全监测期内新原料	使用的安全监测期内新原料的使用目的、使用或适用范围、使用浓度、使用限制和要求等符合新原料的技术要求	符合☐ 不符合☐ 不适用☑
9.15	可能吸入风险的产品	可能存在吸入暴露风险的产品应对其吸入毒性进行安全评估	符合☐ 不符合☐ 不适用☑
10	必须配合仪器使用的产品	1.除仅辅助涂擦的毛刷、气垫等以外,必须配合仪器或者工具使用的产品,其产品安全评估过程中应当评估配合仪器或者工具使用条件下的安全性 2.配合仪器使用的产品,如果仪器影响透皮吸收,评估时需要对原料的皮肤吸收率进行调整。一般应选用更为保守的经皮吸收率。如果产品有配合使用条件下的经皮吸收率研究,可采用其研究结果	符合☐ 不符合☐ 不适用☑
11	儿童化妆品	明确产品配方设计的原则,从原料的安全、稳定、功能、配伍等方面,结合儿童生理特点和可能的应用场景,评估所用原料的科学性和必要性	符合☐ 不符合☐ 不适用☑
12	终产品安全性测试	在对原料进行充分研究的基础上,结合原料的结构特点和功能,对不超过配方成分总个数10%且含量较低的非特殊功效原料,仅因缺少部分毒性学终点评估数据而不能够完成安全评估的,可以参照《化妆品注册和备案检验工作规范》设置的毒理学试验项目或者人体试验项目(在满足伦理的前提下)开展产品的安全性测试,对终产品的安全性进行综合评价分析	符合☐ 不符合☐ 不适用☑
13	可能存在的风险物质评估	按照《技术规范》《安评导则》及《化妆品风险物质识别与评估技术指导原则》要求完成化妆品中风险物质的评估	符合☑ 不符合☐
14	产品理化稳定性评价	按照《安评导则》要求,参照《化妆品稳定性评价技术指南》《化妆品与包材相容性评价技术指南》等相关技术方法完成产品稳定性评估	符合☑ 不符合☐ 不适用☐
15	产品微生物学评估	按照《安评导则》要求完成产品微生物学安全评估	符合☑ 不符合☐ 不适用☐
16	风险控制措施或建议	应针对产品特点明确必要的风险控制措施或建议	符合☑ 不符合☐

序号	自查项目	自查要点	自查结果
16.1	警示用语	根据产品特点提供相关警示用语	符合☑ 不符合□ 不适用□
17	安全评估结论	应针对产品特点进行综合评估，并得出评估结论	符合☑ 不符合□
18	安全评估人员的签名	1. 应有评估人签名、日期、地址等 2. 安全评估人员签名可以是电子签名或手写签名 3. 评估日期应为最终出具安全评估报告的时间，不得早于相关证明性资料的出具时间	符合☑ 不符合□
19	安全评估人员简历	安全评估人员资质应符合《安评导则》中化妆品安全评估人员要求： 1. 安全评估人员应当具有医学、药学、生物学、化学或毒理学等化妆品质量安全相关专业知识 2. 安全评估人员应当了解化妆品成品或原料生产过程和质量安全控制要求，并具有五年以上相关专业从业经历 3. 具有化妆品安全评估培训记录	符合☑ 不符合□

附件 2

光稳定剂三（四甲基羟基哌啶醇）柠檬酸盐安全评估资料

　　三（四甲基羟基哌啶醇）柠檬酸盐：美国 CIR 认为，三（四甲基羟基哌啶醇）柠檬酸盐用于化妆品是安全的。CIR 原文中已上市驻留类产品中该成分的历史最高使用浓度是 0.05%。该成分在本配方中的使用量 0.005% 在安全范围之内，可安全使用。

　　参考文献：

CIR Report for Tris（Tetramethylhydroxypiperidinol）Citrate. Final Report 4/2021 Available from CIR

第六节　防晒霜

一、摘要

防晒面霜为驻留类化妆品，适用于面部，使用频次为每日两次，参考《化妆品安全评估技术导则》有关规定，对产品的微生物、有害物质和稳定性等进行了检测和（或）评估，并对配方所用的水、甲基聚三甲基硅氧烷、甘油、CI 77891、三甲基硅烷氧基硅酸酯、PEG–9 聚二甲基硅氧乙基聚二甲基硅氧烷、硅石、二氧化钛（纳米级）、苯氧乙醇、三乙氧基辛基硅烷等 13 种成分，以及可能存在的二甘醇、二噁烷、苯酚共 3 种风险物质开展了安全评估。结果显示，该产品在正常、合理及可预见的使用情况下，不会对人体健康产生危害。

二、产品简介

1. 产品名称：防晒面霜

2. 产品使用方法：将本品均匀涂抹于面部。

3. 产品日均使用量（g/d）：1.54*

4. 使用频次：每日两次

5. 产品驻留因子：1

6. 其他：防晒产品为特殊用途化妆品，产品通过了《化妆品注册和备案检验工作规范》（2019 年版）要求的毒理学测试，测试结果没有发现安全性风险，因此该产品中各成分在当前使用条件下皮肤刺激性、皮肤致敏性、皮肤光毒性风险可接受。

注：* 日 均 使 用 量 参 考《THE SCCS NOTES OF GUIDANCE FOR THE TESTING OF COSMETIC INGREDIENTS AND THEIR SAFETY EVALUATION（12th REVISION），Page 24–31》。

三、产品配方

本配方中所使用的原料均已列入《已使用化妆品原料目录》或《化妆品安全技术规范》（2015 年版）或为已在国家药监局完成化妆品新原料备案、注册的成分。产品配方见表 1，产品实际成分含量见表 2。

表 1　产品配方表

序号	标准中文名称	INCI 名	使用目的	在《已使用原料目录》中的序号	备注
1	水	WATER	溶剂	06260	—
2	甲基聚三甲基硅氧烷	METHYL TRIMETHICONE	皮肤保护剂	03312	—

序号	标准中文名称	INCI 名	使用目的	在《已使用原料目录》中的序号	备注
3	甘油	GLYCERIN	保湿剂	02421	—
	苯氧乙醇	PHENOXYETHANOL		01294	苯氧乙醇（INCI Name：Phenoxyethanol）是《化妆品安全技术规范》准用防腐剂（表4）第37号
	氯苯甘醚	CHLORPHENESIN	保湿剂	04508	氯苯甘醚（INCI Name：Chlorphenesin）是《化妆品安全技术规范》准用防腐剂（表4）第15号
4	CI 77891	CI 77891	着色剂	00375	CI 77891是《化妆品安全技术规范》准用着色剂（表6）第145号着色剂
	硅石	SILICA		02648	—
	三乙氧基辛基硅烷	TRIETHOXYCAPRYLYLSILANE		05823	—
	氧化铝	ALUMINA		07466	—
5	三甲基硅烷氧基硅酸酯	TRIMETHYLSILOXYSILICATE	封闭剂	05757	—
6	PEG-9 聚二甲基硅氧乙基聚二甲基硅氧烷	PEG-9 POLYDIMETHYLSILOXYETHYL DIMETHICONE	乳化剂	00819	—
7	二氧化钛（纳米级）	TITANIUM DIOXIDE（NANO）	防晒剂（二氧化钛）	02210	—
	硅石	SILICA		02648	—
8	柠檬酸三乙酯	TRIETHYL CITRATE	皮肤保护剂	04859	柠檬酸三乙酯（INCI Name：TRIETHYL CITRATE）是《化妆品安全技术规范》化妆品限用组分（表3）第37号限用组分

注：—.没有相关内容。

表2　产品实际成分含量表

标准中文名称	INCI 名	含量（%）
水	WATER	40
甲基聚三甲基硅氧烷	METHYL TRIMETHICONE	20
甘油	GLYCERIN	13
CI 77891	CI 77891	10
三甲基硅烷氧基硅酸酯	TRIMETHYLSILOXYSILICATE	8
PEG-9 聚二甲基硅氧乙基聚二甲基硅氧烷	PEG-9 POLYDIMETHYLSILOXYETHYL DIMETHICONE	5
硅石	SILICA	1.7
二氧化钛（纳米级）	TITANIUM DIOXIDE（NANO）	1
苯氧乙醇	PHENOXYETHANOL	0.6
三乙氧基辛基硅烷	TRIETHOXYCAPRYLYLSILANE	0.25
氧化铝	ALUMINA	0.25
氯苯甘醚	CHLORPHENESIN	0.1
柠檬酸三乙酯	TRIETHYL CITRATE	0.1

变性剂：无

推进剂：无

贴、膜、基材中含有功效原料或着色剂等：无

未填入配方的成分：无

四、配方中各成分的安全评估

中文名称	含量（%）	《化妆品安全技术规范》要求	权威机构评估结论	原料3年使用历史（%）	已上市产品原料使用信息（%）	毒理学终点评估	评估结论	参考文献
水	40	—	—	—	98.85	—	本产品使用的水符合国家饮用水标准，该成分在本产品中应用安全风险可接受	—
甲基聚三甲基硅氧烷	20	—	—	—	在全身皮肤驻留类产品用量为23.2%	—	本产品为面部驻留类产品，该成分在本产品中应用安全风险可接受。按照《已上市产品原料使用信息》使用顺序，面部皮肤产品可参照全身皮肤产品用量，本产品中甲基聚三甲基硅氧烷的使用量为20%，低于《已上市产品原料使用信息》中全身皮肤驻留类的使用量23.2%	—

续表

中文名称	含量（%）	《化妆品安全技术规范》要求	权威机构评估结论	原料3年使用历史（%）	已上市产品原料使用信息（%）	毒理学终点评估	评估结论	参考文献
甘油	13	—	CIR评估结果显示，甘油在现有的化妆品使用实践和浓度下是安全的。CIR报道的历史使用浓度为，驻留类化妆品中使用范围是0.0001%~79.2%	—	—	—	该成分在本产品中应用安全风险可接受	[1]
CI 77891	10	CI 77891是《化妆品安全技术规范》准用着色剂第145号着色剂，被批准的使用范围是各种化妆品，且未设置浓度限值	—	—	—	—	符合《化妆品安全技术规范》的要求，该成分在本产品中应用安全风险可接受	—
三甲基硅烷氧基硅酸酯	8	—	CIR评估结果显示，当不引起配方刺激性致敏性时，三甲基硅烷氧基硅酸酯在现有的化妆品使用条件和浓度下是安全的。CIR报道的历史使用浓度为，驻留类化妆品中使用范围是0.0001~30%	—	—	—	本产品开展了注册检验，测试结果表明本产品（含8%该成分）不具有皮肤刺激性、皮肤致敏性。本配方中添加量在CIR评估的安全用量以内。因此，三甲基硅氧基硅酸酯在本产品中的应用风险在可接受范围内	[2]

中文名称	含量（%）	《化妆品安全技术规范》要求	权威机构评估结论	原料3年使用历史（%）	已上市产品原料使用信息（%）	毒理学终点评估	评估结论	参考文献
PEG-9聚二甲基硅氧乙基聚二甲基硅氧烷	5	—	—	—	—	NICNAS对商品名为KF-6028的本原料进行过评估，且根据原料供应商提供的声明，本原料的平均相对分子质量约为16000道尔顿，远高于1000道尔顿，且相对分子质量小于1000道尔顿的低聚体含量为5%，结构和性质稳定，未发现较高生物活性，具体资料见附件。因此本原料不会透皮吸收，系统毒性的安全风险在可接受范围内，在评估其毒性时以局部毒性为主。 皮肤刺激性：NICNAS报道家兔皮肤刺激试验中，采用100%该成分以及20%该成分对完整皮肤和受损皮肤进行试验，仅具有轻微皮肤刺激性；体外皮肤模型测试结果显示该成分	该成分在本产品中应用安全风险可接受	[3]

续表

中文名称	含量（%）	《化妆品安全技术规范》要求	权威机构评估结论	原料 3 年使用历史（%）	已上市产品原料使用信息（%）	毒理学终点评估	评估结论	参考文献
PEG-9 聚二甲基硅氧乙基聚二甲基硅氧烷	5	—	—	—	—	分对皮肤无刺激性。日本产品开展了注册检验，测试结果表明本产品（含 5% 该成分）未发现具有皮肤刺激性 眼刺激性：根据供应商提供的数据，本原料对家兔眼睛有轻微刺激性，刺激反应在 7 天内恢复正常 皮肤致敏性：NICNAS 报告豚鼠致敏试验中，本成分无致敏性。日本产品开展了注册检验，测试结果表明本产品（含 5% 该成分）未发现具有皮肤致敏性 皮肤光毒性：本产品开展了注册检验，测试结果表明本产品（含 5% 该成分）未发现具有皮肤光毒性	该成分在本产品中应用安全风险可接受	[3]

中文名称	含量（%）	《化妆品安全技术规范》要求	权威机构评估结论	原料3年使用历史（%）	已上市产品原料使用信息（%）	毒理学终点评估	评估结论	参考文献
硅石	1.7	—	CIR评估结果显示，当不引起配方刺激性时，硅石在现有条件的化妆品使用浓度下是安全的和浓度。CIR报道的历史使用浓度为，驻留类化妆品中使用范围是0.0001%~82%	—	—	—	本产品开展了注册检验（含1.7%该成分），测试结果表明本产品未发现具有皮肤刺激性。本配方中添加量在CIR评估的安全用量以内。因此，该成分在本产品中应用安全风险可接受	[4]
二氧化钛（纳米级）	1	—	SCCS对纳米尺度的二氧化钛开展了评估，评估结果认为当纳米二氧化钛作为防晒剂且满足以下条件时，25%浓度的纳米二氧化钛应用于健康的皮肤，不会对人体健康造成任何潜在的风险。纯度≥99%，或锐钛矿含量至多5%的金红石，且晶体结构和物理外观为球形、针状或针状簇；数均粒	—	—	—	根据供应商提供的相关资料，该原料符合SCCS评估要求，该成分在本产品中应用安全风险可接受	[5]

续表

中文名称	含量（%）	《化妆品安全技术规范》要求	权威机构评估结论	原料3年使用历史（%）	已上市产品原料使用信息（%）	毒理学终点评估	评估结论	参考文献
二氧化钛（纳米级）	1	—	径D50≥30nm；纵横比为1至4.5且体积比表面积≤460m²/cm³；涂覆有硅石、水合硅石、氧化铝、氢氧化铝、硬脂酸铝、硬脂酸、三甲氧基辛酸硅烷、甘油、聚二甲基硅氧烷、氢化聚二甲基硅氧基硅氧烷，或涂覆有机硅树脂；或组合有以下组合之一：最大浓度为16%的二氧化硅和最大浓度为6%的磷酸十六酯，最大浓度为7%的氧化铝和最大浓度为0.7%的二氧化锰（非唇部产品），最大浓度为3%的氧化铝和最高浓度为9%的三乙基辛基硅烷；与未涂覆或未掺杂纳米颗粒相比，光催化活性≤10%；在最终配方中光稳定	—	—	—	根据供应商提供的相关资料，该原料符合SCCS评估要求，该成分在本产品中应用安全风险可接受	[5]

中文名称	含量 (%)	《化妆品安全技术规范》要求	权威机构评估结论	原料3年使用历史 (%)	已上市产品原料使用信息 (%)	毒理学终点评估	评估结论	参考文献
苯氧乙醇	0.6	苯氧乙醇（INCI Name：Phenoxyethanol）是《化妆品安全技术规范》准用防腐剂（表4）第37号。化妆品使用时的最大允许浓度1.00%	—	—	—	—	符合《化妆品安全技术规范》的要求，该成分在本产品中应用安全风险可接受	—
三乙氧基辛基硅烷	0.25	—	CIR评估结果显示，三乙氧基辛基硅烷在现有的化妆品使用实践和浓度下是安全的。CIR报道的历史使用浓度为，驻留类化妆品中使用范围是0.000001%~2.6%	—	—	—	该成分在本产品中应用安全风险可接受	[6]
氧化铝	0.25	—	CIR评估结果显示，氧化铝在现有的化妆品使用实践和浓度下是安全的。CIR报道的历史使用浓度和浓度为，驻留类化妆品中使用范围是0.0004%~60%	—	—	—	该成分在本产品中应用安全风险可接受	[7]

续表

中文名称	含量（%）	《化妆品安全技术规范》要求	权威机构评估结论	原料3年使用历史（%）	已上市产品原料使用信息（%）	毒理学终点评估	评估结论	参考文献
氯苯甘醚	0.1	氯苯甘醚（INCI Name: Chlorphenesin）是《化妆品安全技术规范》准用防腐剂（表4）第15号。化妆品使用时的最大允许浓度0.30%	—	—	—	—	该成分在本产品中应用安全风险可接受	—
柠檬酸三乙酯	0.1	柠檬酸三乙酯（INCI Name：TRIETHYL CITRATE）是《化妆品安全技术规范》化妆品限用组分（表3）第37号限用时的最大允许浓度：总量6%（以酸计）。其他限制和要求：pH≥3.5（淋洗类产品除外）。标签上必须印的使用条件和注意事项：如用于非防晒类护肤化妆品，且含≥3%的a-羟基酸或其盐，应注明"与防晒化妆品同时使用"	—	—	—	—	符合《化妆品安全技术规范》的要求，该成分在本产品中应用安全风险可接受	—

注：—.没有相关内容。

五、可能存在的风险物质评估

本产品按照《化妆品安全评估技术导则》和《化妆品风险物质识别与评估技术指导原则》的要求，基于当前科学认知水平，对可能由化妆品原料带入、生产过程中产生或带入的风险物质进行评估，结果表明：

本产品的生产符合国家相关法律法规，对生产过程和产品包装材料进行严格的管理和控制。

产品中可能存在的安全性风险物质是技术上无法避免、由原料带入的杂质。残留的微量杂质在正常合理使用条件下不会对人体健康造成危害。产品安全性风险物质危害识别见表3：

表3　化妆品中安全性风险物质危害识别表

序号	中文名称	可能存在的安全性风险物质	备注
1	水	无	—
2	甲基聚三甲基硅氧烷	无	—
3	甘油	二甘醇	二甘醇：欧洲消费者安全科学委员会（SCCS）关于二甘醇杂质的意见中，浓度不超过0.1%时，其在化妆品中的存在是安全的。本产品中二甘醇的残留浓度符合该要求。终产品二甘醇的检验报告见附录
	苯氧乙醇	二噁烷、苯酚、二甘醇	二噁烷：《化妆品安全技术规范（2015版）》"化妆品中有害物质限值"中"二噁烷"限值为30mg/kg。终产品的二噁烷检验结果符合此项要求 苯酚：根据日本厚生省告示第331号（2000年9月29日）《化妆品标准》，苯酚的使用限量为0.1%。终产品的苯酚检验结果符合此项要求 二甘醇：根据欧盟化妆品产品规范，当二甘醇作为化妆品成分中的杂质出现在化妆品终产品中时，其含量应不大于0.1%。欧盟消费者安全科学委员会（SCCS）颁布关于二甘醇杂质的意见中，充分论证从甘油和聚乙二醇类及其类似原料带入不超过0.1%二甘醇杂质时，其在化妆品中的存在是安全的。终产品的二甘醇检验结果符合此项要求
	氯苯甘醚	无	—
4	CI 77891	无	—
	硅石	无	—
	三乙氧基辛基硅烷	无	—
	氧化铝	无	—

序号	中文名称	可能存在的安全性风险物质	备注
5	三甲基硅烷氧基硅酸酯	无	—
6	PEG-9聚二甲基硅氧乙基聚二甲基硅氧烷	二噁烷、二甘醇	二噁烷：化妆品终产品中二噁烷的残留浓度应符合《化妆品安全技术规范》（2015年版）第一章《概述》中表2"化妆品中有害物质限值"的要求，即二噁烷的残留浓度应小于30mg/kg。本产品中二噁烷的残留浓度符合该要求 二甘醇：欧洲消费者安全科学委员会（SCCS）关于二甘醇杂质的意见中，浓度不超过0.1%时，其在化妆品中的存在是安全的。本产品中二甘醇的残留浓度符合该要求。终产品二甘醇的检验报告见附录
7	二氧化钛（纳米级）	无	—
	硅石	无	—
8	柠檬酸三乙酯	无	—

注：—.没有相关内容。

此外，该产品终产品的检验报告显示其铅、汞、砷、镉检验结果符合《化妆品安全技术规范》（2015年版）"表2化妆品中有害物质限值"与其对应的指标要求。

六、风险控制措施或建议

本产品为驻留类化妆品，使用部位为面部，使用方法是将本品均匀涂抹于面部。
警示语：请勿入眼。如有不适，请停止使用。防止儿童抓拿。

七、安全评估结论

本产品为驻留类化妆品，使用部位为面部，使用方法是将本品均匀涂抹于面部。主要暴露途径为经皮暴露，根据产品的特性，对本产品的暴露评估主要考虑经皮途径。

通过对产品以下各方面的综合评估：

1. 各成分的安全评估结果显示，所有成分在本产品浓度下不会对人体健康产生危害；

2. 可能存在的安全性风险物质检测及评估结果显示，不会对人体健康产生危害；

3. 该产品微生物情况符合《化妆品安全技术规范》（2015年版）和《化妆品注册和备案检验工作规范》（2019年第72号）有关要求；

4. 有害物质检测结果显示，该产品有害物质含量符合《化妆品安全技术规范》（2015年版）有关要求；

5. 产品稳定性评估结果显示，符合相关要求；

6. 产品防腐效能评估结果显示，符合相关要求；

7. 产品包装相容性评估结果显示，符合相关要求；

8. 配方中各成分之间未预见发生有害的相互作用。

综上，认为该产品在正常及合理、可预见的使用条件下，不会对人体健康产生危害。

本企业履行相应产品质量安全义务，对产品安全性负主体责任，承诺遵循科学、公正、透明和个案分析的原则对产品安全性进行评估，对报告的科学性、准确性、真实性和可靠性负责。本报告是基于当前认知水平下，以现有科学数据和相关信息为基础进行的安全评估；当毒理学新发现或者上市后不良反应数据导致当前评估结果改变时，本报告会根据相关内容进行更新。

八、安全评估人员签名

评估人：

日期：　　年　　月　　日

地址：

九、安全评估人员简历（略）

十、参考文献

［1］Becker LC，Bergfeld WF，Belsito DV，et al. Safety Assessment of Glycerin as Used in Cosmetics ［J］. International Journal of Toxicology，2019，38：6S–22S. DOI：10.1177/1091581819883820

［2］Becker LC，Bergfeld WF，Belsito DV，et al. Safety Assessment of Silylates and Surface–Modified Siloxysilicates ［J］. International Journal of Toxicology，2013，32：5S–24S. DOI：10.1177/1091581813486299

［3］NICNAS. PEG–9 Polydimethylsiloxyethyl Dimethicone，POLYMER OF LOW CONCERN PUBLIC REPORT，File No PLC/1119. National Industrial Chemicals Notification and Assessment Scheme（NICNAS）：Sydney，Australia，December 2013：1–8. https://www.industrialchemicals.gov.au/sites/default/files/PLC1119%20Public%20Report%20PDF.pdf. Accessed May 30，2023.

［4］Final Amended Report 10/2019 Available from CIR

［5］SCCS Opinion No SCCS/1516/13 of 22 April 2014 on Titanum Dioxide（Nano Form）；Scientific Committee on Consumer Safety：Brussels，Belgium，2014.

［6］Final Report 01/2017 Available from CIR

［7］Becker LC，Boyer I，Bergfeld WF，et al. Safety Assessment of Alumina and Aluminum Hydroxide as Used in Cosmetics ［J］. International Journal of Toxicology，2016，35：16S–33S. DOI：10.1177/1091581816677948

十一、附录（略）

第七节 儿童防晒霜

一、摘要

×××儿童防晒霜产品为驻留类化妆品，适用于全身皮肤，参考《化妆品安全评估技术导则》[1]有关规定，对产品的微生物、有害物质和稳定性等进行了检测，并对配方所用的水、甘油、碳酸二辛酯、二氧化钛、异壬酸异壬酯、乙基己基三嗪酮、聚甘油–6聚羟基硬脂酸酯、氢氧化铝、辛酸/癸酸甘油三酯、库拉索芦荟（ALOE BARBADENSIS）叶汁、苯氧乙醇、对羟基苯乙酮、（日用）香精、三甲基五苯基三硅氧烷、茉莉花（JASMINUM SAMBAC）叶细胞提取物、黄原胶、积雪草（CENTELLA ASIATICA）提取物、酵母菌发酵产物滤液，以及可能存在的风险物质二甘醇、农药残留、蒽醌、二噁烷、苯酚开展了安全评估。结果显示，该产品在正常、合理及可预见的使用情况下，不会对人体健康产生危害。

二、产品简介

1. 产品名称：儿童防晒霜

2. 产品使用方法：可涂抹于全身

3. 日均使用量（g/d）：4.14

（SCCS[2]指南中成人防晒产品日均使用量为18g/d，成人体表面积为17500cm²；0~3岁婴童体表面积为4024cm²参考8kg婴童体表面积）。根据《SCCS化妆品原料安全评估指导》[2]中"附录7：化妆品的详细暴露数据"对于婴童暴露量的换算原理，婴童防晒霜日均使用量为18g/d×4024cm2/17500cm2=4.14g/d）

4. 驻留因子：1.00

5. 其他：全身暴露量（SED）=日均使用量 × 驻留因子 × 成分在配方中百分比 × 经皮吸收率# ÷ 体重*

注：*婴童体重以8kg和体表面积参考SCCS/1575/16 Scientific Committee on Consumer Safety OPINION ON Phenoxyethanol

成分吸收率默认100%

315

三、产品配方

表 1 产品配方表

序号	标准中文名称	INCI 名称/英文名称	原料含量(%)	复配百分比(%)	实际成分含量(%)	使用目的	备注
1	水	WATER	67.401	100	67.401	溶剂	—
2	甘油	GLYCERIN	10	100	10	保湿剂	—
3	碳酸二辛酯	DICAPRYLYL CARBONATE	5	100	5	润肤剂	—
4	异壬酸异壬酯	ISONONYL ISONONANOATE	4	100	4	润肤剂	—
5	二氧化钛	TITANIUM DIOXIDE	7	60	4.2	防晒剂:二氧化钛	—
	辛酸/癸酸甘油三酯	CAPRYLIC/CAPRIC TRIGLYCERIDE		20	1.4		—
	氢氧化铝	ALUMINUM HYDROXIDE		20	1.4		—
6	乙基己基三嗪酮	ETHYLHEXYL TRIAZONE	3	100	3	防晒剂	—
7	聚甘油-6聚羟基硬脂酸酯	POLYGLYCERYL-6 POLYHYDROXYSTEARATE	1.445	100	1.445	乳化剂	—
8	库拉索芦荟(ALOE BARBADENSIS)叶汁	ALOE BARBADENSIS LEAF JUICE	0.5	100	0.5	皮肤保护剂	—
9	苯氧乙醇	PHENOXYETHANOL	0.4	100	0.4	防腐剂	—
10	对羟基苯乙酮	HYDROXYACETOPHENONE	0.4	100	0.4	抗氧化剂	—
11	(日用)香精	FRAGRANCE	0.3	100	0.3	芳香剂	—

续表

序号	标准中文名称	INCI 名称/英文名称	原料含量（%）	复配百分比（%）	实际成分含量（%）	使用目的	备注
12	三甲基五苯基三硅氧烷	TRIMETHYL PENTAPHENYL TRISILOXANE	0.2	100	0.2	润肤剂	—
13	黄原胶	XANTHAN GUM	0.1	100	0.1	增稠剂	—
14	茉莉花（JASMINUM SAMBAC）叶细胞提取物	JASMINUM SAMBAC（JASMINE）LEAF CELL EXTRACT	0.199	87	0.17313	皮肤保护剂	—
	甘油	GLYCERIN		13	0.02587		—
15	积雪草（CENTELLA ASIATICA）提取物	CENTELLA ASIATICA EXTRACT	0.05	100	0.05	皮肤保护剂	—
16	酵母菌发酵产物滤液	SACCHAROMYCES FERMENT FILTRATE	0.005	100	0.005	皮肤保护剂	—
合计			100				

注：—.没有相关内容。

317

表 2　产品实际成分含量表

标准中文名称	INCI 名	实际成分含量（%）
水	WATER	67.401
甘油	GLYCERIN	10.02587
碳酸二辛酯	DICAPRYLYL CARBONATE	5
二氧化钛	TITANIUM DIOXIDE	4.2
异壬酸异壬酯	ISONONYL ISONONANOATE	4
乙基己基三嗪酮	ETHYLHEXYL TRIAZONE	3
聚甘油 –6 聚羟基硬脂酸酯	POLYGLYCERYL–6 POLYHYDROXYSTEARATE	1.445
氢氧化铝	ALUMINUM HYDROXIDE	1.4
辛酸 / 癸酸甘油三酯	CAPRYLIC/CAPRIC TRIGLYCERIDE	1.4
库拉索芦荟（ALOE BARBADENSIS）叶汁	ALOE BARBADENSIS LEAF JUICE	0.5
苯氧乙醇	PHENOXYETHANOL	0.4
对羟基苯乙酮	HYDROXYACETOPHENONE	0.4
（日用）香精	FRAGRANCE	0.3
三甲基五苯基三硅氧烷	TRIMETHYL PENTAPHENYL TRISILOXANE	0.2
茉莉花（JASMINUM SAMBAC）叶细胞提取物	JASMINUM SAMBAC（JASMINE）LEAF CELL EXTRACT	0.17313
黄原胶	XANTHAN GUM	0.1
积雪草（CENTELLA ASIATICA）提取物	CENTELLA ASIATICA EXTRACT	0.05
酵母菌发酵产物滤液	SACCHAROMYCES FERMENT FILTRATE	0.005
合计		100

四、配方设计原则

（略）

五、配方中各成分的安全评估

中文名称	含量（%）	《化妆品安全技术规范》（2015年版）要求	权威机构评估结论	原料3年使用历史（%）	已上市产品原料使用信息（%）	原料/产品毒理数据评估	评估结论	参考文献
水	67.401	—	—	—			本产品所用的水是经过微孔过滤、离子交换、热灭菌等工艺获得的纯化水	—
甘油	10.02587	—	CIR评估结果显示，当其符合报告中描述的使用方法和浓度时，其用于化妆品中是安全的，在驻留类报告的最大使用浓度为21%	—	—	—	本配方中添加量在报道用量以内，在本产品中的应用风险在可接受范围内	[5]
碳酸二辛酯	5	—	CIR评估结果显示，当成分在配方中无刺激时，其用于化妆品中是安全的，在驻留类产品中报道的最大使用浓度为34.5%	—	—	本产品开展了多次皮肤刺激性试验（试验依据：《化妆品安全技术规范》2015年版），结果显示本产品未见皮肤刺激性	本配方中添加量在报道用量以内，且试验结果表明其符合CIR对于该成分的限制性要求；在本产品中的应用风险在可接受范围内	[4][6][7]
二氧化钛	4.2	准用防晒剂（表5）序号26，具体使用要求：二氧化钛的最大允许使用量为25%	—	—	—	—	本配方中添加量低于其最高限量，满足《化妆品安全技术规范》要求	[4]

中文名称	含量（%）	《化妆品安全技术规范》（2015年版）要求	权威机构评估结论	原料3年使用历史（%）	已上市产品原料使用信息（%）	原料/产品毒理数据评估	评估结论	参考文献
异壬酸异壬酯	4	—	CIR评估结果显示，当成分在配方中无刺激时，其用于化妆品安全的，在驻留类产品中报道的最大使用浓度为3%	—	—	本产品开展了多次皮肤刺激性试验（试验依据：《化妆品安全技术规范：2015年版》），结果显示本产品未见皮肤刺激性。（人体安全测试也可满足要求）	本配方中添加量在本报道用量以内，且试验结果表明其符合CIR对于该成分的限制性要求；在本产品中的应用风险在可接受范围内	[4] [7] [8] [9]
乙基己基三嗪酮	3	准用防晒剂（表5）序号16，具体使用要求：乙基己基三嗪酮的最大允许使用量为5%	—	—	—	—	本配方中添加量低于其最高限量，满足《化妆品安全技术规范》要求	[4]
聚甘油-6聚羟基硬脂酸酯	1.445	—	—	—	该成分作用部位为全身皮肤的驻留类产品使用量为2.4%	—	本配方中添加量以内，在本产品中的应用风险在可接受范围内	[10]
氢氧化铝	1.4	—	CIR评估结果显示，其用于化妆品中是安全的，在驻留类产品中报道的最大使用浓度为10.1%	—	—	—	本配方中添加量在本报道用量以内，在本产品中的应用风险在可接受范围内	[11]

中文名称	含量（%）	《化妆品安全技术规范》（2015年版）要求	权威机构评估结论	原料3年使用历史（%）	已上市产品原料使用信息（%）	原料/产品毒理数据评估	评估结论	参考文献
辛酸/癸酸甘油三酯	1.4	—	CIR评估结果显示，当其符合报告中描述的使用方法和浓度时，其用于化妆品中是安全的，在驻留类产品中报道的最大使用浓度为52%	—	—		本配方中添加量在报道用量以内，在本产品中的应用风险在可接受范围内	[12][13][14]
库拉索芦荟（ALOE BARBADENSIS）叶汁	0.5	—	CIR评估结果显示，当成分中蒽醌的含量低于50ppm时，其用于化妆品中是安全的，但报告未明确驻留类和淋洗类产品各自的最大使用浓度。归纳和整理CIR报告中所有产品类使用浓度，得出驻留类产品的最大报道浓度为20%	—	—		本配方中添加量在报道用量以内，在本产品中的应用风险在可接受范围内	[15]
苯氧乙醇	0.4	准用防腐剂（表4）序号37，具体使用要求：苯氧乙醇的最大允许使用量为1%	—	—	—		本配方中其最高限量，满足《化妆品安全技术规范》要求	[4]

中文名称	含量(%)	《化妆品安全技术规范》(2015年版)要求	权威机构评估结论	原料3年使用历史(%)	已上市产品原料使用信息(%)	原料/产品毒理数据评估	评估结论	参考文献
对羟基苯乙酮	0.4	—	CIR评估结果显示,当其符合报告中描述的使用方法和浓度时,其用于化妆品中是安全的,在驻留类产品中报道的最大使用浓度为5%	—	—		本配方中添加量在报道用量以内,在本产品中的应用风险在可接受范围内	[16]
(日用)香精	0.3	—	—	—	—	—	该香精使用符合IFRA(国际香料香精协会)的实践法规要求,香精添加量在安全用量范围内	—
三甲基五苯基三硅氧烷	0.2	—	—	—	—	详细评估内容见后	在本产品中的应用风险在可接受范围内	[4][7][17][18]

续表

中文名称	含量（%）	《化妆品安全技术规范》（2015 年版）要求	权威机构评估结论	原料 3 年使用历史（%）	已上市产品原料使用信息（%）	原料／产品毒理数据评估	评估结论	参考文献
茉莉花（JASMINUM SAMBAC）叶细胞提取物	0.17313	—	—	0.18%	—	—	本产品为儿童防晒霜产品，与xxx儿童防晒乳具有相同的使用部位及使用方法，且目标人群一致（婴童）。该成分在本配方中的使用满足《化妆品原料数据使用指南》对于原料 3 年使用历史证据类型的各项要求，且该成分在配方中浓度低于历史使用浓度，在本产品中的应用风险在可接受范围内。xxx儿童防晒乳（国妆特字G2019 x x x x）行政许可批件，产品上市证明和不良反应监测情况说明见附件	—

中文名称	含量（%）	《化妆品安全技术规范》（2015年版）要求	权威机构评估结论	原料3年使用历史（%）	已上市产品原料使用信息（%）	原料/产品毒理数据评估	评估结论	参考文献
黄原胶	0.1	—	CIR评估结果显示，其用于化妆品中是安全的，在驻留类产品中报告的最大使用浓度为0.6%	—	—	—	本配方中添加量在报道用量以内，在本产品中的应用风险在可接受范围内	[19]
积雪草（CENTELLA ASIATICA）提取物	0.05	—	CIR评估结果显示，当成分在配方中无致敏性时，其符合报告中描述的使用方法和浓度时，其在化妆品中是安全的；在驻留类产品中报告的最大使用浓度为0.5%	—	—	本产品开展了豚鼠皮肤变态反应试验（BT法）[试验依据：《化妆品安全技术规范》（2015年版）]，结果显示本产品未见皮肤致敏性	本配方中添加量在报道用量以内，且试验结果表明其符合CIR对于该成分的限制性要求，在本产品中的应用风险在可接受范围内	[4][7][20]
酵母菌发酵产物滤液	0.005	—	CIR评估结果显示，当该酵母衍生物来自于报告中包含的酵母种属，其符合报告中描述的使用方法和浓度时，其在化妆品中是安全的，在驻留类产品中报告的最大使用浓度为0.065%	—	—	—	根据原料供应商提供的资料显示，该酵母衍生物由酵母菌属为Saccharomyces的属于日本配方中所包含的菌种，且在本报告方中添加量以内，在本产品中的应用风险在可接受范围内	[21]

注：—没有相关内容。

三甲基五苯基三硅氧烷毒理学终点评估如下：

急性毒性：根据 ECHA 卷宗报道，在该成分的大鼠急性经口毒性试验（OECD 423）中，LD50 > 2000mg/kg，认为该成分经口急性毒性为低毒性。

皮肤刺激性：根据 ECHA 卷宗报道，在该成分的家兔急性皮肤刺激试验（OECD 404）中，采用未稀释的受试物进行试验，所有动物 24，48，72h 的红斑和水肿评分均为 0，结果显示该成分在浓度为 100% 时无皮肤刺激性。此外，在本产品儿童防晒霜的皮肤刺激性试验[7][试验依据:《化妆品安全技术规范》（2015 年版）[4]]中，结果显示本产品未见皮肤刺激性。

眼刺激性：根据 ECHA 卷宗报道，在该成分的家兔急性眼刺激试验（OECD 405）中，采用未稀释的受试物进行试验，所有动物所有打分时间点角膜混浊、虹膜和结膜水肿和充血评分均为 0 分，结果显示该成分在浓度为 100% 时无眼刺激性。此外，本产品儿童防晒霜的眼刺激性试验[7][试验依据:《化妆品安全技术规范》（2015 年版）[4]]中，结果显示本产品未见眼刺激性。

皮肤致敏性：根据 ECHA 卷宗报道，在该成分的豚鼠最大值试验（OECD 406，GPMT）中，采用稀释至 1% 的受试物进行皮内注射诱导，并采用未经稀释的受试物进行涂皮诱导和激发，所有动物均未出现皮肤反应，结果显示该成分在浓度为 100% 时未发现皮肤致敏性。此外，本产品儿童防晒霜的豚鼠皮肤变态反应试验（BT 法）[7][试验依据:《化妆品安全技术规范》（2015 年版）[4]]中，未观察到皮肤变态反应，结果显示本产品未见皮肤致敏性。

皮肤光毒性和光变态反应（光致敏性）：根据原料供应商显示，在该成分的体外 3T3 中性红摄取光毒性试验（OECD 432）中，受试细胞株为 Balb/c 3T3 成纤维细胞，试验剂量为 100、500 及 1000μg/ml，试验结果显示在试验条件下未见光毒性。此外，本产品儿童防晒霜的豚鼠皮肤光毒性试验[7][试验依据:《化妆品安全技术规范》（2015 年版）[4]]中，未观察到皮肤光毒性，结果显示本产品未见皮肤光毒性。同时，该成分为常用化妆品基础原料，通过查阅公开发表的文献和检索数据库，未发现该成分有光毒和光致敏的报道。因此综合分析判断认为该成分在本产品中引起皮肤光毒性和光致敏的风险较低，在接受范围之内。

遗传毒性：根据供应商数据显示，在该成分的细菌回复突变试验（OECD 471）中，试验菌株为鼠沙门氏菌 S. typhimurium TA 97、TA98、TA100、TA1535 和 TA1537，受试物试验剂量为 200、500、1500、2500 和 5000μg/ 皿，在加和不加代谢活化系统 S9 情况下，结果均为阴性。根据 ECHA 卷宗报道，在该成分的体外哺乳动物细胞染色体畸变试验（OECD 473）中，试验细胞为人体外周血淋巴细胞，受试物试验剂量为 1.7、5.4、17、52、164μg/ml，在加和不加代谢活化系统 S9 情况下，结果均为阴性。综上所述，认为该成分未见遗传毒性。

重复剂量毒性：根据 ECHA 卷宗报道，在该成分的大鼠重复剂量毒性合并生殖发育试验（OECD 422）中，试验剂量分别为 100、500 和 1000mg/（kg·d），雄鼠和雌鼠染毒时间均大于90天。试验期间，低、中、高剂量组的动物在大体解剖学及组织病理学检查无异常，未观察到子代和亲代发生与染毒相关变化。结果表明雄鼠和雌鼠90天经口重复剂量毒性试验的未观测到有害作用的剂量水平（NOAEL）≥ 1000mg/（kg·d）。

风险特征描述：

选取未观测到有害作用的剂量水平NOAEL值1000mg/kg。

经计算，安全边际MoS > 100。（具体计算结果见表3）

综上所述，该成分在本产品中的应用风险在可接受范围内。

表3 MoS计算表

序号	标准中文名称	实际成分含量（%）	经皮吸收率（%）	NOAEL/NOEL [mg/（kg·d）]	SED全身暴露量 [mg/（kg·d）]	安全边际值 MoS值
1	三甲基五苯基三硅氧烷	0.2	100	1000	1.035	966.18

六、可能存在的风险物质评估

本产品按照《化妆品安全评估技术导则》和《化妆品风险物质识别与评估技术指导原则》的要求，基于当前科学认知水平，对可能由化妆品原料带入、生产过程中产生或带入的风险物质进行评估，结果表明：

本产品的生产符合国家相关法律法规，对生产过程和产品包装材料进行严格的管理和控制。

产品中可能存在的安全性风险物质是技术上无法避免、由原料带入的杂质。残留的微量杂质在正常合理使用条件下不会对人体健康造成危害。产品安全性风险物质危害识别见表4。

表4 化妆品中安全性风险物质危害识别表

序号	中文名称	INCI名称/英文名称	是否含有可能存在的安全性风险物质	备注
1	水	WATER	无	—
2	甘油	GLYCERIN	二甘醇	欧洲消费者安全科学委员会（SCCS）关于二甘醇杂质的意见[22]中指出，浓度不超过0.1%时，其在化妆品中的存在是安全的。化妆品终产品中二甘醇残留浓度的检测结果表明符合相关要求（详见附录检测报告）。此外，根据供应商提供的资料显示该原料为USP级别（纯度为99%以上），且质量规格显示其二甘醇含量≤0.1%。因此，本原料不具有安全性风险，不会对人体健康造成潜在的危害

序号	中文名称	INCI 名称 / 英文名称	是否含有可能存在的安全性风险物质	备注
3	碳酸二辛酯	DICAPRYLYL CARBONATE	无	—
4	异壬酸异壬酯	ISONONYL ISONONANOATE	无	—
5	二氧化钛	TITANIUM DIOXIDE	二甘醇	欧洲消费者安全科学委员会（SCCS）关于二甘醇杂质的意见[22]中指出，浓度不超过 0.1% 时，其在化妆品中的存在是安全的。化妆品终产品中二甘醇残留浓度的检测结果表明符合相关要求（详见附录检测报告）。因此，本原料不具有安全性风险，不会对人体健康造成潜在的危害
5	辛酸 / 癸酸甘油三酯	CAPRYLIC/CAPRIC TRIGLYCERIDE	二甘醇	
5	氢氧化铝	ALUMINUM HYDROXIDE	二甘醇	
6	乙基己基三嗪酮	ETHYLHEXYL TRIAZONE	无	—
7	聚甘油 –6 聚羟基硬脂酸酯	POLYGLYCERYL–6 POLYHYDROXYST–EARATE	二甘醇	二甘醇：欧洲消费者安全科学委员会（SCCS）关于二甘醇杂质的意见[22]中指出，浓度不超过 0.1% 时，其在化妆品中的存在是安全的。化妆品终产品中二甘醇残留浓度的检测结果表明符合相关要求（详见附录检测报告）。因此，本原料不具有安全性风险，不会对人体健康造成潜在的危害
8	库拉索芦荟（ALOE BARBADENSIS）叶汁	ALOE BARBADENSIS LEAF JUICE	农药残留、蒽醌	农药残留：本原料由直接物理加工而来，根据终产品提供的农残检测报告，检测结果为未检出（详见附录报告）。因此，本原料不具有安全性风险，不会对人体健康造成潜在的危害 蒽醌：蒽醌作为化妆品有害物质，在化妆品原料评估委员会（CIR）发布[15]的对于芦荟提取物原料安全性评估中限制为 50ppm。根据原料供应商质量规格显示，蒽醌符合国际权威机构公布的限值（50ppm）要求

序号	中文名称	INCI 名称 / 英文名称	是否含有可能存在的安全性风险物质	备注
9	苯氧乙醇	PHENOXYET–HANOL	二噁烷、苯酚、二甘醇	二噁烷：化妆品终产品中二噁烷的残留浓度符合《化妆品安全技术规范》[4]第一章《概述》中表 2 "化妆品中有害物质限值"的要求，即二噁烷的残留浓度应小于 30mg/kg。本产品中二噁烷的残留浓度符合该要求 苯酚：根据日本化妆品标准允许使用的防腐剂[23]中，苯酚在化妆品中的限量为 0.1g/100g；化妆品终产品中苯酚残留浓度的检测结果表明符合相关要求（详见附录检测报告）。因此，本原料不具有安全性风险，不会对人体健康造成潜在的危害 二甘醇：欧洲消费者安全科学委员会（SCCS）关于二甘醇杂质的意见[22]中指出，浓度不超过 0.1% 时，其在化妆品中的存在是安全的。化妆品终产品中二甘醇残留浓度的检测结果表明符合相关要求（详见附录检测报告）。因此，本原料不具有安全性风险，不会对人体健康造成潜在的危害
10	对羟基苯乙酮	HYDROXYACET–OPHENONE	苯酚	苯酚：根据日本化妆品标准允许使用的防腐剂[23]中，苯酚在化妆品中的限量为 0.1g/100g；化妆品终产品中苯酚残留浓度的检测结果表明符合相关要求（详见附录检测报告）。因此，本原料不具有安全性风险，不会对人体健康造成潜在的危害
11	（日用）香精	FRAGRANCE	无	—
12	三甲基五苯基三硅氧烷	TRIMETHYL PENTAPHENYL TRISILOXANE	无	—
13	黄原胶	XANTHAN GUM	无	—
14	茉莉花（JASMINUM SAMBAC）叶细胞提取物	JASMINUM SAMBAC（JASMINE）LEAF CELL EXTRACT	二甘醇	二甘醇：欧洲消费者安全科学委员会（SCCS）关于二甘醇杂质的意见[22]中指出，浓度不超过 0.1% 时，其在化妆品中的存在是安全的。化妆品终产品中二甘醇残留浓度的检测结果表明符合相关要求（详见附录检测报告）。因此，本原料不具有安全性风险，不会对人体健康造成潜在的危害
	甘油	GLYCERIN		

序号	中文名称	INCI 名称／英文名称	是否含有可能存在的安全性风险物质	备注
15	积雪草（CENTELLA ASIATICA）提取物	CENTELLA ASIATICA EXTRACT	无	—
16	酵母菌发酵产物滤液	SACCHAROMYCES FERMENT FILTRATE	无	—

注：—. 没有相关内容。

此外，该产品终产品的检验报告显示其铅、汞、砷、镉、二噁烷检验结果符合《化妆品安全技术规范》（2015 年版）"表 2 化妆品中有害物质限值"与其对应的指标要求。

七、风险控制措施或建议

儿童产品应当在成人监护下使用。本产品无需标注其他警示用语。

八、安全评估结论

本产品为驻留类化妆品，适用于全身皮肤部位，产品使用方法为可涂抹于全身，主要暴露方式为经皮吸收。根据产品的特性，对本产品的暴露评估考虑经皮途径。

通过对产品以下各方面的综合评估：

1. 各成分的安全评估结果显示，所有成分在本产品浓度下不会对人体健康产生危害；

2. 可能存在的安全性风险物质检测及评估结果显示，不会对人体健康产生危害；

3. 该产品微生物情况符合《化妆品安全技术规范》（2015 年版）和《化妆品注册和备案检验工作规范》（2019 年第 72 号）有关要求；

4. 有害物质检测结果显示，该产品有害物质含量符合《化妆品安全技术规范》（2015 年版）有关要求；

5. 产品稳定性测试和评估结果；

6. 产品防腐效能测试和评估结果；

7. 产品包装相容性测试和评估结果；

8. 产品毒理学测试结果显示无刺激性、无致敏性和无光毒性；

9. 配方中各成分之间未预见发生有害的相互作用。

综上，认为该产品在正常及合理、可预见的使用条件下，不会对人体健康产生危害。

本企业履行相应产品质量安全义务，对产品安全性负主体责任，承诺遵循科学、公正、透明和个案分析的原则对产品安全性进行评估，对报告的科学性、准确性、真实性和可靠性负责。本报告是基于当前认知水平下，以现有科学数据和相关信息为基础进行的安全评估；当毒理学新发现或者上市后不良反应数据导致当前评估结果改变时，本报告会根据相关内容进行更新。

九、安全评估人员签名

评估人：

日期： 年 月 日

地址：

十、安全评估人员简历（略）

十一、参考文献

［1］国家药品监督管理局.关于发布《化妆品安全评估技术导则（2021年版）》的公告（2021年第51号）

［2］SCCS/1647/22. THE SCCS NOTES OF GUIDANCE FOR THE TESTING OF COSMETIC INGREDIENTS AND THEIR SAFETY EVALUATION 12TH REVISION. 2023.5.15.

［3］中国食品药品检定研究院.中检院关于发布《儿童化妆品技术指导原则》的通告（2023年第1号）

［4］国家食品药品监督管理总局.关于发布《化妆品安全技术规范（2015年版）》的公告（2015年第268号）

［5］CIR Report（2019）. Safety Assessment of Glycerin as Used in Cosmetics. IJT 38（Suppl. 3）：6–22，2019.

［6］CIR Final Report（2016）. Safety Assessment of Dialkyl Carbonates as Used in Cosmetics.

［7］产品儿童防晒霜的毒理试验报告

［8］CIR（2015）. Safety Assesment of Alkyl Esters as Used in Cosmetics. IJT 34（Suppl.2）：5–69，2015.

［9］CIR（2011）. Final Report of the Cosmetic Ingredient Review Expert Panel on the Safety Assessment of Pelargonic Acid（Nonanoic Acid）and Nonanoate Esters. IJT 30（Suppl. 3）：228–269，2011.

［10］中国食品药品检定研究院.关于发布《已上市产品原料使用信息》的通知（2024年4月30日）

［11］CIR（2016）. Safety Assessment of Alumina and Aluminum Hydroxide as Used in Cosmetics. IJT 35（Suppl. 3）：16–33，2016.

［12］CIR Final Report（2017）. Amended Safety Assessment of Triglycerides as Used in Cosmetics.

［13］CIR（2003）. Annual Review of Cosmetic Ingredient Safety Assessments—2001/2002. IJT

22（Suppl. 1）: 1–35, 2003.

［14］CIR（1980）. FINAL REPORT OF THE SFAETY ASSESSMENT FOR CAPRYLIC/ CAPRIC TRIGLYCERIDE. JEPT 4（4）: 105–120, 1980.

［15］CIR（2007）. Final Report on the Safety Assessment of Aloe Andongensis Extract，Aloe Andongensis Leaf Juice，Aloe Arborescens Leaf Extract，Aloe Arborescens Leaf Juice，Aloe Arborescens Leaf Protoplasts，Aloe Barbadensis Flower Extract，Aloe Barbadensis Leaf，Aloe Barbadensis Leaf Extract，Aloe Barbadensis Leaf Juice，Aloe Barbadensis Leaf Polysaccharides，Aloe Barbadensis Leaf Water，Aloe Ferox Leaf Extract，Aloe Ferox Leaf Juice，and Aloe Ferox Leaf Juice Extract. IJT 26（Suppl. 2）: 1–50, 2007.

［16］CIR（2022）. Safety Assessment of Hydroxyacetophenone as Used in Cosmetics.

［17］ECHA dossior on 1,3,5–trimethyl–1,1,3,5,5–pentaphenyltrisiloxane（UPDATED 22– May–2018）.

［18］三甲基五苯基三硅氧烷供应商资料

［19］CIR（2016）. Safety Assessment of Microbial Polysaccharide Gums as Used in Cosmetics. IJT 35（Suppl.1）: 5–49, 2016.

［20］CIR（2023）. Safety Assessment of Centella asiatica–Derived Ingredients as Used in Cosmetics. IJT 42（Suppl. 1）: 5–22, 2023.

［21］CIR（2024）. Safety Assessment of Yeast–Derived Ingredients as Used in Cosmetics.

［22］SCCP Opinion on Diethylene Glycol（SCCP/1181/08）

［23］日本厚生劳动省告示第 331 号 . 日本化妆品标准 .2000.

十二、附录（略）

第八节　气雾剂

一、摘要

×××防晒喷雾为驻留类化妆品，适用于成人面部和全身，参考《化妆品安全评估技术导则》有关规定，对产品的微生物、有害物质和稳定性等进行了检测，并对配方所用的丁烷（推进剂）、异丁烷（推进剂）、水、丙烷（推进剂）、环五聚二甲基硅氧烷、氢化聚异丁烯、棕榈酸乙基己酯、甲氧基肉桂酸乙基己酯、氧化锌、丁二醇、黄芩（SCUTELLARIA BAICALENSIS）根提取物、香精、虎杖（POLYGONUM CUSPIDATUM）根提取物、苯氧乙醇、光果甘草（GLYCYRRHIZA GLABRA）根提取物、丁羟甲苯、生育酚（维生素 E）、透明质酸钠等 18 种成分，以及可能存在的丁二烯、苯、二噁烷、二甘醇、农药残留、苯酚等风险物质开展了安全评估。结果显示，该产品在正常、合理及可预见的使用情况下，不会对人体健康产生危害。

二、产品简介

1. 产品名称：×××防晒喷雾

2. 预期消费人群：成人

3. 产品使用方法：充分挥动瓶身，在距离肌肤10~20cm处取适量喷涂。为了防止涂抹不均匀，请仔细延展涂抹。可以用于脸部和全身。使用于脸部时，请避免直接喷射，喷取于手掌后，一点点细心涂抹。即使倒置也可以使用。为了维持防晒效果，流汗后请用手帕擦拭汗液后再涂抹。

4. 日均使用量（g/d）：18g/day*

5. 驻留因子：1.0

6. 产品暴露量：日均使用量 × 驻留因子 × 经皮吸收率 ÷ 体重#=370mg/（kg·d）

注：* 日均使用量参考《THE SCCS NOTES OF GUIDANCE FOR THE TESTING OF COSMETIC INGREDIENTS AND THEIR SAFETY EVALUATION（12TH REVISION）》推荐的防晒类产品的日均使用量18g。

体重一般为默认的成人体重（60 kg）；经皮吸收率以100%计。

三、产品配方

表1 产品配方表

序号	中文名称	INCI 名称 / 英文名称	使用目的	在《已使用原料目录》中的序号	备注
推进剂					
1	丁烷	BUTANE	推进剂	01965	—
2	异丁烷	ISOBUTANE		07808	—
3	丙烷	PROPANE		01417	—
除推进剂外的其他原料					
4	水	WATER	溶剂	06259	—
5	环五聚二甲基硅氧烷	CYCLOPENTASILOXANE	润肤剂	03031	—
6	氢化聚异丁烯	HYDROGENATED POLYISOBUTENE	润肤剂	05375	—
	生育酚（维生素E）	TOCOPHEROL		06029	—
7	棕榈酸乙基己酯	ETHYLHEXYL PALMITATE	润肤剂	08716	—

续表

序号	中文名称	INCI 名称／英文名称	使用目的	在《已使用原料目录》中的序号	备注
8	甲氧基肉桂酸乙基己酯	ETHYLHEXYL METHOXYCINNAMATE	防晒剂	03352	《化妆品安全技术规范》准用防晒剂（表5）序号14
	丁羟甲苯	BHT		01964	—
9	氧化锌	ZINC OXIDE	防晒剂	07475	《化妆品安全技术规范》准用防晒剂（表5）序号27
10	丁二醇	BUTYLENE GLYCOL	保湿剂	01946	—
11	香精	PARFUM	芳香剂	07008	—
12	环五聚二甲基硅氧烷	CYCLOPENTASILOXANE	乳化剂	03031	—
	生育酚（维生素E）	TOCOPHEROL		06029	—
13	苯氧乙醇	PHENOXYETHANOL	防腐剂	01294	《化妆品安全技术规范》准用防腐剂（表4）序号37
14	丁二醇	BUTYLENE GLYCOL	保湿剂	01946	—
	水	WATER		06259	—
	黄芩（SCUTELLARIA BAICALENSIS）根提取物	SCUTELLARIA BAICALENSIS ROOT EXTRACT		03171	—
	虎杖（POLYGONUM CUSPIDATUM）根提取物	POLYGONUM CUSPIDATUM ROOT EXTRACT		02961	—
	光果甘草（GLYCYRRHIZA GLABRA）根提取物	GLYCYRRHIZA GLABRA（LICORICE）ROOT EXTRACT		02616	—
15	水	WATER	保湿剂	06259	—
	透明质酸钠	SODIUM HYALURONATE		06722	—
	苯氧乙醇	PHENOXYETHANOL		01294	《化妆品安全技术规范》准用防腐剂（表4）序号37

注：—.没有相关内容。

表 2　产品成分含量表

序号	标准中文名称	INCI 名	实际成分含量（%）
		推进剂	
1	丁烷	BUTANE	55.1
2	异丁烷	ISOBUTANE	17.9
3	丙烷	PROPANE	7.0
	总计：		80
		除推进剂外的其他成分	
4	水	Water	43.6524
5	环五聚二甲基硅氧烷	CYCLOPENTASILOXANE	15.0000
6	氢化聚异丁烯	HYDROGENATED POLYISOBUTENE	12.0000
7	棕榈酸乙基己酯	ETHYLHEXYL PALMITATE	9.0000
8	甲氧基肉桂酸乙基己酯	ETHYLHEXYL METHOXYCINNAMATE	8.8000
9	氧化锌	ZINC OXIDE	5.8500
10	丁二醇	BUTYLENE GLYCOL	4.5000
11	黄芩（SCUTELLARIA BAICALENSIS）根提取物	SCUTELLARIA BAICALENSIS ROOT EXTRACT	0.5000
12	香精	PARFUM	0.5000
13	苯氧乙醇	PHENOXYETHANOL	0.1000
14	光果甘草（GLYCYRRHIZA GLABRA）根提取物	GLYCYRRHIZA GLABRA（LICORICE）ROOT EXTRACT	0.0750
15	虎杖（POLYGONUM CUSPIDATUM）根提取物	POLYGONUM CUSPIDATUM ROOT EXTRACT	0.0150
16	丁羟甲苯	BHT	0.0070
17	生育酚（维生素 E）	TOCOPHEROL	0.0005
18	透明质酸钠	SODIUM HYALURONATE	0.0001
	总计：		100

注：推进剂在安全评估中，以其在产品配方中的实际含量来计，本配方中推进剂实际含量80%。除推进剂以外的其他成分在安全评估中，按照总量100%计算。

四、配方中各成分的安全评估

注：对含有气雾剂的产品评估时，应当将推进剂与其他原料分开评估，其他原料的评估浓度应为扣除推进剂后配方（以 100% 计）中各组分的浓度；而推进剂可单独评估或按照其在配方中的使用浓度进行评估。

序号	中文名称	含量（%）	《化妆品安全技术规范》要求	权威机构评估结论	原料3年使用历史（%）	已上市产品原料使用信息（%）	毒理学终点评估	评估结论	参考文献
1	丁烷	55.1	—	美国化妆品原料评价委员会（CIR）评估结果显示，该成分在评估报告描述的现有使用浓度下可安全用于化妆品中，报告中报导的驻留类产品最高使用浓度为92%	—	—	—	本配方中添加量未超过CIR报导浓度，因此该成分在本产品中的应用风险在可接受范围之内	CIR（2005）. Annual Review of Cosmetic Ingredient Safety Assessments−IJT 24（Suppl. 1）: 1−102, 2005.
2	异丁烷	17.9	—	美国化妆品原料评价委员会（CIR）评估结果显示，该成分在评估报告描述的现有使用浓度下可安全用于化妆品中，报告中报导的驻留类产品最高使用浓度为83%	—	—	—	本配方中添加量未超过CIR报导浓度，因此该成分在本产品中的应用风险在可接受范围之内	CIR（2005）. Annual Review of Cosmetic Ingredient Safety Assessments−IJT 24（Suppl. 1）: 1−102, 2005.

序号	中文名称	含量（%）	《化妆品安全技术规范》要求	权威机构评估结论	原料3年使用历史（%）	已上市产品原料使用信息（%）	毒理学终点评估	评估结论	参考文献
3	丙烷	7.0	—	美国化妆品原料评价委员会（CIR）评估结果显示，该成分在评估报告描述的现有使用条件和使用浓度下可安全用于化妆品。报告中报告的驻留类产品最高使用浓度为24%	—	—	—	本配方中添加量未超过CIR报导浓度，因此该成分在本产品中的应用风险在可接受范围之内	CIR（2005）. Annual Review of Cosmetic Ingredient Safety Assessments-IJT 24（Suppl. 1）: 1-102, 2005.
4	水	43.6524	—	—	—	该原料收录于《已上市产品原料使用信息》，序号1513，对于作用部位应为全身皮肤的驻留类产品使用量为92.887%	—	本配方中添加量未超过《已上市产品原料使用信息》中收录的全身皮肤该成分的驻留使用量，因此该成分在本产品中的应用风险在可接受范围之内	中国食品药品检定研究院.关于发布《已上市产品原料使用信息》的通知（2024年4月30日）

序号	中文名称	含量（%）	《化妆品安全技术规范》要求	权威机构评估结论	原料3年使用历史（%）	已上市产品原料使用信息（%）	毒理学终点评估	评估结论	参考文献
5	环五聚二甲基硅氧烷	15.0000	—	美国化妆品原料评价委员会（CIR）评估结果显示，该成分在评估报告描述的现有使用条件和使用浓度下可安全用于化妆品中，报告中驻留类产品最高使用浓度为91%	—	—	—	本配方中添加量未超过CIR报导浓度，因此该成分在本产品中的应用风险在可接受范围之内	CIR（2011）. Safety Assessment of Cyclomethicone, Cyclotetrasiloxane, Cyclopentasiloxane, Cyclohexasiloxane, and Cycloheptasiloxane. IJT 30（Suppl. 3）: 149–227, 2011.
6	氢化聚异丁烯	12.0000	—	美国化妆品原料评价委员会（CIR）评估结果显示，该成分在评估报告描述的现有使用条件和使用浓度下可安全用于化妆品中，报告中驻留类产品最高使用浓度为95%	—	—	—	本配方中添加量未超过CIR报导浓度，因此该成分在本产品中的应用风险在可接受范围之内	CIR（2020）. Safety Assessment of Polyene Group as Used in Cosmetics. IJT 39（Suppl. 2）: 59–90, 2020.

337

序号	中文名称	含量（%）	《化妆品安全技术规范》要求	权威机构评估结论	原料3年使用历史（%）	已上市产品原料使用信息（%）	毒理学终点评估	评估结论	参考文献
7	棕榈酸乙基己酯	9.0000	—	美国化妆品原料评价委员会（CIR）评估结果显示，在不引起配方刺激的情况下，该成分在评估报告描述的现有使用条件和使用浓度下可安全用于化妆品中，报告中报导的驻留类产品最高使用浓度为78%[1]	—	—	—	本配方中添加量未超过CIR报导该配方浓度，且该配方已通过《化妆品安全技术规范》[2]的人体皮肤斑贴试验确认未见刺激性，满足CIR结论的限制条件。因此该成分在本产品中的应用风险在可接受范围之内	[1] CIR（2015）Safety Assessment of Alkyl Esters as Used in Cosmetics. International Journal of toxicology 34（Suppl.2）：5-69. [2] 国家食品药品监督管理总局. 关于发布《化妆品安全技术规范（2015年版）》的公告（2015年第268号）
8	甲氧基肉桂酸乙基己酯	8.8000	《化妆品安全技术规范》（2015年版）表5化妆品准用防晒剂规定，甲氧基肉桂酸乙基己酯的限用量为10%	—	—	—	—	本配方中添加量未超过《化妆品安全技术规范》中规定的最高限量，因此该成分在本产品中的应用风险在可接受范围内	国家食品药品监督管理总局. 关于发布《化妆品安全技术规范（2015年版）》的公告（2015年第268号）

续表

序号	中文名称	含量（%）	《化妆品安全技术规范》要求	权威机构评估结论	原料3年使用历史（%）	已上市产品原料使用信息（%）	毒理学终点评估	评估结论	参考文献
9	氧化锌	5.8500	《化妆品安全技术规范》（2015年版）表5化妆品准用防晒剂规定，氧化锌的限用量为25%	—	—	—	—	本配方中添加量未超过《化妆品安全技术规范》中规定的最高限量，因此该成分在本产品中的应用风险在可接受范围内	国家食品药品监督管理总局.关于发布《化妆品安全技术规范（2015年版）》的公告（2015年第268号）
10	丁二醇	4.5000	—	美国化妆品原料评价委员会（CIR）评估结果显示，该成分在评估报告描述的现有使用条件和使用浓度下可安全用于化妆品中，报告中报告类产品的驻留使用浓度最高使用浓度为89%	—	—	—	本配方中添加量未超过CIR报告浓度，因此该成分在本产品中的应用风险在可接受范围之内	CIR（2006）.Annual Review of Cosmetic Ingredient Safety Assessments – 2004/2005. IJT 25（Suppl. 2）：1–89.

序号	中文名称	含量（%）	《化妆品安全技术规范》要求	权威机构评估结论	原料3年使用历史（%）	已上市产品原料使用信息（%）	毒理学终点评估	评估结论	参考文献
11	黄芩（SCUTELLARIA BAICALENSIS）根提取物	0.5000	—	美国化妆品原料评价委员会（CIR）评估结果显示，该成分在评估报告描述的现有使用条件和使用浓度下可安全用于化妆品中，报告中报告的驻留类产品最高使用浓度为0.5%	—	—	—	本配方中添加量未超过CIR报导浓度，因此该成分在本产品中的应用风险在可接受范围之内	CIR（2019）. Safety Assessment of Scutellaria baicalensis-derived Ingredients as Used in Cosmetics.
12	香精	0.5000	—	—	—	—	—	本配方中添加量符合IFRA证书要求，因此该成分在本产品中的应用风险在可接受范围之内	—
13	苯氧乙醇	0.1000	《化妆品安全技术规范》（2015年版）表4化妆品准用防腐剂规定，苯氧乙醇的限用量为1%	—	—	—	—	本配方中添加量低于《化妆品安全技术规范》中规定的最高限量，因此该成分在本产品中的应用风险在可接受范围内	国家食品药品监督管理总局.关于发布《化妆品安全技术规范》（2015年版）的公告（2015年第268号）

续表

序号	中文名称	含量（%）	《化妆品安全技术规范》要求	权威机构评估结论	原料3年使用历史（%）	已上市产品原料使用信息（%）	毒理学终点评估	评估结论	参考文献
14	光果甘草（GLYCY-RRHIZA GLABRA）根提取物	0.0750	—	美国化妆品原料评价委员会（CIR）评估结果显示，该成分在评估报告描述的现有使用条件和使用浓度下可安全用于化妆品中，报告中报导的驻留类产品最高使用浓度为0.4%	—	—	—	本配方中添加量未超过CIR报导浓度，因此该成分在本产品中的应用风险在可接受范围之内	CIR（2008）. Final Report of the Cosmetic Ingredient Review Expert Panel Safety Assessment of Glycyrrhiza Glabra（Licorice）Rhizome/root, Glycyrrhiza Glabra（Licorice）Leaf Extract, Glycyrrhiza Glabra（Licorice）Root, Glycyrrhiza Glabra（Licorice）Root Extract, Glycyrrhiza Glabra（Licorice）Root Juice, Glycyrrhiza Glabra（Licorice）Root Powder, Glycyrrhiza Glabra（Licorice）Root Water, Glycyrrhiza Inflata Root Extract, and Glycyrrhiza Uralensis（Licorice）Root Extract

序号	中文名称	含量(%)	《化妆品安全技术规范》要求	权威机构评估结论	原料3年使用历史(%)	已上市产品原料使用信息(%)	毒理学终点评估	评估结论	参考文献
15	虎杖(POLYGONUM CUSPIDATUM)根提取物	0.0150	—	—	—	该原料收录于《已上市产品原料使用信息》,序号569,对于全身作用部位为全身皮肤的驻留类产品使用量为0.02%	—	本配方中添加量未超过《已上市产品原料使用信息》中收录使用量的全身皮肤的全量,因此该成分在本产品中的应用风险在可接受范围之内	中国食品药品检定研究院.关于发布《已上市产品原料使用信息》的通知(2024年4月30日)
16	丁羟甲苯	0.0070	—	美国化妆品原料评价委员会(CIR)评估结果显示,该成分在评估报告使用条件的现有使用浓度下可安全用于化妆品中,报告中报导的驻留类产品最高使用浓度为0.5%	—	—	—	本配方中添加量未超过CIR报导浓度,因此该成分在本产品中的应用风险在可接受范围之内	CIR(2023).BHT-Butylated Hydroxytoluene.International Journal of Toxicology.2023,Vol.42(Supplement 3)17S-19S

续表

序号	中文名称	含量（%）	《化妆品安全技术规范》要求	权威机构评价评估结论	原料3年使用历史（%）	已上市产品原料使用信息（%）	毒理学终点评估	评估结论	参考文献
17	生育酚（维生素E）	0.0005	—	美国化妆品原料评价委员会（CIR）评估结果显示，该成分在评估报告描述的现有使用条件和使用浓度下可安全用于化妆品中，报告中驻留类产品的最高使用浓度为5.4%	—	—	—	本配方中添加量未超过CIR报导浓度，因此该成分在本产品中的应用风险在可接受范围之内	CIR（2018）. Safety Assessment of Tocopherols and Tocotrienols as Used in Cosmetics IJT 37（Suppl. 2）: 61-94, 2018
18	透明质酸钠	0.0001	—	美国化妆品原料评价委员会（CIR）评估结果显示，该成分在评估报告描述的现有使用条件和使用浓度下可安全用于化妆品中，报告中驻留类产品最高使用浓度为2%	—	—	—	本配方中添加量未超过CIR报导浓度，因此该成分在本产品中的应用风险在可接受范围之内	CIR，（2009）. Final Report of the Safety Assessment of Hyaluronic Acid, Potassium Hyaluronate, and Sodium Hyaluronate. IJT 28（Suppl. 1）: 5-67, 2009.

注：—没有相关内容。

五、可能存在的风险物质评估

本产品按照《化妆品安全评估技术导则》和《化妆品风险物质识别与评估技术指导原则》的要求，基于当前科学认知水平，对可能由化妆品原料带入、生产过程中产生或带入的风险物质进行评估，结果表明：

本产品的生产符合国家相关法律法规，对生产过程和产品包装材料进行严格的管理和控制。

产品中可能存在的安全性风险物质是技术上无法避免、由原料带入的杂质。残留的微量杂质在正常合理使用条件下不会对人体健康造成危害。产品安全性风险物质危害识别见表3。

表3 化妆品中安全性风险物质危害识别表

序号	中文名称	可能存在的安全性风险物质	备注
1	丁烷	丁二烯、苯	丁二烯:《化妆品安全技术规范》禁用丁二烯含量大于或等于0.1%（w/w）的丁烷（表1化妆品禁用组分，序号371）。根据该原料文档资料（见附件XX），丁烷中的丁二烯的含量低于0.1%，符合法规要求 苯：根据《化妆品风险物质识别与评估技术指导原则》的要求，苯在产品中的残留量应≤2mg/kg。根据产品检测报告（见附件XX），产品中的苯含量低于2ppm，符合法规要求 因此本原料不具有安全性风险，不会对人体健康造成潜在的危害
2	异丁烷	丁二烯、苯	丁二烯:《化妆品安全技术规范》禁用丁二烯含量大于或等于0.1%（w/w）的异丁烷（表1化妆品禁用组分，序号862）。根据该原料文档资料（见附件XX），丁烷中的丁二烯的含量低于0.1%，符合法规要求 苯：根据《化妆品风险物质识别与评估技术指导原则》的要求，苯在产品中的残留量应≤2mg/kg。根据产品检测报告（见附件XX），产品中的苯含量低于2ppm，符合法规要求 因此本原料不具有安全性风险，不会对人体健康造成潜在的危害
3	丙烷	丁二烯、苯	丁二烯：丁二烯为《化妆品安全技术规范》禁用物质，见表1，序号370。丙烷为3个碳链化合物，自身无法引入丁二烯（4个碳链）风险物质，因此法规对丙烷内丁二烯含量无要求。由于该推进剂为丁烷、异丁烷与丙烷混合的复配原料，原料供应商声明（附件XXX）整个推进剂复配原料里丁二烯含量小于0.1%，因此每个组分（丁烷、异丁烷与丙烷）中丁二烯均小于0.1%，符合法规要求 苯：根据《化妆品风险物质识别与评估技术指导原则》的要求，苯在产品中的残留量应≤2mg/kg。根据产品检测报告（见附件XX），产品中的苯含量低于2ppm，符合法规要求 因此本原料不具有安全性风险，不会对人体健康造成潜在的危害

序号	中文名称	可能存在的安全性风险物质	备注
4	水	无	—
5	环五聚二甲基硅氧烷	无	—
6	氢化聚异丁烯	无	—
7	棕榈酸乙基己酯	无	—
8	甲氧基肉桂酸乙基己酯	无	—
9	氧化锌	无	—
10	丁二醇	无	—
11	黄芩（SCUTELLARIA BAICALENSIS）根提取物	无	—
12	香精	无	—
13	苯氧乙醇	二甘醇、二噁烷、苯酚	二甘醇：欧洲消费者安全科学委员会（SCCS）关于二甘醇杂质的意见中指出，浓度不超过 0.1% 时，其在化妆品中的存在是安全的。化妆品终产品中二甘醇残留浓度结果表明符合相关要求（详见附录检测报告）。因此，本原料不具有安全风险，不会对人体健康造成潜在危害 二噁烷：化妆品终产品中二噁烷的残留浓度应符合《化妆品安全技术规范》（2015 年版）第一章中表 2 "化妆品中有害物质限值"的要求，即二噁烷的残留浓度应小于 30mg/kg。本产品中二噁烷的残留浓度符合该要求 苯酚：根据日本化妆品标准允许使用的防腐剂中，苯酚在化妆品中的限量为 0.1g/100g；化妆品终产品中苯酚残留浓度的检测结果表明符合相关要求（详见附录检测报告）。因此本原料不具有安全性风险，不会对人体健康造成潜在的危害
14	光果甘草（GLYCYRRHIZA GLABRA）根提取物	无	—
15	虎杖（POLYGONUM CUSPIDATUM）根提取物	无	—

序号	中文名称	可能存在的安全性风险物质	备注
16	丁羟甲苯	无	—
17	生育酚（维生素E）	无	—
18	透明质酸钠	无	—

注：—.没有相关内容。

此外，该产品终产品的检验报告显示其铅、汞、砷、镉检验结果符合《化妆品安全技术规范》（2015年版）"表2 化妆品中有害物质限值"与其对应的指标要求。

六、吸入风险评估

本产品为气溶胶防晒喷雾（驻留类产品），可用于全身。根据产品使用说明和注意事项，本产品使用时是喷于手上后再涂抹使用，不直接喷于脸部，因此吸入风险预计比较低。

七、风险控制措施或建议

注意事项：请不要在同一个地方连续喷射三秒及以上。请注意不要直接对脸部喷射。皮肤上有伤口、红肿、湿疹、皮炎等异常状况时不可使用。使用时请注意皮肤是否发生异常。使用中和使用后若阳光直射后的皮肤出现红、肿、痒、刺激、褪色（白斑等）、黑点等异常情况时请终止使用，如继续使用，可能造成症状恶化，请及时咨询皮肤科医生等。不慎入眼时，不要揉眼，请立刻用清水清洗。用干净的手取用，使用后将盖子盖好，请保管于避免直射阳光、极端高温或低温、潮湿及孩子接触不到的地方。因由天然成分制作，香味、颜色可能会发生变化，但对质量无影响。不慎沾到衣物上时请用洗衣液仔细洗掉。避开眼周。

安全警示用语：本品为压力容器，不得撞击，不得再次灌装，远离火源或任何高温物体。本品为易燃品，使用时请勿吸烟，远离火源或任何高温物体。请勿靠近火使用。不要在使用火的室内大量使用本产品。存放在40℃以下的干燥通风环境中，避免阳光直射，远离火源、热源。请勿放置于火中。请勿将本品及用完的空罐穿刺或投入火中。用完后请扔掉。扔时请在无火的室外按压直至无喷射音，确保气体已全部排空。

八、安全评估结论

本产品为防晒喷雾（驻留类化妆品），适用于全身。产品的主要暴露方式为经皮暴露，作为气雾剂产品还可能存在吸入暴露。根据产品的特性，对本产品的暴露评估考虑了经皮途径和吸入途径。

通过对产品以下各方面的综合评估：

1. 各成分的安全评估结果显示，所有成分在本产品浓度下不会对人体健康产生危害；

2. 可能存在的安全性风险物质检测及评估结果显示，不会对人体健康产生危害；

3. 该产品微生物情况符合《化妆品安全技术规范》（2015 年版）和《化妆品注册和备案检验工作规范》（2019 年 第 72 号）有关要求；

4. 有害物质检测结果显示，该产品有害物质含量符合《化妆品安全技术规范》（2015 年版）有关要求；

5. 产品稳定性评估结果显示，符合相关要求；

6. 产品防腐效能评估结果显示，符合相关要求；

7. 产品包装相容性评估，符合相关要求；

8. 配方中各成分之间未预见发生有害的相互作用。

综上，认为该产品在正常及合理、可预见的使用条件下，不会对人体健康产生危害。

本企业履行相应产品质量安全义务，对产品安全性负主体责任，承诺遵循科学、公正、透明和个案分析的原则对产品安全性进行评估，对报告的科学性、准确性、真实性和可靠性负责。本报告是基于当前认知水平下、以现有科学数据和相关信息为基础进行的安全评估；当毒理学新发现或者上市后不良反应数据导致当前评估结果改变时，本报告会根据相关内容进行更新。

九、安全评估人员签名

评估人：

日期：　　年　　月　　日

地址：

十、安全评估人员简历（略）

十一、附录（略）

第九节　氧化型染发膏

一、摘要

××××染发膏为淋洗类化妆品，适用于头发，使用频次为 1 次 / 月，参考《化妆品安全评估技术导则》有关规定，对产品的微生物和有害物质等进行了检测和（或）评估，并对染发霜（配方号：1234-1）所用的水、油醇聚醚 –30、乙醇胺、氢氧化铵、油醇、聚季铵盐 –6、椰油酸、PEG–40 硬脂酸酯、N，N– 双（2- 羟乙基）对苯二胺硫酸盐、2，4- 二氨基苯氧基乙醇盐酸盐、（日用）香精、亚硫酸钠、异抗坏血酸（异 Vc）、鲸蜡基羟乙基纤维素、乙二胺四乙酸、EDTA 四钠共 16 种成分，可能存在的仲链烷胺、亚硝胺、二噁烷、二甘醇共 4 种风险物质开展了安全评估。对显色敷用乳（配方号：1234-2）所用的水、过氧化氢、鲸蜡硬脂醇、硬脂醇聚醚 -20、磷酸、羟乙磷酸四钠共 6 种成分，可能存在的二噁烷、二甘醇共 2 种风险物质开展了安全评估。结果显示，该产品在正常、合理及可预见的使用情况下，不会对人体健康产生危害。

二、产品简介

1. 产品名称：××××染发膏

2. 产品使用方法：

使用方法请遵循说明书。染发前戴上手套，并在肩上披上披肩，以免不慎沾到衣物在完成 48 小时皮肤过敏性测试后，将所有染发霜 1A 挤入显色敷用乳 1B 的瓶子中。将染发混合物全部涂抹完毕后，用手轻轻按摩头发至染发混合物均匀覆盖，停留 30 分钟。

3. 产品日均使用量：100ml/ 次 *，约等于 100g/ 次。考虑到本产品属于间歇性使用产品，推荐的使用频率为位每月一次，经换算相当于日均使用量为：100×1000/28 = 3571.43mg/d

4. 使用频次：1 次 / 月

5. 产品驻留因子：0.1

6. 产品混合比例：染发霜：显色敷用乳 = 1∶1

7. 全身暴露量（SED）：

SED= 日均使用量 × 驻留因子 × 成分在配方中百分比 × 经皮吸收率 ÷ 体重[#]

注：* 日均使用量参考《THE SCCS NOTES OF GUIDANCE FOR THE TESTING OF COSMETIC INGREDIENTS AND THEIR SAFETY EVALUATION（12TH REVISION）》。

体重一般为默认的成人体重（60 kg）。经皮吸收率以 100% 计，如果有试验测试值或根据理化性质估算的经皮吸收率，报告中将使用其具体值或评估值计算。

三、产品配方

本配方中所使用的原料均已列入《已使用化妆品原料目录》或《化妆品安全技术规范》（2015 年版）或为已在国家药监局完成化妆品新原料备案、注册的成分。产品配方见表 1-1、表 2-1，产品实际成分含量见表 1-2、表 2-2。本产品为混合后使用产品，混合后浓度为实际使用及人体暴露浓度。染发霜（配方号：1234-1）和显色敷用乳（配方号：1234-2）依据使用比例混合后配方见表 3。

染发霜

配方号：1234-1

表 1-1 产品配方表

序号	标准中文名称	INCI 名	使用目的	在《已使用原料目录》中的序号	备注
1	水	AQUA	溶剂	06259	—
2	水	AQUA	pH 调节剂	06259	—
	氢氧化铵	AMMONIUM HYDROXIDE	pH 调节剂	05429	《化妆品安全技术规范》限用组分（表3）序号 38
3	乙醇胺	ETHANOLAMINE	pH 调节剂	07677	《化妆品安全技术规范》限用组分（表3）序号 44
4	水	AQUA	抗静电剂	06259	—
	聚季铵盐 -6	POLYQUATERNI-UM-6		03937	—
	EDTA 四钠	TETRASODIUM EDTA		00392	—
5	椰油酸	COCONUT ACID	乳化剂	01183	—
6	油醇	OLEYL ALCOHOL	乳化稳定剂	00611	—
7	PEG-40 硬脂酸酯	PEG-40 STEARATE	乳化剂	00693	—
8	油醇聚醚 -30	OLETH-30	乳化剂	08104	—
9	N,N- 双（2- 羟乙基）对苯二胺硫酸盐	N,N-BIS（2-HYDROX-YETHYL）-p-PHENYLENE-DIAMINE SULFATE	染发剂	00409	《化妆品安全技术规范》准用染发剂（表7）序号 57
10	2,4- 二氨基苯氧基乙醇盐酸盐	2,4-DIAMINOPHEN-OXYETHANOL HCL	染发剂	00023	《化妆品安全技术规范》准用染发剂（表7）序号 6
11	亚硫酸钠	SODIUM SULFITE	还原剂	07322	《化妆品安全技术规范》准用防腐剂（表4）序号 29《化妆品安全技术规范》限用组分（表3）序号 23
12	异抗坏血酸（异 Vc）	ERYTHORBIC ACID	抗氧化剂	07827	—
13	鲸蜡基羟乙基纤维素	CETYL HYDROXY-ETHYLCELLULOSE	增稠剂	03577	—

序号	标准中文名称	INCI 名	使用目的	在《已使用原料目录》中的序号	备注
14	乙二胺四乙酸	EDTA	螯合剂	07683	—
15	（日用）香精	FRAGRANCE	芳香剂	08782	—

注：—.没有相关内容。

表 1-2　产品实际成分含量表

标准中文名称	INCI 名	实际成分含量（%）
水	AQUA	68.7975
油醇聚醚 -30	OLETH-30	7
乙醇胺	ETHANOLAMINE	5.7
氢氧化铵	AMMONIUM HYDROXIDE	4.8
油醇	OLEYL ALCOHOL	4.3
椰油酸	COCONUT ACID	2
聚季铵盐 -6	POLYQUATERNIUM-6	2
PEG-40 硬脂酸酯	PEG-40 STEARATE	1.5
N,N- 双（2- 羟乙基）对苯二胺硫酸盐	N,N-BIS（2-HYDROXYETHYL）-p-PHENYLENEDIAMINE SULFATE	1
2,4- 二氨基苯氧基乙醇盐酸盐	2,4-DIAMINOPHENOXYETHANOL HCL	0.75
（日用）香精	FRAGRANCE	0.5
异抗坏血酸（异 Vc）	ERYTHORBIC ACID	0.5
亚硫酸钠	SODIUM SULFITE	0.5
鲸蜡基羟乙基纤维素	CETYL HYDROXYETHYLCELLULOSE	0.45
乙二胺四乙酸	EDTA	0.2
EDTA 四钠	TETRASODIUM EDTA	0.0025

显色敷用乳

配方号：1234-2

表 2-1 产品配方表

序号	标准中文名称	INCI 名	使用目的	在《已使用原料目录》中的序号	备注
1	水	AQUA	溶剂	06259	—
2	过氧化氢	HYDROGEN PEROXIDE	氧化剂	02708	《化妆品安全技术规范》限用组分（表3）序号19
	水	AQUA		06259	—
3	鲸蜡硬脂醇	CETEARYL ALCOHOL	乳化剂	03580	—
4	磷酸	PHOSPHORIC ACID	pH 调节剂	04338	—
	水	AQUA		06259	—
5	硬脂醇聚醚 –20	STEARETH–20	乳化剂	07987	—
6	水	AQUA	螯合剂	06259	—
	羟乙磷酸四钠	TETRASODIUM ETIDRONATE		05301	《化妆品安全技术规范》限用组分（表3）序号18

注：—.没有相关内容。

表 2-2 产品实际成分含量表

标准中文名称	INCI 名	实际成分含量（%）
水	AQUA	90.54
过氧化氢	HYDROGEN PEROXIDE	6
鲸蜡硬脂醇	CETEARYL ALCOHOL	2.28
硬脂醇聚醚 –20	STEARETH–20	0.7
磷酸	PHOSPHORIC ACID	0.4
羟乙磷酸四钠	TETRASODIUM ETIDRONATE	0.08

本产品为混合后使用产品，混合后浓度为实际使用及人体暴露浓度。

染发霜（配方号：1234-1）和显色敷用乳（配方号：1234-2）依据使用比例混合后配方见表3。

表 3　依据使用比例混合后配方实际成分含量表

标准中文名称	INCI 名称	成分在混合后配方中的百分比
水	AQUA	79.66875
油醇聚醚 –30	OLETH–30	3.5
过氧化氢	HYDROGEN PEROXIDE	3
乙醇胺	ETHANOLAMINE	2.85
氢氧化铵	AMMONIUM HYDROXIDE	2.4
油醇	OLEYL ALCOHOL	2.15
鲸蜡硬脂醇	CETEARYL ALCOHOL	1.14
聚季铵盐 –6	POLYQUATERNIUM–6	1
椰油酸	COCONUT ACID	1
PEG–40 硬脂酸酯	PEG–40 STEARATE	0.75
N,N– 双（2- 羟乙基）对苯二胺硫酸盐	N,N–BIS（2–HYDROXYETHYL）–p–PHENYLENEDIAMINE SULFATE	0.5
2,4– 二氨基苯氧基乙醇盐酸盐	2,4–DIAMINOPHENOXYETHANOL HCL	0.375
硬脂醇聚醚 –20	STEARETH–20	0.35
（日用）香精	FRAGRANCE	0.25
异抗坏血酸（异 Vc）	ERYTHORBIC ACID	0.25
亚硫酸钠	SODIUM SULFITE	0.25
鲸蜡基羟乙基纤维素	CETYL HYDROXYETHYLCELLULOSE	0.225
磷酸	PHOSPHORIC ACID	0.2
乙二胺四乙酸	EDTA	0.1
羟乙磷酸四钠	TETRASODIUM ETIDRONATE	0.04
EDTA 四钠	TETRASODIUM EDTA	0.00125

四、配方中各成分安全评估

注：本配方通过了《化妆品注册和备案检验工作规范（2019 年版）》要求的毒理学测试，测试结果没有发现安全性风险，因此该产品中各成分在当前使用条件下刺激性和皮肤致敏性风险可接受。染发剂是淋洗类产品，强紫外线暴露可能性低，因此根据暴露豁免原则，不需要评估光毒性和光致敏性。成分浓度参考表 3。

标准中文名称	INCI 名称	配方成分使用量（%）	评估结论	《化妆品安全技术规范》要求项目	已上市产品原料使用信息（%）	权威机构评估结论				原料 3 年使用历史	参考文献
						评估机构	原料在产品中的使用目的或使用场景	历史最高使用浓度或限值（%）	其他限制条件		
水	AQUA	79.66875	本成分为化妆品中广泛使用的去离子水，安全风险可接受	—	头部，驻留，98.917	—	—	—	—	—	—
油醇聚醚-30	OLETH-30	3.5	该成分在本产品中应用安全风险可接受	—	—	美国化妆品原料评价委员会（CIR）	美国 CIR 报告认为当其用于配方中不引起刺激性的情况下，其用于化妆品是安全的，在淋洗类产品中最大使用浓度为 8%，未报道在驻留类产品中使用最大浓度	8	用于配方中不引起刺激性。本配方通过了《化妆品注册和备案检验工作规范（2019 年版）》要求的皮肤刺激试验，测试结果没有发现安全性风险，因此该成分在各产品使用前条件下刺激性风险可接受	—	[1]、[2]

标准中文名称	INCI名称	配方成分使用量（%）	评估结论	《化妆品安全技术规范》要求项目	已上市产品原料使用信息（%）	权威机构评估结论				原料3年使用历史	参考文献
						评估机构	原料在产品中的使用目的或使用场景	历史最高使用浓度或用限值（%）	其他限制条件		
过氧化氢	HYDROGEN PEROXIDE	3	该成分在本产品中应用安全风险可接受	符合《化妆品安全技术规范》（2015版）表3化妆品限用组分要求：（a）发用产品中的最大允许使用总量为12%（以存在或释放的H_2O_2计）；（b）肤用产品中的最大允许使用总量为4%（以存在或释放的H_2O_2计）；（c）指（趾）甲硬化产品中的最大允许使用总量为2%（以存在或释放的H_2O_2计）	—	—	—	—	—	—	[3]

续表

标准中文名称	INCI 名称	配方成分使用量（%）	评估结论	《化妆品安全技术规范》要求项目	已上市产品原料使用信息（%）	权威机构评估结论				原料 3 年使用历史	参考文献
						评估机构	原料在产品中的使用目的或使用场景	历史最高使用浓度或限值（%）	其他限制条件		
乙醇胺	ETHANOLAMINE	2.85	该成分在本产品中应用安全风险可接受	该成分属于醇链单烷胺，符合《化妆品安全技术规范（2015版）》表3化妆品限用组分要求：不和亚硝基化体系（Nitrosating system）一起使用；避免形成亚硝胺；最低纯度：99%；原料中仲链烷胺最大含量0.5%；产品中亚硝胺最大含量50μg/kg；存放于无亚硝酸盐的容器内	—	美国化妆品原料评价委员会（CIR）	美国CIR报告认为在报告条件下，当其用于配方中不引起刺激性时，仅用于淋洗类产品中是安全的，在淋洗类产品中的最大使用浓度为18%。不得在有可能产生亚硝胺的化妆品中使用	18	用于配方中不引起刺激性。本配方通过了《化妆品注册和备案检验工作规范（2019版）》要求的毒理学测试，测试结果没有发现安全性风险，因此该产品中各成分在当前使用条件下刺激性风险可接受	—	[3]、[4]、[5]

标准中文名称	INCI 名称	配方成分使用量（%）	评估结论	《化妆品安全技术规范》要求项目	已上市产品原料使用信息（%）	权威机构评估结论				原料 3 年使用历史	参考文献
						评估机构	原料在产品中的使用项目的或使用场景	历史最高使用浓度或限值（%）	其他限制条件		
氢氧化铵	AMMONIUM HYDROXIDE	2.4	该成分在本产品中应用安全风险可接受	符合《化妆品安全技术规范（2015版）》表3化妆品中限用组分对氨的相关要求：化妆品中的最大允许使用量为6%（以NH_3计）	—	—	—	—	—	—	[3]

续表

标准中文名称	INCI 名称	配方成分使用量（%）	评估结论	《化妆品安全技术规范》要求项目	已上市产品原料使用信息（%）	权威机构评估结论					原料 3 年使用历史	参考文献
						评估机构	原料在产品中的使用目的或使用场景	历史最高使用浓度或限值（%）	其他限制条件			
油醇	OLEYL ALCOHOL	2.15	该成分在本产品中应用安全风险可接受	—	—	美国化妆品原料评价委员会（CIR）	美国 CIR 报告认为其用于化妆品是安全的，但报告未区分驻留类和淋洗类产品各自的最大使用浓度。旧纳 CIR 报告中所有品类［包括发用类、护肤品、易接触及眼睛产品、一般眼部彩妆品、护唇及唇部彩妆品、指（趾）类和芳香类等］使用浓度为 50%，产品的最大报道浓度为 50%，淋洗类产品的最大报道浓度为 25%	50	—	—	[6]、[7]

标准中文名称	INCI名称	配方成分使用量（%）	评估结论	《化妆品安全技术规范》要求项目	已上市产品原料使用信息（%）	权威机构评估结论				原料3年使用历史	参考文献
						评估机构	原料在产品中的使用目的或使用场景	历史最高使用浓度或限值（%）	其他限制条件		
鲸蜡硬脂醇	CETEARYL ALCOHOL	1.14	该成分在本产品中应用安全风险可接受	—	—	美国化妆品原料评价委员会（CIR）	美国CIR报告认为其用于化妆品是安全的，但报告未区分驻留类和淋洗类产品各自的最大使用浓度。归纳CIR报告中所有产品类[包括发用类、一般护肤用品、易触及眼睛的护肤产品、一般彩妆品、眼部彩妆品、唇部彩妆品及唇部护肤品（趾）类指甲和芳香类等]使用浓度，产品的最大驻留类浓度为25%，淋洗类产品的最大报道浓度为25%	25	—	—	[8]，[9]

续表

标准中文名称	INCI 名称	配方成分使用量（%）	评估结论	《化妆品安全技术规范》要求项目	已上市产品原料使用信息（%）	权威机构评估结论					原料 3 年使用历史	参考文献
						评估机构	原料在产品中的使用目的或使用场景	历史最高使用浓度或限值（%）	其他限制条件			
聚季铵盐-6	POLYQUATERNIUM-6	1	该成分在本产品中应用安全风险可接受	—	—	美国化妆品原料评价委员会（CIR）	美国 CIR 报告认为当其符合报告中描述的使用方法和浓度时，其在化妆品中是安全的，在驻留类产品中报道的最大使用浓度为 1.2%，在淋洗类产品中报道的最大使用浓度为 3%	3	—	—	[10]
椰油酸	COCONUT ACID	1	该成分在本产品中应用安全风险可接受	—	—	美国化妆品原料评价委员会（CIR）	美国 CIR 报告认为当其符合报告中描述的使用方法和浓度时，其在化妆品中是安全的，在淋洗类产品中的最大使用浓度为 14%	14	—	—	[11]，[12]，[13]

标准中文名称	INCI 名称	配方成分使用量（%）	评估结论	《化妆品安全技术规范》要求项目	已上市产品原料使用信息（%）	权威机构评估结论				原料 3 年使用历史	参考文献
						评估机构	原料在产品中的使用目的或使用场景	历史最高使用浓度或限值（%）	其他限制条件		
PEG-40 硬脂酸酯	PEG-40 STEARATE	0.75	该成分在本产品中应用安全风险可接受	—	—	美国化妆品原料评价委员会（CIR）	美国 CIR 报告认为其用于化妆品是安全的，但报告未区分驻留类产品和淋洗类产品各自的最大使用浓度。归纳 CIR 报告中所有产品类 [包括发用类、一般用护肤类产品及易接触眼睛的护肤产品、眼部彩妆品、唇部彩妆品、指（趾）彩妆品和芳香类等] 使用浓度，驻留类产品的最大报道浓度为 10%，淋洗类产品的最大报道浓度为 7%	10	—	—	[14]、[15]

续表

标准中文名称	INCI 名称	配方成分使用量（%）	评估结论	《化妆品安全技术规范》要求项目	已上市产品原料使用信息（%）	权威机构评估结论					原料3年使用历史	参考文献
						评估机构	原料在产品中的使用目的或使用场景	历史最高使用浓度或限值（%）	其他限制条件			
N,N-双（2-羟乙基）对苯二胺硫酸盐	N,N-BIS（2-HYDROXYETHYL）-p-PHENYLENE DIAMINE SULFATE	0.5	该成分在本产品中的应用安全风险可接受	符合《化妆品安全技术规范（2015版）》表7化妆品准用染发剂要求：N,N-双（2-羟乙基）对苯二胺氧化型染发产品中的最大允许使用量为2.5%（以硫酸盐计）。其他限制和要求：不和亚硝基化体系一起使用；亚硝胺最大含量50μg/kg；存放于无亚硝酸盐的容器内	—	—	—	—	—	—	[3]

标准中文名称	INCI 名称	配方成分使用量（%）	评估结论	《化妆品安全技术规范》要求项目	已上市产品原料使用信息（%）	权威机构评估结论				原料3年使用历史	参考文献
						评估机构	原料在产品中的使用项目的或或使用场景	历史最高使用浓度或限值（%）	其他限制条件		
2,4-二氨基苯氧基乙醇盐酸盐	2,4-DIAMINO PHENOXYETH-ANOL HCL	0.375	该成分在本产品中应用安全风险可接受	符合《化妆品安全技术规范》(2015版)表7化妆品准用染发剂要求：2,4-二氨基苯氧基乙醇盐酸盐乙醇酸盐在氧化型染发产品中的最大允许使用量为2%	—	—	—	—	—	—	[3]
硬脂醇聚醚-20	STEARETH-20	0.35	该成分在本产品中应用安全风险可接受	—	—	美国化妆品原料评价委员会（CIR）	美国CIR报告认为当其用于配方中不引起刺激性的情况下，其用于化妆品是安全的，在驻留类产品中报道的最大使用浓度为20%，在淋洗类产品中的最大使用浓度为3%	20	用于配方中不引起刺激性。本配方通过了注册和备案检验（2019年版）《化妆品注册和备案检验工作规范》要求的毒理学测试，测试结果没有发现安全风险，因此该产品中各成分在当前使用条件下刺激性风险可接受	—	[16]、[17]

标准中文名称	INCI 名称	配方成分使用量（%）	评估结论	《化妆品安全技术规范》要求项目	已上市产品原料使用信息（%）	权威机构评估结论					原料 3 年使用历史	参考文献
						评估机构	原料在产品中的使用目的或使用场景	历史最高使用浓度或限值（%）	其他限制条件			
（日用）香精	FRAGRANCE	0.25	该成分在本产品中应用安全风险可接受	—	—	国际日用香料香精协会（IFRA）	该成分在各产品品类中使用的最高限量详见附录 IFRA 证书部分，其使用符合国际日用香料香精协会（IFRA）实践法规要求	—	—		—	—

363

标准中文名称	INCI 名称	配方成分使用量（%）	评估结论	《化妆品安全技术规范》要求项目	已上市产品原料使用信息（%）	权威机构评估结论					原料3年使用历史	参考文献
						评估机构	原料在产品中的使用目的或使用场景	历史最高使用浓度或限值（%）	其他限制条件			
异抗坏血酸（异Vc）	ERYTHORBIC ACID	0.25	该成分在本产品中应用安全风险可接受	—	—	—	—	—	—		该成分在本企业已有3年使用历史。相关产品为YYYY染发膏和ZZZZ Hair Dye，上市时间均超过3年，累计出厂量超过30000件。以上产品的使用部位和使用方法与本产品相似，均为干发时的染发剂。该成分在以上产品中的浓度均为0.5%。相关产品引起的不良反应经分析，不涉及该成分，故该成分在本产品中应用无安全风险。相关产品行政许可批件、产品上市证明和不良反应监测情况说明见附件	—

续表

标准中文名称	INCI 名称	配方成分使用量（%）	评估结论	《化妆品安全技术规范》要求项目	已上市产品原料使用信息（%）	权威机构评估结论				原料 3 年使用历史	参考文献
						评估机构	原料在产品中的使用目的或使用场景	历史最高使用浓度或限值（%）	其他限制条件		
亚硫酸钠	SODIUM SULFITE	0.25	该成分在本产品中应用安全风险可接受	当其用途为防腐剂以外时，符合《化妆品安全技术规范（2015年版）》表3化妆品限用组分对无机亚硫酸盐类和亚硫酸氢盐类的要求：（a）氧化型染发产品中的最大允许使用总量为0.67%（以游离 SO_2 计）；（b）烫发产品（含拉直产品）中的最大允许使用总量为6.7%	—	—	—	—	—	—	[3]

标准中文名称	INCI 名称	配方成分使用量（%）	评估结论	《化妆品安全技术规范》要求项目	已上市产品原料使用信息（%）	权威机构评估结论				原料 3 年使用历史	参考文献
						评估机构	原料在产品中的使用目的或使用场景	历史最高使用浓度或限值（%）	其他限制条件		
亚硫酸钠	SODIUM SULFITE	0.25	该成分在本产品中应用安全风险可接受	（以游离 SO_2 计）;（c) 面部用自动晒黑产品中的最大允许使用总量为 0.45%（以游离 SO_2 计）;（d) 体用自动晒黑产品中的最大允许使用总量为 0.40%（以游离 SO_2 计）;（e) 其他产品中的最大允许使用总量为 0.2%（以游离 SO_2 计）	—	—	—	—	—	—	—

续表

标准中文名称	INCI 名称	配方成分使用量（%）	评估结论	《化妆品安全技术规范》要求项目	已上市产品使用原料使用信息（%）	权威机构评估结论				原料 3 年使用历史	参考文献
						评估机构	原料在产品中的使用项目的或使用场景	历史最高使用浓度或限值（%）	其他限制条件		
鲸蜡基羟乙基纤维素	CETYL HYDROXYETH-YLCELLULOSE	0.225	该成分在本产品中应用安全风险可接受	—	—	美国化妆品原料评价委员会（CIR）	美国 CIR 报告认为其用于化妆品是安全的，但报告未区分驻留类和淋洗类产品各自的最大使用浓度。归纳 CIR 报告中所有发用类、护肤品类触及眼睛的护肤产品、一般彩妆品、眼部彩妆品、护唇及唇部彩妆品、指（趾）类和芳香类等[18]使用浓度，驻留类产品的最大报道浓度为 2%，淋洗类产品的最大报道浓度为 2%	2	—	—	[18]

标准中文名称	INCI 名称	配方成分使用量（%）	评估结论	《化妆品安全技术规范》要求项目	已上市产品原料使用信息（%）	权威机构评估结论					原料 3 年使用历史	参考文献
						评估机构	原料在产品中的使用目的或使用场景	历史最高使用浓度或限值（%）	其他限制条件			
磷酸	PHOSPHORIC ACID	0.2	该成分在本产品中应用安全风险可接受	—	—	美国化妆品原料评价委员会（CIR）	美国 CIR 报告认为在报告条件下，当其用于配方中不引起刺激性时，其用于化妆品是安全的，在驻留类产品中报道的最大使用浓度为 1.2%，在淋洗类产品中的最大使用浓度为 9%	9	用于配方中不引起刺激性本配方通过了《化妆品注册和备案检验工作规范（2019 年版）》要求的毒理学测试，测试结果没有发现安全性风险，因此该产品中各成分在当前使用条件下刺激性风险可接受		—	—

续表

标准中文名称	INCI 名称	配方成分使用量（%）	评估结论	《化妆品安全技术规范》要求项目	已上市产品原料使用信息（%）	权威机构评估结论				原料3年使用历史	参考文献
						评估机构	原料在产品中的使用目的或使用场景	历史最高使用浓度或限值（%）	其他限制条件		
乙二胺四乙酸	EDTA	0.1	该成分在本产品中应用安全风险可接受	—	—	美国化妆品原料评价委员会（CIR）	美国CIR报告认为其用于化妆品是安全的，但报告未区分驻留类和淋洗类产品各自的最大使用浓度。归纳CIR报告中所有产品类[包括眼用类、护肤品类、触及眼睛的护肤产品、一般眼部彩妆品、护唇及唇部彩妆品、指（趾）类和芳香类等]使用浓度，驻留类产品的最大浓度为0.5%，淋洗类产品的最大报道浓度为2%	2	—	—	[20]

369

标准中文名称	INCI 名称	配方成分使用量（%）	评估结论	《化妆品安全技术规范》要求项目	已上市产品原料使用信息（%）	权威机构评估结论				原料 3 年使用历史	参考文献
						评估机构	原料在产品中的使用目的或使用场景	历史最高使用浓度或限值（%）	其他限制条件		
羟乙磷酸四钠	TETRASODIUM ETIDRONATE	0.04	该成分在本产品中应用安全风险可接受	该成分属于羟乙二磷酸盐，符合《化妆品安全技术规范（2015版）》表3化妆品限用组分要求：（a）发用产品中的最大允许使用总量为1.5%（以羟乙二磷酸计）；（b）香皂中的最大允许使用总量为0.2%（以羟乙二磷酸计）	—	—	—	—	—	—	[3]

续表

标准中文名称	INCI名称	配方成分使用量（%）	评估结论	《化妆品安全技术规范》要求项目	已上市产品原料使用信息（%）	权威机构评估结论				原料3年使用历史	参考文献
						评估机构	原料在产品中的使用目的或使用场景	历史最高使用浓度或限值（%）	其他限制条件		
EDTA四钠	TETRASODIUM EDTA	0.00125	该成分在本产品中应用安全风险可接受	—	—	美国化妆品原料评价委员会（CIR）	美国CIR报告认为其用于化妆品是安全的，但报告未区分驻留类产品和淋洗类产品各自的最大使用浓度。旧纳CIR报告[包括发类一般用护肤产品、易触及眼睛的护肤产品、眼部彩妆品、唇部彩妆品、指（趾）彩妆品和芳香类等]使用驻留类产品的最大使用浓度为0.5%，淋洗类产品报道的最大报道浓度为1.3%	1.3	—	—	[21]

注：—．没有相关内容。

五、可能存在的风险物质评估

本产品按照《化妆品安全评估技术导则》和《化妆品风险物质识别与评估技术指导原则》的要求，基于当前科学认知水平，对可能由化妆品原料带入、生产过程中产生或带入的风险物质进行评估，结果表明：

本产品的生产符合国家相关法律法规，对生产过程和产品包装材料进行严格的管理和控制。

产品中可能存在的安全性风险物质是技术上无法避免、由原料带入的杂质。残留的微量杂质在正常合理使用条件下不会对人体健康造成危害。产品安全性风险物质危害识别见表4。

表4 化妆品中安全性风险物质危害识别表

染发霜

配方号：1234-1

序号	原料标准中文名称	是否含有可能存在的安全性风险物质	备注
1	水	无	—
2	水	无	—
	氢氧化铵	无	—
3	乙醇胺	仲链烷胺、亚硝胺	仲链烷胺、亚硝胺：《化妆品安全技术规范（2015版）》"表3化妆品限用组分"序号44项对"单链烷胺，单链烷醇胺及它们的盐类"的限制要求：不和亚硝基化体系一起使用；避免形成亚硝胺；最低纯度99%；原料中仲链烷胺最大含量0.5%；产品中亚硝胺最大含量50μg/kg；存放于无亚硝酸盐的容器内 根据所附原料规格证明以及原料在本品中的使用情况，该原料中亚硝胺、仲链烷胺含量符合限值要求。原料规格证明附后
4	水	无	—
	聚季铵盐-6	无	—
	EDTA四钠	无	—
5	椰油酸	无	—
6	油醇	无	—

序号	原料标准中文名称	是否含有可能存在的安全性风险物质	备注
7	PEG-40 硬脂酸酯	二噁烷、二甘醇	二噁烷:《化妆品安全技术规范（2015 版）》"化妆品中有害物质限值"中"二噁烷"限值为 30mg/kg。终产品的二噁烷检验结果符合此项要求 二甘醇:根据欧盟化妆品产品规范，当二甘醇作为化妆品成分中的杂质出现在化妆品终产品中时，其含量应不大于 0.1%。欧洲消费者安全科学委员会（SCCS）颁布关于二甘醇杂质的意见中，充分论证从甘油和聚乙二醇类及其类似原料中引入不超过 0.1% 二甘醇杂质时，其在化妆品中的存在是安全的。终产品的二甘醇检验结果符合此项要求
8	油醇聚醚 -30	二噁烷、二甘醇	二噁烷:《化妆品安全技术规范（2015 版）》"化妆品中有害物质限值"中"二噁烷"限值为 30mg/kg。终产品的二噁烷检验结果符合此项要求 二甘醇:根据欧盟化妆品产品规范，当二甘醇作为化妆品成分中的杂质出现在化妆品终产品中时，其含量应不大于 0.1%。欧洲消费者安全科学委员会（SCCS）颁布关于二甘醇杂质的意见中，充分论证从甘油和聚乙二醇类及其类似原料中引入不超过 0.1% 二甘醇杂质时，其在化妆品中的存在是安全的。终产品的二甘醇检验结果符合此项要求
9	N,N- 双（2- 羟乙基）对苯二胺硫酸盐	亚硝胺	亚硝胺:《化妆品安全技术规范（2015 版）》"表 7 化妆品准用染发剂"序号 57 项对"N,N- 双（2-羟乙基）-p- 苯二胺硫酸盐"的限制要求:不和亚硝基化体系一起使用；亚硝胺最大含量 50μg/kg；存放于无亚硝酸盐的容器内 根据所附原料规格证明以及原料在本品中的使用情况，该原料中亚硝胺含量符合限值要求。原料规格证明附后
10	2,4- 二氨基苯氧基乙醇盐酸盐	无	—
11	亚硫酸钠	无	—
12	异抗坏血酸（异 Vc）	无	—
13	鲸蜡基羟乙基纤维素	无	—
14	乙二胺四乙酸	无	—
15	（日用）香精	无	—

注:一.没有相关内容。

此外，该产品终产品的检验报告显示其铅、汞、砷、镉检验结果符合《化妆品安全技术规范》（2015 年版）"表 2 化妆品中有害物质限值"与其对应的指标要求。

显色敷用乳

配方号：1234-2

序号	原料标准中文名称	是否含有可能存在的安全性风险物质	备注
1	水	无	—
2	过氧化氢	无	—
	水	无	—
3	鲸蜡硬脂醇	无	—
4	磷酸	无	—
	水	无	—
5	硬脂醇聚醚 -20	二噁烷、二甘醇	二噁烷：《化妆品安全技术规范（2015 版）》"化妆品中有害物质限值"中"二噁烷"限值为 30mg/kg。终产品的二噁烷检验结果符合此项要求 二甘醇：根据欧盟化妆品产品规范，当二甘醇作为化妆品成分中的杂质出现在化妆品终产品中时，其含量应不大于 0.1%。欧洲消费者安全科学委员会（SCCS）颁布关于二甘醇杂质的意见中，充分论证从甘油和聚乙二醇类及其类似原料中引入不超过 0.1% 二甘醇杂质时，其在化妆品中的存在是安全的。终产品的二甘醇检验结果符合此项要求
6	水	无	—
	羟乙磷酸四钠	无	—

注：—.没有相关内容。

此外，该产品终产品的检验报告显示其铅、汞、砷、镉检验结果符合《化妆品安全技术规范》（2015 年版）"表 2 化妆品中有害物质限值"与其对应的指标要求。

六、风险控制措施或建议

本产品为淋洗类化妆品，适用于头发，使用频率为 1 次 / 月。

使用方法为：染发前戴上手套，并在肩上披上披肩，以免不慎沾到衣物在完成 48 小时皮肤过敏性测试后，将所有染发霜 1A 挤入显色敷用乳 1B 的瓶子中。将染发混合物全部涂抹完毕后，用手轻轻按摩头发至染发混合物均匀覆盖，停留 30 分钟。

产品安全警示语：头皮有过敏、炎症或破损，曾对染发产品有不良反应经历，曾对黑色海灵草刺青染料有过敏反应，请勿使用。

在染发过程中需佩戴合适手套；

使用本产品 48 小时前做皮肤过敏性测试（请按照盒内说明）；

请勿给 16 岁以下消费者使用。远离儿童放置；

请勿用本品染眉毛或睫毛；

如不慎入眼，请立即用清水冲洗。

避免与眼部接触。如不慎入眼，请立即用清水彻底冲洗；

染发结束后，彻底冲洗头发；

含过氧化氢、苯二胺类。

七、安全评估结论

本产品为淋洗类化妆品，适用于头发，使用频率为 1 次 / 月。

主要暴露方式为经皮吸收。根据产品的特性，对本产品的暴露评估考虑经皮途径。

通过对产品以下各方面的综合评估：

1. 各成分的安全评估结果显示，所有成分在本产品浓度下不会对人体健康产生危害；

2. 可能存在的安全性风险物质检测及评估结果显示，不会对人体健康产生危害；

3. 该产品微生物情况符合《化妆品安全技术规范》（2015 年版）和《化妆品注册和备案检验工作规范》（2019 年 第 72 号）有关要求；

4. 有害物质检测结果显示，该产品有害物质含量符合《化妆品安全技术规范》（2015 年版）有关要求；

5. 产品稳定性评估或测试结论；

6. 产品防腐效能评估或测试结论；

7. 产品包装相容性评估或测试结论；

8. 配方中各成分之间未预见发生有害的相互作用。

综上，认为该产品在正常及合理、可预见的使用条件下，不会对人体健康产生危害。

本企业履行相应产品质量安全义务，对产品安全性负主体责任，承诺遵循科学、公正、透明和个案分析的原则对产品安全性进行评估，对报告的科学性、准确性、真实性和可靠性负责。本报告是基于当前认知水平下，以现有科学数据和相关信息为基础进行的安全评估；当毒理学新发现或者上市后不良反应数据导致当前评估结果改变时，本报告会根据相关内容进行更新。

八、安全评估人员签名

评估人：

日期： 年 月 日

地址：

九、安全评估人员简历（略）

十、参考文献

［1］CIR（2012）. Safety Assessment of Alkyl PEG Ethers as Used in Cosmetics. IJT 31（Suppl. 2）: 169-244, 2012.

［2］CIR（1999）. Final Report on the Safety Assessment of Oleth-2, -3, -4, -5, -6, -7, -8, -9, -10, -11, -12, -15, -16, -20, -23, -25, -30, -40, -44, and -50. IJT 18（S2）: 17-24, 1999.

［3］国家食品药品监督管理总局，关于发布化妆品安全技术规范（2015 年版）的公告，2015 年第 268 号

［4］CIR（2015）. Safety Assessment of Ethanolamine and Ethanolamine Salts as Used in Cosmetics. IJT 34（Suppl.2）: 84-98, 2015.

［5］CIR（1983）. Final Report on the Safety Assessment of Triethanolamine, Diethanolamine, and Monoethanolamine. JACT 2（7）: 183-235, 1983.

［6］CIR（2006）. Annual Review of Cosmetic Ingredient Safety Assessments—2004/2005. IJT 25（Suppl. 2）: 1-89, 2006.

［7］CIR（1985）. Final Report on the Safety Assessment of Stearyl Alcohol, Oleyl Alcohol, and Octyl Dodecanol. JACT 4（5）: 1-29, 1985

［8］CIR（2008）. Annual Review of Cosmetic Ingredient Safety Assessments: 2005/2006. IJT 27（Suppl. 1）: 77-142, 2008.

［9］CIR（1988）. Final Report on the Safety Assessment of Cetearyl Alcohol, Cetyl Alcohol, lsostearyl Alcohol, Myristyl Alcohol, and Behenyl Alcohol. JACT 7（3）: 359-413, 1988.

［10］CIR Final Report（2021）. Safety Assessment of Polyquaternium-6 as Used in Cosmetics.

［11］CIR（2017）. Safety Assessment of Plant-Derived Fatty Acid Oils. IJT 36（Suppl. 3）: 51-129, 2017.

［12］CIR（2011）. Final Report on the Safety Assessment of Cocos nucifera（Coconut）Oil and Related Ingredients.IJT 30（Suppl. 1）: 5-16, 2011.

［13］CIR（1986）. Final Report on the Safety Assessment of Coconut Oil, Coconut Acid, Hydrogenated Coconut Acid, and Hydrogenated Coconut Oil. JACT 5（3）: 103-121, 1986.

［14］CIR（2005）. Annual Review of Cosmetic Ingredient Safety Assessments-2002/2003. IJT 24（Suppl. 1）: 1-102, 2005.

［15］CIR（1983）. Final Report on the Safety Assessment of PEG-2, -6, -8, -12, -20, -32, -40, -50, -100, and -150 Stearates. JACT 2（7）: 17-34, 1983.

［16］CIR（2012）. Final Report on the Safety Assessment of Alkyl PEG Ethers as Used in Cosmetics.IJT 31（Suppl. 2）: 169-244, 2012.

［17］CIR（1988）. Final Report on the Safety Assessment of Steareth-2, -4, -6, -7, -10, -11,

－13，－15，and －20. JACT 7（6）：881－910，1988.

［18］CIR Final Report（2009）. Amended Safety Assessment of Cellulose and Related Polymers as used in Cosmetics.

［19］CIR Final Report（2016）. Safety Assessment of Phosphoric Acid and Its Salts as Used in Cosmetics.

［20］CIR（2002）. Final Report on the Safety Assessment of EDTA，Calcium Disodium EDTA，Diammonium EDTA，Dipotassium EDTA，Disodium EDTA，TEA－EDTA，Tetrasodium EDTA，Tripotassium EDTA，Trisodium EDTA，HEDTA，and Trisodium HEDTA. IJT 21（Suppl.2）：95－142，2002.

［21］CIR（2002）. Final Report on the Safety Assessment of EDTA，Calcium Disodium EDTA，Diammonium EDTA，Dipotassium EDTA，Disodium EDTA，TEA－EDTA，Tetrasodium EDTA，Tripotassium EDTA，Trisodium EDTA，HEDTA，and Trisodium HEDTA. IJT 21（Suppl.2）：95－142，2002.

十一、附录（略）

第十节 洗发液

一、摘要

×××洗发露为淋洗类化妆品，适用于头发和头部，依据《化妆品安全评估技术导则》有关规定，对配方所用的水、月桂醇聚醚硫酸酯钠、椰油酰胺丙基甜菜碱、月桂酰谷氨酸钾、氯化钠、柠檬酸、硬脂酰胺丙基二甲胺、（日用）香精、柠檬酸钠、吡哆素盐酸盐、二棕榈酰羟脯氨酸、姜（ZINGIBER OFFICINALE）根提取物、硝酸镁、甲基氯异噻唑啉酮、氯化镁、甲基异噻唑啉酮等成分进行评估，对产品的有害物质和微生物等进行了检测，可能存在的二噁烷、二甘醇等风险物质进行评估。结果显示，该产品在正常、合理及可预见的使用情况下，不会对人体健康产生危害。

二、产品简介

1. 产品名称：×××洗发露

2. 产品使用方法：湿发后，将产品挤于手心，轻揉至产生泡沫，按摩清洁头皮；由发尾至发根温和揉搓秀发后，冲洗干净。

3. 日均使用量（g/d）：10.46*

4. 产品驻留因子：0.01

5. 暴露剂量（SED）＝日均使用量 × 驻留因子 × 成分在配方中百分比 × 经皮吸收率 ÷ 体重[#]

6. 安全边际（MoS）= NOAEL/ SED

注：* 日均使用量参考《THE SCCS NOTES OF GUIDANCE FOR THE ESTING OF COSMETIC INGREDIENTS AND THEIR SAFETY EVALUATION（12TH REVISION）》。

\# 经皮吸收率默认以 100% 计；体重一般为默认的成人体重（60 kg）。

三、产品配方

本配方中所使用的成分均已列入《已使用化妆品原料目录》或《化妆品安全技术规范》（2015 年版），产品配方见表 1。

表 1　产品配方表

序号	中文名称	INCI 名称	使用目的	在《已使用原料目录》中的序号	备注
1	水	WATER	清洁剂	06260	—
	月桂醇聚醚硫酸酯钠	SODIUM LAURETH SULFATE		08336	—
2	水	WATER	溶剂	06260	—
3	水	WATER	清洁剂	06260	—
	椰油酰胺丙基甜菜碱	COCAMIDOPROPYL BETAINE		07555	—
4	月桂酰谷氨酸钾	POTASSIUM LAUROYL GLUTAMATE	清洁剂	08408	—
5	氯化钠	SODIUM CHLORIDE	增稠剂	04517	所填添加量为典型值
6	柠檬酸	CITRIC ACID	pH 调节剂	04849	所填添加量为典型值
7	水	WATER	pH 调节剂	06260	所填添加量为典型值
	柠檬酸钠	SODIUM CITRATE		04856	所填添加量为典型值
8	硬脂酰胺丙基二甲胺	STEARAMIDOPROPYL DIMETHYLAMINE	发用调理剂	08051	—
9	（日用）香精	FRAGRANCE	芳香剂	08782	—
10	吡哆素盐酸盐	PYRIDOXINE HCL	发用调理剂	01321	—
11	二棕榈酰羟脯氨酸	DIPALMITOYL HYDROXYPROLINE	发用调理剂	02255	—

续表

序号	中文名称	INCI 名称	使用目的	在《已使用原料目录》中的序号	备注
12	水	WATER	发用调理剂	06260	—
	姜（ZINGIBER OFFICINALE）根提取物	ZINGIBER OFFICINALE（GINGER）ROOT EXTRACT		03388	—
13	水	WATER	防腐剂	06260	
	硝酸镁	MAGNESIUM NITRATE		07081	原料带入物
	甲基氯异噻唑啉酮	METHYLCHLOROISO-THIAZOLINONE		03313	—
	氯化镁	MAGNESIUM CHLORIDE		04515	原料带入物
	甲基异噻唑啉酮	METHYLISOTHIA-ZOLINONE		03333	

注：—.没有相关内容。

四、配方中各成分的安全评估

表 2 各成分的安全评估

序号	中文名称	含量（%）	评估结论	参考文献
1	水	74.92589	本产品使用的水符合国家饮用水标准，无安全风险	—
2	月桂醇聚醚硫酸酯钠	12	CIR 评估结论为：在不引起配方刺激性时，该原料在化妆品中的使用是安全的。CIR 报告中最高使用浓度为 50%，本配方中使用浓度为 12%。本配方中添加量在 CIR 评估的安全用量以内。由于 CIR 存在刺激性限制条件，对配方刺激性做出评估如下：配方的皮肤刺激性通过 30 位受试者 24 小时封闭斑贴的人体单次斑贴试验确认，受试配方（1% 稀释的洗发露）未引起皮肤刺激。配方的眼刺激性通过离体鸡眼试验（OECD TG 438）确认。受试配方（1% 稀释的洗发露）在试验条件下造成的眼刺激相关效应（角膜肿胀、角膜透明度、荧光素酶保留）轻微，实验结果为无分类，配方眼刺激风险低。综上所述，该成分在本产品中的应用风险在可接受范围内	Final Report of the Amended Safety Assessment of Sodium Laureth Sulfate and Related Salts of Sulfated Ethoxylated Alcohols. International Journal of Toxicology 2010, Vol. 29（Supplement 3）151S–161S

379

序号	中文名称	含量（%）	评估结论	参考文献
3	椰油酰胺丙基甜菜碱	4.5	CIR 评估结论为：在不引起配方致敏性时，该原料在化妆品中的使用是安全的。CIR 报告中最高使用浓度为11%。本配方中添加量在 CIR 评估的安全用量以内。该成分在本企业已有 3 年使用历史。相关产品 xx 洗发露（国妆网备进字 ××××），上市时间超过 3 年，累计出厂量超过30000 件。产品的使用部位和使用方法与本产品相似，均为洗发露。该成分在以上产品中的浓度为4.5%，相关产品引起的不良反应经分析，不涉及该成分的使用安全。本产品添加量为4.5%，不超过历史使用浓度，预期不会产生致敏性。综上所述，该成分在本产品中的应用风险在可接受范围内	Final Report of the Cosmetic Ingredient Review Expert Panel on the Safety Assessment of Cocamidopropyl betaine (CAPB). International Journal of Toxicology 2012, Vol. 31（Supplement 1）77S–111S ×× 洗发露（国妆网备进字 ××××）的行政许可批件、产品上市证明和不良反应监测情况说明
4	月桂酰谷氨酸钾	4	2017 年美国化妆品原料评价委员会（CIR）对氨基酸烷基酰胺类物质的评估结论为：在不引起配方刺激性时，原料在化妆品中的使用是安全的。其中，月桂酰谷氨酸钾于淋洗类产品中无报道最大使用浓度。该评估报告指出，未纳入本报告中使用浓度的氨基酸烷基酰胺类物质，可参考本组相似的已报道使用量于同类产品中添加。本原料可参考月桂酰谷氨酸钠淋洗类产品的最高使用浓度40%。由于 CIR 存在刺激性限制条件，对配方刺激性做出评估如下：配方的皮肤刺激性通过 30 位受试者 24 小时封闭斑贴的人体单次斑贴试验确认，受试配方（1% 稀释的洗发露）未引起皮肤刺激。配方的眼刺激性通过离体鸡眼试验（OECD TG 438）确认，受试配方（1% 稀释的洗发露）在试验条件下造成的眼刺激性相关效应（角膜肿胀、角膜透明度、荧光毒酶保留）轻微，实验结果为无分类，配方眼刺激风险低。综上所述，该成分在本产品中的应用风险在可接受范围内	CIR, Safety Assessment of Amino Acid Alkyl Amides as Used in Cosmetics. International Journal of Toxicology 2017, Vol. 36（Supplement 1）17S–56S
5	氯化钠	2	本配方中的添加量低于已获批准产品中最高历史使用量（全身皮肤淋洗类3%），原料在本产品中的应用风险在可接受范围之内	《已上市产品原料使用信息》

序号	中文名称	含量（%）	评估结论	参考文献
6	柠檬酸	1	符合《化妆品安全技术规范》化妆品限用组分（表3，序号37）规定	《化妆品安全技术规范》（2015年版）
7	硬脂酰胺丙基二甲胺	0.5	CIR评估结论为：在不引起配方致敏性时（可依据定量风险评估确定），该成分在化妆品中的使用是安全的。CIR报告中最高使用浓度为3%。本配方中使用浓度为0.5%。本配方中添加量在CIR评估的安全用量以内。由于CIR存在致敏性限制条件，对致敏性做出评估如下：根据CIR报告中该原料的皮肤致敏数据，在四次人体重复激发斑贴试验（HRIPT）中未观察到皮肤致敏的证据，在小鼠局部淋巴结（LLNA）试验和Buehler豚鼠试验中均观察到皮肤致敏潜力，根据LLNA试验结果获得NESIL为$1000\mu g/cm^2$。洗发露产品的局部暴露量 = 日均使用量 × 驻留因子 / 皮肤表面积 $=10.46g × 0.01/1440cm^2=72.6\mu g/cm^2$。CEL= 产品的局部暴露量 × 成分在产品中的浓度 $=72.6\mu g/cm^2 × 0.5\%=0.363\mu g/cm^2$。$AEL=NESIL/SAF=1000\mu g/cm^2/100=10\mu g/cm^2$。洗发露产品中硬脂酰胺丙基二甲胺的定量风险评估 $AEL/CEL=10/0.363 > 1$，根据《化妆品安全评估技术导则》，无皮肤致敏风险。综上所述，该成分在本产品中的应用风险在可接受范围内	Safety Assessment of Fatty Acid Amidopropyl Dimethylamines as Used in Cosmetics. International Journal of Toxicology 2019，Vol. 38（Supplement 1）39S–69S
8	（日用）香精	0.5	其使用符合国际日用香料香精协会（IFRA）要求	—
9	柠檬酸钠	0.45	符合《化妆品安全技术规范》化妆品限用组分（表3，序号37）规定	《化妆品安全技术规范》（2015年版）
10	吡哆素盐酸盐	0.1	本配方中的添加量低于已获批准产品中最高历史使用量（全身皮肤驻留类0.25%），原料在本产品中的应用风险在可接受范围之内	《已上市产品原料使用信息》

序号	中文名称	含量（%）	评估结论	参考文献
11	二棕榈酰羟脯氨酸	0.01	洗发露产品中二棕榈酰羟脯氨酸的暴露剂量（SED）= $10.46g \times 0.01 \times 0.01\% \times 1 \times 1000000\mu g/g/60 = 0.174\mu g/（kg \cdot d）$ 该成分化学结构明确，暴露量低，系统毒理学研究数据缺乏，不属于毒理学关注阈值 TTC 方法不适用的化学物质，根据《毒理学关注阈值（TTC）方法应用技术指南》，采用 TTC 方法对其进行评估。二棕榈酰羟脯氨酸在细菌回复突变试验和体外染色体畸变试验中均为阴性，该物质为非 DNA 反应性致突变物/致癌物。使用分类软件 Toxtree 分析，二棕榈酰羟脯氨酸属于 Cramer Ⅲ 类物质，毒理学关注阈值为 $2.3\mu g/（kg \cdot d）$。洗发露产品中二棕榈酰羟脯氨酸的暴露剂量小于 Cramer Ⅲ 类物质的毒理学关注阈值，该成分在本产品中的应用风险在可接受范围内 根据 ECHA 数据库中发布的毒理学数据，该原料在家兔皮肤刺激性试验中不具有皮肤刺激性，未稀释的原料在家兔眼刺激性试验中结果为中度刺激性。配方的眼刺激性通过离体鸡眼试验（OECD TG 438）确认。受试配方（1% 稀释的洗发露）在试验条件下造成的眼刺激相关效应（角膜肿胀、角膜透明度、荧光素酶保留）轻微，实验结果为无分类，配方眼刺激风险低。综上所述，原料在本产品中的应用风险在可接受范围之内	《毒理学关注阈值（TTC）方法应用技术指南》 ECHA 数据：https://echa.europa.eu/registration-dossier/-/registered-dossier/20945/7/4/1
12	硝酸镁	0.008	本配方中的添加量低于已获批准产品中最高历史使用量（全身皮肤淋洗类 0.0178%），原料在本产品中的应用风险在可接受范围之内	《已上市产品原料使用信息》

序号	中文名称	含量（%）	评估结论	参考文献
13	姜（ZINGIBER OFFICINALE）根提取物	0.0053	CIR 评估结论为：在不引起配方致敏性时，该成分在化妆品中的使用是安全的。CIR 报告中最高使用浓度为 0.22%。本配方中使用浓度为 0.0053%。本配方中添加量在 CIR 评估的安全用量以内。由于 CIR 存在致敏性限制条件，对致敏性做出评估如下：根据 CIR 报告中该成分的皮肤致敏数据，含 12～17% 姜（ZINGIBER OFFICINALE）根提取物的原料在 DPRA 和 KeratinoSens™ 试验（OECD TG 442D）中结果均为阴性。根据《皮肤致敏性整合测试与评估策略应用技术指南》，综合 3 选 2 试验结果，DPRA 和 KeratinoSensTM 结论一致，不在阈值边界范围内，判定该成分无皮肤致敏性危害 此外，供应商数据显示稀释到 2.5% 的该成分在 HRIPT 试验（100 位受试者和封闭斑贴条件）中未见皮肤致敏性。综上所述，该成分在本产品中的应用风险在可接受范围内	Safety Assessment of Zingiber officinale（Ginger）-Derived Ingredients as Used in Cosmetics. Final Report（released on January 9, 2023）available from CIR.《皮肤致敏性整合测试与评估策略应用技术指南》
14	甲基氯异噻唑啉酮	0.000405	符合《化妆品安全技术规范》化妆品准用防腐剂（表4，序号32）规定	《化妆品安全技术规范》（2015 年版）
15	氯化镁	0.000272	本配方中的添加量低于已获批准产品中最高历史使用量（全身皮肤淋洗类 0.0014%），原料在本产品中的应用风险在可接受范围之内	《已上市产品原料使用信息》
16	甲基异噻唑啉酮	0.000135	符合《化妆品安全技术规范》化妆品准用防腐剂（表4，序号32）规定	《化妆品安全技术规范》（2015 年版）

注：①本品为淋洗类产品，根据人体暴露，出现皮肤光毒性和光变态反应性的可能性极低，在安全评估中无需考虑。

②—.没有相关内容。

五、可能存在的风险物质评估

本产品按照《化妆品安全评估技术导则》和《化妆品风险物质识别与评估技术指导原则》的要求，基于当前科学认知水平，对可能由化妆品原料带入、生产过程中产生或带入的风险物质进行评估，结果表明：

本产品的生产符合国家相关法律法规，对生产过程和产品包装材料进行严格的管理和控制。

产品中可能存在的安全性风险物质是技术上无法避免、由原料带入的杂质。残留的微量杂质在正常合理使用条件下不会对人体健康造成危害。产品安全性风险物质危害识别见表3。

表3　化妆品中安全性风险物质危害识别表

标准中文名称	可能含有的风险物质	备注
水	无	—
月桂醇聚醚硫酸酯钠	二噁烷、二甘醇	二噁烷：化妆品终产品中二噁烷的残留浓度应符合《化妆品安全技术规范（2015版）》第一章《概述》中表2"化妆品中有害物质限值"的要求，即二噁烷的残留浓度应不得超过30mg/kg。本产品中二噁烷的残留浓度符合该要求。终产品二噁烷的检验报告见行政许可检测报告 二甘醇：2013年欧盟在其官方公报上发布法规（EC）No 344/2013，对化妆品法规（EC）No 1223/2009的附录进行修订。（EC）No 344/2013法规明确规定，二甘醇为化妆品禁用物质，浓度不超过0.1%时，其在化妆品中的存在是安全的。经检测，本产品中二甘醇的残留浓度符合要求。终产品二甘醇的检验报告附后
椰油酰胺丙基甜菜碱	无	—
月桂酰谷氨酸钾	无	—
氯化钠	无	—
柠檬酸	无	—
硬脂酰胺丙基二甲胺	无	—
（日用）香精	无	—
柠檬酸钠	无	—
吡哆素盐酸盐	无	—
二棕榈酰羟脯氨酸	无	—
硝酸镁	无	—
姜（ZINGIBER OFFICINALE）根提取物	无	—
甲基氯异噻唑啉酮	无	—
氯化镁	无	—
甲基异噻唑啉酮	无	—

注：—.没有相关内容。

此外，该产品的检验报告显示其铅、汞、砷、镉检验结果符合《化妆品安全技术规范》（2015 年版）"表 2 化妆品中有害物质限量"的限值要求。

六、风险控制措施或建议

本产品为洗发露（淋洗类化妆品），涂抹于头发和头部。

本产品无需标注警示用语。

七、安全评估结论

本产品为洗发露（淋洗类化妆品），涂抹于头发和头部。主要暴露方式为经皮吸收，根据产品的特性，对本产品的暴露评估仅考虑经皮途径。

通过对产品以下各方面的综合评估：

1. 各成分的安全评估结果显示，所有成分在本产品浓度下不会对人体健康产生危害；

2. 可能存在的安全性风险物质检测及评估结果显示，不会对人体健康产生危害；

3. 该产品微生物情况符合《化妆品安全技术规范》（2015 年版）和《化妆品注册和备案检验工作规范》（2019 年 第 72 号）有关要求；

4. 有害物质检测结果显示，该产品有害物质含量符合《化妆品安全技术规范》（2015 年版）有关要求；

5. 产品稳定性评估或测试结论；

6. 产品防腐效能评估或测试结论；

7. 产品包装相容性评估或测试结论；

8. 配方中各成分之间未预见发生有害的相互作用。

综上，认为该产品在正常及合理、可预见的使用条件下，不会对人体健康产生危害。

八、安全评估人员签名

评估人：

日期：

地址：

九、安全评估人员简历（略）

十、附录（略）

第十章
企业建立安全评估体系的经验分享

化妆品产品安全不仅是企业赢得消费者信任和树立品牌形象的关键，也是企业履行社会责任、保障消费者健康的重要手段。随着科学技术的不断进步和消费者对产品安全性要求的提高，建立全面、科学的化妆品安全评估体系显得尤为重要。企业作为化妆品安全的主体和第一责任人，应当切实履行自身职责，保障化妆品安全，以维护消费者的合法权益和社会公共利益。化妆品的安全性不是通过准备产品安全评估报告来保障的，而是通过从原料端到产品端的全链条质量管理以及全生命周期的安全评估体系实现，产品安全评估报告是其体现形式。企业应当结合自身运行的现状和特点，构建科学的化妆品安全评估体系，将安全评估理念引入从研发、生产到上市的产品全生命周期管理中，确保每一个环节都符合安全标准。最终，安全评估体系需要与质量管理体系紧密结合，建立起规范的企业的标准化工作流程和标准操作规程体系，真正保证产品的安全。另外，企业可利用自身安全评估体系完成安全评估报告的编写，也可以委托专业机构完成，达到合规的目的。

本章将分享企业在建立全生命周期安全评估体系方面的经验，探讨如何通过从原料端到产品端的全链条质量管理，构建科学的化妆品安全评估体系，真正保证产品的安全。通过本章的学习，读者将能够掌握企业在构建安全评估体系方面的实用经验和方法，为企业提供有力支持，引领行业未来的发展。

第一节　建立产品全生命周期安全评估体系的意义

企业作为化妆品安全的主体和第一责任人，应当切实履行自身职责，保障化妆品安全，以维护消费者的合法权益和社会公共利益。这不仅是《化妆品监督管理条例》等相关法律法规的安全要求，也是企业对品牌和消费者负责的态度。化妆品的安全性，并不是简单地由一份产品安全评估报告来保障，而是通过从原料端到产品端的全链条质量管理。企业应当结合自己企业运行的现状和特点，构建科学的化妆品安全评估体系，将化妆品原料和产品安全评估的理念引入产品从研发、生产到上市的全生命周期管理中。最终，安全评估体系需要恰当和质量管理体系结合，才能真正保证产品的安全。

构建化妆品全生命周期的安全评估体系，重点需要关注以下内容：建立企业安全评估基础数据库；专业安全评估人才的能力培养；进一步深化理解和实践安全评估的新方法和理念；加强行业的沟通和资源利用；结合研发和质量管理架构，对化妆品进行全生命周期的风险管理。

根据企业的规模大小以及目标愿景，结合现状分阶段的构建化妆品安全评估体系。其中围绕原料和配方的管理以及安全评估建立产品开发流程以及构建企业架构为基础保障，没有好的原料和配方管理，安全评估也无从谈起。

再就是安全评估人员能力的构建以及人才的储备，化妆品安全评估是一个技术相对比较专业的岗位，需要既有专业基础知识，也需要有一定时间行业实践经验的人员，因此需要提前开始培养。在企业没有合适安全评估人才时，寻求第三方机构专业人员的服务也可以为企业解燃眉之急。需要注意的是，只有安全评估人员而没有建立产品开发流程以及构建企业架构，是不能对化妆品进行全生命周期的风险管理的。对于一些规模较大具有一定实力的企业，也可以进一步开展对安全评估技术以及替代方法的进一步研究，和最新的国际方法接轨，从而保障产品未来在国际市场的竞争力，进而可以开展新技术方法的研究和验证，推动安全评估技术的发展和革新，引领行业发展。

创建产品的开发流程需要考虑化妆品产品研发的特点。我们知道化妆品属于快消品，上市产品迭代速度快，以满足消费者不断迅速变化的需求和偏好。因此，化妆品的研发特点是需有时效性，需要整个研发时间快速可控，这样才能保障产品上市后依然畅销。除了一般产品对有效性和质量安全的基本要求外，很多企业还积极响应环境保护，实施可持续发展的理念，对原料的选择和产品的工艺有更高的要求。此外，相较于其他产品，化妆品很大的不同点在于消费者的感官体验，从而对产品的香味、质地、颜色、包装等有很多要求，增加了研发的困难。往往经过快速的多轮改进，消费者方能从产品中获得期望的情绪价值。化妆品的产品特点就决定了其开发流程较为独特，兼具了科学性、艺术性和时效性。甚至很多的化妆品早期开发就关注于如何利用科学来解释消费者的情绪价值需求，从而能够利用客观科学指标来更有效地指导产品研发。

根据化妆品的特点，其产品开发，一般从市场调研开始，明确需要开发的产品的概念和定位，再据此进行配方设计，并开展多种感官和有效性测试，用于配方的验证和修改，同时也对产品的包装进行设计和开发，选择既能便于使用又能贴合产品定位和概念的包装，增加产品的体验感。当确认产品符合最初的开发概念和定位后，投入生产。在整个开发过程中，不管是质量管理还是安全评估，都必须贯穿开发始终，并有效结合，这样才能即保障产品质量安全，又不会影响产品开发的时效性，产品准时进入市场被消费者使用。因此，如图 10-1 所示，原料的安全评估应当在概念开发阶段就应当开始开展，对概念开发中需要使用到的关键原料进行评估，从而尽量保证在产品开发后期不会出现原料安全性问题而导致原料的放弃及配方的修改。由于化妆品研发的特点，在配方设计阶段会不断地进行测试和调整，为了减少后续开发的风险，产品的稳定性、包装相容性和防腐有效性也会在一些关键节点进行评估。这些关键节点一般是根据企业的研发流程和自身特点而确定的，在节点之后，为了保证产品按时上市，一般只能对配方在不影响 3 个评估结果的基础上进行微调。按照这个相对标准的流程，产品出现上述 3 个质量问题的风险也很小，避免了在产品研发的末期由于质量问题而需要重新调整配方，浪费了研发资源，更延长了研发时间，可能导致错过产品上市时间。此外，由于化妆品的产品特点，尤其是多色号的彩妆和发用产品，可以选择典型配方在研发过程中进行测试，来达到对整个项目质量控制的目的。最后，当最终的配方确定时，可以根据产品类型的风险、原料的评估情况、相关的测试结果，确认产品的使用指导和警示语，来指导产品标签和说明书的设计，以及利用相关渠道进行普及和宣传产品正确的使用方法。

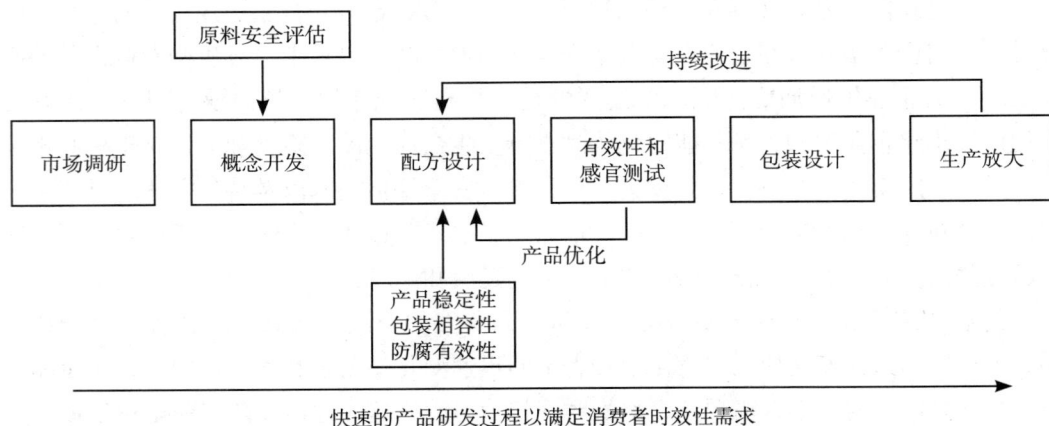

图 10-1　包含安全评估的化妆品研发流程

整个全生命周期的安全评估，包括以下几个关键单元：原料的安全评估，配方的安全评估，必要的产品测试，产品的稳定性、包装相容性和防腐有效性评估，产品上市后不良反应监测。这些单元构成了安全评估和产品研发的闭环，体现了风险评估理念。产品上市并不是安全评估的结束，而是一个新的开始。不良反应监测工作的结果，可以为产品研发提供更多的产品和原料的耐受性信息，这些信息可以在新的项目指导配方设计，提高新产品的耐受性，增加消费者的体验感。同时如果产品上市后不良反应监测结果预示产品有可能存在安全性问题，还需要决定是否对该上市产品采取措施，包括：增加产品警示语和使用指导，修改产品配方，召回产品等，以保证终端消费者使用产品的安全性。

我们说全生命周期的安全评估，始于原材料的控制和评估，持续跟踪配方的研发和改进过程，并通过不同的测试和评估，来保证配方质量符合要求。产品的合规性也是一个重要的评估组成部分，最后形成产品的安全评估报告，并支持产品上市。产品上市后继续持续追踪不良反应相关信息，并将结果反馈于研发部门，指导新的原料和产品的安全评估，从而实现全生命周期的产品安全评估，图 10-2 提供了一个全生命周期安全评估示例。企业的产品研发可以围绕这个全生命周期产品安全评估来构建流程和关键控制点，从而保证整个架构的高效运转和产品的有效安全。

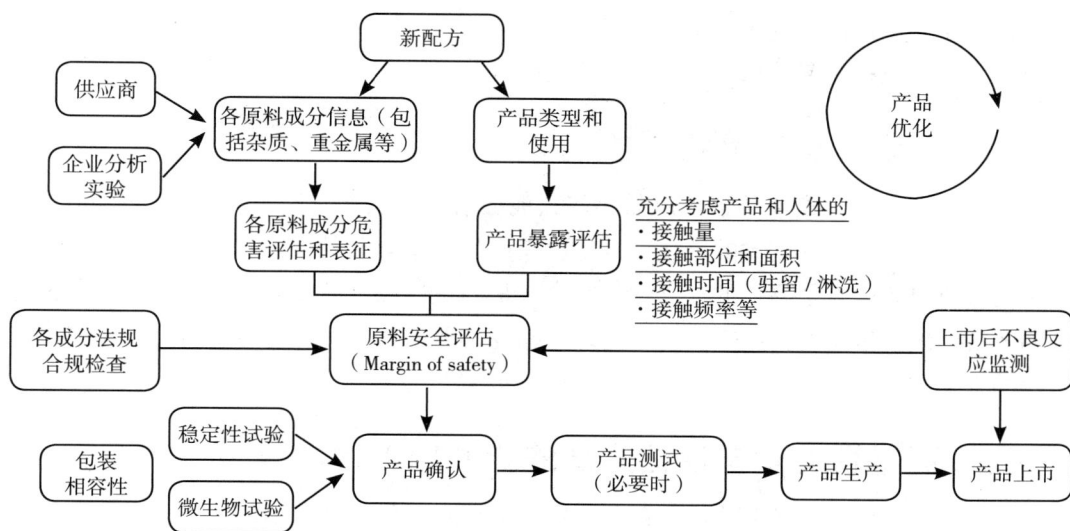

图 10-2　全生命周期产品安全评估示例

第二节　构建安全评估体系的关键点

产品安全的践行依靠的并非一份安全评估报告，或若干安全评估人员，而是安全评估理念下的安全体系的构建。在当今日益关注产品安全的社会环境中，可靠、高效、可持续的安全评估体系对化妆品企业的长期发展和品牌形象至关重要。需要强调的是，企业可结合自身特点和实际情况，综合施策，探索适合自身发展的安全体系并恰当地和自身质量管理体系结合，科学开展化妆品安全评估，保证产品的安全。根据已有的一些企业经验，构建安全评估体系时可以考虑以下几方面。

一、产品安全应作为企业核心价值和经营理念的重要组成

产品安全是化妆品企业的生命线，它不仅守护着消费者的健康，更是企业声誉的基石，还会为企业带来长远利益，增强创新能力和市场竞争力。安全是衡量产品质量的首要标准，任何产品无论其他特性多么突出，一旦安全不达标，便无法跻身高质量之列，无法被认为是好产品。安全问题可能引发对消费者健康的风险，损害品牌的声誉，甚至威胁到企业的利益和可持续发展。确保产品安全是企业对消费者权益的坚定承诺，它能够预防潜在的危害，维护消费者的健康权益，体现出企业对消费者负责任的态度和价值观。产品安全直接关系到企业的声誉和消费者对企业的信任。当企业将安全放在首位，确保产品的安全性和可靠性，便能赢得消费者的信任和支持。安全和质量是构建卓越品牌的两个重要支柱，企业依托高质量建立品牌的信誉和创新、竞争优势，赢得消费者的认可和忠诚度。因此，化妆品企业应该把产品安全作为核心价值和经营理念的重要组成

部分，把安全文化作为企业文化的一部分，这样才能真正提高从高层管理到基层员工对安全质量的认识和理解，每个人都对安全质量负起责任。

二、保证安全决策独立性

在组织架构上，安全评估部门需要与其他部门保持独立，直接向高级管理层汇报，确保安全决策不受其他利益的干扰，真实反映产品的安全情况，并对有安全担忧的产品及时终止或更改。安全评估的独立性是安全评估公正性和可信度的前提，继而以科学数据和客观标准为依据，得出安全评估的结论。在必要的时候，开启再评估，保证评估以迭代的方式进行。

三、促进企业安全评估人员的能力培养和提升

企业可以设置自己的安全评估岗位，甚至创建自己的安全评估团队，把安全评估紧密纳入本企业的研发、生产、销售等各个环节。安全评估人员由具备专业知识和经验的专业人员组成，负责评估产品的安全性，对产品安全提出建议，对产品研发提出安全指导。企业应致力于安全评估人员的能力培养和持续发展，以确保他们具备必要的专业知识和技能，胜任工作职责；保持对最新科学研究、法规变化和行业趋势的了解，不断拓宽视野，提升在安全评估领域的专业能力，提高专业素养和技能水平；并在合适的条件下，参与前沿性科学研究和技术开发，与相关科研机构合作，广泛听取专家意见，为未来新方法、新技术的突破和应用夯实基础。安全评估人员不仅要提供日常产品安全评估技术支持，合规支持，也承担引入和探索新安全评估方法的职责，这种兼具工作需要和注重个人成长的培养模式以及梯队的建设，才能人尽其用，保持可持续发展。人是安全评估的关键，是软实力，安全评估人员的能力和素养，是安全评估是否可靠的关键。

四、处理好安全和合规的关系

安全和合规是相互依存，相辅相成的概念。产品安全是法律法规的重要组成，安全是合规的基础，安全评估支持合规要求的实现。安全和合规共同保护消费者权益，并共同塑造企业形象。安全评估的目标是利用科学的方法确保产品在使用过程中对消费者不造成健康危害。合规性是指产品符合适用法规和标准的要求。在实践过程中，二者也确实存在着一些区别，所以企业需要在保证产品安全的同时，按照法规的具体要求进行合规操作。此外，安全评估以及合规工作并不是孤立的，需要和研发、生产、质量管理等部门紧密合作，将安全和合规切实落实到最终的产品中，为消费者提供安全可靠的产品。

第三节　安全评估工作流程和标准操作规程

为保证公司的产品安全文化和产品责任能够平稳落地，需要根据公司的组织架构、人员配置等建立起各种切实可行、透明的、并将责任贯穿于整个产品生命周期的一系列工作流程和配套的标准操作规程，和公司的质量管理体系紧密地结合起来。

一、安全评估标准流程建设

产品安全始于高品质的原料和可靠的研究数据，以及包括对原料和成品进行评估和测试的安全审查流程。具体流程包括：在开发产品之前，毒理学家或安全人员会评估所有成分的安全性，确定安全性之后才能将其用于公司的产品开发；回顾最新的同行评审科学研究，并参考全球各权威机构发布的化学品安全评估信息；遵守所有有关成分使用的法规限制。法规事务团队会跟踪法律法规的变化，研发科学家会监测最新的科学研究成果。以保证公司生产和销售的所有产品均可安全使用，并符合法规要求。为了确保产品安全并符合全球对于减少动物测试和 3R 原则的理念，优先选择使用非动物测试方法。

为完成原料的安全评估，需要公司原料管理团队、研究和创新团队产品安全和毒理、质量控制和分析、微生物安全、功效和宣称、全球产品法规等的多个部门密切合作。合作流程要在公司用统一的管理系统上实现，全球所有关于原料和产品相关的质量安全数据都在研究开发系统中进行统一管理，以达到多部门协同高效、集中、方便的目的。

产品开发完成后，通过完善且强大的三步流程来满足最高安全标准，该流程会审查每种产品的设计和开发，包括审查产品中每种原材料的安全性和合规性。在投放市场之前评估配方，以确保它们符合公司的安全标准；这可能包括体外和人体测试。通过消费者的持续反馈来监控产品安全性能。需要说明的是虽然同一产品在全球不同的国家和地区上市，但是产品的安全标准是全球统一的。除此以外，产品及其成分遵守各上市所在地的不同法规要求，确保公司对产品安全以及合规的总体承诺。公司致力于销售安全的产品，并努力确保产品和包装符合全球政府、监管机构和科学机构提出的标准，以及公司自己设定的更高的质量保证标准。

二、安全评估标准操作规程的建设

标准操作规程或标准作业程序（Standard Operating Procedure，SOP），是一种记录下来的指导说明，概述了组织内执行任务或流程所需的具体步骤。实际执行过程中，SOP 的核心是操作层面的程序，是可执行的，不流于形式，对于现代化企业的管理来讲，SOP 就是管理体系的一部分。这些规程旨在确保安全评估相关操作的一致性，提高整体绩效，并保证产品质量和安全评估标准。

SOP 文档对员工而言是宝贵的资源，通过提供清晰的执行任务指导，帮助他们有效地完成工作。SOP 的主要优势是提质增效，减少资源的浪费，获得操作的稳定性。充分地参考 SOP 文档，员工可以在需要指导或员工培训时查阅，以准确地执行自己的职责，避免失误与疏忽，在组织内促进有效的知识管理。通过记录关键的操作信息，SOP 文档确保重要的知识被捕捉、更新和获取，以应用于日常工作流程和任务。这些文档为员工提供了参考指南，使他们能够准确地执行自己的职责。此外，SOP 文档在组织内促进了知识共享的文化。通过以结构化的方式保存关键的组织信息，它们可以防止员工离职或转岗时的知识流失。新员工可以轻松访问 SOP 文档和资料，了解已建立的流程和程序，使他们能够快速适应并有效地做出贡献。

公司根据需要，制定相应的 SOP。不是任何操作都是 SOP，SOP 一定是经过不断实践总结出来的在当前条件下可以实现的最优化的操作程序设计。且 SOP 不可能是单个的，必然是一个整体和体系。为顺利推进安全评估，一般需要关于原料安全评估、产品安全评估、产品安全测试、安全评估报告编制、上市后不良反应监测、产品再评估等各种任务的 SOP 体系。

这些 SOP 也包括指导如何执行各种 GxP 要求。GxP 是指监管企业实现"良好质量管理规范"的各种法规和准则。GxP 中的 x 泛指在开发、生产和分销产品过程中使用的各种质量管理规范，例如良好生产质量管理规范（GMP）、良好临床质量管理规范（GCP）、良好实验室质量管理规范（GLP）、良好经营质量管理规范（GSP）等。GxP 法规由不同的行业特定监管机构来定义，例如，国家药品监督管理局、美国的食品药品监督管理局（FDA）、欧洲的欧洲药品管理局（EMA）、英国药品与保健产品监管局（Medicines and healthcare products regulatory agency，MHRA）和日本的药品与医疗器械管理局（PMDA）等。因此，每个国家或地区可能都有自己的一套 GxP 法规和准则。具体的 GxP 标准可以在政府机构的法规和指南（例如《联邦食品、药品和化妆品法》）以及行业最佳实践框架中找到。由于化妆品产品是销售到全球市场的，因此，要制定相应的 SOPs，满足各个国家、地区或者行业等的相关要求。在这些 GxP 中，良好文档管理规范（Good Documentation Practice，GDP）也是非常重要的。与本规范有关的每项活动均应有记录，以保证产品生产、质量控制和质量保证等活动可以追溯。记录应留有填写数据的足够空格。记录应及时填写，内容真实，字迹清晰、易读，不易擦除。应尽可能采用生产和检验设备自动打印的记录、图谱和曲线图等，并标明产品或样品的名称、批号和记录设备的信息，操作人应签注姓名和日期。记录应保持清洁，不得撕毁和任意涂改。记录填写的任何更改都应签注姓名和日期，并使原有信息仍清晰可辨，必要时，应说明更改的理由。记录如需重新誊写，则原有记录不得销毁，应作为重新誊写记录的附件保存。如使用电子数据处理系统、照相技术或其他可靠方式记录数据资料，应有所用系统的操作规程；记录的准确性应经过核对。使用电子数据处理系统的，只有经授权的人员方可输入或更改数据，更改和删除情况应有记录；应使用密码或其他方式来控制系统的登录；关键数据输入后，应由他人独立进行复核。

　　根据需要公司也可以制定其他工作指南来规范安全评估中的具体工作。例如为了使安全评估过程中专家判断过程一致性更好，可以为需要专家判断的工作制定相应的工作指南，包括决策树等。这些工作指南包括但不限于各毒理学终点评估工作指南（如皮肤刺激性评估指南、皮肤致敏性评估指南、遗传毒性评估指南等）和评估技术使用指南（如交叉参照应用指南、安全使用历史评估应用指南等）。

　　需要强调的是标准操作规范 SOP 体系与开发和使用新的先进评估技术并不矛盾。公司应积极进行新先进评估技术的开发和验证工作，然后及时动态更新相关 SOP 和工作指南。

第四节　注册备案人对受托方安全评估报告的审核要素

　　完整版安全评估报告的编写涉及许多毒理学和风险评估领域的专业知识，同时我国有明确和详细的安全评估技术的法规要求，因此完整版安全评估报告的编写对许多注册备案人来说是一个新的能力建设。《化妆品监督管理条例》规定注册备案人可自行或委托专业机构开展安全评估，《化妆品安全评估资料提交指南》要求产品申请注册或进行备案前应当按照《安评导则》及相关技术指导文件的原则和要求自行或委托专业机构开展安全评估，形成化妆品安全评估报告。考虑到安全评估报告对产品安全把控的重要性和注册备案的合规性要求，注册备案人委托专业第三方机构完成安全评估报告编写是完善安全评估能力建设的有效方案之一，短期内可以解决部分企业缺少具备专业知识的安全评估人员和缺乏实践经验的问题。另外，委托第三方机构完成安全评估报告也能解决注册备案人的安全评估人员在新产品上市比较集中时不能及时完成报告编写，导致产品上市延期的风险，以及境外注册备案人的安全评估专家对中国安全评估法规和指南要求不太了解的困难。

　　注册备案人在委托第三方机构完成安全评估报告编写时，对安全评估报告的质量的主体责任没有发生改变。为了落实注册备案人的主体责任，注册备案人可以配备具有一定专业知识并且了解法规要求的安全评估责任人。安全评估的专业知识和法规要求可以通过参加相关培训获得，人员可以是新招募的有毒理学知识背景的员工，也可以是有相关知识背景的法规人员或研发人员等。质量安全负责人或安全评估责任人会承担第三方机构的选择，并在安全评估过程中和第三方机构进行密切沟通和交流，结合自查要点对安全评估报告的审核等责任。

　　注册备案人委托专业机构出具安全评估报告时，选择高质量和可靠的第三方机构非常重要，不仅需要核实第三方机构的安全评估人员资质、专业技能和实践经验，也需要核查第三方机构对客户保密信息的管理措施并要求第三方机构签署信息保密承诺书。注册备案人需要将包括产品配方在内的技术资料分享给第三方机构来完成安全评估报告，因此第三方机构应能够承担相应的保密责任和义务对于保护企业商业机密非常重要。

第三方机构完成高效和高质量的安全评估报告离不开注册备案人前期内部资料的整理、收集和预审，从而可以避免评估过程中出现需要补充数据或者测试的情况，增加额外报告准备时间，注册备案人可以考虑以下几点内容：

——注册备案人和专业机构需要达成一致，建立统一的模板用于收集安全评估所需要的相关信息；

——注册备案人的安全评估责任人需要对企业内部的相关人员进行模板使用的培训并在日常工作中作为联系人，进行解释和问答；

——提交给专业机构的信息需要有内部审核机制，避免出现人为错误；

——利用电子信息化和数字库系统的方式管理项目，提高准确性和效率。

——注册备案人在使用专业机构完成安全评估编写的前期，可进行试运行（如 3 个月），试运行期间安全评估责任人可协调各方对整个流程，以及流程上的各项内容和安全评估报告进行审核，并对流程进行必要的完善和改进。

第五节　如何更好地编写安全评估报告

一、加强化妆品法规和安全评估知识的学习

化妆品和其他普通消费品不同，大部分国家和地区的化妆品属于单独立法管理的一类产品，主管行政部门一般会制定和颁布化妆品的管理法规，包括化妆品配方、原料、包装、稳定性、微生物危害和杂质等整体安全要求和风险评估等内容，确保在正常、合理的及可预见的使用条件下，化妆品不会对人体健康造成危害，达到保护消费者健康的目的。

化妆品安全评估人员在开展安全评估工作前，不仅仅需要掌握毒理学知识和风险评估方法，也需要对主管行政部门颁布的安全评估相关的法规和指南文件等进行充分学习。安全评估的充足性，既包括了毒理学数据、安全数据是否足够用于风险评估，得出科学可靠的评估结论，又包括了现有信息是否满足安全评估法规所规定的评估要求。

二、建立化妆品原料数据库

化妆品企业应对产品中所有使用的化妆品原料进行整理，梳理出产品中所有的使用成分，形成原料和成分清单。根据产品开发优先顺序，收集与安全评估相关所有可获得原料和成分毒理学数据，包括公开发布的信息、供应商或化妆品企业进行的毒理学测试等。对于这些数据的相关性、可靠性与充足性开展评估，判定已有数据是否满足安全评估要求，以及是否存在数据缺口。对于认为有数据缺口的内容进一步进行检索或进行测试或开展相应评估，填补数据缺口从而满足安全评估要求。对于收集到的信息，按照安

全评估报告中原料评估的格式要求（如毒理学终点）编写原料和成分的毒理学档案。

化妆品毒理学原料数据库是安全评估人员开展评估工作的重要工具，对于系统化和自动化评估体系建立，缩短产品评估周期十分重要。

三、完善原料信息文件

化妆品原料供应商提供的原料信息文件，包括质量规格以及其他有助于安全评估的资料，如原料技术参数表（Technical Data Sheet，TDS）、分析报告（Certificate of Analysis，CoA）和安全说明书（Safety Data Sheet，SDS）等，不仅仅能够体现原料的质量和理化特性等信息，原料中组分和杂质，特别是安全性风险物质一般都会在这些文件中体现。安全评估人员收集和评估原料信息文件，并将这些资料与原料毒理学数据库结合，对于原料的使用进行综合评估。

安全评估人员评估过程中如果发现收到的原料信息存在不足，如风险物质不明确、聚合物中的单体含量未提供、原料组分不明确等，可跟供应商进一步沟通索要相关资料，部分项目也可自行开展检测来获取相关信息。

四、开展化妆品配方评估

安全评估人员可对开发中的产品配方进行预评估或预审，包括计划使用的原料和香精以及使用浓度，产品类型、使用方式和部位、目标人群等信息进行初步评估，并形成评估结论和建议。预评估中特别重要的需要对成分在配方中的使用浓度，进行细致和定量的评估，如计算安全边际值（MoS），发现该值小于 100 的情况下，需要及时告知研发人员对配方进行调整，降低该成分的使用浓度，避免后期在产品注册和备案时发现产品存在安全问题而无法上市。

安全评估报告中配方信息应与产品注册和备案配方一致，产品实际成分含量表（整合浓度表）应基于注册和备案配方对成分进行整合。不作为配方成分的组分，可不在产品配方中进行填报，但在产品安全评估资料中对未填报的组分进行分析和评估。

五、产品（配方）检测项目、方法及结果

化妆品安全相关检测一般分为两部分：产品注册和备案所必须的测试项目，以及有助于安全评估的其他测试。对于产品注册和备案的测试，根据产品类型按照《化妆品注册和备案检验工作规范》等要求安排测试。

安全评估相关的其他检测，并不是统一标准的项目。主要包括原料和配方的毒理学测试，人体临床安全测试和风险物质检测等。同时，安全评估涉及的测试还有产品理化稳定性、包材相容性和防腐效能测试与评估。这些测试项目一般周期较长，需要在产品研发阶段开展测试和评估，从而确保能够产品注册和备案前完成测试和评估。

对于安全评估报告中涉及的产品注册和备案所必须的测试和有助于安全评估的其他测试项目，评估人员需要对测试结果进行确认。

六、编制与审核安全评估报告附录内容

化妆品安全评估不仅仅包括成分和杂质的风险评估，还包括了毒理学测试报告、香精的安全证书或声明、原料质量规格、风险物质的检测报告、微生物检测报告、产品理化稳定性、包材相容性和防腐效能测试与评估报告（摘要）等。这些资料部分在注册备案资料要求已经提交的，不需要在安全评估报告中重复提交，其他项目文件需要在安全评估报告中作为附件提交，或者根据要求进行存档备查，但无论是何种形式，安全评估人员都需要对这些附录内容进行审核，对结果进行确认后方可签字，形成最终产品安全评估报告。

七、上传和存档产品安全评估资料

化妆品安全评估报告完成后，根据《化妆品安全评估资料提交指南》分类规则，第一类化妆品在申请注册或进行备案时应提交化妆品安全评估报告。

第二类化妆品符合情形一的产品进行备案时，在备案人质量管理体系运行良好前提下，除提交化妆品安全评估基本结论外，第（1）至（4）项还应分别提交纳米原料、光稳定剂、功效宣称中的功效原料、所含功效原料/着色剂或者推进剂的安全评估资料，第（5）项还应提交仪器或者工具对化妆品的作用机理以及对其安全影响的评估资料，安全评估报告存档备查。

第二类化妆品符合情形二的产品进行备案时，在备案人质量管理体系运行良好前提下，可提交化妆品安全评估基本结论，安全评估报告存档备查。

第二类化妆品也可以选择提交化妆品安全评估报告。

八、变更安全评估报告相关内容

对于已经完成注册和备案的产品，所使用原料的生产商、原料质量规格增加或者改变的，且涉及产品安全评估资料发生变化的，还应当进行产品安全评估资料变更。涉及产品使用方法变更的，应当提交拟变更产品的产品安全评估资料。

《化妆品配方填报技术指导原则》规定：当不作为配方成分的原料/原料成分种类和/或含量发生变化且未对产品质量安全造成影响的，化妆品注册人、备案人或境内责任人应对产品配方和产品安全评估资料进行信息更新维护；当种类和/或含量增加且对产品安全评估结论可能造成影响的，化妆品注册人、备案人或境内责任人应对产品安全评估资料进行变更。

《化妆品注册备案资料管理规定》第四十五条 产品安全评估资料内容发生变化的，应当提交以下资料：

（1）特殊化妆品变更申请表或者普通化妆品变更信息表。

（2）拟变更的产品安全评估资料。

（3）化妆品安全评估人员发生变化的，应当提交拟变更化妆品安全评估人员的相关

信息。

同时,《化妆品安全评估技术导则》要求上市产品出现下列情况,需重新评估产品的安全性:

(1)上市产品所用原料在毒理学上有新的发现,且会影响现有评估结果的。

(2)上市产品的原料质量规格发生足以引起现有安全评估结果变化的。

(3)上市产品正常使用引起的不良反应率呈明显增加趋势,或正常使用产品导致严重不良反应的。

(4)其他影响产品质量安全的情况。

九、有效保存安全评估报告

《化妆品安全评估技术导则》2.6条规定:安全评估报告保存期限不少于最后一批上市产品保质期结束以后10年。企业需要注意即使产品注销不再进行生产和销售,也需要按照要求保存和存档化妆品安全评估报告。

附录

机构或术语全称缩写

机构或术语全称	英文全称	缩写
国家药品监督管理局	National Medical Products Administration	国家药监局 /NMPA
中国食品药品检定研究院	National Institutes for Food and Drug Control	中检院 /NIFDC
国家食品安全评估中心	China National Center for Food Safety Risk Assessment	CFSA
中国合格评定国家认可委员会	China National Accreditation Service for Conformity Assessment	CNAS
中国检验检测机构资质认定	China Inspection Body and Laboratory Mandatory Approval	CMA
经济合作与发展组织	Organization for Economic Co−operation and Development	经合组织 /OECD
世界卫生组织	World Health Organization	WHO
国际化妆品监管合作组织	International Cooperation on Cosmetics Regulation	ICCR
国际日用香料协会	International Fragrance Association	IFRA
联合国粮农组织	Food and Agriculture Organization	FAO
联合国国际粮农组织 / 世界卫生组织食品添加剂联合专家委员会	Joint FAO/WHO Expert Committee on Food Additives	JECFA
联合国国际粮农组织 / 世界卫生组织农药残留联合专家会议	The FAO/WHO Joint Meeting on Pesticide Residues	JMPR
化学品安全国际项目	International Programme on Chemical Safety	IPCS
人用药品技术要求国际协调理事会	The International Council for Harmonisation of Technical Requirements for Pharmaceuticals for Human Use	ICH
国际癌症研究署	International Agency for Research on Cancer	IARC
国际生命科学学会	International Life Sciences Institute	ILSI
国际标准化组织	International Organization for Standardization	ISO
欧盟化学品管理局	European Chemicals Agency	ECHA
欧盟食品安全局	European Food Safety Authority	EFSA

机构或术语全称	英文全称	缩写
欧盟药品管理局	European Medicines Agency	EMA
欧盟消费者安全科学委员会	Scientific Committee on Consumer Safety	SCCS
欧盟联合研究中心	Joint Research Center	JRC
美国国家研究委员会	United States National Research Council	NRC
美国国家科学院	National Academy of Sciences	NAS
美国国家环境保护局	U.S. Environmental Protection Agency	美国 EPA
美国食品药品管理局	U.S. Food and Drug Administration	美国 FDA
美国国家毒理学研究计划	National Toxicology Program	NTP
美国香料和提取物制造商协会	The Flavor and Extract Manufacturers Association of the United States	FEMA
澳大利亚工业化学品引入管理署	Australian Industrial Chemicals Introduction Scheme	AICIS
德国联邦风险评估研究所	Bundesinstitut für Risikobewertung	BfR
英国药品与保健产品监管局	Medicines and healthcare products regulatory agency	MHRA
日本厚生劳动省	Ministry of Health, Labor, and Welfare	MHLW
日本药品与医疗器械管理局	Pharmaceuticals and Medical Devices Agency	PMDA
韩国食品医药品安全部	Ministry of Food and Drug Safety	MFDS
韩国食品药品安全评价院	National Institute of Food and Drug Safety Evaluation	NIFDS
《化妆品监督管理条例》	—	《条例》
《优化化妆品安全评估管理若干措施的公告》	—	《公告》
《化妆品安全技术规范》	—	《技术规范》
《化妆品安全评估技术导则》	—	《安评导则》
《已使用化妆品原料目录（2021年版）》	—	《已使用目录》
《已上市产品原料使用信息》	—	《原料信息》
《化妆品成分测试和安全评估指南》	The SCCS Notes of Guidance for the Testing of Cosmetic Ingredients and Their Safety Evaluation	SCCS 指南
美国化妆品原料评价委员会	Cosmetic Ingredient Review	CIR

机构或术语全称	英文全称	缩写
良好实验室规范	Good Laboratory Practice	GLP
标准操作规程或标准作业程序	Standard Operating Procedure	SOP
不确定因子	Uncertainty Factor	UF
每日容许摄入量	Acceptable Daily Intake	ADI
每日耐受摄入量	Tolerable Daily Intake	TDI
可接受暴露水平	Acceptable Exposure Level	AEL
有害结局路径	Adverse Outcome Pathway	AOP
新技术方法	New Approach Methodologies	NAMs
整合测试与评估方法	Integrated Approach to Testing and Assessment	IATA
证据权重	Weight of Evidence	WoE
下一代风险评估	Next Generation Risk Assessment	NGRA
无可见有害作用水平	No Observed Adverse Effect Level	NOAEL
无可见作用水平	No Observed Effect Level	NOEL
观察到有害作用的最低剂量	Lowest Observed Adverse Effect Level	LOAEL
全身暴露量	Systemic Exposure Dosage	SED
安全边际值	Margin of Safety	MoS
暴露边际	Margin Of Exposure	MoE
基准剂量	Benchmark Dose	BMD
日本化妆品行业协会	Japan Cosmetic Industry Association	JCIA
辛醇/水分配系数	Octanol−Water Partition Coefficient	LogKow
终身癌症发生风险	Lifetime Cancer Risk	LCR
毒理学关注阈值	Threshold of Toxicological Concern	TTC
分子起始事件	Molecular Initiating Event	MIE
关键事件	Key Events	KEs
有害结局	Adverse Outcome	AO
关键事件关系	Key Event Relationships	KERs
确定性方法	Defined Approach	DA
定量结构−活性关系	Quantitative Structure−Activity Relationship	QSAR

机构或术语全称	英文全称	缩写
结构－活性关系	Structure–Activity Relationship	SAR
整合测试策略	Integrated Testing Strategy	ITS
高通量筛选	High Throughput Screening	HTS
皮肤致敏阈值	Dermal Sensitisation Threshold,	DST
生理动力学	Physiologically Based Kinetic	PBK
生理毒代动力学	Physiologically Based Toxicokinetic	PBTK
生理药代动力学	physiologically Based Pharmacokinetic	PBPK
吸收、分布、代谢和排泄	Absorption、Distribution、Metabolism and Excretion	ADME
体外到体内外推	In Vitro–In Vivo Extrapolation	IVIVE
未知或可变组分、复杂反应产物和生物物质	Substances of Unknown or Variable Composition, Complex Reaction Products, or Biological Materials	UVCB
安全使用历史	History of Safe Use	HoSU
原料技术参数表	Technical Data Sheet	TDS
分析报告	Certificate of Analysis	CoA
安全说明书	Safety Data Sheet	SDS
细胞外基质	Extracellular Matrix	ECM
瞬时受体电位香草酸亚型1受体	Transient Receptor Potential Cation Channel, Subfamily V, Member 1	TRPV-1
药物临床试验质量管理规范	Good Clinical Practice	GCP
重复性开放型涂抹试验	Repeated Open Applicatoin Test	ROAT
多次累积刺激性斑贴试验	Cumulative Irritation Patch Test	CIPT
人体重复激发斑贴试验	Human Repeated Insult Patch Test,	HRIPT
安全性试用试验	Safety In–use Test,	SIU
光斑贴试验	Photo Patch Test	PPT
人眼刺激试验	Human Ocular Irritation Test	HOIT
《2022化妆品监管现代化法案》	Modernization of Cosmetics Regulation Act of 2022	MoCRA
《联邦食品、药品和化妆品法案》	Federal Food,Drug,and Cosmetic Act	FDCA
美国食品安全与应用营养学中心	Center for Food Safety and Applied Nutrition	CFSAN

机构或术语全称	英文全称	缩写
日本国家产品技术与评价院	National Institute of Technology and Evaluation	NITE
《医药品、医疗器械等品质、功效及安全性保证等有关法律》	—	《药机法》
《化学物质排放管理促进法》	—	《化管法》
《化妆品卫生监督条例》	—	原《条例》
CMR 物质是指具有致癌、致突变、生殖毒性的物质	Carcinogens，Mutagens，reproductive toxicants	CMR 物质
化妆品备案门户网站	Cosmetic Product Notification Portal	CPNP
《化妆品中可能存在的安全性风险物质风险评估指南》	—	《评估指南》
《化妆品安全风险评估指南》（征求意见稿）	—	《评估指南》（征求意见稿）
《化妆品原料数据使用指南》	—	《数据使用指南》
大韩化妆品产业研究院	Korea Cosmetic Industry Institute	KCII